IPA-IAO
Forschung und Praxis

Band T 4

Berichte aus dem
Fraunhofer-Institut für Produktionstechnik
und Automatisierung (IPA), Stuttgart,
Fraunhofer-Institut für Arbeitswirtschaft
und Organisation (IAO), Stuttgart, und
Institut für Industrielle Fertigung und
Fabrikbetrieb der Universität Stuttgart

Herausgeber: H. J. Warnecke und H.-J. Bullinger

MENSCHEN · ARBEIT NEUE TECHNOLOGIEN

4. IAO-Arbeitstagung
11.–13. Juni 1985 in Stuttgart

zusammen mit der
2. Internationalen Konferenz
»Human Factors in Manufacturing«
der IFS (Conferences) Ltd., Kempston, England

Herausgegeben von Prof. Dr.-Ing. H.-J. Bullinger

Springer-Verlag
Berlin Heidelberg New York Tokyo 1985

Dr.-Ing. H. J. Warnecke
o. Professor an der Universität Stuttgart
Fraunhofer-Institut für Produktionstechnik und Automatisierung (IPA), Stuttgart

Dr.-Ing. habil. H.-J. Bullinger
o. Professor an der Universität Stuttgart
Fraunhofer-Institut für Arbeitswirtschaft und Organisation (IAO), Stuttgart

ISBN 978-3-540-15763-2   ISBN 978-3-662-00823-2 (eBook)
DOI 10.1007/978-3-662-00823-2

Das Werk ist urheberrechtlich geschützt. Die dadurch begründeten Rechte, insbesondere die der Übersetzung, des Nachdrucks, der Entnahme von Abbildungen, der Funksendung, der Wiedergabe auf photomechanischem oder ähnlichem Wege und der Speicherung in Datenverarbeitungsanlagen bleiben, auch bei nur auszugsweiser Verwendung, vorbehalten. Die Vergütungsansprüche des § 54, Abs. 2 UrhG werden durch die „Verwertungsgesellschaft Wort", München, wahrgenommen.

© Springer-Verlag, Berlin, Heidelberg 1985

Die Wiedergabe von Gebrauchsnamen, Handelsnamen, Warenbezeichnungen usw. in diesem Werk berechtigt auch ohne besondere Kennzeichnung nicht zu der Annahme, daß solche Namen im Sinne der Warenzeichen- und Markenschutz-Gesetzgebung als frei zu betrachten wären und daher von jedermann benutzt werden dürften.

Gesamtherstellung: Copydruck GmbH, Heimsheim
2362/3020-543210

Vorwort

In der Diskussion um neue Technologien werden mitunter futuristische Bilder entworfen:

- Roboter bauen Roboter,
- Computernetze steuern Maschinen und Menschen,
- aus der Arbeitsgesellschaft wird die Freizeitgesellschaft.

Sicher werden diese und ähnliche Entwürfe nicht schon morgen Realität sein. Ganz sicher aber strebt der Entwicklungstrend zur „automatischen Fertigung" ebenso wie zum rechnergestützten Büro. In diesem gewaltigen Umstellungsprozeß sind Führungskräfte, Planer und Arbeitnehmervertreter gefordert, damit in der Gestaltung der Arbeit an und mit den neuen Technologien die Chancen genutzt und die Risiken minimiert werden. Deshalb ist fach- und abteilungsübergreifende Kooperation gefragt:
Teamfähigkeit und Integration von verschiedenem Fachwissen vom Konstrukteur über den Organisator bis hin zum Personalfachmann.

Der Mensch als Systembestandteil computerintegrierter Arbeitssysteme bedeutet: Arbeit in vernetzten Informationsflüssen, Arbeit mit programmierbaren Betriebsmitteln, Arbeit in veränderter Arbeitsorganisation. Die Qualität der Arbeitsleistung in solch komplexen Systemen hängt ab von der Qualifikation und der Akzeptanz des Systems durch den arbeitenden Menschen.

Deshalb behandeln die folgenden Beiträge der Tagung „Human Factors in Manufacturing"/ 4. IAO-Arbeitstagung folgende Schwerpunkte:

- Technikeinsatz und Arbeitsorganisation in Büro und Produktion
  Wie wird der Technikeinsatz und die Arbeitsorganisation so gestaltet, daß Wirtschaftlichkeit und menschengerechte Arbeitsgestaltung erreicht werden? Wie wurde geplant? Wie hat sich die Planung bewährt?
- Qualifikation, Gesundheit, Akzeptanz
  Welche Qualifikationsanforderungen treten auf? Wie wird ausgebildet? Welche gesundheitlichen Auswirkungen hat die Arbeit mit neuen Technologien? Wie steht es mit der Akzeptanz?

Auf all diese Fragen versuchen Fachleute aus Politik, Industrie und Forschung eine Antwort zu geben. Die vorgestellten Projekte und Methoden wurden so ausgewählt, daß sie konkrete Anregungen für die praktische Problemlösung beim Einsatz neuer Technologien in Büro und Produktion geben.

Veranstaltet wird die Tagung vom Fraunhofer-Institut für Arbeitswirtschaft und Organisation (IAO), Stuttgart, in Zusammenarbeit mit IFS (Conferences) Ltd, dem Ausschuß für Wirtschaftliche Fertigung e.V. (AWF), dem Bundesministerium für Forschung und Technologie (BMFT), dem Fraunhofer-Institut für Produktionstechnik und Automatisierung (IPA), dem Verband für Arbeitsstudien und Betriebsorganisation e.V. (REFA), dem Rationalisierungskuratorium der Deutschen Wirtschaft (RKW) und der VDI-Gesellschaft Produktionstechnik (ADB).
Den mitveranstaltenden Organisationen, dem Verlag und in besonderer Weise den Autoren sei an dieser Stelle gedankt.

Stuttgart, Juni 1985   H.-J. Bullinger

Inhalt

Seite

Humanisierung und Innovation
Dr. rer. nat. H.-P. Lorenzen; Bundesministerium für Forschung und Technologie (BMFT), Bonn — 11

Anforderungen des Technologietrends an Forschung und Industrie
o. Prof. Dr.-Ing. habil. H.-J. Bullinger; Fraunhofer-Institut für Arbeitswirtschaft und Organisation (IAO), Stuttgart — 25

Tendenzen der technologischen Entwicklung und ihre Auswirkungen auf Industrie und Technik
Dipl.-Ing. H. P. Stihl; Vorsitzender des Verbandes der Metall-Industrie Baden-Württemberg; Fa. Andreas Stihl, Waiblingen — 41

Tendenzen der technologischen Entwicklung und ihre Auswirkungen auf die Beschäftigten
K.-H. Janzen; Mitglied des geschäftsführenden Vorstands der Industriegewerkschaft Metall, Frankfurt — 55

Neue Technologien und Beschäftigung
Dipl.-Ing. (FH) M. Lahner; Institut für Arbeitsmarkt- und Berufsforschung (IAB), Nürnberg — 73

Konzipierung und menschengerechte Arbeits- und Technikgestaltung in Fertigung und Verwaltung
Dr. phil. K. Benz-Overhage; Abteilung Automation der Industriegewerkschaft Metall, Frankfurt — 99

CIM-Auswirkungen auf das Personal
D. Rushton; Ingersoll Engineers, United Kingdom — 113

Optimierung des Fertigungsprozesses durch eine Verfahrens- und produktorientierte Personalpolitik
Dipl.-Ing. K.-L. Trültzsch; Werksbereichsleiter des Kaltwalzwerkes, Fa. Hoesch Stahl AG, Dortmund — 145

Neue Technologien und Belastungsverschiebungen
Dr. rer. pol. V. Volkholz; Geschäftsführer der Gesellschaft für Arbeitsschutz- und Humanisierungsforschung, Dortmund — 167

Innovation und Gesundheit – Gegenwarts- und Zukunftsfragen einer arbeitsökologischen Medizin
H. Mayer; Forschungsgruppe Stress, Universitätsklinik Heidelberg — 185

Anpassungsfortbildung in „Neuen Technologien" – NC-Technik – der programmierte Erfolg
S. Reith; Leiter des betrieblichen und überbetrieblichen Ausbildungswesens der Fa. Winkler, Villingen-Schwenningen — 207

Qualifizierung an Industrierobotern – ein Projektbeispiele zum Lehren und Lernen neuer Technologien
Dipl.-Psych. H. Bell; Fraunhofer-Institut für Arbeitswirtschaft und Organisation (IAO), Stuttgart — 233

Seite

Durchführung von Schulungsmaßnahmen bei der Einführung von CAD-Systemen
Dipl.-Ing. G. Dobler; Fraunhofer-Institut für Arbeitswirtschaft und Organisation (IAO), Stuttgart — 253

Überbetriebliche CNC-Ausbildung
Dipl.-Wirtsch.-Ing. H. Witte; Institut für angewandte Organisation (IfaO), Karlsruhe — 265

Kommunikationssystem für Führungskräfte
Dr.-Ing. A. Eisenhofer; Bereichsleiter Organisation und Datenverarbeitung, Fa. BMW AG, München — 281

Arbeitsorganisation im Büro – Überblick über industrielle Ansätze
Dr.-Ing. R. Schwetz; Direktor in der Abteilung K OA, Fa. Siemens AG, München — 297

Gestaltung der Arbeitsbedingungen in Büro und Verwaltung – Stand und Perspektiven staatlicher Forschungsförderung
Dipl.-Ing., Dipl.-Wirtsch.-Ing. C. Skarpelis; Abteilungsleiter im Projektträger Humanisierung des Arbeitslebens, DFVLR, Bonn — 325

Europäisches Software-Ergonomielabor
Dipl.-Ing. K. P. Fähnrich; Fraunhofer-Institut für Arbeitswirtschaft und Organisation (IAO), Stuttgart — 383

Bildschirmeinsatz und Benutzerfreundlichkeit der Dialoggestaltung aus der Sicht von Angestellten
Lic. Phil. Ph. Spinas; Lehrstuhl für Arbeits- und Betriebspsychologie der Eidgenössischen Technischen Hochschule, Zürich — 397

Humanisierung der Arbeit als Produktinnovation – für Elemente des Informations- und Steuerungssystems im KFZ-Karosseriebereich
Dr.-Ing. J. Krankenhagen; Arbeitswissenschaftliches Forschungsinstitut (awfi), Berlin-West — 417

Menschen · Arbeit · Neue Technologien 1. Halbtag

Technologiepolitik und
internationale Entwicklungen

Menschen · Arbeit · Neue Technologien

Technologiepolitik und
internationale Entwicklungen

Humanisierung und Innovation

H.-P. Lorenzen

KURZFASSUNG

Wenn es ein Forschungs- und Entwicklungsprogramm zur menschengerechten Gestaltung der Arbeit in Deutschland nicht gäbe, müßte man es erfinden. Das HdA-Programm soll mithelfen, frühzeitig gemeinsame Probleme der Beschäftigten und der Unternehmen im Zusammenhang mit der Einführung und Verbreitung neuer Technologien zu erkennen und Lösungswege zu entwickeln und zu erproben. Das Programm bietet für alle Beteiligten eine Plattform, die umso nützlicher wird, je häufiger und dringlicher die Bewältigung des technischen und sozialen Wandels nach neuen Lösungen verlangt.

1 PROGRAMM FORSCHUNG ZUR HUMANISIERUNG DES ARBEITSLEBENS

Das Förderprogramm "Forschung zur Humanisierung des Arbeitslebens" (HdA) wurde seit seinem Beginn 1974 vielfach in der Öffentlichkeit und im Parlament kritisiert. Ihm wurden unter anderem vorgeworfen, die Bedarfslage der Praxis nicht hinreichend zu berücksichtigen, einen zu hohen Förderaufwand zu treiben und letztlich nicht genügend darauf zu achten, daß die Ergebnisse auch im betrieblichen Alltag genutzt werden. Dabei ging es z.B. um Notwendigkeit, Umfang und Qualität der sozialwissenschaftlichen Begleitforschung sowie Verständlichkeit der vorgelegten Berichte. Auch galt es, adminstrative Unzulänglichkeiten bei der Abwicklung der Förderung und Mängel bei der Erfolgskontrolle abzustellen.

Diese Vorwürfe wurden insbesondere von Politikern der heutigen Regierungsparteien erhoben. Für manche Beobachter mag es daher überraschend sein, daß dieses Programm auch nach dem Regierungswechsel beibehalten wurde. Die Erklärung liegt darin, daß es nicht bei der Kritik blieb, sondern diese zu einer Neuorientierung des Programms führte.

Der Ausschuß für Forschung und Technologie des Deutschen Bundestages hatte 1982 das Programm überprüft und dabei Vertreter der Tarifvertragsparteien und Wissenschaften befragt. Die Überprüfung endete mit einem einstimmigen Beschluß des Deutschen Bundestages vom Dezember 1982. Der Beschluß stellte nicht das Programm in Frage, verlangte aber, daß die Bundesregierung das Programm inhaltlich weiterentwickelt. Die Bundesregierung legte im März 1983 einen Bericht zur Weiterentwicklung des Programms vor, aus dem auch der eindeutige Wille zur Weiterführung des Programms hervorging.

In dem Bericht der Bundesregierung (8) wurden Erfahrungen der bisherigen Förderung ausgewertet und Leitvorstellungen zur künftigen inhaltlichen Ausgestaltung des Programms skizziert, die im Detail auszuarbeiten waren. Insbesondere sollte Bewährtes weiterentwickelt, der menschengerechten Anwendung neuer Technologien mehr Beachtung geschenkt und die Umsetzung von Forschungs- und Entwicklungsergebnissen verbessert werden.

Der Ausschuß für Forschung und Technologie des Deutschen Bundestages hat im Dezember 1984 einstimmig begrüßt (9), daß die Bundesregierung das "Programm Forschung zur Humanisierung des Arbeitslebens" fortführt. Dieser Beschluß des Ausschusses bedeutet auch ein überzeugendes Ja zur konkreten Neuorientierung des Programms. Mit ihr hat die Bundesregierung die politischen Absichtserklärungen ihres Berichtes von 1983 eingelöst.

2 WECHSELWIRKUNG VON HUMANISIERUNG DES ARBEITSLEBENS UND INNOVATION

In der Bundestagsdrucksache 10/16 heißt es u.a.: "Zielsetzung des Programms muß ... eine Verbindung von Humanisierung und Innovation sein". Dieser Satz kennzeichnet das Ergebnis einer langjährigen Diskussion über das Spannungsfeld Humanisierung und Wirtschaftlichkeit. Die schwierige Aufgabe besteht nun darin, daß HdA-Programm so weiterzuentwickeln, daß eine Verbindung zwischen Humanisierung und Innovation entsteht.

Der Gesprächskreis HdA, dem Vertreter der Tarifvertragsparteien und der Wissenschaft angehören, hat sich mit diesem Thema grundsätzlich befaßt und einvernehmlich 20 Thesen formuliert, die Empfehlungen für die Weiterentwicklung des HdA-Programms enthalten (5). Einige dieser Thesen seien hier wiedergegeben:

"Innovationen im herkömmlichen Sinne umfassen die Entwicklung neuer Produkte und Verfahren durch die Anwendung neuer Techniken. Dieser Innovationsbegriff greift zu kurz. Innovation ist mehr als rein technisch bedingte Veränderung. Innovationen können in einer erweiterten Perspektive alle Veränderungen aus anderen Quellen, wie z.B. organisatorische, institutionelle und soziale Anstöße, sein". (These 2)

"Die Erfahrung zeigt, daß erfolgreiche Innovationen sich durch die Berücksichtigung technischer, wirtschaftlicher, organisatorischer, sozialer und humaner Aspekte auszeichnen". (These 6)

"Die Lösung der Zukunftsaufgaben erfordert ein solches umfassendes Innovationsverständnis. Der menschengerechten Gestaltung solcher Prozesse und Systeme kommt eine wichtige Bedeutung zu. Hierzu ist es erforderlich, bereits vorhandene, betriebliche und gesellschaftliche Innovationsprozesse aufzunehmen und zu verstärken..." (These 7)

"Die Wirksamkeit technisch ausgelöster Innovationsprozesse kann verbessert werden, wenn im Planungs- und Entwicklungsprozeß Gesichtspunkte einer umfassenden menschengerechten Gestaltung Berücksichtigung finden". (These 9)

"Bei Produktinnovationen ist der Dialog zwischen Herstellern und Anwendern auf möglichst vielen Ebenen zu intensivieren. Ebenso ist der rechtzeitige und ständige Dialog zwischen den Verantwortungsträgern, Fachkräften und betroffenen Arbeitskräften zu fördern". (These 11)

"Innovative Investitionsgüter sollen zu Beginn der Markteinführung an die Kriterien menschengerechter Gestaltung und Anwenderbedürfnisse angepaßt werden (bei Investitionsgütern, die sich bereits auf dem Markt befinden, ist der Aufwand für Veränderungen wesentlich größer und damit der Gestaltungsspielraum kleiner)". (These 13)

Wer immer nur an Technik denkt, wenn von Innovationen die Rede ist, braucht sich über Mißerfolge nicht zu wundern. Das gilt für einzelne Betriebe, für Verbände und selbstverständlich auch für den Staat mit Förderprogrammen oder mit seiner Aufgabe, Rahmenbedingungen zu setzen. Dieses enge Innovationsverständnis beruht jedoch auf der klassischen Innovationsforschung, die den Innovationsbegriff ausschließlich für technische Innovationen in der Form von Produkt- oder Prozeßinnovationen verwendet hat. Heute gewinnt ein weitgefaßter Innovationsbegriff an Bedeutung. Es geht in den Unternehmen um Technologie-Management als bereichsübergreifende Koordinationsaufgabe, bei der u.a. Fragen der Personal- und Qualifikationsentwicklung, was Arbeitsinhalte, -organisation und Arbeitszeit angeht, aber auch Betriebs- und Informationsmittel mit dem Produkt- oder Dienstleistungsspektrum des Unternehmens geschickt verknüpft werden sollen. Es ist bezeichnend, daß diese Thematik jetzt zunehmend von Forschungsinstituten, Unternehmensberatern, Verbänden oder Industrie- und Handelskammern aufgegriffen wird.

Dieser weitgefaßte Innovationsbegriff ermöglicht dem HdA-Programm eine natürliche Verbindung. Der menschengerechten Gestaltung neuer Prozesse und Systeme kommt eine wichtige Bedeutung zu. In den 70er Jahren hat das HdA-Programm "naturwüchsig" ablaufende betriebliche oder gesellschaftliche Prozesse nicht genügend in eine umfassende Förderkonzeption einbezogen. Jetzt wollen wir solche Prozesse aufnehmen und für die menschengerechte Gestaltung der Arbeit nutzen.

3 MENSCHENGERECHTE ANWENDUNG NEUER TECHNOLOGIEN

Dieses neue Grundverständnis zur Wechselwirkung von HdA und Innovation war wesentlich beeinflußt worden durch die gemeinsamen Bemühungen des Gesprächskreises HdA, des Projektträgers HdA und des Bundesministeriums für Forschung und Technologie, die Förderschwerpunkte zur

- menschengerechten Anwendung neuer Technologien in Büro und Verwaltung (2),
- menschengerechten Anwendung neuer Technologien in der Produktion (3)

zu erarbeiten.

Die Anwendung neuer Technologien soll sowohl zu ökonomisch nützlichen wie auch zu sozial erträglichen Lösungen führen.

Es ist sehr viel leichter zu definieren, was in Kenntnis der bisherigen Erfahrungen als nichtmenschengerecht zu gelten hat, als definitiv anzugeben, was in einem konkreten Betrieb nun die menschengerechte Anwendung neuer Technologien bedeutet. Die Erläuterungen zum Förderschwerpunkt Produktion z.B. geben Teilziele an, die bei jeder betrieblichen Anwendung ausbuchstabiert werden müssen:

"- Belastungen durch die Arbeitsumgebung abbauen,
- gesundheitliche Gefährdungen vermeiden,
- Taktbindungen vermeiden,
- berufliche Kenntnisse und Erfahrungen nutzen und weiterentwickeln,

- Arbeitsinhalte durch ganzheitlichen Zuschnitt der Aufgaben verbunden mit Gestaltungs- und Entscheidungsspielräumen für die Ausführung der Arbeit anreichern,
- an neue Aufgaben durch inhaltlich und zeitlich angemessene Weiterbildung heranführen,
- Möglichkeiten für Kontakte und Gespräche am Arbeitsplatz schaffen,
- das Kontrollpotential, das durch neue Technologien entsteht, menschengerecht handhaben,
- eine mittel- bis langfristige Perspektive für eine gesicherte Beschäftigung anstreben."

3.1 Förderung betrieblicher Modellvorhaben

Gerade in Zeiten eines beschleunigten technischen und wirtschaftlichen Wandels bestehen große Chancen für eine menschengerechte Gestaltung der Arbeit. Durch die neuen Technologien ergeben sich Gestaltungsspielräume, die es zu nutzen gilt.

Die Bundesregierung unterstützt Unternehmen und Tarifvertragsparteien im Rahmen des HdA-Programms in ihrem Bemühen, die Gestaltungsspielräume auszuloten und neue technisch-organisatorische Lösungen zu erproben.

Im Bereich Büro und Verwaltung z.B. können Informations- und Kommunikationstechniken jetzt als Hilfsmittel für Entwicklungs-, Planungs-, Dispositions- und Verwaltungstätigkeiten so eingesetzt werden, daß die Arbeitsbedingungen der Betroffenen verbessert und Gefährdungen abgebaut werden.

Wegen der vielfältigen Gestaltungsspielräume wäre es ein Trugschluß zu vermuten, es gäbe jeweils nur eine Lösung für die menschengerechte Anwendung der Technik.
Wichtiger als bestimmte Lösungen ein für allemal mit einem Gütesiegel zu versehen ist die Phantasie der Beteiligten, jeweils geeignete Erfahrungen zu gewinnen. Es lohnt sich also, auch mehrere, möglichst unterschiedliche Lösungsan-

sätze zu fördern, die dem Anspruch menschengerechter Anwendung der Technik genügen. In diesem Sinne ist Förderung von Alternativen geradezu erwünscht. Sie sollen die mögliche Vielfalt der denkbaren technisch-organisatorischen Lösungen repräsentieren. Bereits verwirklichte oder an anderer Stelle geförderte Lösungen werden unter sonst gleichen Bedingungen aber nicht bzw. nicht erneut gefördert.

Andererseits ist es wichtig, diese an anderer Stelle gewonnenen Erfahrungen in die Konzeption von Förderschwerpunkten mit einzubeziehen. Der Förderer sollte sich diese Übersicht verschaffen, um seine Fördermittel tatsächlich auf neue technisch-organisatorische Lösungen konzentrieren zu können, Gewerkschaften und Unternehmensverbände sollten die Gesamtheit der erprobten Lösungen kennen, um ihre Mitglieder umfassend beraten zu können.

Diese Betrachtungsweise der Funktion betrieblicher Modellversuche und der staatlichen Förderung läßt sich ableiten (10) aus neueren wirtschaftswissenschaftlichen Konzeptionen von Nelson und Winter (11).

Weil eine rechtzeitige Qualifizierung der Mitarbeiter Voraussetzung für die Nutzung der Gestaltungsspielräume ist, wird die Entwicklung von Musterlösungen für die betriebliche Weiterbildung gesondert gefördert.

3.2 Anwender - Hersteller - Dialog

"Wie fließen die Erkenntnisse zur menschengerechten Gestaltung der Arbeit in die Produkt- oder Verfahrensentwicklung ein?" Diese Frage nach der "Ausstrahlung" des HdA-Programms und seiner Ergebnisse ist nicht neu, aber selten eindeutig beantwortet worden.

In einigen HdA-Förderschwerpunkten sind Entwicklungsvorhaben ausdrücklich Gegenstand des Förderangebots, so z.B. bei den Förderschwerpunkten "Gießereiindustrie" (4), "Schmiede-

Entwicklungsvorhaben deshalb mit aufgenommen, weil durchgreifende Verbesserungen der Arbeitsbedingungen in den Anwenderbetrieben auch von technischen Verbesserungen der Ausrüstungen abhängen. Voraussetzung für die Förderung ist eine enge Kooperation zwischen Ausrüstern (Herstellern) und Anwendern.

Im Bereich neuer Technologien sind in den Förderschwerpunkten (2), (3) zwar keine Entwicklungsvorhaben vorgesehen, sehr wohl aber Untersuchungen über die Grenzen, die einer menschengerechten Gestaltung von Arbeitsplätzen durch die z.Z. eingesetzten Fertigungs- bzw. Informations- und Kommunikationssysteme und deren Komponenten gesetzt sind.
Hiermit sollen die Erfahrungen der Beschäftigten gesammelt, bewertet und, z.B. in Form von Pflichtenheften für den Prozeß der technischen Weiterentwicklung von Produkten oder Verfahren nutzbar gemacht werden. Dieser Ansatz geht über die häufig geforderte Beeinflussung anderer staatlicher Förderprogramme weit hinaus. Er macht letztenendes die Berücksichtigung von berechtigten Wünschen der Beschäftigten zum Einkaufsargument.
Für den Teilbereich technischer Entwicklung, der im Rahmen staatlicher Programme gefördert wird, muß präzisiert werden, wo und wann HdA-Erfahrungen berücksichtigt werden sollen. Ein Ziel muß sein, Spielräume für eine menschengerechte Gestaltung der Arbeit im Anwenderbetrieb zu vergrößern, jedenfalls nicht zu verkleinern. Z.B. sollten CNC-Maschinen eine Werkstattprogrammierung ermöglichen. Es liegt auf der Hand, daß solche Forderungen nicht schon in jeder Stufe des Innovationsprozesses erhoben werden können. Sie werden regelmäßig sinnvoll sein in der Stufe der Produkt- oder Verfahrensentwicklung selbst, unter Umständen auch in der Phase der vorangehenden Verlaufentwicklung.

Ein anderes Ziel sollte sein, die Chancen für einen präventiven Gesundheitsschutz rechtzeitig zu erkennen. Wenn es z.B. um neue Stoffe geht, müssen die Fragen nach möglichen Gefährdungen auch schon in früheren Phasen des Entwicklungs- und Innovationsprozesses, z.B. der angewandten Forschung, gestellt werden.

4 ABWEHR UND ABBAU VON BELASTUNGEN

Der Schutz der Gesundheit der Beschäftigten durch die Abwehr und den Abbau von Belastungen wird auch zukünftig im Mittelpunkt des HdA-Programm stehen.
Der Ausschuß für Forschung und Technologie des Deutschen Bundestages forderte 1984 die Bundesregierung auf, "für den Schutz der Gesundheit durch Abbau von Belastungen Langzeituntersuchungen zu initiieren". Der Bundesminister für Arbeit und Sozialordnung und der Bundesminister für Forschung und Technologie haben für die Thematik der arbeitsbedingten Erkrankungen einen besonderen Förderschwerpunkt gebildet (1), der dazu dienen soll,

" - die Zusammenhänge von Arbeitsbedingungen und Gesundheit interdisziplinär auf einer breiten methodischen Grundlage zu untersuchen sowie Indikatoren und eine betriebsnahe Epidemiologie zu entwickeln,
 - unter Berücksichtigung der betrieblichen Umsetzungsbedingungen praxisnahe Lösungen für einen betrieblichen Gesundheitsschutz zu entwickeln, die Arbeitgeber, Betriebsräte, Betriebsärzte, Fachkräfte für Arbeitssicherheit und Sicherheitsbeauftragte in ihren Aufgaben unterstützen,
 - durch Untersuchungen zu Gefährdungs- und Belastungsbrennpunkten Forschungsinstituten, Unternehmen und Förderern Anstöße zu Forschungs- und Entwicklungsarbeiten zu vermitteln, wie diese Gefährdungen und Belastungen abgebaut werden können".

Für eine Beschreibung des derzeitigen HdA-Programms ist die Untergliederung in die großen Kapitel

- Schutz der Gesundheit durch Abwehr und Abbau von Belastungen,
- menschengerechte Anwendung neuer Technologien

sinnvoll und zweckmäßig. Es gibt aber eine Reihe von Berührungspunkten: In traditionellen Branchen, wo es primär um den Abbau von körperlichen Belastungen und negativer Umgebungseinflüsse ging, werden zunehmend neue Technologien eingesetzt, z.B. Einsatz von Computer Aided Design in Gießereien. Durch Verbesserungen im betrieblichen Arbeitsschutz könnte der Gesundheitszustand der Beschäftigten verbessert und damit die Zahl der Beschäftigten verringert werden, die aus arbeitsmedizinischen Gründen an ihren bisherigen Arbeitsplätzen nicht mehr eingesetzt werden dürfen. Diese Zahl schlägt sich in den Kosten eines Unternehmens genauso wieder wie die Unfallzahlen.

5 UMSETZUNG

Der Gesprächskreis HdA fordert im Zusammenhang mit Innovation (5):

"Eine stärkere und umfassendere Umsetzung von Forschungs- und Entwicklungsergebnissen ist anzustreben. Dies setzt eine entsprechende Struktur der Projektorganisation ebenso voraus wie eine Identifizierung von Umsetzungshemmnissen. Ebenso ist die Multiplikatorenfunktion von Umsetzungsträgern zu stärken und die volle Breite aller Umsetzungspfade zu nutzen ...". (These 18)

Konsequenterweise bedeutet dies, daß die Fördermaßnahmen von den Problemstellungen der Beschäftigten bei Innovation und Arbeitsschutz her konzipiert werden müssen. Von den Problemstellungen führt der Weg zu den Zielgruppen, die Entscheidungen treffen oder vorbereiten, dann zu den Organisationen, die Zugang zu diesen Zielgruppen haben.

Ergänzend zu den Umsetzungsmechanismen im Arbeitsschutzsystem (Gewerbeaufsicht, Berufsgenossenschaften) haben bislang schon beispielsweise Gewerkschaften, Verbände der Wirtschaft und Fachverbände ihre Zielgruppen in den Betrieben kontinuierlich über die neuen Erkenntnisse zur Humani-

stärker als bisher auch andere Informationskanäle bereits existierender Organisationen (z.B. RKW, REFA, Berater der Industrie- und Handelskammern, Träger der Aus- und Weiterbildung) genutzt werden, um die vielfältigen Informationen dezentral unter den verschiedensten Gesichtspunkten der Nachfrage verfügbar zu machen.
Diese Zielsetzung macht es erforderlich, in die Umsetzung alle relevanten national und international verfügbaren FuE-Ergebnisse und Betriebserfahrungen einzubeziehen, nicht nur diejenigen, die im HdA-Programm gewonnen wurden.

Wenn man Umsetzung im HdA-Programm von dem Bedarf bei den jeweiligen Zielgruppen her versteht, bedeuten Umsetzungsvorhaben nichts anderes als die Entwicklung und Erprobung von neuen Dienstleistungsangeboten der Gewerkschaften, Verbände etc.. Hierzu sind in der Regel gezielte Methodenentwicklungen und organisatorische Erprobungen innerhalb der jeweiligen Organisation erforderlich, die mit erheblichen Risiken behaftet sind und daher der zeitlich begrenzten Förderung bedürfen.

Für alle Umsetzungsträger gilt, daß Wissensdefizite, die bei der Umsetzung bereits vorliegender FuE-Ergebnisse offenbar werden, zur Anregung weiterer FuE-Vorhaben oder Förderschwerpunkte führen sollten. Damit schließt sich der Kreis.

SCHRIFTTUM

1. Bundesminister für Arbeit und Sozialordnung/Bundesminister für Forschung und Technologie: Förderschwerpunkt Arbeitsbedingungen und Gesundheit, Bonn 1985

2. Bundesminister für Forschung und Technologie: Förderschwerpunkt Büro und Verwaltung, Bonn 1984

3. Bundesminister für Forschung und Technologie: Förderschwerpunkt Produktion, Bonn 1984

4. Bundesminister für Forschung und Technologie: Förderschwerpunkt Gießereiindustrie, Bonn 1984

5. Bundesminister für Forschung und Technologie (Hrsg.): Wechselwirkung von "Humanisierung des Arbeitslebens" und Innovation, Bonn 1984

6. Bundesminister für Forschung und Technologie: Förderschwerpunkt Schmiedeindustrie, Bonn 1985

7. Bundesminister für Forschung und Technologie: Förderschwerpunkt Straßengüterverkehr, Bonn 1985

8. Bundestagsdrucksache 10/16, Bericht der Bundesregierung zur Planung für die Weiterentwickung des Programms "Humanisierung des Arbeitslebens", Bonn 1983

9. Bundestagsdrucksache 10/2748, Beschlußempfehlung und Bericht des Ausschusses für Forschung und Technologie zu der Unterrichtung durch die Bundesregierung - Drucksache 10/16 -, Bonn 1985

10. H.P. Lorenzen: Effektive Forschungs- und Technologiepolitik - Abschätzung und Reformvorschläge, Frankfurt und New York 1985

11. R.R. Nelson/S.G. Winter: An Evolutionary Theory of Economic Change, Cambridge (Mass.) and London 1982

Menschen · Arbeit · Neue Technologien　　**1. Halbtag**

Technologiepolitik und
internationale Entwicklungen

Anforderungen des Technologietrends an Forschung und Industrie

H.-J. Bullinger

Anforderungen des Technologietrends an Forschung und
Industrie

von H.-J. Bullinger

1   Einführung

Die Geschichte der Industrialisierung weist eine Reihe von Technisierungsschüben auf (vgl. /1/). Bild 1 deutet einige dieser Innovationen an: die Dampfmaschine, das Fließband, Mechanisierung und Automatisierung in ihren verschiedenen Formen und schließlich die modernen rechnergestützten Betriebsmittel. Ungefähr parallel dazu gab es immer Ansätze zur Organisation der Arbeit wie z.B. von Taylor, Mayo oder Herzberg.

Diese Parallelität legt nahe - und Forschung und Praxis wissen dies sehr wohl - daß die industrielle Arbeit nicht nur von der Technik bestimmt wird. Dieser Aspekt erscheint mir wichtig, wenn wir uns die sehr schnelle Entwicklung der Leistungsfähigkeit, aber auch der Verbreitung rechnergestützter Betriebsmittel vergegenwärtigen. Als nur ein Beispiel hierfür sei der zunehmende Marktanteil an "kleiner" Rechner angeführt (Bild 2, vgl. /2/). Dabei stehen wir wahrscheinlich erst am Anfang einer längeren Entwicklung, wie sich z.B. aus der noch relativ geringen Marktausschöpfung bei Textsystemen erahnen läßt (Bild 3, vgl. /3/). Bei weiterer Standardisierung der Endgeräte und Übergabeprotokolle und bei weiterem Ausbau der öffentlichen Übertragungsnetze werden durch die lokale und öffentliche Vernetzung weitere Möglichkeiten geschaffen werden. Zu bedenken ist allerdings, daß diese Entwicklung nicht gleichmäßig über alle Unternehmen hinweg erfolgen wird. So zeigt z.B. eine Studie des IFO (zitiert nach /2/) (<u>Bild 4</u>) eine deutliche Differenzierung der erwarteten Beschäftigungsauswirkungen der Büromaschinen- und DV-Industrie nach den verschiedenen Branchen.

2 Problemfelder

Mit der Frage der Beschäftigungswirkungen neuer Technologien ist der Bereich der Problemfelder angesprochen, die mit ihrem Einsatz verbunden sind und die wesentliche Aufgabenstellungen für Industrie und Forschung in den nächsten Jahren darstellen werden.

Eines der gravierendsten Problemfelder ist sicher das der Beschäftigungswirkungen der neuen Technologien. Ich möchte hier nicht darüber rechten, welche Aufrechnung von positiven und negativen Arbeitsplatzeffekten für welchen Zeitraum stimmt. Wichtiger erscheint mir folgende Tatsache: In der Produktion und im Büro und Verwaltungsbereich können die neuen Technologien komparative Vorteile für die Kostenstruktur und die Handlungsfähigkeit der Unternehmen bringen. Wer sich diese Vorteile nicht verschafft, hat mit der Zeit wahrscheinlich Wettbewerbsnachteile. Das bedeutet, daß die allermeisten Unternehmen sich dem Trend der Technisierung gar nicht entziehen können, auch wenn sie dies wollten.

Leider ist es nun aber nicht so, daß der Technikeinsatz allein schon die erwünschten Vorteile bringt, genausowenig wie die Technik als solche zwangsläufig negative Auswirkungen mit sich bringt. Entscheidend ist, <u>wie</u> wir die Technik einsetzen und <u>wie</u> wir sie nutzen.

Dabei lassen sich folgende drei große innerbetriebliche Problemfelder formulieren (vgl. /3/):

1. Organisation des Technikeinsatzes:
   Angesprochen ist hier die Frage der Gestaltung des Technikeinsatzes im Rahmen des Gesamtgefüges und der Zielsetzungen des Unternehmens. Am Negativbeispiel: Die einfache Erstellung von Formularen für den Vertrieb auf einer modernen Workstation bringt wenig, wenn die Sachbearbeiter sie nach wie vor manuell ausfüllen müssen und wenn nach wie vor keine Abstimmung der Belange des Vertriebes mit den Liefermöglichkeiten der Produktion besteht.

2. Qualifikation beim Technikeinsatz:
   Sicher sind viele Softwareprodukte "geronnene" fachliche Qualifikation. Bei sehr vielen Einsätzen zeigt sich aber, daß - entgegen manchen Erwartungen - die fachliche Qualifikationen zum Teil sogar in höherem Maße benötigt werden als vorher und daß die gerätebezogenen Qualifikationen (z.B. Programmbedienung) u.U. dahinter zurücktreten.
   Am Beispiel: Bei einer Reintegration von Sachbearbeitertätigkeiten z.B. in der Versicherungswirtschaft, wie sie durch moderne I- und K-Techniken möglich wird, ist die erforderliche Breite der versicherungswirtschaftlichen Qualifikationen ein wesentlich größeres Problem als die Beherrschung der Geräte und Programme. Allerdings - und dies ist häufig ein Negativbeispiel - wird gerade dieser Bereich der fachlichen Qualifikation häufig sehr vernachlässigt. Dies gilt sowohl im Büro (Beispiel Textverarbeitung) als auch in der Produktion (Beispiel CNC und IR-Bedienung).

3. Einführung der Technik:
   Das erklärte Ziel der Einführung neuer Technologien, nämlich die Stärkung der Wettbewerbsfähigkeit (vgl. z.B. /3/, /4/) führt - verständlicherweise - zu Ängsten bei den betroffenen Mitarbeitern. Ängste führen zu Widerständen, Widerstände hemmen die Kooperation. Am Negativbeispiel: Die Belegschaft eines kleineren Betriebes benutzt die Rechnersteuerung eines neuen Hochregallagers einfach nicht, weil sie nicht in die Installation einbezogen wurde.

Ich habe die Problemfelder des Einsatzes neuer Technologien bisher aus dem Blickwinkel des Unternehmens geschildert.

Aber die Art der Problemfelder und der Beispiele machen deutlich, daß hiermit auch die Sicht der Mitarbeiter angesprochen ist:

o Wer arbeitet schon gern (und gut!) in einer disfunktionalen, chaotischen Organisation?

o Wer übernimmt gern Aufgaben, denen er eigentlich nicht gewachsen sein kann?

o Und schließlich möchte jeder Mitarbeiter gerne eine Perspektive haben, wie es beruflich mit ihm weitergeht.

Ich meine deshalb, daß gerade die Veränderungen, die mit dem Einsatz der neuen Technologien auf die Unternehmen zukommen, sowohl die Notwendigkeit als auch die Chance bieten, auf solche Belange der Mitarbeiter einzugehen. Dies deshalb, weil die Flexibilitätsbedürfnisse der Unternehmen sich häufig in den Qualifikationsanforderungen und Handlungsspielräumen der Mitarbeiter spiegeln.

3 Aufgabenfelder

Lassen Sie mich im folgenden anhand von Beispielen die genannten Problemfelder und damit wesentliche Aufgabenfelder für Forschung und Industrie etwas näher beleuchten und gleichzeitig Lösungsansätze andeuten.

3.1 Langfristkonzepte des Technikeinsatzes

Ähnlich wie man es in der Produktion schon kennt, muß man im Bereich Büro davon ausgehen, daß der Technikeinsatz in Phasen ablaufen wird (Bild 5 vgl. /5/). Grob läßt sich diese Entwicklung wie folgt umreißen:

o   In einer Startphase wird vor allem durch Informationsbeschaffung, aber auch an lokalen Installationen gelernt.

o   In einer Expansionsphase werden zunehmend Pilotanwendungen installiert, gezielte Planungen laufen an.

o   Es folgt eine Formalisierungsphase, die die Voraussetzung ist für die nachfolgende

o   Integrationsphase. Bei breiterem Einsatz verschiedener Techniken kommt es zur technischen und funktionalen Integration der einzelnen Komponenten.

o   In der nachfolgenden Reifephase wird die Technologie in ihrer vollen Komplexität eingesetzt aber auch beherrscht und benutzt. Die Dauer dieses Entwicklungsprozesses muß wohl zwischen ein und zwei Jahrzehnten angesetzt werden.

3.2 Informationsstrategie

Diese Perspektive deutet schon die Notwendigkeit dessen an, was wir die Informationsstrategie nennen. Die Verfügbarkeit präziser Informationen über das Unternehmen und seine Umwelt wird immer mehr zum Ertragsfaktor /6/. Gerade durch die Leistungsfähigkeit moderner Endgeräte, Server und Netze ist die Notwendigkeit und natürlich vermehrt die Möglichkeit zu einem gezielten Informationsmanagement gegeben. **Bild 6** skizziert die Struktur einer umfassenden Informations-Infrastruktur. Zweckmäßig kann es sein, eine eigene organisatorische Funktion "Informationsmanagement" einzuführen /7/.

3.3 Qualifikation

Das Thema Qualifikation ist wohl das schwierigste, da die Diskussion von Qualifikation immer auch die Diskussion von Personen bedeutet. Ein Qualifizierungsbedarf bei einer Umstellung konkretisiert sich in einem Personaleinsatzplan und in einem Schulungsplan. Beide Konzepte definieren die beruflichen Chancen von konkreten Personen.

Die zweite Schwierigkeit des Themas Qualifikation ist die der Personenabhängigkeit von Qualifizierungsmaßnahmen (vor allem durch die unterschiedlichen Lernvoraussetzungen). Nicht umsonst wird häufig die Frage nach der Teilnehmerselektion für Kursbesuche gestellt.

Die dritte Schwierigkeit ist die der Differenziertheit der Inhalte fachlicher Qualifizierungsmaßnahmen. Schon bei den gerätebezogenen Qualifikationen stellt nahezu jede Installation andere Anforderungen durch unterschiedliche Hardwarekonzepte und Softwarepakete.

Ein viertes Problemfeld im Bereich Qualifikation ist das der angemessenen Didaktik und Methodik. Die bisherigen Konzepte des Vormachens-Nachmachens sind an programmierbaren Betriebsmitteln nur sehr bedingt tauglich.

Daß diese Probleme bewältigbar sind, wenn man geeignete Konzepte und Methoden einsetzt, wird Ihnen im Verlauf der Tagung noch in einigen der Vorträge vorgestellt werden.

3.4 Einführungsstrategie

Die bisher angerissenen Aufgabenbereiche machen deutlich, daß man derartige komplexe Maßnahmen wie die längerfristige, großräumige Einführung neuer Technologien unter Berücksichtigung organisatorischer und personeller Maßnahmen nicht ohne und nicht gegen das Personal erfolgreich durchführen kann. Es kommt aller Erfahrung nach darauf an, von Anfang an eine konsequente Einführungs- und Informationsstrategie zu fahren. Diese Erkenntnis ist nicht neu; in den Sozialwissenschaften sind derartige Konzepte z.B. seit Jahrzehnten bekannt. Da in der Praxis leider immer noch viel gesündigt wird, möchte ich dennoch einige Leitlinien einer positiven Einführungsstrategie anführen. In <u>Bild 7</u> sind sie in der Form von 10 Geboten zusammengefaßt (vgl. /1/, /8/).

4 Schlußbemerkung

Die generelle Anforderung des Technologietrends an Forschung und Industrie ist die der sozialverträglichen Förderung der Wettbewerbsfähigkeit. Entschieden wird dies auf Herstellerseite bei der Produktgestaltung, auf Anwenderseite im Zusammenspiel von Organisation, Informationsstrategie und Qualifikationspolitik. Die konkrete Anforderung ist eine doppelte Entwicklung von grundlegenden Konzepten und von betriebsspezifischer Lösung. Die angedeuteten Beispiele zeigen auf beiden Linien auf, daß die Probleme lösbar sind.

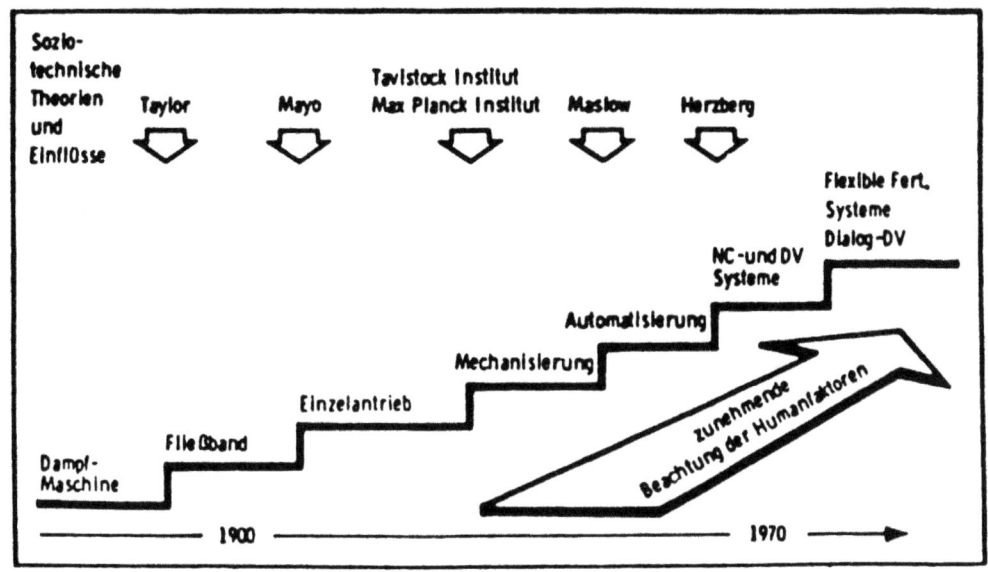

Bild 1: Technisierungsschübe und organisatorische Ansätze

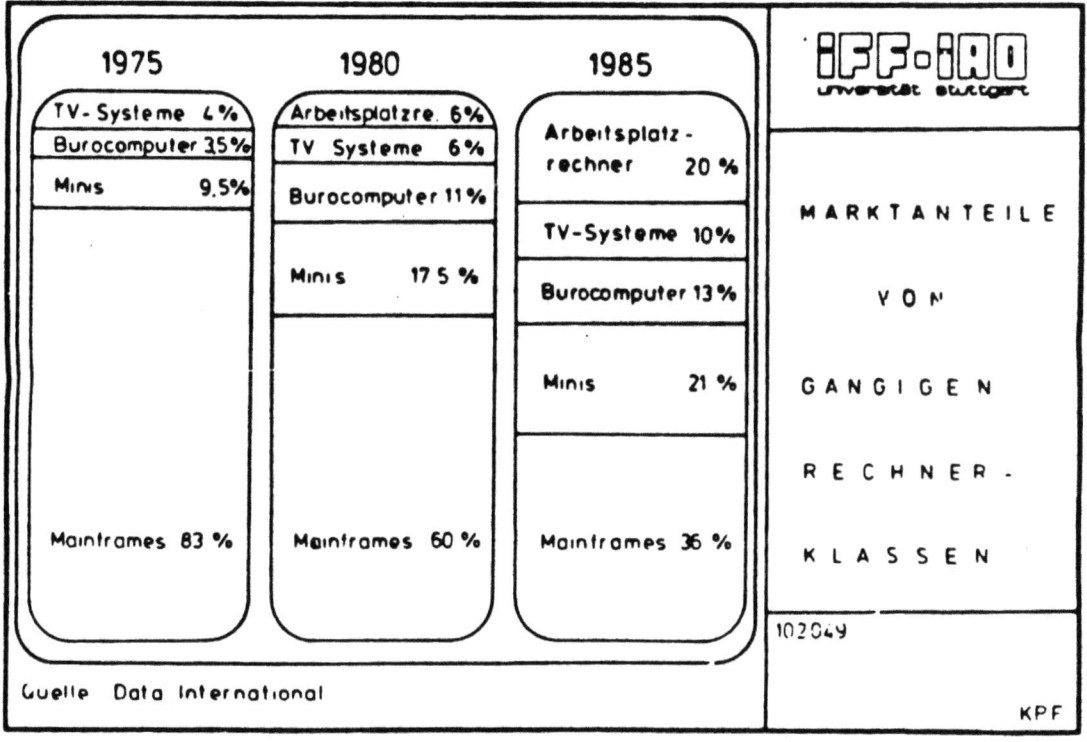

Bild 2: Marktanteile von gängigen Rechnerklassen

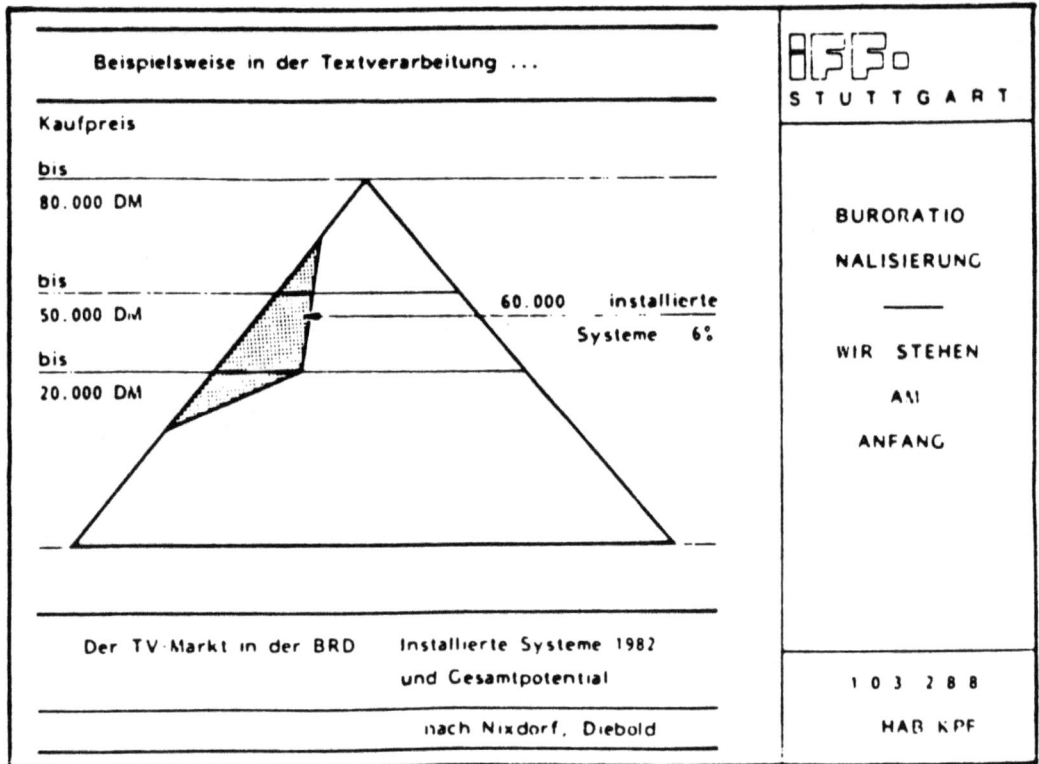

Bild 3: Bürorationalisierung - wir stehen am Anfang

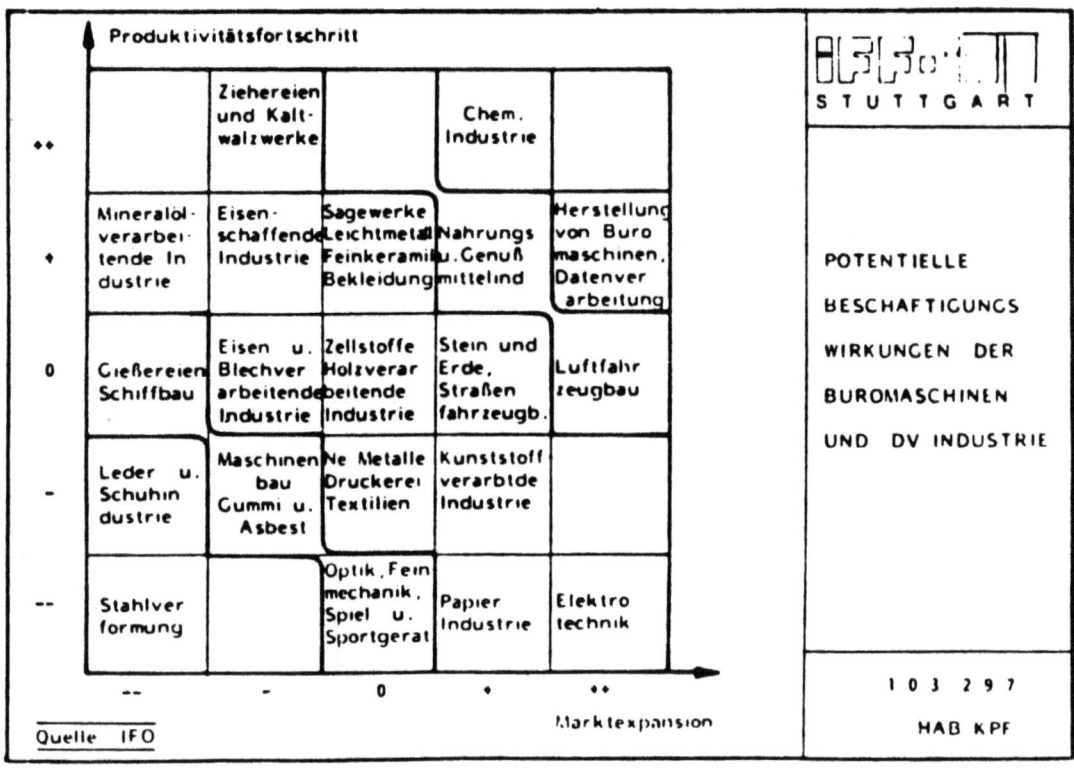

Bild 4: Potentielle Beschäftigungswirkungen der Büromaschinen- und DV-Industrie

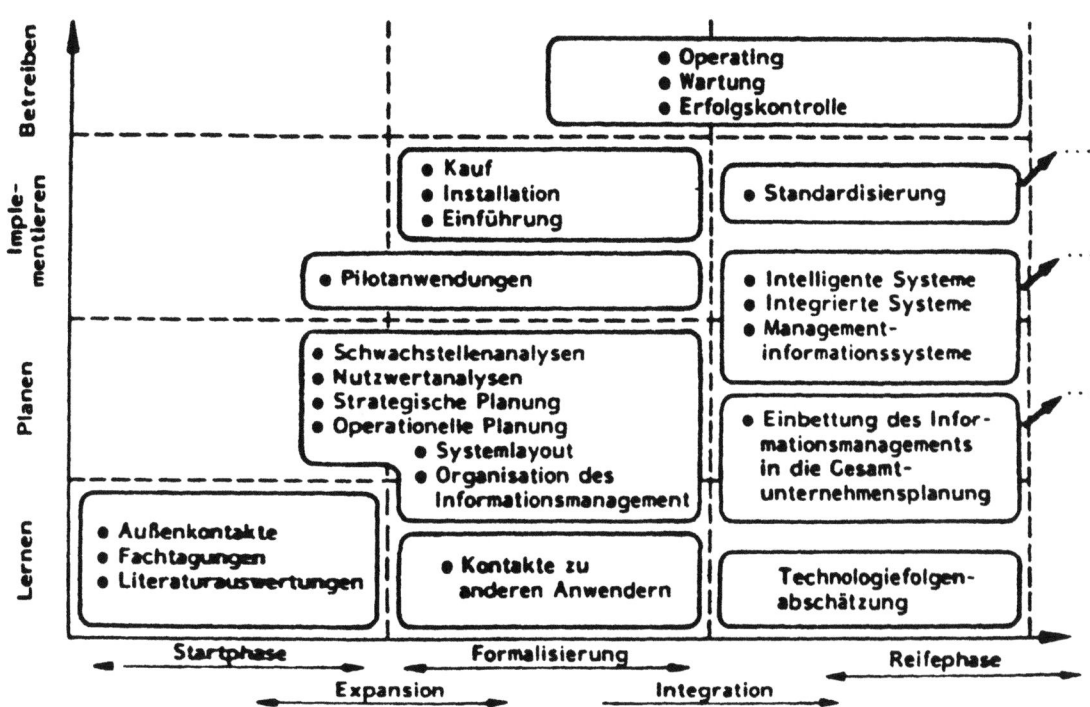

Bild 5: Bürorationalisierungssysteme: Vom Lernen zum Betreiben
- Phasen der Büroautomatisierung

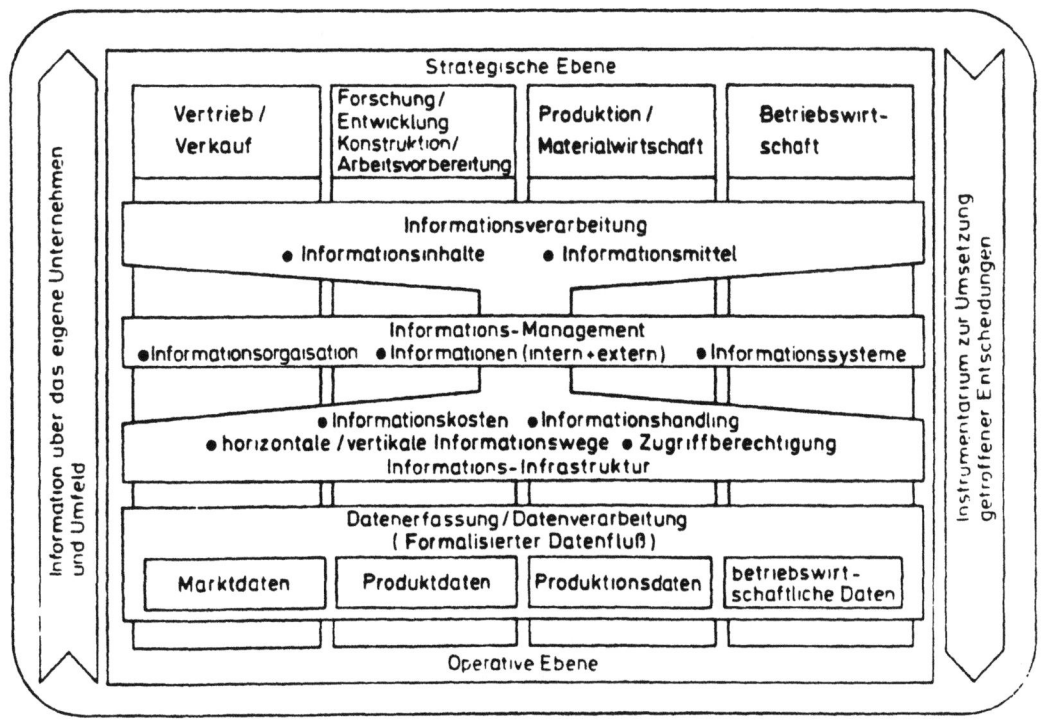

Bild 6: Organisiertes Informationsmanagement

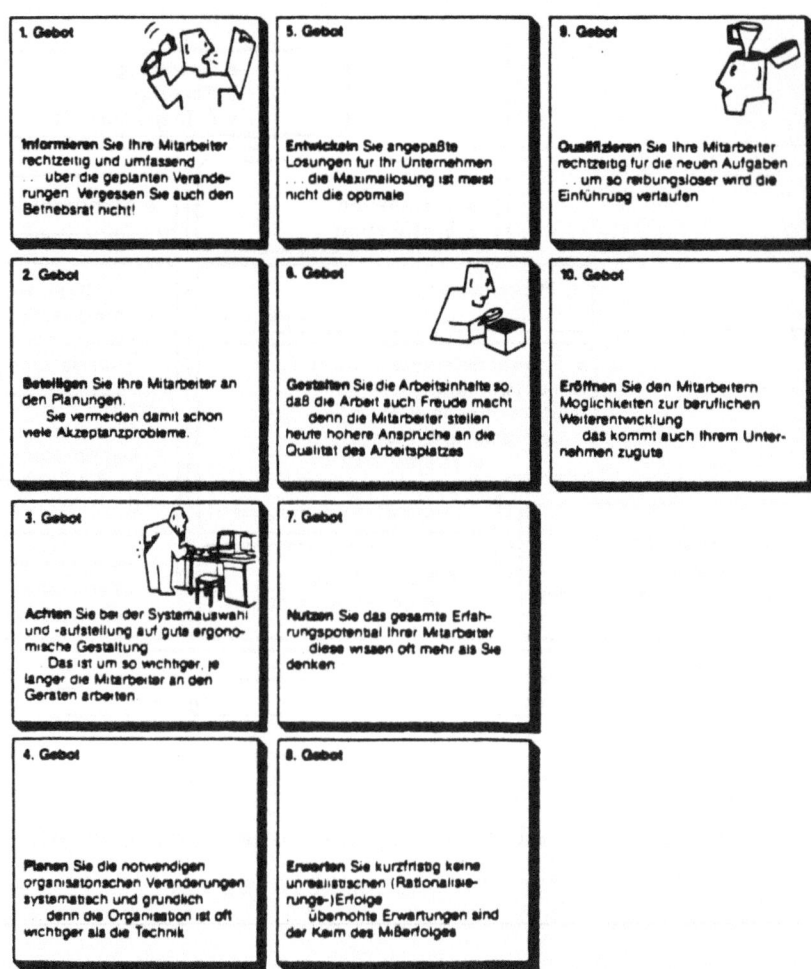

Bild 7: Die 10 Gebote zur Einführung neuer Technologien

Quellen

/1/ Bullinger, H.-J.: Auswirkungen neuer Technologien auf die Qualifikation unserer Mitarbeiter.
In: Luckmann, H.; Schart, D.; Sommer, K.-H. (Hrsg.): Technologieentwicklung und Ausbildung, Deugro Verlag Esslingen 1984

/2/ Bullinger, H.-J.: Wirkung der Büroautomatisierung auf die Freisetzung von Arbeitskräften, Sonderdruck des IAO, o.O., o.J.

/3/ Voegele, A. A.: Rationalisierung des Büros: Schwerpunkte der 80er-Jahre - Wo liegen die Hemmschwellen?
zfo, Heft 7/1984, S. 389 ff.

/4/ Bullinger, H.-J.: Rationalisierungspotential richtig erkennen. Technische Rundschau Nr. 12 vom 20. März 1984

/5/ Bullinger, H.-J.: Die Durchdringung der Unternehmen mit integrierten Bürosystemen - die Phasen der Bürorationalisierung, in: Bullinger, H.-J. (Hrsg.): Integrierte Bürosysteme, 3. IAO-Arbeitstagung 27./28. November 1984 in Stuttgart, Springer Verlag Berlin, Heidelberg, New York, Tokio, 1984

/6/ Bullinger, H.-J.: Informationsmanagement (I): Zuviele Daten, zu wenig Information. Management-Wissen 12/83.

/7/   Voegele, A.A.; Litke, H.-D.: Informationsmana-
              gement (II): Lotse und Steuermann.
              Management-Wissen 1/84

/8/   Bullinger, H.-J.: Organisation in der Krise,
              Office Management 11/83

| Menschen · Arbeit · Neue Technologien | 1. Halbtag |

Tendenzen der Technologieenwicklung
in Wirtschaft und Technik

Menschen · Arbeit · Neue Technologien

Tendenzen der Technologieentwicklung
in Wirtschaft und Technik

Tendenzen der technologischen Entwicklung und ihre Auswirkungen auf Industrie und Technik

H.-P. Stihl

Kurzfassung

Ein Industrieland wie die Bundesrepublik Deutschland braucht den technischen Fortschritt. Sonst kann sie den internationalen Wettbewerb nicht bestehen. Die moderne Verkehrs- und Kommunikationstechnik ermöglicht eine immer größere Transparenz der weltweiten Märkte. Auch dadurch wird die Konkurrenz schärfer.

Mikroelektronik, Datenverarbeitung und neue Informationstechniken liefern die Voraussetzungen für weitere Automatisierungsschritte in der Teilefertigung und bei Montagebändern unter gleichzeitiger Erhöhung der Flexibilität von Fertigungsanlagen. Rationalisierungsreserven, die im Produktionsablauf stecken, können erst dann voll ausgeschöpft werden, wenn alle Bereiche - von der Beschaffung über die Produktion bis zum Vertrieb - in ein flexibles Gesamtkonzept logistisch integriert werden. Durch automatisierte Fertigung wird gleichzeitig die Produktqualität - ein wichtiger Wettbewerbsfaktor - gesteigert.

Technischer Fortschritt verändert Arbeitsstrukturen und hat somit Auswirkungen auf Arbeitsplätze. Durch Automatisierung der Produktion und den Einsatz von Robotern werden einerseits Arbeitsplätze durch Maschinen ersetzt. Zur Bedienung und Steuerung der komplizierten modernen Fertigungsanlagen brauchen die Arbeitskräfte andererseits eine bessere Ausbildung, also eine höhere Qualifikation. Aus- und Weiterbildung werden in Zukunft einen noch höheren Stellenwert haben.

Die Folgen der technologischen Entwicklung für den arbeitenden Menschen müssen durch die Sozialpartner zusammen mit Staat und Regierung im Rahmen unserer Wirtschaftsordnung gemeinsam bereinigt, zumindest aber gemildert werden. Eine Ausdehnung der betrieblichen Mitbestimmung in Richtung Produktions- oder Investitionskontrolle ist dazu keine Lösung und wird von den Unternehmen nicht hingenommen.

1 Tarifpartner sind gefordert

Dieser internationale Kongreß steht unter dem Thema "Menschen . Arbeit . Neue Technologien'. Die Fachvorträge und Diskussionen der nächsten Tage werden durchweg das Verhältnis zwischen Technologie und arbeitenden Menschen behandeln. In meinem Referat über die 'Tendenzen der technologischen Entwicklung und ihre Auswirkungen auf Industrie und Technik' werden deshalb auch die Arbeitskraft und der Mitarbeiter eine entscheidende Rolle spielen. Für eine solche Akzentuierung spricht die Auswahl der Referenten dieser heutigen Vormittagsveranstaltung, die aus den Lagern der beiden Sozialpartner, den Arbeitnehmern und den Arbeitgebern, kommen. Nach mir redet Herr Janzen vom Vorstand der Industriegewerkschaft Metall, zuständig für deren Aktionsprogramm "Arbeit und Umwelt". Ich bin als Unternehmer Arbeitgeber, gleichzeitig als Vorsitzender des Verbandes der Metallindustrie Baden-Württemberg auch Verhandlungsführer bei Tarifverhandlungen mit der IG-Metall.

Jeder der beiden Sozialpartner muß in konstruktiver Kooperation seinen eigenen Beitrag dazu leisten, die Auswirkungen der technologischen Entwicklung auf die Arbeitsplätze zu bewältigen. Diese Aufforderung an beide Tarifpartner halte ich für so wichtig, daß ich sie bewußt an den Beginn meiner Ausführungen stellen möchte.

2 Technische Entwicklung und gesellschaftliche Veränderung: Aus der Geschichte lernen

Politische Systeme prägen eine Gesellschaft und verändern sie. Das lernte jeder von uns in der Schule. Daß Regierungswechsel zuweilen politische Wendemarken sind, steht tagtäglich in unseren Zeitungen. Jeder weiß auch: starke Persönlichkeiten bestimmen Richtungen und gesellschaftliche Entwicklungen. So ist der Name Ludwig Erhards untrennbar mit der Einführung der sozialen Marktwirtschaft in der Bundesrepublik Deutschland verbunden.

Die wenigsten von uns aber machen sich bewußt, daß bahnbrechende Erfindungen und technische Entwicklungen unsere Gesellschaft und unser Zusammenleben vielfach in weit größerem Maße als politische Einflüsse verändert, ja sogar umgewälzt haben.

Dies wird auch in Zukunft so sein. Denn: technischer Fortschritt bedeutet in der Regel Veränderung.

Ich möchte dazu einige wenige Beispiele in Erinnerung rufen. Der Bau einer "Dampfmaschine auf Schienen", der Lokomotive, im Jahre 1814 durch George Stephenson war der Beginn einer Revolutionierung des Verkehrs. Seither erleben wir auf diesem Sektor - von der Konstruktion der ersten elektrischen Lokomotive durch Werner Siemens im Jahre 1878 bis zum heutigen Hochgeschwindigkeitszug mit modernster Elektronik - ununterbrochen technischen Fortschritt. Denken Sie daran wie die Entwicklung des Autos - von der ersten Konstruktion Gottlieb Daimlers und Carl Benz' bis heute mit mancherlei Elektronik ausgerüsteten Kraftfahrzeugen - die Gesellschaft, ihre Bedürfnisse und Gewohnheiten verändert hat. Vergegenwärtigen Sie sich, wie Eisenbahn und Auto unsere gesamte Infrastruktur umgewälzt und wie sich dadurch die Verkehrszeiten verkürzt haben. Die Entdeckung der elektrischen Wellen durch Heinrich Hertz im Jahre 1886 hat inzwischen die Welt noch enger zusammengerückt. Ihre Anwendung in der drahtlosen Telegraphie, in der Rundfunktechnik und heute auch in der Satellitentechnik hat die Kommunikationsgewohnheiten der Menschen in andere Bahnen gelenkt. Hörfunk und Fernsehen haben ihr Freizeitverhalten entscheidend beeinflußt. In einem ganz anderen Bereich, der Landwirtschaft, ist die schwere körperliche Arbeit in wenigen Jahrzehnten weitgehend durch Maschinen erleichtert, gleichzeitig aber auch ganz erheblich rationalisiert worden. Wo heute zwei Arbeitskräfte einen großen Bauernhof bewirtschaften, waren früher zu bestimmten Jahreszeiten hunderte notwendig. Das Hauptprodukt meines eigenen Unternehmens die Kettenmotorsäge, hat beispielsweise - wenn auch in kleineren Dimensionen - die Arbeit des Holzfäller und des Waldarbeiters ziemlich "revolutioniert".

Solche technischen Entwicklungen haben dazu beigetragen, den Wohlstand zu erhöhen, den Lebensstandard zu steigern, Arbeitsplätze zu schaffen und die Arbeitsbedingungen zu erleichtern. Sie haben aber auch die Arbeitsplätze, Arbeits- und Produktionsstrukturen verändert. Häufig sind alte Arbeitsplätze weggefallen und neue an ihre Stelle gekommen. Berufe und Berufsbilder haben sich gewandelt. Die Qualifikationsanforderungen an die Arbeitskräfte sind gestiegen. Mit einem etwas überzeichneten, aber im

Kern richtigen Bild kann man sagen: In unserer klein gewordenen Welt ersetzt heute der Flugzeugpilot beim Brieftransport den Postkutscher zu Stephensons Zeiten.

Technische Entwicklungen lösen heute und auch künftig im Prinzip ähnliche Prozesse aus wie früher. Insofern können wir aus der Geschichte und aus den daraus gewonnenen Erfahrungen lernen.

3   Zeitalter der Mikroelektronik

Wir leben heute im Zeitalter der Mikroelektronik. Neue Informationstechniken werden eingeführt. Der Einsatz dieser verhältnismäßig neuen Techniken wird unsere Wirtschafts- und Arbeitswelt, die Industrie-, Beschäftigungs- und Produktionsstrukturen noch gewaltig verändern. Wir stehen hier erst am Anfang. Vielleicht übersteigen die künftigen Anwendungsmöglichkeiten der Mikroelektronik unsere heutige Vorstellungskraft. Soviel steht aber fest: Die Mikroelektronik und die Computertechnik eröffnet neue Chancen für Automatisierung und Rationalisierung in den Unternehmen, den Betrieben und der Verwaltung. Die Unternehmen müssen diese Chance nutzen. Sonst können sie über kurz oder lang im harten internationalen Wettbewerb nicht mehr bestehen. Dies gilt insbesondere auch für die Investitionsgüterindustrie der Bundesrepublik Deutschland, die hohe Exportanteile hat. Für die Sozialpartner - hier für die Metallindustrie und die Industriegewerkschaft Metall - heißt das: Sie müssen sich rechtzeitig auf diese Entwicklung einstellen. Sie müssen die Konsequenzen für Arbeitsplatz- und Arbeitszeitgestaltung, für Arbeitsmarktstruktur und Qualifikationsanforderungen an die Arbeitskräfte feststellen und die sich daraus ergebenden Probleme nach Möglichkeit bereits im Vorfeld tarifpolitisch aufarbeiten. Ich bin zuversichtlich, daß die Tarifpartner bei allen Interessengegensätzen im Stande sein werden, diese Aufgabe einer Lösung zuzuführen. In dieser Auffassung werde ich auch dadurch bestärkt, daß immer mehr besonnene Gewerkschaftsführer öffentlich bekunden, technologische Entwicklungen hätten ihre Eigendynamik, ließen sich nicht aufhalten und deshalb könne man sich ihnen nicht entgegenstemmen. "Maschinenstürmerei" ist bei ihnen immer weniger gefragt. Sie wissen, daß nur Unternehmen mit international wettbewerbsfähigen Produkten auf die Dauer sichere Arbeitsplätze bieten. Und sie

4 Technologische Entwicklung von heute und morgen in ihrer Auswirkung auf Industrie und Technik

4.1 Ausgangspunkt: Eigene Erfahrungen

Ich möchte nun zunächst erläutern, welche technologischen Tendenzen aus meiner Sicht für die Unternehmen und Betriebe der verarbeitenden Industrie, insbesondere der Investitionsgüterindustrie, gegenwärtig bestehen oder in nächster Zeit zu erwarten sind. Bei der Komplexität dieser Materie kann es sich dabei nur um Stichworte handeln. Naturgemäß gehe ich dabei von den Erfahrungen in meinem eigenen mittelständischen Maschinenbauunternehmen aus, das weltweit über 5.000 Beschäftigte zählt und einen Jahresumsatz von etwa 1 Milliarde DM erzielt.

Der Ausgangspunkt meiner Überlegungen ist der weltweite Wettbewerb. Durch die moderne Nachrichten- und Verkehrstechnik sind die Märkte immer enger zusammengerückt. Sie sind durch die heutigen Kommunikationsmöglichkeiten transparenter geworden. Dadurch hat sich aber der Wettbewerb erheblich verschärft. Wir müssen auf den Märkten deshalb heute schneller reagieren und absatzorientierter produzieren. Die Konkurrenz zwingt uns zu Kostensenkungen und zu Qualitätsverbesserungen bei unseren Erzeugnissen. Das heißt: Wir müssen in Beschaffung, Produktion und Verkauf flexibler werden, gleichzeitig nach Kosteneinsparungen suchen und die Qualität unserer Produkte ständig verbessern. Dazu brauchen wir neue Verfahrens- und Ablauftechniken. Und diese liefern uns die genannten neuen Techniken.

Bei STIHL haben wir auf diese Anforderungen zunächst mit der Einführung von typflexiblen Montagesystemen für Motorsägen und mit verketteten Automatisierungsschritten in der Teilefertigung (z. B. Kurbelgehäusebearbeitung, Kurbelwellenfertigung) reagiert. Dabei haben wir in der Teilefertigung selbstverständlich CNC-gesteuerte Maschinen eingesetzt und wenden neuerdings auch CAD in der Konstruktion an. Bei der von der Kongreßleitung eingeplanten Besichtigung bei STIHL, die am Schlußtag dieses Kongresses stattfindet, können Sie sich über diese Systeme in allen Einzelheiten informieren.

STIHL wird auch künftig den eingeschlagenen Weg weitergehen. Wir werden die Produktionsverfahren und die Ablaufprozesse weiter flexibilisieren und rationalisieren. Dabei werden wir auch die Beschaffungs- und Absatzorganisation einbeziehen. Auf unserem Lieferantentag 1985, an dem 200 Vertreter unserer Hauptlieferanten teilnahmen, habe ich dazu folgendes erklärt: 'Wenn wir nur unsere Produktionsstrukturen flexibler gestalten, bleiben wir auf halben Wege stehen. Die Rationalisierungsreserven, die in einem flexiblen Produktionsablauf stecken, können erst dann voll ausgeschöpft werden, wenn alle Bereiche - von der Beschaffung über die Produktion bis zum Vertrieb - in ein flexibles Gesamtkonzept logistisch integriert werden. Für den Materialbereich heißt das: Verringerung der Materialflußzeiten im Betrieb und Minimierung der Materialbestände, um die Kapitalbindung im Materialbereich drastisch zu senken. Um unsere Wettbewerbsfähigkeit zu erhöhen, müssen wir unser im Betriebsvermögen gebundenes Kapital vom Umlaufvermögen auf das Anlagevermögen umschichten. Das heißt: in die Rationalisierung und Automatisierung der Beschaffungs-, Produktions- und Versandanlagen stecken. Wir glauben, daß wir durch die konsequente Nutzung der modernen Datenverarbeitungs-, Informations- und Kommunikationstechniken diese Unternehmensziele verwirklichen können. Die Effizienz unseres Logistik-Konzepts hängt dabei aber auch davon ab, ob unsere Hauptlieferanten über eine entsprechende logistische Leistungsfähigkeit verfügen.'

4.2 Technologische Tendenzen, Auswirkungen auf Industrie und Technik

Thesenartig lassen sich die technologischen Tendenzen in Fertigungsbetrieben der verarbeitenden Industrie wie folgt beschreiben:

4.2.1 Die Produktion wird flexibler werden. Um wirklich effektiv zu sein, sollte sie in ein System integriert werden, das Entwicklung, Konstruktion, Fertigung und Qualitätssicherung 'verkettet'. Darüber hinaus müssen Beschaffung, Materialdurchfluß und Absatzseite in das Logistiksystem einbezogen werden, wenn alle Möglichkeiten der neuen Techniken rationell ausgeschöpft werden sollen.

4.2.2 Auf Markteinflüsse müssen die Unternehmen heute flexibler reagieren können als früher. Solange Produkte über einen längeren Zeitraum unverändert hergestellt werden konnten, haben starre Fertigungsstraßen mit hohem Automatisierungsgrad Kostenvorteile gebracht. Heute erlaubt die Technik immer kürzere Umrüstzeiten bei flexiblen Fertigungssystemen und verkürzt damit die 'unproduktiven' Stillstandszeiten von Fertigungsanlagen. Außerdem wird es in absehbarer Zeit möglich sein, vollautomatisch auf neue Werkstücke und Bearbeitungsaufgaben umzurüsten. Vielleicht sollte man in diesem Zusammenhang erwähnen, daß die deutschen Maschinenbauer in Entwicklung und Bau von Sensoren, insbesondere bei optischen Sensoren, führend in der Welt sind.

4.2.3 Der Einsatz von Robotern und überhaupt die Automatisierung wird in der Teilefertigung leichter und häufiger sein als bei Montagebändern. Dies auch deshalb, weil die Automatisierung des sogenannten Umfeldes relativ teuer ist. Dennoch wird es in absehbarer Zeit vollautomatisierte typflexible Montagebänder geben. Allerdings wird es kaum zur menschenleeren Fabrik kommen. Die eingesetzten Arbeitskräfte werden aber eine größere Verantwortung und deshalb eine höhere Qualifikation haben müssen.

4.2.4 Für den Wettbewerb entscheidend ist, daß durch automatisierte Fertigung die Qualitätsstabilität verbessert wird. Auch den steigenden Anforderungen an die Präzision der Herstellung kann man dadurch eher entsprechen. Die Unfall-, Fehler- und Ausschußquoten sinken. Dies und der verminderte Bedarf an Fertigungspersonal wirken sich positiv auf die Lohnstückkosten aus. Im April dieses Jahres haben die bedeutendsten fünf wirtschaftswissenschaftlichen Institute der Bundesrepublik Deutschland in ihrem Frühjahrsgutachten festgestellt, daß die Lohnstückkosten in der Bundesrepublik wieder steigen. Für ein Hochlohnland, das ohnehin mit seinen Lohnstückkosten in der Weltspitze liegt, verschärft dies den Zwang zur Rationalisierung. Zum Beispiel durch den Einsatz von Mikroelektronik, neuen Informationstechniken, CNC - gesteuerten und verketteten Maschinen und Anwendung von CAD in der Konstruktion.

4.2.5 Es wird geschätzt, daß 50 % der Arbeitsplätze in der mechanischen Fertigung, die heute von direkt oder indirekt in diesem

Bereich beschäftigten Arbeitskräften besetzt sind, bis zum Jahre 2000 durch Maschinen, Automaten bzw. Roboter ersetzt werden. Selbstverständlich geschieht das nicht in allen Fertigungsbereichen im gleichen Umfang. Der Rationalisierungsgrad wird schwanken, zum Teil höher oder niedriger sein. In meinem Unternehmen wurde beispielsweise in einem Teilbereich der Gehäusebearbeitung mit einer kapitalintensiven Maschinenkonfiguration (Posalux) ein relativ hoher Rationalisierungsgrad erzielt. Für die 1985 geplante Produktionsmenge hätte die alte Fertigungsstruktur 21 Arbeitskräfte erfordert, die Posalux dagegen braucht dazu noch 8 Arbeitskräfte.

Durch die Anwendung neuer technischer Möglichkeiten fallen in der Produktion zwar Arbeitsplätze weg; sie sind meist mit un- oder angelerntem Personal besetzt. In anderen Bereichen dagegen – zum Beispiel beim Engineering, in der Entwicklung und bei der Datenverarbeitung – entsteht neuer, allerdings auch qualifizierterer Arbeitskräftebedarf. Wir können auch davon ausgehen, daß in Zukunft durch neue Märkte und neue Produkte zusätzliche Arbeitsplätze angeboten werden.

4.2.6 Im Ergebnis wird in der Fertigung künftig mit wesentlich weniger Arbeitskräften ein höherer Produktionsausstoß erzielt. Dieses Resultat hat aber seinen Preis: Die dafür notwendigen Investitionen sind kapitalintensiv. Sie lohnen sich nur, wenn die Anlagen auch ausgenutzt werden und das dafür erforderliche Fachpersonal zur Verfügung steht. Der Notwendigkeit verstärkter Anlagennutzung steht die Tatsache gegenüber, daß die tatsächlichen Arbeitszeiten und damit auch die in der Regel damit verbundenen betrieblichen Nutzungszeiten in den letzten Jahrzehnten immer mehr zurückgingen. Dazu kommt, daß die tatsächliche durchschnittliche Jahresarbeitszeit in der Bundesrepublik Deutschland niedriger liegt als in den anderen wichtigen Industrieländern. Die durchschnittliche tarifliche Arbeitszeit sank bei uns seit 1960 um 20 bis 25 %, der durchschnittliche Jahresurlaub hat sich in derselben Zeit von 15 auf 30 Tage verdoppelt.

Hier entstanden gegenläufige Trends. Deshalb muß im Interesse der internationalen Wettbewerbsfähigkeit der deutschen Industrie die persönliche Arbeitszeit der Beschäftigten von der betrieblichen

Nutzungszeit entkoppelt werden. Ein erster Schritt dazu ist mit dem nach 7-wöchigem Arbeitskampf erzielten Tarifkompromiß getan, der in gewissem Umfang flexiblere Arbeitszeiten zuläßt. Bis zu einem gewissen Grad kann heute auch die Technik zu einer Entkoppelung beitragen, wenn beispielsweise Automaten in Überlappungszeiten zwischen Pausen oder Schichtwechseln ohne Überwachung durch Arbeitskräfte weiterlaufen.

5 Beschäftigungs- und tarifpolitische Konsequenzen aus Unternehmenssicht

Die konjunkturell bedingte Arbeitslosigkeit wird meiner Auffassung nach durch die strukturelle überlagert. Dabei ist die derzeitige Arbeitslosigkeit in der Bundesrepublik in zweifacher Hinsicht ein Strukturproblem. Erstens haben wir krisenhafte Erscheinungen struktureller Art in einigen Branchen. Dazu gehören die Stahlindustrie, die Werften und die Bauwirtschaft. Außerdem wirken sich in gesunden Wirtschaftszweigen technologische Entwicklungen auf den Arbeitsmarkt aus. In beiden Fällen tragen generelle Arbeitszeitverkürzungen mit vollem Lohnausgleich, wie sie die Gewerkschaften nach wie vor fordern, nichts zur Lösung der Arbeitslosigkeit bei.

Die technologische Entwicklung schlägt sich bereits jetzt und auch künftig in doppelter Weise auf dem Arbeitsmarkt nieder. Sie verlangt für den Einsatz der neuen Techniken qualifiziertere, besser als bisher ausgebildete Arbeitskräfte, die heute noch nicht in ausreichendem Maße vorhanden sind. Es fallen aber dadurch auch Arbeitsplätze weg und zwar durchweg im wenig qualifizierten Bereichen. Aber gerade darin, also bei un- und angelernten Arbeitskräften, ist die Arbeitslosigkeit besonders hoch. Die Probleme der Arbeitslosigkeit werden sich deshalb für Un- und Angelernte noch verstärken, wenn nicht eine gezielte Arbeitsmarktpolitik betrieben wird. Dafür gibt es drei Möglichkeiten: 1. Das vorhandene Arbeitsvolumen für weniger qualifizierte Arbeitskräfte muß auf eine größere Zahl von Beschäftigten dieser Qualifikation verteilt werden. Das heißt die tägliche Arbeitszeit für diese Gruppe müßte gesenkt werden. Oder: 2. Es müssen für diese Beschäftigten in anderen (Wirtschafts-) Bereichen - z. B. bei Dienstleistungen - zusätzliche Arbeitsplätze geschaffen werden.

Und 3. Staat, Wirtschaft und Tarifpartner sorgen für eine berufliche Weiterbildung dieser Beschäftigtengruppen, damit sie höherwertige Arbeitsplätze ausfüllen können. In diesem Zusammenhang ist kaum etwas dagegen einzuwenden, wenn die 5 wirtschaftswissenschaftlichen Institute in ihrem diesjährigen Frühjahrsgutachten feststellen: 'Mit stärkerer Lohndifferenzierung entstünden erhöhte Anreize zur beruflichen Qualifikation durch Erwerb von Kenntnissen und Fertigkeiten, mit der die Beschäftigungschancen von der Angebotsseite am Arbeitsmarkt her verbessert werden. Eine wichtige Voraussetzung zur Überwindung struktureller Arbeitslosigkeit.' Die Politik der Lohnnivellierung, die die IG-Metall in den 70-er Jahren betrieben hat, rächt sich jetzt bitter.

Ohne berufliche Weiterbildung werden künftig auch die qualifizierten Arbeitskräfte nicht auskommen. Heute muß jeder lebenslang lernen. Die Facharbeiter müssen in den Betrieben z. B. vertraut gemacht werden mit CNC, CAD, CAM, flexiblen Fertigungssystemen und Industrierobotern. Bei der Facharbeiter<u>aus</u>bildung ist es unabdingbar, daß Kenntnisse in moderner Produktions- und Prozeßtechnik sowie in Informations- und Kommunikationstechnik vermittelt werden. Schon in der Ausbildung müssen die Grundlagen für die spätere kontinuierliche Weiterbildung gelegt werden.

Mit neuen Fertigungsverfahren erhöhen sich nicht nur die Anforderungen an die fachliche Qualifikation. Es ändern sich auch die Arbeitsinhalte und die Arbeitsbedingungen. Der Trend geht weg von zu großer Arbeitsteilung im Taylor'schen Sinne. Moderne Fertigungssyteme sind so ausgelegt, daß der Mitarbeiter mehrere unterschiedliche Verrichtungen ausführt und die Arbeit damit abwechslungsreicher ist. Ich gehe davon aus, daß die Tarifpartner mit solchen Fragen konfrontiert werden.

Zur besseren Auslastung ihrer immer kapitalintensiveren Produktionsapparate, aber auch zur optimalen Anpassung an die Absatzmärkte brauchen die Unternehmen flexible Arbeitszeiten. Unterschiede zwischen Betriebsnutzungszeit und persönlicher Arbeitszeit werden zunehmend durch Freischichten abgegolten. Dadurch können zusätzliche Arbeitsplätze für Springer geschaffen werden. Besonders arbeitsmarktwirksam sind betriebliche Regelungen, die sich bei Einführung differenzierter Arbeitszeiten nach den am Arbeitsmarkt verfügbaren Arbeitnehmergruppen richten. Gesetzliche Regelungen, die wie das am 1. Mai 1985 in Kraft getretene Beschäftigungsförderungsgesetz die betriebliche Flexibilität erhöhen, verstärken diese Wirkung.

6 **Bemerkungen zu Positionen der Gewerkschaften**

Die Gewerkschaften haben sich nach meiner Beobachtung erst verhältnismäßig spät etwas intensiver mit den Auswirkungen der Mikroelektronik auf betriebliche Prozesse beschäftigt. Daß sie andere Lösungsansätze als die Unternehmen sehen, den Auswirkungen der technologischen Entwicklung zu begegnen, ist nicht verwunderlich. Sie vertreten andere Interessen. Dennoch gibt es heute einen Grundkonsens darüber, daß unsere Volkswirtschaft sich nicht ohne verheerende Folgen aus der technologischen Entwicklung ausblenden kann. Und auch in einigen Teilbereichen der gewerkschaftlichen Vorstellungen zur Beherrschung der Probleme sehe ich durchaus überbrückbare Gegensätze und Anknüpfungspunkte für einvernehmliche Lösungen. Selbstverständlich gibt es eine Vielzahl von Vorschlägen, die für Unternehmen nicht annehmbar sind und im Gegenteil entschieden zurückgewiesen werden müssen.

Welche unaufgearbeiteten Probleme für Gewerkschaften in der Thematik "Technischer Fortschritt" stecken, zeigt ein Zitat aus einem Beitrag des DGB-Vorsitzenden Ernst Breit für das Buch 'Schaffen wir das Jahr 2000'. Ich zitiere nach dem Handelsblatt vom 3.9.1984: "Zwischen den Heilslehren des Nullwachstums und der Glorifizierung der ungezügelten Marktkräfte, zwischen der rücksichtslosen Anwendung neuer Techniken, begleitet von beruhigenden Sonntagsreden, und blinder Maschinenstürmerei, begleitet von Kassandra-Rufen, müssen die Möglichkeiten einer Politik ausgelotet werden, die gewerkschaftlichen Zielen verpflichtet ist. Die Stichworte dafür lauten: Förderung des qualitativen Wachstums und soziale Beherrschung des technischen Wandels." Der Grundkonsens über die Notwendigkeit, am technologischen Fortschritt teilzunehmen, kommt beim Vorsitzenden der IG-Chemie, Hermann Rappe, besonders deutlich zum Ausdruck. In einem Gespräch mit der Zeitschrift 'Neue Gesellschaft/Frankfurter Hefte' zum Thema 'Verlierer und Gewinner. Neue Technologien, Arbeitnehmer und

Gewerkschaften' sagte Rappe u. a.: "Ich glaube, daß die Kraft der Volkswirtschaft von der weiteren technologischen Entwicklung abhängt. Und ich sehe keine Möglichkeit, sich aus der internationalen Konkurrenz dieser technologischen Entwicklung abzumelden. Wir dürfen es noch nicht einmal wollen. ..... Wir werden nur weiterexistieren und die Nase vorn behalten, wenn wir anderen Ländern in der technologischen Entwicklung einige Schritte voraus sind. ..... Jedenfalls wird die Chance der deutschen Volkswirtschaft in der Hochtechnologie liegen und nicht im Abbremsen der Technologie". Soweit Hermann Rappe. Und der zweite Vorsitzende der IG-Metall, Franz Steinkühler, äußerte sich in einem Referat an der Ruhr-Universität Bochum zum Thema 'Arbeitsgesellschaft im Umbruch' - abgedruckt in der Frankfurter Rundschau am 22. und 23.2.1985 - ähnlich, wenn auch mit anderer Diktion. Er sagte: "Der Einfluß neuer Technologien kostet Arbeitsplätze. Der Verzicht auf den Einsatz neuer Technologien kostet noch mehr Arbeitsplätze". Deshalb rücke immer stärker die Frage der Arbeitsplatzgestaltung beim Einsatz neuer Produktionstechnologien in den Vordergrund. Und dann weist Steinkühler auf das Aktionsprogramm des IG-Metall-Vorstandes "Arbeit und Technik - Der Mensch muß bleiben" hin. Darin sei festgestellt, es gehe im Interessenkonflikt mit den Arbeitgebern um die ökonomischen und sozialpolitischen Zielsetzungen des Technikeinsatzes und um die soziale Kontrolle der Technikfolgen. Der nachfolgende Redner, Karl-Heinz Janzen - im IG-Metall-Vorstand von Amts wegen mit dem genannten Aktionsprogramm befaßt -, wird dieses Programm und die Forderungen der IG-Metall sicher noch erläutern. Ich sagte schon vorher, daß die Arbeitgeber über manche Vorschläge mit sich reden lassen. Eine Mitbestimmung beim "Was, Wofür und Wie der Produktion" ist in unserer Wirtschaftsordnung schlechterdings aber nicht möglich. Denn in dieser Formulierung steckt die Forderung nach Produktions- und Investitionskontrolle.

7   Technologische Entwicklung nutzen

Daß die Technik dem sozialen Fortschritt dient, ist durch die Geschichte hinlänglich bewiesen. Jede technologische Entwicklung verändert die Wirtschafts- und Beschäftigungsstruktur. Die eine mehr, die andere weniger. Die **Auswirkungen** solcher Strukturverschiebungen für die arbeitenden **Menschen** müssen durch die

Sozialpartner zusammen mit Staat und Regierung bereinigt, zumindest aber gemildert werden. Dies kann jedoch nur im Rahmen unserer Wirtschaftsordnung, der sozialen Marktwirtschaft, geschehen. Dabei ist auch in Rechnung zu stellen, daß die deutsche Industrie infolge ihrer hohen Exportanteile sich einem zunehmenden schärferen Wettbewerb stellen muß. Ihre Wettbewerbsfähigkeit ist schon heute eingeschränkt durch starre gesetzliche Regelungen der Arbeitsbedingungen und Arbeitsverhältnisse. Vor allem gesetzlich festgelegte Lohnnebenkosten treiben die Lohnkosten in die Höhe und tragen ihren Teil zu unseren zu hohen Lohnstückkosten bei. Die Vorteile, die unsere Gesellschaft, die Wirtschaft und die Arbeitnehmer aus technologischen Entwicklungen ziehen, dürften nicht dadurch wieder verschenkt werden, daß die Unternehmen bei den notwendigen Veränderungen ihrer Struktur in ein unbewegliches Korsett gezwängt werden. Die Einführung neuer Technologien muß ihnen vielmehr mehr Flexibilität in allen Bereichen bringen.

Menschen · Arbeit · Neue Technologien

Tendenzen der Technologieentwicklung
in Wirtschaft und Technik

Tendenzen der technologischen Entwicklung und ihre Auswirkungen auf die Beschäftigten

K.-H. Janzen

1. NEUE TECHNOLOGIEN BRINGEN NEUE PROBLEME

"Maschinen wollen sie - uns Menschen nicht", so hieß das Ergebnis einer Bestandsaufnahme der IG Metall zur Rationalisierung in der Metallindustrie, die wir 1982/83 in 1.100 Betrieben durchführten. Der Einsatz verschiedener EDV-Systeme - insbesondere von Betriebsdatenerfassung - war in Betrieben aller Größenklassen relativ weit fortgeschritten; kapitalintensive Automatisierungstechniken - wie flexible Fertigungszellen und -systeme - waren erst in einigen Großbetrieben zu finden; und auch der Einsatz von Rechnern zur Unterstützung der Konstruktion, zur Planung und Steuerung von Fertigungsabläufen und Materialbewegungen konzentrierte sich auf Großbetriebe. Nahezu alle Betriebsbereiche waren allerdings Ziel von Rationalisierungsmaßnahmen, wobei der weniger spektakuläre, eher unsichtbare und schleichende technisch-organisatorische Wandel - in der Gestalt neuer Organisationsformen, in der Verwendung neuer Werkstoffe und Verbindungstechniken, in kontinuierlichen technischen Veränderungen - eine nicht unerhebliche Rolle spielte.[1] Generell überwog die technisch-organisatorische Reorganisation und Automatisierung einzelner Betriebsbereiche; integrierte computergestützte Rationalisierungsstrategien waren nur vereinzelt vorhanden. Trotz des vielfältigen Nebeneinanders von überkommenen wie neuen Automatisierungstechniken und Rationalisierungsmethoden war deutlich, daß wir an der Schwelle zum massenhaften Einsatz neuer Technologien sowie am Beginn integrierender Strategien der bislang vereinzelt eingesetzten Technologien standen.

Wir wissen heute - zwei Jahre danach - daß dieser Prozeß offensichtlich mehr Zeit beansprucht, als die Protagonisten der menschenleeren Fabrik gemeinhin als notwendig ansehen und mittelmäßig informierte Besucher der Hannover-Messe vermuten würden; wir wissen aber auch, daß das "technisch Machbare" trotzdem einen erheblichen Vorsprung hat vor der Entwicklung von betrieblich, tarifvertraglich und politisch wirksamen Instrumenten zur sozialen Regulation und Steuerung dieses Prozesses.

Um einige Beispiele zu nennen: Ende 1983 waren in der Bundesrepublik ca. 600 CAD-Systeme im Einsatz.[2] Inzwischen hat die indirektspezifische Förderung von CAD/CAM im Rahmen des Programms "Fertigungstechnik" kleine und mittelständisch strukturierte Maschinenbauunternehmen als Anwender erschlossen: Mehr als 1.200 Fördermaßnahmen - fast ausschließlich im Organisationsbereich der IG Metall - wurden bewilligt. Damit wird nicht nur die Diffusion von CAD sprunghaft beschleunigt, sondern auch die "Schleuse" für integrierte, weit in die Arbeitsvorbereitung und Produktion hineinwirkende Rationalisierungsstrategien geöffnet. Damit sind eine Fülle neuer Probleme aufgeworfen. Es wird zwar immer von der "Gestaltbarkeit" neuer Technologien philosophiert, das "Gestaltungswissen" bleibt aber - obwohl das Humanisierungsprogramm zehn Jahre besteht, weit hinter diesem Anspruch zurück. Während noch an Fragen des "Belastungsabbaus" bei computergestützter Konstruktion laboriert wird (ohne damit die Dringlichkeit solcher Forschung in Frage stellen zu wollen), steht eigentlich die Forderung, komplexe Gestaltungsansätze zu entwickeln, die in gleicher Weise Belastungsausgleich, zumutbare Leistungsanforderungen, Qualifikationserweiterung und Kompetenzförderung umfassen, auf der Tagesordnung. Vor ungelösten Problemen stehen wir auch bei der beginnenden Montageautomation. Allen Prognosen zufolge werden im nächsten Jahrzehnt hunderttausende von Arbeitsplätzen gering qualifizierter Beschäftigtengruppen - insbesondere die von Frauen - durch Arbeitsplatzvernichtung und weitere Dequalifizierung betroffen sein. Ersatzarbeitsplätze für Frauen sind nicht in Sicht; die Suche nach Gestaltungsalternativen hat gerade erst begonnen.

Beispiele für Defizite einer humanen und sozialverträglichen Arbeits- und Technikgestaltung ließen sich beliebig fortsetzen. Insbesondere die beginnende Integration einzelner Technologien zu komplexen produktions- wie informationstechnologischen Systemen stellt uns vor neue Probleme: Die arbeitsorganisatorischen Gestaltungsspielräume verengen sich. Gestaltungskonzeptionen, die für einzelne Technologien entwickelt wurden, greifen nicht mehr. Arbeitsgestaltung kann nur noch systembezogen, das heißt zugleich abteilungs- und verschiedene Beschäftigtengruppen überschreitend durchgesetzt werden. Dabei sind nicht einmal die Probleme gelöst, die Rationalisierung und technischer Wandel schon seit Jahren mit sich bringen:

Es zeigt sich die Tendenz zur beträchtlichen Verschlechterung der Arbeitsqualität. Zwar ist hervorzuheben, daß Automatisierung viele

körperliche Belastungen beseitigt hat. Das heißt aber noch lange
nicht, daß die traditionellen Gesundheitsbelastungen im Betrieb
verschwunden sind. Trotz großer Fortschritte, die die Gewerkschaften
bei der Verbesserung der Arbeitsbedingungen durchsetzen konnten,
bestätigen die tagtäglichen Erfahrungen der Arbeitswelt, daß nach
wie vor Millionen Arbeitnehmer belastenden und gesundheitsgefährden-
den Arbeitssituationen ausgesetzt sind. Arbeitsunfälle und Berufskrankheiten bilden nur die Spitze des Eisbergs. Zahlreiche sich über-
lagernde und verstärkende Belastungsfaktoren führen zu einem teils
schleichenden, teils rapiden Gesundheitsverschleiß der Arbeitnehmer.
Das Spektrum reicht von Befindlichkeitsstörungen über arbeits-
bedingte Erkrankungen und Frühinvalidität bis zum vorzeitigen Tod.
Die volkswirtschaftlichen Kosten solcher Gesundheitsvergeudung hat
die Allgemeinheit zu tragen. Zu dem Fortbestand konventioneller
Gesundheitsbelastungen summieren sich jene, die mit dem Einsatz
neuer Technologien verbunden sind. Gesundheitsgefahren an ergonomisch ungünstigen Bildschirmarbeitsplätzen; Streß durch Unterforderung an inhaltsleeren Restarbeitsplätzen; Streß durch Überforderung an den "Schaltstellen" computergestützter Produktion; von jeg-
licher Kommunikation isolierte Arbeitsplätze; Intransparenz der
Arbeitsprozesse und die damit einhergehenden Unsicherheiten; umfassende Leistungs- und Verhaltenskontrollen der Arbeitnehmer durch
neue Technologien sind hierzu Stichworte.

Herausragende Probleme sehen wir vor allem in den wachsenden Kon-
trollpotentialen neuer Technologien. In dem Maße, wie immer zeit-
aktuellere Systeme der Betriebsdatenerfassung, Produktionsplanung
und Fertigungssteuerung dem betrieblichen Management immer genauere
Daten für die Planung von Produktionsprozessen und Arbeitsabläufen
zur Verfügung stellen, werden selbst solche Arbeiten durchleuchtet,
die sich bislang - zumeist begründet durch spezialisiertes Fach-
und Erfahrungswissen - weitgehend der Kontrolle und Planbarkeit ent-
zogen. Zusammen mit der umfassenden Speicherung von Fachwissen und
Arbeitserfahrungen der Belegschaften erlaubt der aktuelle Zugriff
auf Personal- wie Produktionsdaten eine gewaltige Zentralisierung
von Macht- und Entscheidungskompetenzen beim Management und verschiebt die mühsam gefundene Balance im Kräfteverhältnis der
Betriebs- und Tarifvertragsparteien zugunsten der Arbeitgeber.

Jüngstes Beispiel für die Aushöhlung von Mitbestimmungsrechten und
Datenschutz ist die Ausgrenzung der Datenverarbeitung bei der Adam
Opel-AG und deren Übertragung auf die General Motors-Tochter EDS.
Werden dort erst einmal die Informationen zentralisiert und die
Rationalisierungs- und Automatisierungskonzepte entworfen, gehen
die Einflußmöglichkeiten der Betriebsräte auf die Auslegung der
Produktions- und Arbeitsprozesse wie Arbeitsplätze faktisch gegen
Null. Es wird nicht nur schwieriger werden, die "offizielle" Informationsverpflichtung der Unternehmensleitung über geplante Rationalisierung einzuklagen, auch die "informellen" Informationsquellen
- Gespräche und Beobachtungen darüber, was sich im Betrieb tut -
gehen verloren. Der Aufbau gewerkschaftlicher Gegenpositionen zur
unternehmerischen Rationalisierungspraxis wird dadurch mehr als
erschwert.

Für die Entwicklung von Qualifikationsanforderungen läßt sich keine
einheitliche Richtung angeben: Fest steht allerdings, daß die Versprechen, Automatisierung würde von monotoner und von zermürbender
Arbeit befreien und die Chance eröffnen, sich sinnvoller, kreativer
und intellektueller Tätigkeit zuzuwenden, für keine Beschäftigtengruppe eingelöst werden. Die Erfahrungen mit dem Einsatz von Rechnern,
Robotern oder Prozeßdatenverarbeitung widerlegen solche Versprechungen für die Mehrzahl der Anwendungsfälle. Das gilt nicht nur für
gering oder auf mittlerem Niveau qualifizierte Anlerntätigkeiten,
die zumeist auf letzte, aus technischen oder ökonomischen Gründen
noch nicht automatisierbare Restarbeiten degradiert werden, sondern
im wachsenden Maße auch für qualifizierte und hochqualifizierte Tätigkeiten von Facharbeitern und technischen Angestellten, wie Beispiele
in der automatisierten Produktion, in Entwicklungsabteilungen und
Konstruktionsbüros zeigen. In welchem Ausmaß Qualifikationen entwertet werden und neue Anforderungen an Bedeutung gewinnen, variiert
selber für die einzelnen Berufsgruppen erheblich. Insbesondere bei
den Facharbeitern zeigt sich eine ungleiche Entwicklung: Teils wird
Produktionsfacharbeit auf das Niveau mehr oder weniger komplexer
Anlernarbeit reduziert, teils entwickelt sich Facharbeit zu einer
"qualifizierten Automationsarbeit", bei der Kenntnisse, Dispositionsvermögen und planerische Intelligenz der Facharbeiter systematisch
genutzt werden. Noch stärker als die Facharbeiter sind Techniker und
Ingenieure mit neuen Anforderungen konfrontiert. Trotz teilweiser

Tendenzen hin zu einer Neu- oder Andersqualifizierung gilt jedoch, daß unternehmerische Rationalisierungspraxis vielfach jene Qualifikationen und Kreativität zu zerstören droht, die wesentliche Grundlage betrieblicher Produktivität und Flexibilität sowie gesamtwirtschaftlicher Leistungs- und Wettbewerbsfähigkeit sind und die wir dringend für industrielle und gesellschaftliche Innovationsprozesse benötigen.

Eindeutig sind jedoch die beschäftigungspolitischen Folgen verschärfter Rationalisierung und des forcierten betrieblichen Technikeinsatzes: Jahre bevor die menschenarme Fabrik der Zukunft Wirklichkeit ist, vernichtet der technologische Wandel weitaus mehr Arbeitsplätze, als durch die Herstellung neuer Rationalisierungsinstrumente oder neuer - auf Mikroelektronik aufbauender - Produkte geschaffen werden. Technologisch bedingte Arbeitslosigkeit dürfte somit ein an Gewicht zunehmender Faktor strukturell bedingter Arbeitslosigkeit werden. Da auch die Dienstleistungsbereiche zunehmend vom technologischen Wandel betroffen sind, ist kaum auf ausgleichende Beschäftigungseffekte dieses Sektors zu hoffen.

2. NEUE TECHNOLOGIEN BIETEN ABER AUCH CHANCEN

Die skizzierten Entwicklungstendenzen sind kein zwangsläufiges Ergebnis des Einsatzes neuer Technologien, sondern Folge der sich vorherrschend durchsetzenden, tayloristisch orientierten unternehmerischen Rationalisierungspraxis. Bis auf den heutigen Tag sind Zukunftsvisionen überwiegend von der Vorstellung beherrscht, daß der Durchbruch zur vollautomatisierten Fertigung - je nach Branche und Art der Produktion - mehr oder weniger bald bevorstände. In der aktuellen, fast euphorisch geführten Diskussion um CIM, wird betont, daß sich dieser "hohen Schule der Integration" kaum ein Fertigungsbetrieb auf längere Sicht entziehen könne. [4] Dies erstaunt um so mehr, als parallel hierzu nicht nur beim "aufgeklärten" Management, sondern selbst bei vielen früheren Protagonisten der menschenleeren Fabrik heute eine Diskussion geführt wird, ob das "technisch Machbare" immer auch einem produktionstechnischen und ökonomischen Optimum gleichzusetzen sei. Horst Kern und Michael Schumann zeigen in ihrer neuen Studie "Das Ende der Arbeitsteilung?", daß sich solche Überlegungen bereits in neuen Produktionskonzepten niederschlagen. Ihren Befunden zufolge wird immer häufiger im Management erkannt, daß in einem ganzheitlichen Aufgabenzuschnitt Potentiale für die Flexibilität der Produktionsprozesse und die Qualität der Produkte liegen, daß Qualifikation und fachliche Souveränität von Arbeitern und Angestellten Ressourcen sind, die es verstärkt zu nutzen gilt. [5] Unseren Erfahrungen zufolge schlägt sich diese Auseinandersetzung um überkommene oder neue Konzepte vorerst lediglich in der vereinzelten Erprobung solcher Konzepte nieder: Insbesondere im Maschinenbau konkurrieren Positionen, die zentralistische, arbeitsteilige Einsatzbedingungen von CNC- und Rechnertechnologien propagieren, mit Positionen, die dezentrale Einsatzbedingungen sowie die Sicherung von Qualifikation und Arbeitsautonomie der Facharbeit - zum Beispiel durch Werkstattprogrammierung - bevorzugen. In der Automobilindustrie ist - vor allem an kapitalintensiven Anlagen - mit der Stoßrichtung der Störungs- und Stillstandsvermeidung, die Herausbildung von integrierten Aufgaben der Anlagenführung und -überwachung, aber auch die Übertragung von qualitätssichernden Arbeiten und Nacharbeitsfunktionen auf Produktionsarbeiter zu beobachten.

Eindringlich sei jedoch davor gewarnt, von solchen Managementinitiativen per se die Durchsetzung humaner, mit den Interessen der Arbeitnehmer übereinstimmender Arbeitsanforderungen zu erwarten: Die Mehrzahl der Arbeitnehmer - auch in der Automobilindustrie und im Maschinenbau - arbeitet weiterhin unter tayloristisch geprägten Produktions- und Arbeitsbedingungen. Neue Produktionskonzepte werden lediglich in einer verschwindenden Minderheit der Betriebe praktiziert. Und selbst dort betreffen sie zumeist nur ausgewählte Produktionsbereiche bzw. Belegschaftsgruppen. Hinzu kommt ein weiterer Aspekt: Die in den neuen Produktionsformen angelegten Möglichkeiten zur Erweiterung von Qualifikationen, von individuellen und kollektiven Handlungsspielräumen werden zumeist durch neue Formen der Leistungsintensivierung konterkarriert. Ergebnis sind dann steigende Qualifikationsanforderungen bei verschärfter Gesamtbelastung - wohl kaum eine humane Alternative. Erschwert wird eine dauerhafte Qualifikationserweiterung auch durch die Tatsache, daß die von den Betrieben bereitgestellten Qualifizierungsmaßnahmen, die den Einsatz neuer Technologien und Arbeitsformen begleiten, bis auf wenige Ausnahmen in quantitativer wie qualitativer Hinsicht mehr als unzureichend sind. Die Folgen unzureichender Qualifizierung haben die Arbeitnehmer dann mit verschärften psychisch-nervlichen Belastungen, Leistungsüberforderung, dem Empfinden subjektiven Versagens zu tragen.

Gleichwohl steht fest: Während der tayloristisch geprägte Rationalisierungstyp in der Regel mit wachsenden Arbeitsbelastungen, erhöhter Kontrolle, verringerten Arbeitsinhalten und - für die meisten Betroffenen - Dequalifizierung einhergeht, bieten die neuen Produktionskonzepte Chancen für eine Gestaltung der Arbeit, die auf breiterer Ebene Qualifikationen erhalten und fördern kann. Wir wenden uns allerdings mit aller Entschiedenheit dagegen, daß Unternehmer und ihre Verbandsfunktionäre diese Befunde mißbrauchen, um ihre bisherige Rationalisierungspraxis als "immer schon human und sozialverträglich" zu legitimieren und unsere gewerkschaftlichen Warnungen vor verschlechterter Arbeitsqualität und Qualifikationsverschleiß zu diskreditieren. Mit aller Deutlichkeit sei noch einmal gesagt: Die quantitative Reichweite neuer Produktionskonzepte ist bislang sehr begrenzt; die qualitative Reichweite berechtigt bislang nicht, von tatsächlich qualifikationsfördernder und humaner Arbeitsgestaltung zu sprechen. Da sind die Autoren übrigens nicht anderer Meinung als wir, auch wenn sie etwas überzogen vom "Paradigmenwechsel" betrieblicher Arbeitspolitik, verstanden als Abkehr vom Taylorismus, und von einer "Reprofessionalisierung" der Produktionsarbeit sprechen. [6] Die Chancen, die neue Produktionskonzepte bieten, müssen zweifellos im Rahmen gewerkschaftlicher Strategien aufgegriffen werden, um sie ihrer restriktiven Elemente zu entledigen und offensiv voranzutreiben. Um sie von ihren doppelbödigen Wirkungen zu befreien, muß auf eine Vielzahl unternehmerischer Entscheidungen Einfluß genommen werden: Das heißt, Arbeitsorganisation, Leistungsanforderungen, Belastungsregulation, qualifizierungsmaßnahmen, Besetzungszahlen an automatisierten Anlagen, Beteiligungsrechte betroffener Belegschaftsgruppen sowie die Mitbestimmung der Betriebsräte sind in Betriebsvereinbarungen oder tarifvertraglich festzuschreiben. Dies wird ein schwieriger Prozeß sein. Denn gewerkschaftliche Erfahrungen zeigen, daß eine Position, die über die bloße soziale Abfederung von kapitalbestimmten Interessen hinausweist, auf

vielfältige und schwer überwindbare Barrieren stößt: Selbst der
Anspruch, eine Arbeits- und Technikgestaltung im Sinne der neuen
Produktionskonzepte durchzusetzen, stößt bei den "Traditionalisten"
im Management - offensichtlich mittel- und längerfristigen Kapital-
interessen entgegen - auf entschiedenen Widerstand. Das sieht bei
den Protagonisten neuer Produktionskonzepte nicht anders aus, wenn
es um Forderungen geht, die auch nur tendentiell ihren "Modernisie-
rungscharakter" sprengen. So steht die gewerkschaftliche Forderung
nach tarifvertraglich vereinbarten Arbeits- und Leistungsbedingun-
gen im Tabukatalog der Arbeitgeber obenan. Die Forderung, Gestal-
tungskriterien - zum Belastungsausgleich, zur Verhinderung von Lei-
stungs- und Verhaltenskontrollen, zur Qualifikationsförderung -
beim Einsatz neuer Technologien in Betriebsvereinbarungen festzuschreiben, provoziert in vielen Fällen Einigungsstellenverfahren
und Rechtsstreitigkeiten.

Trotzdem: Wenn die heute technisch machbare Entwicklung hin zur
menschenarmen Fabrik ökonomisch und sozial nicht in einer Sackgasse
enden soll, ist es höchste Zeit, andere Entscheidungsprioritäten
- nämlich humane Produktionskonzepte und gesellschaftlich nützliche
Innovationen - zur Sicherung der Beschäftigung und zur betrieblichen
wie gesellschaftlichen Gestaltung technologischen Wandels durchzusetzen. Dieser Anspruch ist kein "Nein" zu neuen Technologien, sondern ein engagiertes Plädoyer für ein qualitativ anderes Rationali-
sierungskonzept, das nicht nur auf den Einsatz flexibler Technologien, sondern auch und vor allem auf die Qualifikation, die Kreativität und die Innovationsfähigkeit von Arbeitnehmern und Belegschaften setzt.

3. IG METALL TRITT FÜR EIN QUALITATIV ANDERES RATIONALISIERUNGSKONZEPT EIN

Mit unserem Aktionsprogramm "Arbeit und Technik - Der Mensch muß
bleiben" erheben wir diesen Anspruch zum politischen Programm:

- Gefordert wird eine offensive Gestaltungspolitik. Die so vielzitierte "Gestaltbarkeit" neuer Technologien soll in den Betrieben
  eingeklagt werden. Ziel ist es, arbeitsorientierte statt kapitalintensive Lösungen sowie Alternativen der Arbeitsgestaltung und

der Technikauslegung durchzusetzen, die den Menschen als Menschen im Produktionsprozeß belassen, bei Arbeitsbedingungen, die Selbständigkeit, Kommunikation, Qualifikation und Kreativität erfordern. Mit Beispielen - zur Werkstattprogrammierung und zu dezentralen Steuerungskonzeptionen, zum Belastungsabbau beim Einsatz der verschiedensten Technologien, zu Mischarbeitsplätzen zwischen Textverarbeitung und Sachbearbeitung - soll den Arbeitnehmern vor Augen geführt werden, daß menschengerechte, sozial und ökologisch verträgliche Formen der Arbeits- und Technikgestaltung "machbar" sind. Wir werden in den nächsten Wochen und Monaten Arbeitnehmer, Vertrauensleute und Betriebsräte in einer breit angelegten Qualifizierungskampagne für diese Aufgabe befähigen.

- Gefordert wird ein umfassender vorbeugender Gesundheitsschutz im Betrieb. Unsere Forderung "Arbeit darf nicht krankmachen" gewinnt trotz negativer Folgen von Wirtschaftskrise und neuer Gefährdungen durch die technologische Entwicklung zunehmend Mobilisierungskraft. Das gilt vor allem für die gefährlichen Arbeitsstoffe, die Leistungsbegrenzung durch gewerkschaftliche Arbeitszeitpolitik, aber auch für die Auseinandersetzung um sinnvolle und qualifizierte Arbeitsinhalte. Das macht uns Mut, uns in dieser Frage stärker auf die eigene Kraft zu besinnen. Mit Schwerpunktkampagnen werden wir in den Betrieben und in der Öffentlichkeit auf alte wie neue Verschleißarbeitsplätze, auf gesundheitsgefährdende Arbeitsbedingungen aufmerksam machen. Wir wollen in dieser Frage eng mit den Arbeitswissenschaften und der Arbeitsmedizin zusammenarbeiten. Wir drängen jedoch darauf, daß die Arbeitnehmer in diesen Erfahrungsprozeß stärker einbezogen werden, daß die Entwicklungen der psychosomatischen Medizin, der Streßforschung und der Sozialepidemiologie dabei Berücksichtigung finden. Um diesen Prozeß voranzubringen, haben wir selbst beim Projektträger "Humanisierung des Arbeitslebens" Projekte beantragt, die uns helfen sollen, vorliegende Erkenntnisse in die betriebliche Praxis umzusetzen. Dabei geht es uns auch um einen anderen zentralen Aspekt: Die Verknüpfung von Arbeitsschutz und Umweltschutz. Gefährliche Stoffe, die die Gesundheit der Arbeitnehmer gefährden, belasten in der Regel auch die Umwelt. Deshalb gilt für uns zukünftig: So selbstverständlich wie die Marktanalyse vor der Einführung eines neuen Produktes steht, so selbstverständlich muß vor dem Einsatz eines neuen

Arbeitsstoffes eine Gefährdungsanalyse stehen.

- Zwar wird überall die Bedeutung von Qualifizierung beim Einsatz neuer Technologien betont, aber langfristige Qualifizierungsplanung, verbunden mit einer systematischen vorausgreifenden Qualifizierung der Beschäftigten fehlt in der Regel. Dabei stellt eine breite Anhebung des Qualifikationsniveaus eine Investition dar, mit der die Innovations- und Wettbewerbsfähigkeit der Betriebe verbessert werden kann. Damit wird langfristig eine Politik der Beschäftigungssicherung möglich, deren Hauptträger qualifizierte und kreative Beschäftigte sind. Es waren in der letzten Zeit insbesondere gewerkschaftliche Vertrauensleute und Betriebsräte, die mit Arbeitskreisen und Konzepten für "alternative Produktion" - das heißt, für gesellschaftlich nützliche Produkte - auf den Widerspruch aufmerksam machten, daß einerseits industrielle Substanz geopfert und vernichtet wird - qualifizierte Belegschaften, Maschinenparks und Betriebsstätten zerschlagen werden - weil kein Markt mehr da ist, andererseits aber Neugründungen im Bereich der Hochtechnologie gefordert und gefördert werden. Für uns ist die volkswirtschaftlich und sozial sinnvollste Neugründung die Umstrukturierung und Diversifikation des Produktangebots bestehender Betriebe. Insoweit ist Qualifizierung ein Element aktiver Strukturpolitik, einmal, um gering qualifizierte Beschäftigtengruppen zu schützen und auf neue Anforderungen vorzubereiten; zum anderen, um die Innovationsfähigkeit von Belegschaften für neue Produkte zu steigern. Qualifizierung hat deshalb unter Gestaltungs- wie Schutzaspekten ihren Stellenwert: Gefordert wird demzufolge breite Qualifizierung für alle, insbesondere für bislang benachteiligte Beschäftigtengruppen. Qualifizierung schützt sie vor weiterer Dequalifizierung - eventuell vor Arbeitsplatzverlust - und erhöht ihre Chance, auf Arbeitsplätze mit umfassenderen Qualifikationsanforderungen versetzt werden zu können. Ziel der offensiven Qualifizierungspolitik - die nach dem "Verursacherprinzip" bei den Unternehmern einzuklagen ist - ist die fachlich wie sozial kompetente Bewältigung der Herausforderung technisch-organisatorischen Wandels.

- Gefordert wird eine erweiterte Mitbestimmung der Arbeitnehmer und ihrer Interessenvertreter bei der Planung und Einführung neuer denn die betriebsverfassungsrechtliche Mitbestimmung reicht bei weitem nicht aus, die skizzierten Ansprüche und Forderungen zwingend durchzusetzen. Konsequenz ist für uns einmal, politisch auf eine Ausweitung der Mitbestimmung bei der Planung und Einführung neuer Technologien zu drängen, ist zum anderen, durch eine Politik des "auf die eigene Kraft besinnen", das heißt, durch Mobilisierung von Betroffenen und betrieblichen Interessenvertretern, Mitbestimmungsmöglichkeiten faktisch auszuweiten, um bereits in der Entwurfs- und Planungsphase neuer Technologien Einfluß nehmen zu können im Sinne einer humanen und sozialverträglichen Arbeits- und Technikgestaltung. Denn relevante Eckdaten der Arbeitsgestaltung und Technikauslegung werden mit der Investitionsentscheidung vorbestimmt. Die Auswahl der Technologien, die Auslegung ihrer technisch-organisatorischen Einsatzbedingungen, die Festlegung von Automatisierungsgrad, Arbeitsteilung und Arbeitsorganisation bestimmen letztlich den Handlungsspielraum, der für humane Gestaltung verbleibt.

Wir glauben, mit unseren auf den Betrieb bezogenen Aktivitäten auch politisch wirksam werden zu können: Wenn auf breitester Front in den Betrieben humane und sozialverträgliche Arbeits- und Technikgestaltung eingeklagt und durchgesetzt wird, wenn menschengerechte Arbeitsbedingungen und -techniken in den Betrieben mit dem Druck von Belegschaften nachgefragt werden, dann stellt das eine nicht zu unterschätzende "Marktmacht" dar, die auch überbetrieblich Wirkungen zeigen wird und zeigen soll, zum Beispiel bei den Herstellern von Hard- wie Softwarekomponenten neuer Technologien; bei der Entwicklung neuer Technologien im Forschungsprozeß; aber auch bei der Durchsetzung von tarifpolitischen wie von technologie-, industrie-, struktur- und wirtschaftspolitischen Forderungen der Gewerkschaften. So läßt sich zeigen, daß die "akzeptanzgefährdende" Diskussion der Gewerkschaften um gesundheitsfährdende Wirkungen von Bildschirmarbeitsplätzen Folgen hatte für eine ergonomisch bessere Gestaltung der Bildschirme durch die Hersteller. Bildschirmgeräte haben heute international gesehen ein "Gütesiegel, wenn sie die Feuertaufe des deutschen Marktes bestanden haben - und sie verkaufen sich: menschengerechte Arbeitssysteme sind in vielen Fällen auch wettbewerbsfähiger." [7]

Die hier angeführten, im Aktionsprogramm angelegten Strategien
reichen weit über die Handlungsspielräume hinaus, in denen sich neue
Produktionskonzepte und durch die Unternehmer initiierte arbeitsgestaltende Maßnahmen bewegen. Weil sie in die Strukturen der viel-
zitierten "unternehmerischen Entscheidungsfreiheit" eingreifen, ist
mit erheblichem Widerstand der Kapitalseite zu rechnen. Andererseits
verweisen die Widersprüche und Schwachstellen hochtechnisierter
Produktion darauf, daß das Kapital - gerade im Interesse der Sicherung traditioneller Wettbewerbsfaktoren der deutschen Wirtschaft -
immer wieder auf Zugeständnisse an die Qualifikation und Flexibilität menschlicher Arbeit angewiesen bleibt. Gerade weil ein Großteil
der bestimmenden Wettbewerbsfaktoren nicht nur Kosten, sondern
Qualität, Innovation, Termintreue, flexible Angebote und anderes
mehr sind, geht es zukünftig um die Synchronisation von technischem
Wandel mit sozialem Wandel. Die IG Metall hat hierzu mit ihrem
Aktionsprogramm ein Angebot vorgelegt.

4. WIR FORDERN EINE SOZIAL UND ÖKOLOGISCH VERTRÄGLICHE "MODERNISIERUNGSPOLITIK"

An den arbeitsplatzvernichtenden Wirkungen neuer Technologien kann
auch eine breitere Durchsetzung humaner Produktionskonzepte nur wenig
ändern. Selbst wenn man in Rechnung stellt, daß arbeitsorientierte
Lösungen realisiert werden, können damit die enormen Produktivitäts-
effekte der heute zum Einsatz kommenden Technologien nicht aufgefan-
gen werden. Die traditionellen Kompensationsmechanismen sind seit
Jahren nicht mehr wirksam. In der Vergangenheit lösten im Zuge des
wirtschaftlichen Wachstums Wachstumsbranchen stagnierende und
schrumpfende Sektoren ab. Dieser Strukturwandel verlief zwar nie
völlig reibungslos, aber solange sich immer wieder neue Produktionsbereiche auftaten, ließ sich steigende Produktivität auch in Mengen-
wachstum umsetzen. Weltweite Strukturveränderungen auf den Absatzmärkten lassen unseres Erachtens keine Hoffnung auf nennenswertes
Wachstum infolge der Erschließung neuer Wachstumsfelder oder von
Exportoffensiven zu. Die ungünstigen Absatzerwartungen veranlassen
zudem die Investoren - wenn überhaupt investiert wird - Rationalisie-
rungsinvestitionen den Erweiterungsinvestitionen vorzuziehen. Damit
öffnet sich die Produktions-Produktivitäts-Schere noch rascher, als
dies bei einer ausgewogenen Investitionsstruktur der Fall wäre, das

heißt, wenn langsamer rationalisiert würde. Rationalisierung ist
somit zwar nicht Ursache der Arbeitslosigkeit, verstärkt aber die
Tendenz zur Arbeitsplatzvernichtung. Die Wachstumsanstrengungen
dieser Bundesregierung richten sich mit einer rührenden Verbissen-
heit auf die Förderung neuer Technologien. Dabei hat sich das Verhältnis der beiden Komponenten technischen Wandels, von Prozeß-
und Produktinnovationen - zugunsten der Prozeßinnovationen verscho-
ben. Dies wurde in der Zunahme des Anteils der Rationalisierungs-
investitionen gegenüber den Erweiterungsinvestitionen bereits seit
Mitte der 70er Jahre deutlich. Eine undifferenzierte Technologie-
euphorie bedeutet, daß bei fortschreitender Rationalisierung und
stagnierender Konsumgüternachfrage sich die Produktions-Produktivitäts-Schere noch weiter öffnet. Selbst eine 2,5-3prozentige Wachs-
tumssteigerung würde im Hinblick auf die zu erwartende Produktivitätssteigerung kaum genügen, Arbeitslosigkeit auch nur zu stabili-
sieren. [8] Angesichts der restriktiven Haushaltspolitik der öffentlichen Hand und angesichts der Tatsache, daß Informations- und
Kommunikationstechnologien verstärkt in den Dienstleistungsbereichen
zum Einsatz kommen, ist auf ausgleichende Beschäftigungseffekte
dieses Sektors nicht zu hoffen, es sei denn, daß endlich beschäfti-
gungspolitisch gehandelt wird.

Was ist aus unserer Sicht zu tun? Angesichts der Tatsache, daß die
westdeutsche Industrie einen gewaltigen Umstrukturierungsprozeß
durchläuft, der seit Jahren mit dem Kollaps ganzer Industriezweige
und unerträglicher Massenarbeitslosigkeit einhergeht, sind dringend
Strukturreformen erforderlich. Der Deutsche Gewerkschaftsbund hat,
in der Perspektive seines Grundsatzprogramms, mit seinem Beschäftigungsprogramm von 1977 und seinem "Schwerpunktprogramm Umweltschutz"
kurz- und mittelfristig greifende Vorschläge vorgelegt, mit denen
Umstrukturierungen der Wirtschaft eingeleitet werden sollen. Die
wichtigsten Ansatzpunkte dieser Politik sind weitergehende, umfassende Arbeitszeitverkürzung, soziale Beherrschung der Produktivitätsentwicklung sowie ein auf qualitatives Wachstum, das heißt auf
sektorale Umstrukturierungen, gerichtetes Beschäftigungsprogramm.

Es ist nicht die Dynamik der technischen Entwicklung bzw. Produktivitätssteigerung, die Beschäftigungsprobleme verursacht, sondern die
Diskrepanz von Prozeß- und Produktinnovationen sowie der Verzicht

auf eine Beeinflussung des Strukturwandels. Statt auf durch Verkabelung initiiertes Wachstum diverser elektronischer Geräte zu setzen, hätten Produktionsressourcen und Qualifikationen auf die Erschließung langfristig wirksamer Wachstums- und Bedarfsfelder konzentriert werden müssen. Wir sind der Auffassung, neue Arbeitsplätze entstehen auch durch den schonenden Umgang mit Rohstoffen, durch drastische Verminderung des Energieverbrauchs, durch neue Energietechnologien, durch neue Verkehrskonzepte, durch Verbesserung der städtischen und dörflichen Infrastruktur, durch Programme zur Erhöhung der Lebensqualität der Menschen im Wohnbereich, durch neue Recyclingmodelle und vieles andere mehr. Es gibt wichtige Bedarfsfelder der Gesellschaft, die noch nicht gedeckt sind. Damit gibt es Ressourcen für qualitatives Wachstum und damit gibt es auch einen wirklich sinnvollen Bezug für Hightechnology: Die Potentiale der neue Technologien zur exakten Messung und Steuerung können entscheidend dazu beitragen, Maßnahmen der dezentralen rationellen Energieverwendung, des Umweltschutzes und des Recyclings wirkungsvoll umzusetzen. Der dringende Bedarf nach Umweltsanierung und vorbeugendem Umweltschutz muß jedoch auch in "Nachfrage" transferiert werden. Da der Marktmechanismen hier versagt, muß das durch Normierung und Lenkung des Marktmechanismus geschehen. Umweltpolitische Auflagen, Gebote und Verbote und Abgaben haben positive Auswirkungen auf die Umweltschutztechnologie-Industrie. So belegt der Jahresbericht 1983 des Umweltbundesamtes, das Umweltschutz kein Jobkiller, sondern vielmehr ein expandierender und zukunftsträchtiger Markt geworden ist. Der Umweltbereich könnte eine Initialfunktion für Arbeitsbeschaffung haben. Für die erforderlichen Investitionen stehen Produktionsreserven in Form von know-how, Kapital und menschlicher Arbeitskraft in der Bundesrepublik ausreichend zur Verfügung. Notwendig ist, daß seitens der Unternehmer und seitens der politisch verantwortlichen Kräfte endlich gehandelt wird!

Schrifttum

1) IG Metall (Hrsg.) "Maschinen wollen sie - uns Menschen nicht", Rationalisierung in der Metallwirtschaft, Frankfurt 1983

2) Lay, G.; Maisch, K.; Boffo, M.; Lemmermeier, L., Wirtschaftliche und soziale Auswirkungen des Einsatzes von integrierten CAD/CAM-Systemen, (Vorstudie RKW-Projekt A 148/83), Frankfurt 1984

3) BMFT (Hrsg.), Montagestudie, Stuttgart 1983

4) Diebold Deutschland GmbH (Hrsg.), Hohe Schule der Integration: CIM, in: Diebold Management Report, Nr. 8/1984

5) Kern, H.; Schumann, M., Neue Produktionskonzepte - Ende der Arbeitsteilung? in: Sozialismus 2/85; vgl. auch: "Potentiale für Veränderungen", Diskussion zwischen H. Kern, M. Schumann, R. Detje, K.H. Maldaner, in: Sozialismus 2/85; "Verlierer und Gewinner - Neue Technologien, Arbeitnehmer und Gewerkschaften", Gespräch mit I. Hauchler, H. Kern, H. Rappe, M. Schumann, in: "Die neue Gesellschaft"/ Frankfurter Hefte 3/1985

7) IG Metall (Hrsg.), Aktionsprogramm: "Arbeit und Technik - Der Mensch muß bleiben", Frankfurt 1985, S. 31

8) Zinn, K.G., Alte und neue Ursachen der Massenarbeitslosigkeit, in: Briefs, U. u.a., Technologische Arbeitslosigkeit - Ursachen, Folgen, Alternativen, Hamburg 1984

Menschen · Arbeit · Neue Technologien **2. Halbtag**

Technologieeinsatz und Arbeitsorganisation
in der Produktion I – Auswirkungen auf die Beschäftigung –

Menschen · Arbeit · Neue Technologien

Technologieeinsatz und Arbeitsorganisation
in der Produktion I
— Auswirkungen auf die Beschäftigung —

Neue Technologien und Beschäftigung

M. Lahner

NEUE TECHNOLOGIEN UND BESCHÄFTIGUNG

Veränderte wirtschaftliche Rahmenbedingungen schufen seit Mitte der siebziger Jahre einen unausgeglichenen Arbeitsmarkt, der durch das Eintreten geburtenstarker Jahrgänge ins Erwerbsleben zusätzlich belastet wird. In dieser Situation werden nun die Beschäftigungswirkungen neuer Technologien diskutiert. Neue Bereiche menschlicher Arbeit scheinen einer Technisierung zugänglich zu werden. Die neue Qualität der Technologie und ihre schnelle Verbreitung werden als Bedrohung der Arbeitsplätze empfunden. Andererseits wird die Durchsetzung neuer Technologien gefördert, weil nur so neue Arbeitsplätze entstehen können.

Die Untersuchung zeigt, daß durch Technik zwar Arbeitsplätze entstehen aber auch vernichtet werden. Mehr Arbeitsplätze als durch Technologien entstehen jedoch durch die Expansion der Betriebe. Bedeutsamer als diese Wirkungen ist der durch Technologie hervorgerufene Produktivitätsfortschritt. Pro Jahr müßten rd. 3,5 % Arbeitskräfte mehr beschäftigt werden, wenn keine technischen Neuerungen durchgeführt würden. 60 % der Produktivitätssteigerung ist auf Innovation also auf neue Technologie zurückzuführen. Etwa 25 % auf Rationalisierungseffekte. Eine Beschleunigung des Produktivitätsfortschritts aufgrund des Einsatzes neuer Technologie läßt sich nicht nachweisen. Technischer Fortschritt oder neue Technologie als alleinige Ursache für die derzeitige Arbeitsmarktproblematik anzusehen, greift zu kurz.

1 RAHMENBEDINGUNGEN DES EINSATZES

Ausgelöst durch die Ölpreisentwicklung Mitte der siebziger Jahre entwickelte sich eine Rezession mit zunehmenden Arbeitsmarktungleichgewichten.

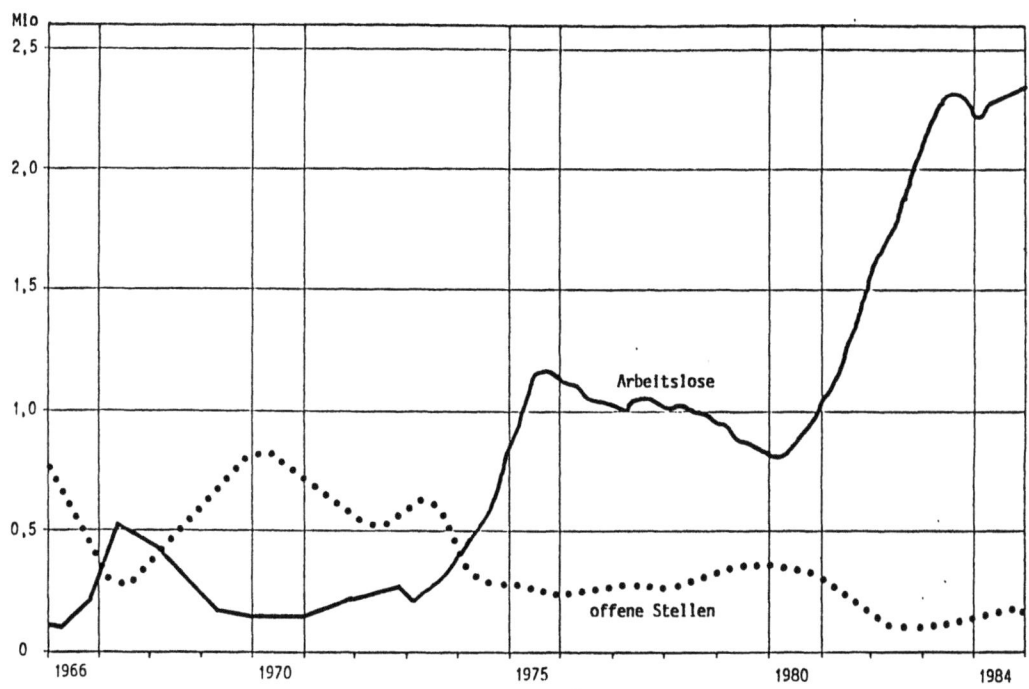
Bild 1: Arbeitslose und offene Stellen (saisonbereinigt) 1966 - 1984

Der Beschäftigungseinbruch 1974/75 konnte zwar bis etwa 1980 teilweise wieder ausgeglichen werden, jedoch wurde das ursprüngliche Beschäftigungsniveau nicht wieder erreicht.

Verschärft wurde diese Situation durch Veränderung wirtschaftlicher Rahmenbedingungen, sowohl auf der Nachfrage, als auch auf der Angebotsseite.

Kaufkraftentzug durch die Ölpreisentwicklung verstärkte weltweit inflationäre Tendenzen. Daraus resultierten restriktive Wirtschaftspolitiken, mit denen Haushaltsdefizite begrenzt werden sollten, was wiederum weitreichende Folgen für die Beschäftigungssituation mit sich brachte. Durch die Preissteigerungen für Rohstoffe wurden die Einstandsbedingungen für die Produktion nachhaltig verändert, und mit protektionistischen Maßnahmen wurde versucht, den eigenen Wirtschaftsraum zu schützen.

Der, durch veränderte wirtschaftliche Rahmenbedingungen, bereits unausgeglichene Arbeitsmarkt wird durch das Eintreten der geburtenstarken Jahrgänge in das Erwerbsleben zusätzlich belastet. /1/

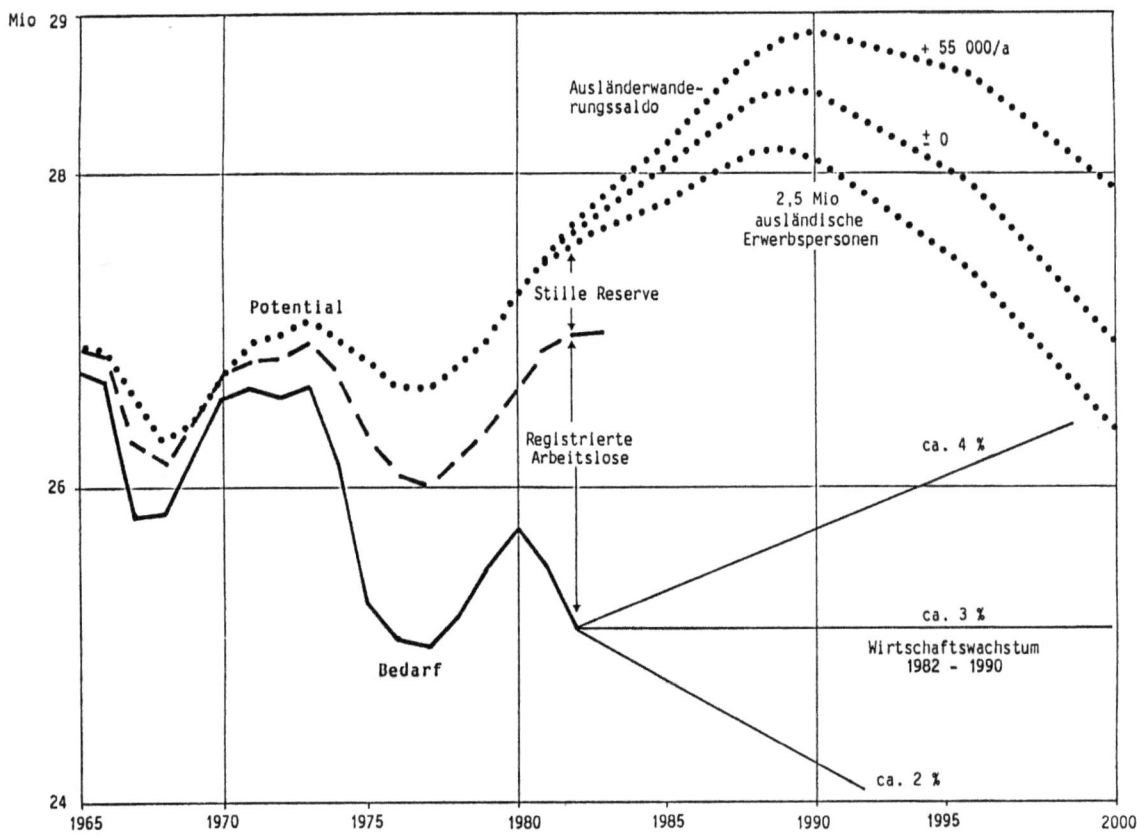

Bild 2: Arbeitsmarktbilanz 1965 - 2000

Von 1980 bis zum Jahr 1990 steigt das Arbeitskräftepotential, je nach Entwicklung der Ausländerbeschäftigung, um etwa 850 000 bis 1,7 Millionen Arbeitskräfte an.

Neben den durch wirtschaftlichen Strukturwandel hervorgerufenen Beschäftigungseinbruch, kann wie aus Bild 2 ersichtlich, ein Teil der Arbeitslosigkeit bereits durch die demographische Entwicklung erklärt werden.

Selbst bei dem geringstmöglichen Potentialzuwachs ist erst wieder etwa im Jahr 2 000 das Erwerbspersonenpotential des Jahres 1980 erreicht.

Während der Durchlauf des Potentialzuwachses durch das Bildungs- und Ausbildungssystem als noch lösbar erscheint, wird die Schaffung von Dauerarbeitsplätzen das Problem des kommenden Jahrzehnts werden.

Abgeleitet aus dem sektoralen Strukturwandel und aus den vorausgeschätzten Entwicklungen von Produktion und Produktivität, läßt sich dem Arbeitskräfteangebot ein künftiger Bedarf an Arbeitsplätzen gegenüberstellen. Wie Bild 2 weiter zeigt, bleibt bei einem Wirtschaftswachstum von etwa 3 %, ein Produktivitätsfortschritt in etwa der gleichen Größenordnung unterstellt, das Beschäftigungsniveau konstant. Eine Veränderung des Wirtschaftswachstums um 1 % nach oben oder unten bedeutet, über einen Zeitabschnitt von 10 Jahren betrachtet, eine Million Arbeitsplätze mehr oder weniger.

2 DIMENSIONEN DER TECHNIKDISKUSSION

In diese angespannte Arbeitsmarktsituation hinein wird, zunehmend seit Beginn der achtziger Jahre, die Diskussion um die Beschäftigungswirkung neuer Technologien geführt. Nach den Diskussionen um die Folgen der Mechanisierung und Automatisierung in den vorhergehenden Jahrzehnten /10/ konzentriert sich nun die Diskussion, etwa seit 1975, auf die Beschäftigungswirkungen neuer Technologien. Diese Bezeichnung ist relativ unscharf und reicht je nach Standpunkt von Mikroelektronik, über Kommunikations- und Informationstechnologie und Fertigungstechniken unterschiedlichster Art bis hin zu Biotechnologie und daraus abgeleiteten Disziplinen. Allen diesen Technologien wird jedoch die Rolle von Schlüsseltechnologien zugeschrieben, also von Techniken die in allen Wirtschaftsbereichen eingesetzt werden können, und die weitreichende Folgen für Beschäftigung und Qualifikation haben werden. Speziell der Mikroelektronik und ihren Einsatzgebieten werden, aufgrund des Preisverfalls der Komponenten, eine schnelle Diffusion und darüber hinaus eine Beschleunigung des technischen Fortschritts zugeschrieben.

Während die traditionellen Techniken eher im Produktionsbereich ihre Wirkung entfalteten, wirkt diese Technik über die Automatisierung und Flexibilisierung der Produktion hinaus, durch Kommunikationstechnik und Informationsverarbeitung, auch in die Bereiche Büro, Verwaltung und Dienstleistung hinein.

Wo bisher Technik den Menschen von den Tätigkeiten als Kraftmaschine, Arbeitsmaschine und als Stell- und Regelmechanismus entlastet hat, scheinen nun mit der Kommunikations- und Informationstechnik geistige und kreative Tätigkeit einer Technisierung zugänglich zu werden.

Während zu Zeiten der Vollbeschäftigung und des Wirtschaftswachstums die arbeitskräftesparenden Wirkungen der Technik als Möglichkeit zur Befreiung und zur Selbstverwirklichung des Menschen von der breiten Öffentlichkeit begrüßt wurden, wird heute die neue Technologie wegen der Schnelligkeit ihrer Verbreitung und wegen den ihr zugeschriebenen neuen Qualitäten als gesellschaftliche Bedrohung empfunden, und für die Zerstörung historisch gewachsener Strukturen in Wirtschaft und Gesellschaft mitverantwortlich gemacht.

Andererseits wird öffentlich die Durchsetzung neuer Technologien und die Steigerung des technischen Fortschritts mit dem Argument gefördert, daß nur so neue Arbeitsplätze entstehen können, und die internationale Konkurrenzfähigkeit unserer Wirtschaft gesichert werden kann.

In der Diskussion um die Wirkungen des technischen Fortschritts wird jedoch häufig übersehen, daß Technik in unserem Gesellschaftssystem nur eine von vielen Einflußgrößen auf die Beschäftigung ist, und daß wirtschaftliche Faktoren mindestens gleichgewichtig auf das Arbeitsvolumen wirken.

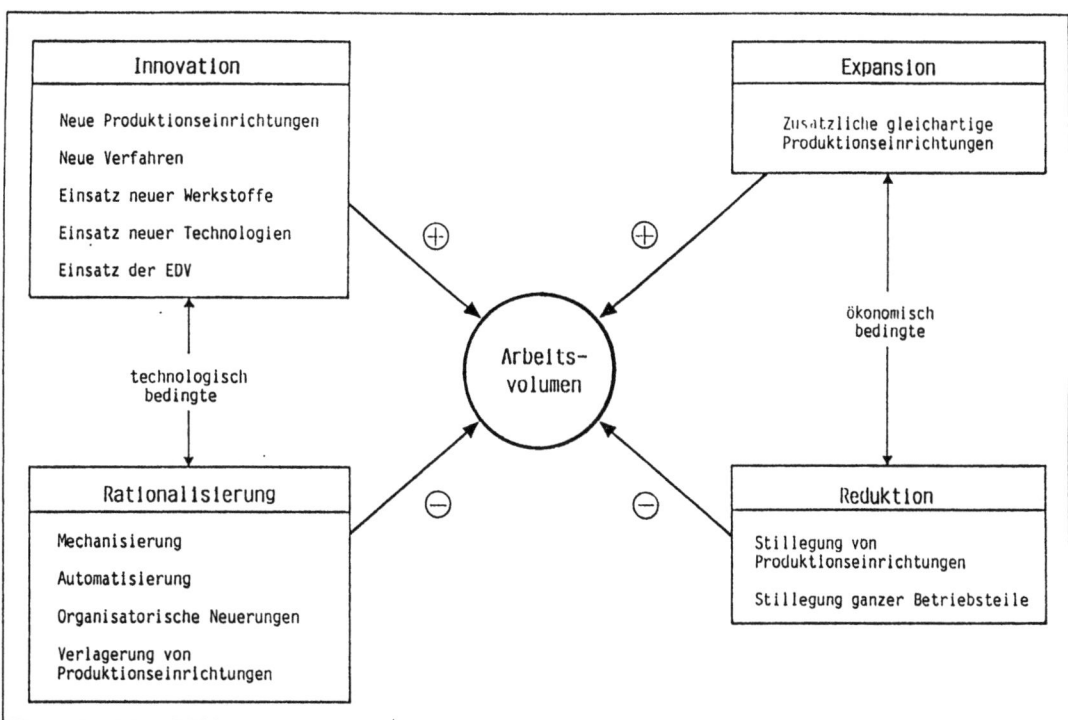

Bild 3: Quantitative Beschäftigungsveränderungen

Sicher schaffen Innovationen neue Arbeitsplätze oder tragen zumindest zur Sicherung bestehender Beschäftigungsverhältnisse bei. Dort jedoch wo Technik als Prozeßinnovation auftritt, wird sie im Zuge von Rationalisierungsmaßnahmen dazu beitragen, bisherige Arbeits- und Tätigkeitsstrukturen zu verändern bzw. Tätigkeiten die bisher vom Menschen wahrgenommen wurden, auf Maschinen zu übertragen (Bild 3).

Beschäftigungswachstum wird aber auch von steigender Nachfrage, also vom Wirtschaftswachstum und dann von den damit verbundenen Expansionsbestrebungen der Betriebe abhängen.

Andererseits wird Nachfrageausfall zu Betriebsstillegungen, zur Reduktion der Produktionsanlagen und zum Verlust von Arbeitsplätzen führen.

Je nach der Gewichtung der einzelnen Faktoren, Innovation
und Rationaliserung auf technischer Seite bzw. der Faktoren
Expansion und Reduktion auf wirtschaftlicher Seite, wird
sich ein neues Beschäftigungsvolumen ergeben.

3 ERFASSBARKEIT DER AUSWIRKUNGEN VON TECHNOLOGIEN

Die Produktion wird in der Ökonometrie als Funktion des Kapital- und Arbeitseinsatzes, sowie einer Restgröße untersucht. Diese Restgröße wird als technischer Fortschritt bezeichnet. Die Unschärfe dieses Begriffes wird sofort klar, da man weiß, daß auch im Faktor Kapitaleinsatz "technischer Fortschritt" enthalten ist, und daß die Restgröße auch andere als rein technische Komponenten enthalten kann.

Die Zuordnung einer Einzeltechnologie, ja selbst von "Technologiebündeln" zur ökonomischen Größe "technischer Fortschritt" ist in der Ökonomie praktisch nicht leistbar.

Hilfsweise wäre es denkbar auf Elemente der amtlichen Statistik zurückzugreifen, um von dort her den Einfluß technischer Entwicklungen auf die Beschäftigung abzuleiten. Für die Erfordernisse unserer Zeit jedoch sind die Angaben der Wirtschaftsstatistik nicht genügend geeignet. /12/ Für wichtige Wirtschaftszweige, wie den Maschinenbau, die chemische Industrie, oder die elektro-technische Industrie, gibt es beispielsweise keine Angaben über Bestände und Struktur von Produktionsmitteln. Ebensowenig ist es mit dem derzeitigen System unserer Statistik möglich, neue technische Produkte zu erfassen. Einer Erfassung steht neben der Schwierigkeit der Definition "neues Produkt" auch der geringe Informationswert neuer Technologien im Augenblick des Entstehens entgegen.

Erst das Zusammentreffen mehrerer Entwicklungen oder das häufigere Auftreten neuer Technologien zwingen die Statistik zur Beobachtung und Erfassung.

Sowenig wie sich aus den Angaben der Wirtschaftsstatistik
Wirkungen von Technik auf Arbeitsplätze und Beschäftigung
ableiten lassen, sowenig sind auch Großzählungen, wie Volks-
und Berufszählung oder Mikrozensus, geeignet, diese Zusammenhänge aufzuhellen. Da bei solchen Zählungen zugunsten der
Erhebungsbreite auf Tiefe verzichtet werden muß, liefern
auch Großzählungen keinen Beitrag zu den Wirkungsverflech-
tungen zwischen konkreter Technik und Beschäftigung.

Die Gegenposition zur Großzählung nimmt die Fallstudie ein.
Hier ist es möglich, in eng begrenztem Rahmen konkrete Technologien auf ihre Beschäftigungswirkung hin zu untersuchen.
Die unbestreitbaren Vorzüge dieser Erfassungsmethode, die
exemplarisch und tiefgehend Chancen und Risiken neuer Technologien aufzeigen kann, sind zugleich ihr Nachteil. Die im
Mikrobereich vorgefundenen Bedingungen und Strukturen, unter denen die Analyse erstellt wird, sind nicht auf die Ge-
samtwirtschaft, also auf den Makrobereich übertragbar.

Alternative ist zwischen Großzählung und Fallstudie eine Methode anzusiedeln, die einerseits Technik und ihre Auswirkungen konkreter erfaßt als es die Großzählung vermag und
andererseits durch die Breite der Erhebung einzelwirtschaftliche Strukturen vernachlässigbar erscheinen läßt und Reprä-
sentativität sicherstellt. /11/

4 AUSWIRKUNGEN DES TECHNISCHEN FORTSCHRITTS AUF ARBEITS-KRÄFTE

Im Institut für Arbeitsmarkt- und Berufsforschung der Bundesanstalt für Arbeit wird seit einigen Jahren versucht, auf einer derartigen Ebene der Konkretisierung und der Repräsenta-
tivität die Zusammenhänge zwischen technischer Entwicklung
und Beschäftigung zu quantifizieren.

Auswirkungen technischer Neuerungen allgemein, nicht nur
neuer Technologie, werden von den Betroffenen mit unterschiedlicher Intensität erlebt. Angefangen vom Einsatz neuer

Arbeitsmittel, die mit herkömmlichen Qualifikationen und Fertigkeiten am Arbeitsplatz genutzt werden, über Veränderungen am Arbeitsplatz, die die Tätigkeitsstruktur grundlegend ändern und ggf. Schulungen nötig machen, bis hin zu innerbetrieblichen Umsetzungen, Entlassungen und Neueinstellungen, wirken neue Technologien in unterschiedlicher Weise auf die Arbeitskräfte.

Abhängig sind die Wirkungen auf die Beschäftigung aber nicht nur von der neuen Technik, sondern fast im gleichen Maße auch von den jeweiligen Produktions- und Organisationsstrukturen der Betriebe, von den Qualifikationsstrukuren der Beschäftigten und vom Gestaltungswillen der Innovatoren, die diese neue Technologien einsetzen wollen. Im Rahmen einer repräsentativen Breitenerhebung ist es möglich, durch die Vielzahl der untersuchten Betriebe diese Betriebsspezifika soweit auszugleichen, daß gesamtwirtschaftlich verwertbare Aussagen über den Zusammenhang zwischen Technikeinsatz und Beschäftigung gewonnen werden können. /z.B. 5, 12/

Erfaßt werden in dieser Untersuchung innerbetriebliche Personalbewegungen, also Umsetzungen zum Ort der Änderung hin und vom Ort der Änderung hinweg in andere Betriebsbereiche.

Hier zeigt sich innerbetrieblich zum einen ein Bedarf an Arbeitskräften und zum anderen läßt sich erkennen, wieweit potentiell Arbeitskraft am Ort der Änderung nicht mehr benötigt wird. Diese innerbetrieblichen Umsetzungen aus dem Änderungsbereich können, früher oder später direkt, oder in Form einer Wirkungskette an anderer Stelle, zu Arbeitsplatzverlusten führen.

Einstellungen wegen technischer Neuerungen werden ebenso erfaßt, wie durch diese Technik initiierte Freisetzungen, Entlassungen oder Austritte.

Mit diesen relativ leicht faßbaren Personalbewegungen ist jedoch das Wirkungsspektrum neuer Technologien nicht vollstän-

dig erfaßt. Bedeutsamer erscheint, auch in der öffentlichen
Diskussion, der Produktivitätsgewinn von Innovationen. Durch
die Erfassung der Zahl von Arbeitskräften, die zusätzlich zu
noch Beschäftigten notwendig wäre, um das neue Produktionsvolumen mit den alten Methoden und Verfahren zu schaffen,
kann ausgedrückt werden, welches Arbeitsvolumen durch die
Produktivitätssteigerung neuer Technologien eingespart wird.
Diese eingesparten Arbeitskräfte werden im folgenden als
fiktive Einsparungen bezeichnet.

Darüber hinaus werden noch qualitative Veränderungen, wie
die der Arbeitsanforderungen und Arbeitsaufgaben, erfaßt,
auf die aber hier nicht näher eingegangen werden soll.

Über den Umfang der Arbeitskräftewirkungen technischer Neuerungen werden, die für die Innovation verantwortlichen Mitarbeiter der Betriebe befragt.

Die Wirtschaftlichkeit betrieblicher Umstellungsmaßnahmen
wird auch heute noch, zwar nicht ausschließlich, jedoch
weitgehend, über die Einsparung von Personalkosten nachgewiesen. Auf dieser Basis ist es daher möglich, realistische
Angaben zu den personellen Wirkungen zu gewinnen.

Untersucht werden nur abgeschlossene Änderungen, also solche, bei denen personalseitig ein stabiler, beruhigter Zustand eingetreten ist, so daß der Vergleich mit dem vorher
existierenden Betriebsablauf Personalbilanzen ermöglicht.

Die Verbindung zur konkreten Technik wird über ein wirtschafts- und technologieunabhängiges Raster hergestellt, in
das die konkret erfaßte Technik nach ihrem Wirkmechanismus
eingeordnet wird. /3/

Dieses Raster ist für die hier gewählte Darstellung der Ergebnisse in die Oberkategorien (Bild 3)

- Innovation
- Rationalisierung
- Expansion und
- Reduktion

weiter zusammengefaßt worden. Eine Verknüpfung dieser Kategorien mit den durch sie hervorgerufenen quantitativen Personalbewegungen läßt nun Schlüsse auf die personellen Folgen mehr technisch oder mehr wirtschaftlich induzierter Vorgänge zu. /z.B. 4, 7, 8, 9/

4.1 Ergebnisse der Untersuchung

Eine erste Übersicht über die Verteilung der Änderungen (Bild 4) zeigt, daß schwergewichtig in den Betrieben auf Innovation gesetzt wird. Man setzt also auf Techniken, die bisher im Betrieb nicht bekannt waren oder für diesen Zweck erstmalig eingesetzt werden und für die wenig Erfahrung hinsichtlich Know-how, Durchsetzbarkeit und Rentabilität vorliegen.

Wirtschaftszweig	Innovation	Rationalisierung	Expansion	Reduktion
Kunststoff	42	29	24	5
Holz	59	20	17	4
Ernährung	53	24	20	3
Metall I	52	22	22	4
Druck	55	17	19	8
Einzelhandel	40	24	25	11
Metall II	57	13	27	3
im Mittel	51	21	22	6

Bild 4: Verteilung der Änderungstypen (%)

Der zweite Schwerpunkt der Aktivitäten liegt auf dem Gebiet der Rationalisierung, also auf der Verbesserung vorhandener Produktions- und Fertigungsstrukturen mittels unterschiedlicher, jedoch bereits in dem Betrieb bekannter Verfahren und Techniken. Nur etwas mehr als ein Viertel aller Neuerungsvorgänge sind den mehr wirtschaftlich orientierten Kategorien Expansion und Reduktion zuzuordnen.

Vergleicht man den Anteil der Innovationen an allen Änderungen mit dem Anteil der Personalbewegungen die durch sie ausgelöst wurden, so zeigt sich, daß trotz des hohen Anteils der Innovationen die direkten arbeitsplatzschaffenden Wirkungen neuer Technologie nur bei gut 20 % liegen (Bild 5). Die, aufgrund der innovativen Änderungsvorgänge neu eingestellten Arbeitskräfte verfügten meist über ein Qualifikationsprofil wie es im eigenen Betrieb nicht vorhanden, oder wegen bereits anderweitiger Nutzung nicht mehr frei verfügbar war.

Wirtschaftszweig	Innovation	Rationalisierung	Expansion	Reduktion	Insgesamt
Kunststoff	+ 1,0	- 0,1	+ 2,1	- 0,2	+ 2,8
Holz	+ 0,8	+ 0,1	+ 0,5	- 0,2	+ 1,2
Ernährung	- 0,1	- 0,7	+ 0,9	- 0,3	- 0,2
Metall I	+ 0,4	- 0,1	+ 1,4	- 0,2	+ 1,5
Druck	- 0,4	- 0,4	+ 0,2	- 0,4	- 0,9
Einzelhandel	+ 0,2	- 0,4	+ 2,2	- 0,3	+ 1,7
Metall II	+ 0,6	- 0,2	+ 0,6	. 0,0	+ 1,0
Im Mittel	+ 0,4	- 0,3	+ 1,1	- 0,2	+ 1,0

Bild 5: Externe Beschäftigungsbilanz, Veränderungen pro Jahr in % der Gesamtbeschäftigten

Der größte Anteil (80 %) aller neu geschaffenen Arbeitsplätze ist auf Expansion, also auf Wachstum zurückzuführen. Hier kommen überwiegend Arbeitskräfte mit den betriebsüblichen Qualifikationsprofilen zum Einsatz.

Den arbeitsplatzschaffenden Kategorien Innovation und Wachstum wirken auf technischer Seite Rationalisierung und auf ökonomischer Seite Reduktion entgegen.

Ergänzend zur externen Beschäftigungsbilanz ist die, für die Wirtschaft und Beschäftigtenstatistik nicht verfügbare, interne Beschäftigungsbilanz in die Überlegungen mit einzubeziehen (Bild 6). Diese Bilanz bestätigt, daß der interne Arbeitsmarkt der Betriebe nicht in der Lage ist, entsprechend qualifiziertes Arbeitskräftepotential für Innovationen zur Verfügung zu stellen. Innovationen wirken in dieser Bilanz mehr in Richtung eines Arbeitsplatzabbaus. Tendenzielle Arbeitsplatzgewinne sind im innerbetrieblichen Geschehen, ebenso wie bei der externen Bilanz, nur durch Expansion, also durch Ausweitung der Produktion und des Leistungsangebotes zu erwarten.

Wirtschaftszweig	Innovation	Rationalisierung	Expansion	Reduktion	Insgesamt
Kunststoff	- 0,1	- 0,6	+ 0,3	- 0,2	- 0,6
Holz	- 0,5	- 0,2	+ 0,2	- 0,5	- 0,9
Ernährung	- 0,6	- 0,4	+ 0,3	- 0,3	- 1,0
Metall I	- 0,2	- 0,5	+ 0,2	- 0,1	- 0,6
Druck	- 0,2	- 0,1	+ 0,3	- 0,2	- 0,2
Einzelhandel	- 0,0	- 0,0	+ 0,2	- 0,2	- 0,1
Metall II	- 0,1	- 0,1	+ 0,2	- 0,2	- 0,2
Im Mittel	- 0,2	- 0,3	+ 0,2	- 0,2	- 0,5

Bild 6: Interne Beschäftigungsbilanz, Veränderungen pro Jahr in % der Gesamtbeschäftigten

Rationalisierungs- und Reduktionsmaßnahmen (also die Stilllegung ganzer Abteilungen oder einzelner Anlagen) sind in der internen Beschäftigungsbilanz, bezogen auf die Gesamtbeschäftigung, etwa in gleichem Ausmaß am Arbeitsplatzabbau beteiligt wie im externen Bilanzbild.

Während in der externen Bilanz Rationalisierung und Reduktion direkt zum Arbeitsplatzverlust, mit den Konsequenzen Arbeitslosigkeit bzw. Betriebswechsel führen, sind die Folgen des Personalabbaues in der internen Bilanzführung zumindest vorerst für die betroffenen Personen abgefedert. Es ist zunächst ein Arbeitsplatz in einer anderen Betriebsabteilung vorhanden. Nicht auszuschließen ist jedoch, daß die umgesetzten Arbeitskräfte in anderen Abteilungen, andere weniger qualifizierte oder nicht zur Kernbelegschaft zählende Arbeitskräfte von ihrem Arbeitsplatz verdrängen. Die jeweilige wirtschaftliche Situation wird dann entscheidend sein, wieweit die Umsetzungen in Folgereaktionen zu Entlassungen führen werden.

Rechnet man positive und negative Beschäftigungswirkungen der internen und externen Bilanz gegeneinander, so ergibt sich ein schwaches Wachstum der Beschäftigung bezogen auf die Gesamtbeschäftigten in den Betrieben. Dieses Wachstum wird aber nur im geringen Umfange durch neue Technologien im Produktions- und Bürobereich hervorgerufen, sondern beruht weitgehend auf der Ausweitung der Produktion und der Leistungen der Betriebe.

Ein geringer Beschäftigungszuwachs wird natürlich immer dann in Frage gestellt sein, wenn positive Wachstumsentwicklungen ausbleiben. Es überwiegen dann die negativen Tendenzen der Kategorie Innovation, Rationalisierung und Reduktion und führen schnell zu Beschäftigungsabbau.

Bei einem Beschäftigungsstand von knapp 7 Millionen Arbeitskräften im verarbeitenden Gewerbe bedeutet 1 % Mehr- oder Minderbeschäftigung pro Jahr eine Veränderung der Zahl der Arbeitskräfte um rd. 70 000.

An Bedeutung verliert die Größenordnung dieser direkten Veränderungen, wenn sie den personellen Wirkungen der Produktivitätssteigerung aufgrund technischer Veränderungen gegenübergestellt wird.

Wenn die Betriebe keine Neuerungen durchsetzen würden müßten sie, bezogen auf die Gesamtbeschäftigten und zur Bewältigung des jeweiligen Produktionsvolumens jährlich 3,4 % Arbeitskräfte mehr beschäftigen (Bild 7).

Wirtschaftszweig	Innovation	Rationali-sierung	Expansion	Reduktion	Insgesamt
Kunststoff	2,0	1,5	1,2	-	4,7
Holz	3,2	1,3	0,4	0,1	5,1
Ernährung	3,0	1,2	0,8	-	5,0
Metall I	2,1	1,0	0,2	0,0	3,3
Druck	2,0	0,3	0,3	0,0	2,6
Einzelhandel	0,1	0,2	0,1	-	0,4
Metall II	1,5	0,5	0,3	-	2,4
Im Mittel	2,0	0,9	0,5	0,0	3,4

Bild 7: Fiktive Personaleinsparungen, Veränderungen pro Jahr in % der Gesamtbeschäftigten

Den größten Anteil an der Produktivitätssteigerung hat hier eindeutig der Einsatz neuer Technologien. 60 % der produktivitätssteigernden fiktiven Personaleinsparungen sind auf betriebliche Innovationen zurückzuführen. Hierbei sind nicht nur der Einsatz von NC-Maschinen und Robotern im Produktionsbereich zu nennen, sondern auch die gesamte Umstellung von Organisation und Verwaltung mit Hilfe von Datenverarbeitung, Informations- und Kommunikationstechnologie.

Rationalisierungsmaßnahmen, die vorwiegend auf mehr traditionellen Techniken beruhen, leisten zur Produktivitätssteigerung, gemessen an den fiktiv eingesparten Arbeitskräften, einen Betrag von etwa 25 %. Die immer wieder in der Diskussion betonte, produktivitätssteigernde Wirkung von Innovationen und neuen Technologien, gegenüber den konventionellen Technisierungs- und Organisationsvorgängen, wird hier eindrucksvoll bestätigt.

Expansionsmaßnahmen der Betriebe mobilisieren ebenfalls Produktivitätsreserven. Es zeigt sich, daß durch die bessere Nutzung von Betriebsmitteln bei Expansion Wirkungsgradverbesserungen möglich sind.

Umgerechnet auf die Gesamtbeschäftigten im verarbeitenden Gewerbe würden die Werte der fiktiven Einsparungen bedeuten, daß ohne die Änderungen die dem Typ Innovation zuzuordnen wären, dort jährlich 140 000 Arbeitskräfte und ohne die Änderungen vom Typ Rationalisierung jährlich weitere 60 000 Arbeitskräfte zusätzlich benötigt worden wären, um das jeweilige neue Produktionsvolumen mit der alten Technologie, den alten Prozessen und Verfahren zu erbringen.

Insgesamt müßten im verarbeitenden Gewerbe ohne technischen Fortschritt fast 250 000 Arbeitskräfte pro Jahr mehr beschäftigt werden.

Arbeitsplatzverluste werden also weniger durch direkte Wirkungen der neuen Technik in den Betrieben erzielt, sondern in vielfach größerem Ausmaße sind Arbeitsplätze durch den Produktivitätsfortschritt bedroht. Bei einem beobachteten Anteil von 50 % an allen technischen Neuerungen bewirken Innovationen, über alle Betriebe hinweg einen durchschnittlich gleichen technischen Stand angenommen, 60 % der fiktiven Einsparungen von Arbeitsplätzen.

Für die Beschäftigten in den Betrieben ist dieser Wirkmechanismus neuer Technologie im ersten Ansatz eher positiv zu werten. Wird doch durch den hohen technischen Stand die Konkurrenzfähigkeit des Unternehmens, der Branche gesichert. Bedrohlich wird diese Entwicklung für die Beschäftigung allerdings dann, wenn der Wachstumsrate des technischen Fortschritts kein gleichgewichtiges Wirtschaftswachstum gegenübersteht. In einer solchen Situation sind die Betriebe dann in der Lage, die reduzierte oder nicht entsprechend gestiegene Nachfrage mit weniger Personal zu befriedigen. Mit einer gewissen Zeitverzögerung führt dann der Produktivitätsfortschritt zu Entlassungen. In einem solchen Falle ist es fast unmöglich, arbeitsplatzschaffende oder vernichtende Wirkung der neu eingesetzten Technik von den Auswirkungen der gerade aktuellen wirtschaftlichen Situation zu trennen.

5 EINORDNUNG DER ERGEBNISSE IN DIE GESAMTWIRTSCHAFTLICHE SITUATION

Obwohl die Schwankungen zwischen Höchst- und Tiefststand der Erwerbstätigkeit zwischen 1960 und 1983 nur etwa 1,8 Millionen betrugen (Maximum 1973 26,9 Millionen, Minimum 1984 25,1 Million Arbeitskräfte) haben sich doch insgesamt starke sektorale Wandlungen vollzogen. /13/

Das Bild 8 bestätigt die Thesen von Fourastie wonach sich der Beschäftigungsschwerpunkt vom primären Sektor zum tertiären Sektor hin verlagert.

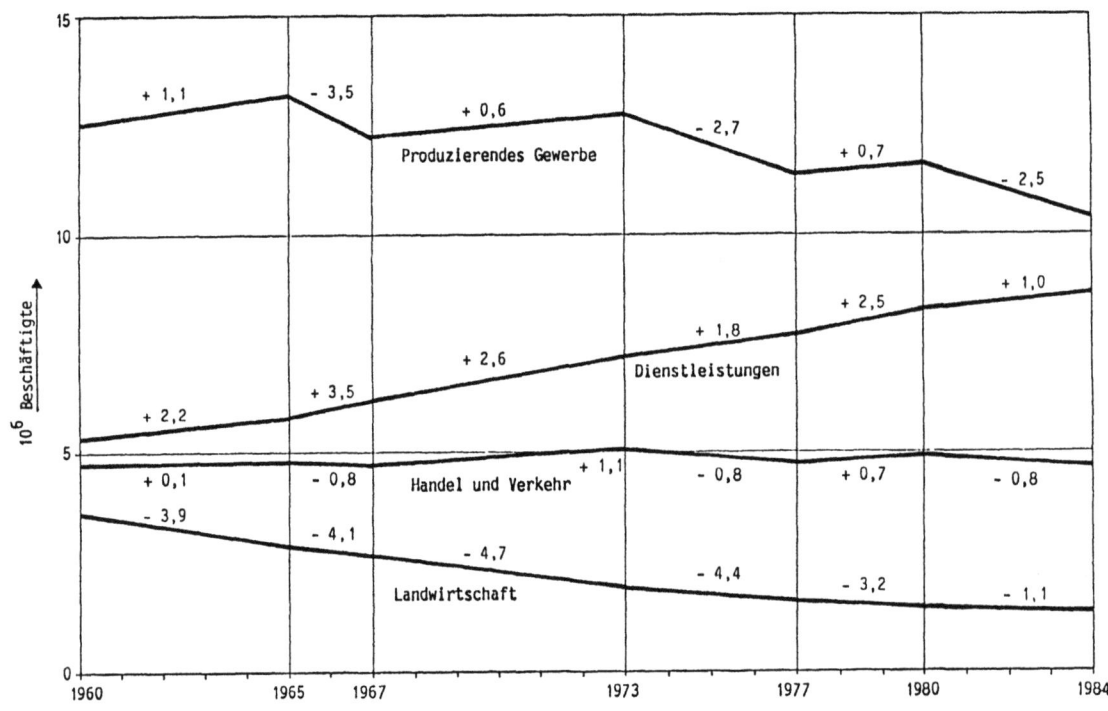

Bild 8: Beschäftigungsveränderungen in vier Sektoren

Nachdem in früheren Jahren der Entwicklung der Übergang von der Landwirtschaft in das produzierende Gewerbe und von dort in den Dienstleistungsbereich reibungslos vonstatten ging, treten nun auf Grund des Technologieeinsatzes und der wirtschaflichen Entwicklung Übergangsprobleme auf. Aus dem Zusammenwirken der Faktoren Wirtschaftswachstum und Produktivitätsfortschritt setzt das arbeitskräftemäßig immer noch bedeutende Produzierende Gewerbe mehr Personal frei als von den anderen Sektoren aufgenommen werden kann. Aus dem Bild wird deutlich, daß die Sektoren Dienstleistung, Handel und Landwirtschaft annähernd stetige Verläufe zeigen. Das produzierende Gewerbe hingegen trägt allein das Auf und Ab der Konjunktur. Der Beschäftigungsabbau erfolgt dabei nicht stetig, sondern in Wellen. Steiler Beschäftigungsabnahme folgt ein langsames Wachstum, das aber in keinem Falle wieder ausreicht um den vorhergehenden Beschäftigungsstand zu erreichen.

Bisher nahm der Dienstleistungsbereich die im produzierenden Sektor abgebauten Beschäftigten relativ problemlos auf. Die allgemeine Wachstumsschwäche und Produktivitätssteigerung durch neue Technologien dämpfen jedoch auch die Entwicklung dieses Sektors. Allerdings sind die personellen Wirkungen der Produktivitätssteigerung im Dienstleistungsbereich schwierig nachzuweisen, da dort mit dem Einsatz moderner Technologie oft die Qualität der Leistung verändert wird.

Anders im Verarbeitenden Gewerbe. Dort werden Güter und Produkte definierter Qualität in hochorganisierten Betrieben nach präzisen Normen und Standards produziert. Die Produkte lassen sich mit unterschiedlichen Verfahren und Methoden in jeweils reduproduzierbarer Qualität herstellen. Wenn dort neue Technologien eingesetzt werden, die produktiver sind als die bislang angewendeten, so lassen sich relativ sicher Aufwand und Ertrag gegenüberstellen. Produktivitätssteigerungen durch Technikeinsatz lassen sich schnell realisieren und wirken direkt auf den Personaleinsatz.

Eine Gegenüberstellung der Beschäftigtenentwicklung mit der
Produktivitätsentwicklung und der Entwicklung der Bruttowert-
schätzung im produzierenden Gewerbe (Bild 9) zeigt, daß der
Abbau der Beschäftigung von schwachen Wirtschaftswachstum
und wachsender Produktivität begleitet wird. /14/

Die Steigerung der Produktivität von 1960 auf 1984 entspricht einem jährlichen Zuwachs von 3,7 %. Die Stundenpro-
duktivität stieg in diesem Zeitraum um knapp 5,5 % jährlich.
In dieser Zeit stieg die Bruttowertschöpfung im Jahresdurch-
schnitt um weniger als 3 %.

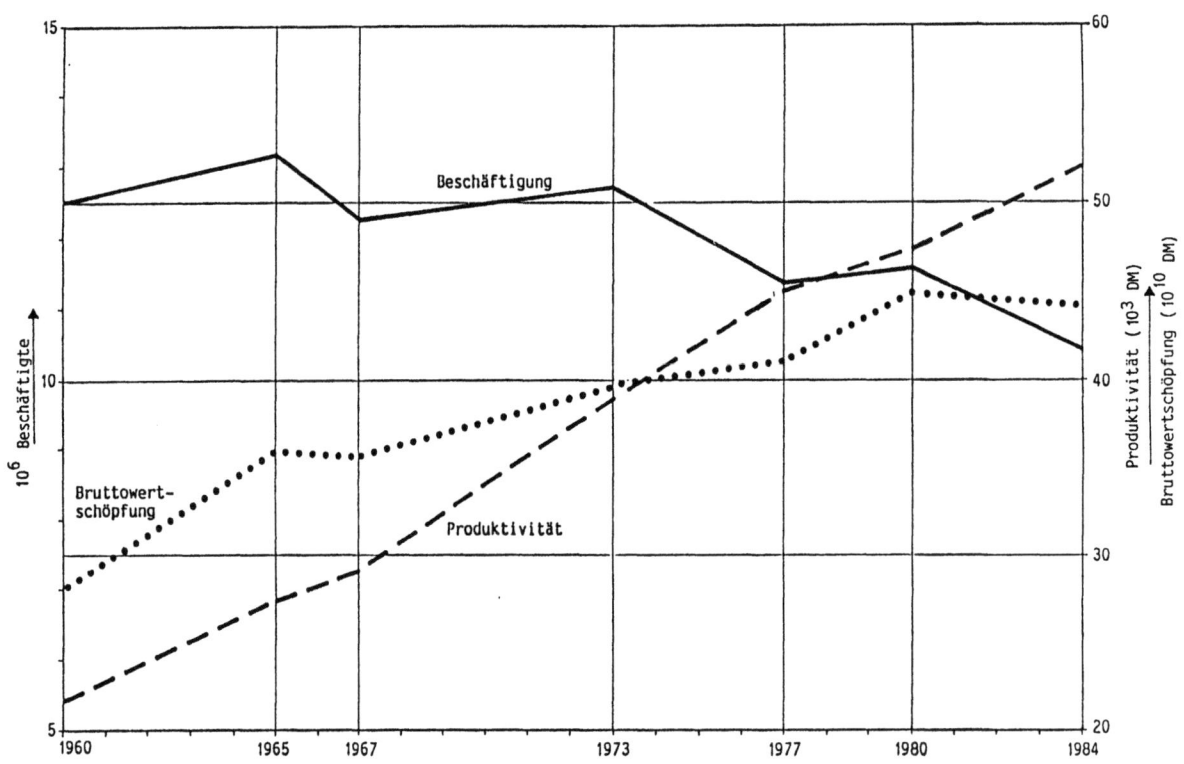

Bild 9: Entwicklung der Beschäftigung, der Arbeitsproduktivität und der Bruttowertschöpfung
im Warenproduzierenden Gewerbe

Werden die Ergebnisse der Untersuchung mit den Daten der
Wirtschaftsstatistik verglichen, so erkennt man, daß die produktivitätssteigernde Wirkung des technischen Fortschritts
in der Untersuchung zutreffend abgebildet wird.

Der Anteil der Innovationen an der Produktivitätssteigerung
liegt in der Untersuchung, die über 10 Jahre geführt wurde
größenordnungsmäßig bei 60 %. Die Kurve der Produktivität

läßt keinen Hinweis darauf zu, daß neue Technologien die Produktivitätsentwicklung beschleunigen. Seit etwa 1977 ist sogar ein schwächeres Produktivitätswachstum als in den vorhergehenden Jahren festzustellen. Weitergehende Untersuchungen vermuten, daß die Produktivitätsentwicklung nicht nur vom jeweiligen technischen Fortschritt abhängt, sondern daß sich der Pegel der Produktivität im Gleichlauf mit dem Wirtschaftswachstum bewegt.

6 ZUSAMMENFASSUNG

Wenn nun erneut die Frage nach dem Zusammenhang zwischen neuer Technologie und Beschäftigung gestellt wird, wird man vor dem Hintergrund der Datenlage zusammenfassen müssen:

Fallstudien beschreiben mikroökonomische Auswirkungen des technischen Fortschritts im Einzelfall zutreffend. Gravierende Auswirkungen einzelbetrieblich, ja möglicherweise branchenintern, sind nicht auszuschließen.

Eine Untersuchung, die über den Einzelbetrieb hinausgreift unterdrückt jedoch die Betriebsspezifika des Technikeinsatzes und die spezifische einzelwirtschaftliche Situation; gesamtwirtschaftliche Zusammenhänge kommen stärker zum Tragen.

Die Untersuchung weist nach, daß durch den Einsatz neuer Technologien Arbeitsplätze nur in geringem Umfang entstehen. Neue Technologie wird aber auch Arbeit sparend eingesetzt, so daß diese Effekte sich gegenseitig annähernd aufheben. Stärker als neue Technologien schaffen betriebliche Expansionsbestrebungen, also Änderungen, die vorwiegend auf der positiven Entwicklung der Nachfrage beruhen, neue Arbeitsplätze.

Neue Technologien, ob es sich um Informations-, Kommunikations- oder Fertigungstechnologien handelt, wirken vorrangig produktivitätssteigernd. Aufgrund der Untersuchung kann ihr Anteil an der Produktivitätssteigerung mit größenordnungsmäßig 60 % angegeben werden.

Entgegen der häufig vertretenen Meinung läßt sich Hilfe der Wirtschaftsstatistik eine Beschleunigung des Produktivitätsfortschrittes aufgrund des Einsatzes neuer Technologien nicht nachweisen.

Solange das Wirtschaftswachstum größer oder gleich dem Produktivitätszuwachs war, wurde der technische Fortschritt als unbedenklich eingestuft. In Zeiten des Wirtschaftswachstums und konventioneller Technologien lag die Wachstumsrate des Produktivitätsfortschritts über dem heute gemessenen Wert. Seit jedoch die Rate des Wirtschaftswachstums geringer ist als der Produktivitätsfortschritt, kann die Nachfrage wegen des höheren technischen Standes mit weniger Arbeitskräften bewältigt werden.

Aus dem Auseinanderklaffen der technischen und wirtschaftlichen Entwicklung verstärkt durch den Zuwachs des Arbeitskräftepotentials, resultiert die derzeitige Arbeitsmarktsituation. Technischer Fortschritt oder Neue Technologien als alleinige Ursachen für unsere Arbeitsmarktproblematik anzusehen, greift zu kurz.

Wegen der weltwirtschaftlichen Verflechtungen unserer Wirtschaft ist ein Verzicht auf technischen Fortschritt als Lösung des Beschäftigungsproblems auszuschließen. Ein Zuwarten bis gegen Ende des Jahrhunderts um die Beschäftigungsprobleme über die Bevölkerungsentwicklung zu lösen, ist aus gesellschafts- und sozialpolitischen Gründen undenkbar.

Die Hoffnung das Beschäftigungsproblem mit Hilfe von Wachstumsraten, wie sie in den fünfziger und sechziger Jahren erreicht wurden zu lösen, ist schwach, da selbst renommierte Institute nur Wachstumsraten unter der Rate der Produktivitätssteigerung prognostizieren.

Eine Problemlage, die nicht von einem einzelnen Faktor alleine ausgelöst wurde, kann vermutlich auch nicht mit einer eindimensionalen Strategie bewältigt werden. Maßnahmebündel gesellschafts-, wirtschafts- und arbeitsmarktpolitischer Art sind gefordert.

7 SCHRIFTUM

1 Autorengemeinschaft: Wachstum und Arbeitsmarkt, Quintessenzen aus der Arbeitsmarkt und Berufsforschung Heft 1, Nachtrag 1982, Nürnberg 1982

2 Autorengemeinschaft: Technik und Arbeitsmarkt, Quintessenzen aus der Arbeitsmarkt und Berufsforschung Heft 6, Nürnberg 1977

3 Dostal, W.: Freisetzung von Arbeitskräften im Angestelltenbereich aufgrund technischer Änderungen, in MittAB 1/78

4 Lahner, M., Ulrich E., Köstner, K.: Auswirkungen technischer Änderungen auf Arbeitskräfte. Bericht über Methode und erste Ergebnisse einer Erhebung in der Kunststoff verarbeitenden Industrie, in MittAB 1/72

6 dieselben: Auswirkungen technischer Änderungen auf Arbeitsplätze in der holzverarbeitenden Industrie, in MittAB 2/74

7 Lahner, M.: Auswirkungen technischer Änderungen in der metallverarbeitenden Industrie, in MittAB 3/76

8 Lahner, M., Grabiszewski R.: Auswirkungen technischer Änderungen in der Druckerei- und Vervielfältigungsindustrie, in MittAB 4/77

9   Lahner, M.: Auswirkungen technischer Änderungen in der
    metallverarbeitenden Industrie, in MittAB 2/1983

10 RKW (HRsg): Wirtschaftliche und soziale Aspekte des
    technischen Wandels in der Bundesrepublik Deutschland.
    Band 1, Kurzfassung der Ergebnisse, Frankfurt 1970

11 Ulrich E.: Breitenuntersuchung über die Wirkungen tech-
    nischer Änderungen auf Arbeitskräfte, in BeitrAB 70,
    S. 635-657, Nürnberg 1982

12 Ulrich E., Lahner, M.: Methoden und Informationserfor-
    dernisse der technischen Vorausschau, Göttingen 1974

13 Stat. Bundesamt (Hrsg): Volkswirtschaftliche Gesamtrech-
    nung, Fachserie 18, Revidierte Ergebnisse 1960 - 1981
    Reihe S. 5
    Konten und Standardtabellen, 1981 - 1983, Reihe 1

| Menschen · Arbeit · Neue Technologien | 2. Halbtag |

Technologieeinsatz und Arbeitsorganisation in
der Produktion II – Arbeitsorganisation –

Menschen · Arbeit · Neue Technologien

Technologieeinsatz und Arbeitsorganisation
in der Produktion II
— Arbeitsorganisation —

Konzipierung und menschengerechte Arbeits- und Technikgestaltung in Fertigung und Verwaltung

K. Benz-Overhage

PROJEKT DER IG METALL IM RAHMEN DES PROGRAMMS "HUMANISIERUNG DES ARBEITSLEBENS: KONZIPIERUNG UND UMSETZUNG MENSCHENGERECHTER ARBEITS- UND TECHNIKGESTALTUNG
- Thesen -

1. Seit 1979 werden im Rahmen des Programms "Humanisierung des Arbeitslebens" /HdA) "trägerautonome" Projekte von Gewerkschaften, Arbeitgeber- und Fachverbänden mit der Zielsetzung gefördert, ihre eingespielten Informations- und Organisationsstrukturen für eine breit wirksame Umsetzung von Forschungsergebnissen in die betriebliche Praxis zu nutzen und gegebenenfalls vorhandene "Umsetzungsbarrieren" abzubauen. Solche Umsetzungsbemühungen bilden auch innerhalb der Weiterentwicklung des Programms ausdrücklich einen Schwerpunkt [1]. Der Gesprächskreis "HdA", bestehend aus Vertretern der Tarifvertragsparteien, Wissenschaftlern und betrieblichen Experten, befaßt sich zur Zeit mit der Aktualisierung und Reformulierung des Förderschwerpunkts "Umsetzung".

"Autonome" gewerkschaftliche Projekte erfüllen eine wichtige vermittelnde Funktion, um einerseits Forschungsergebnisse aus dem HdA-Programm in gewerkschaftliche Betriebspolitik umzusetzen sowie um andererseits Gestaltungsdefizite als Forschungsbedarf zu formulieren und in die konkrete Ausgestaltung der Förderprogramme zu transferieren. Wie solche Projekte Vermittlungsfunktion zwischen Forschung und gewerkschaftlicher Praxis erfüllen können, sei am HdA-Beratungsprojekt der IG Metall, das von 1980-1984 durchgeführt wurde, verdeutlicht: Das Projekt hatte die Beratung betrieblicher Interessenvertreter bei der Vorbereitung und Abwicklung öffentlich geförderter Projekte; die Auswertung von Projekterfahrungen und ihre Übertragung und Verbreitung im Organisationsbereich der IG Metall als Zielsetzung. Mit dem Projekt konnten maßgebliche Vorarbeiten für eine organisationsweite Umsetzung von Humanisierungserkenntnisse geleistet werden: Insbesondere dadurch, daß Bezugsbeispiele zur humanen Arbeitsgestaltung realisiert wurden, aber auch durch die Gewinnung von Erfahrungen, wie Humanisierungsforderungen im Kontext konfligierender betrieblicher Interessen durchgesetzt werden können [2]. Erfahrungen über relevante Defizite der Humanisierungsforschung führten zur Konkretisierung des nachfolgenden HdA-Gestaltungsprojektes der IG Metall, das von 1985-1988 durchgeführt wird, wie zur Mitinitiierung von Forschungsprojekten bei den Projektträgern "HdA" und "Fertigungstechnik" unter der Zielsetzung, für das Gestaltungsprojekt eine "Forschungsinfrastruktur" und Kooperationsbezüge zu erschließen.

Die Bedeutung "trägerautonomer" Projekte hat sich für die Gewerkschaften durch die Erfahrung erhärtet, daß Humanisierungserkenntnisse über Marktprozesse kaum und auch zum Beispiel auch über das intistutionalisierte Arbeitsschutzsystem nur begrenzt und zeitlich verzögert umsetzbar sind. Dies hängt einmal damit zusammen, daß Forschungsergebnisse zumeist nicht unmittelbar normierungsfähig sind, hängt zum anderen damit zusammen, daß sie aufgrund ihrer Komplexität (z.B. Erfordernisse ganzheitlicher Arbeitsgestaltung) oftmals den Rahmen von "technischen Regelwerken" und Arbeitsschutznormen überschreiten. Eine wirkungsvolle Umsetzung von HdA-Erkenntnissen ist somit ohne die Mitwirkung der Tarifvertragsparteien nicht möglich, zumal diese die wichtigsten betrieblichen Zielgruppen des HdA-Programms vertreten und im Rahmen der Tarifautonomie Regelungen zur menschengerechten Arbeitsgestaltung treffen. Die Notwendigkeit, im "Vorfeld einer Normierung" eigenständige Projekte in der Verantwortung der Gewerkschaften durchzuführen, ergibt sich dabei aus folgenden Gründen:

- Ein direkter Transfer von Ergebnissen wissenschaftlicher Forschung in die betriebliche Praxis ist kaum möglich. Die Erkenntnisse müssen in der Regel anhand der spezifischen betrieblichen Bedingungen modifiziert und im Spannungsfeld der unterschiedlichen Interessen konkretisiert werden.

- Wenn Gewerkschaften - wozu sie sich ausdrücklich bekennen - an der Umsetzung von HdA-Erkenntnissen beteiligt werden sollen, müssen dazu auch, durch öffentliche Förderung, die infrastrukturellen Voraussetzungen geschaffen werden, zumal im Rahmen staatlicher Technologieförderung der betriebliche Technikeinsatz mit Milliardensummen subventioniert wird und die Gewerkschaften dadurch vor immer neue Probleme gestellt werden. Da Informationen und Kenntnisse über soziale Folgen, Gestaltungsmöglichkeiten und das Innovationspotential neuer Technologien sowie Handlungskompetenzen zur Umsetzung positiver Gestaltung bei den betrieblichen Interessenvertretern erst im Ansatz vorhanden sind, ist es notwendig, in den Projekten Voraussetzungen dafür zu schaffen, daß Defizite abgebaut und Kompetenzen erweitert werden können.

- Voraussetzung dazu ist, daß die Gewerkschaften durch personelle und finanzielle Ressourcen, aber auch durch Beteiligung am HdA-Programm in die Lage versetzt werden, sich den Zugang zu Forschungserkenntnissen zu eröffnen, diese aufzubereiten und neuartige Umsetzungswege zu erschließen.

2. Restriktionen für eine rasche und erfolgreiche Verbreitung von HdA-Erkenntnissen ergeben sich heute vor allem aus der wachsenden Komplexität des Verhältnisses von technologischem Wandel und Humanisierungserfordernissen. Denn der verstärkte Einsatz neuer Technologien - als Prozeß- wie als Produktinnovation - produziert in immer kürzeren Zeitabständen neuen Bedarf für humane Arbeits- und Technikgestaltung. Soll ein Auseinanderklaffen von technischen Innovationen und sozialen Innovationen vermieden werden, ist es notwendig, Umsetzung zeitgleich mit der Generierung von Forschungserkenntnissen einzuleiten. Aus diesem Grunde greift die IG Metall mit ihrem HdA-Gestaltungsprojekt eine Reihe gewichtiger Defizite der HdA-Forschung wie der -Umsetzung auf:

a) Aus der breiten Palette an Forschungsdefiziten können hier nur einige - aus unserer Sicht besonders gewichtige - benannt werden:

- Im Grunde genommen ist die Übertragung allgemeiner Humankriterien in operationalisierbare Gestaltungsansätze für viele produktions- wie informationstechnische Einsatzfälle ein ungelöstes Problem. Während für einzelne - isoliert eingesetzte - Technologien, heute zum Teil Gestaltungsansätze existieren, sind Gestaltungsansätze für den komplexen, integrierten Technikeinsatz ein ungelöstes Problem. So ist bislang weitgehend unbekannt, wie die Integration und Vernetzung von Technologien und EDV-Systemen die arbeitsorganisatorischen Gestaltungsspielräume verändern. Erste Erfahrungen lassen vermuten, daß sie die Spielräume verengen, wenn die Realisierung von Gestaltungsmöglichkeiten nicht sehr frühzeitig, das heißt bei der Planung, Auslegung und Verbreitung technologischer Systeme Berücksichtigung findet. Da anzunehmen ist, daß die bei Beginn einer Integration bestehende Ausgangssituation - zentrale oder dezentrale Orientierung - sowohl in arbeitsorganisatorischer als auch in qualifikatorischer Hinsicht die weitere Richtung bestimmen, muß im Prinzip das "Mitdenken" späterer Folgen schon beim Einsatz von Einzelkomponenten weitläufiger technologischer Systeme beginnen. Ansatzpunkt gestaltender Maßnahmen kann somit nicht mehr - wie das bei Einzeltechnologien überwiegend der Fall ist - der Arbeitsplatz oder der Arbeitsbereich sein. Mit zunehmender Vernetzung sind menschengerechte Arbeitsaufgaben und Strukturen nur noch im Zusammenhang einer übergreifenden systembezogenen Gestaltung zu realisieren. Dies soll im HdA-Gestaltungsprojekt versucht werden: Erkenntnisse zur menschengerechten Gestaltung und Anwendung neuer Technologien, die am Beispiel isolierter Gestaltungsaspekte der Arbeitssituation, einzelner Technologien wie spezifischer betrieblicher und branchenbezogener Einsatzbedingungen gewonnen wurden, werden konzeptionell aufbereitet und zu komplexen Gestaltungsansätzen integriert. [3]

- Neue Technologien kommen verstärkt auch in Mittel- und Kleinbetrieben zum Einsatz. Da technische Lösungen und Systeme zumeist an großbetrieblichen Strukturen orientiert sind, bringt ihre Adaption an die spezifischen Bedingungen und Voraussetzungen mittlerer und kleinerer Unternehmer erhebliche Probleme mit sich. Da auch erste Lösungsansätze für humane Arbeits- und Technikgestaltung zumeist am Beispiel großbetrieblicher Strukturen entwickelt wurden, sind die Arbeitnehmervertreter in Klein- und Mittelbetrieben bei der Umsetzung von HdA-Erkenntnissen in besonderer Weise gefordert. Studien, die im Rahmen des HdA-Programms durchgeführt wurden bzw. werden, verweisen für die Bewältigung dieser Aufgabe auf erhebliche strukturelle Defizite und Handlungsprobleme betrieblicher Interessenvertreter. [4] Deshalb konzentriert sich das Projekt auch darauf, sozial beispielhafte Gestaltungskonzeptionen unter besonderer Berücksichtigung der Voraussetzungen und Bedingungen von Klein- und Mittelbetrieben konzeptionell zu entwickeln und zu verbreiten.

Von der nahezu zeitgleichen Verknüpfung konzeptioneller Arbeiten (die in Kooperation mit laufenden Modellvorhaben des Förderschwerpunkts "Menschengerechte Technologien" erfolgen) mit umsetzungsbezogenen Aktivitäten erwarten wir, im Sinne humaner Arbeits- und Technikgestaltung frühzeitig in den Difusionsprozeß komplexer integrierter Technologien intervenieren zu können.

b) Es werden beispielhafte Gestaltungskonzeptionen für solche Technikeinsätze entwickelt, die zur Zeit in den Betrieben der Metallindustrie beginnen (z.B. typische Integrationspfade des CAD/CAM-Einsatzes, der flexiblen Automatisierung der Teilefertigung, der Montageautomation, der Bürokommunikation), und deren weitere Verbreitung Technikprognosen und laufenden Beobachtungen zufolge für die nächsten Jahre zu erwarten ist. Die konzeptionellen Arbeiten stützen sich auf HdA-Erkenntnisse, die am Beispiel einzelner Gefährdungs- bzw. Gestaltungsbereiche oder Einsatzfälle neuer Technologien gewonnen wurden. Insbesondere geht es darum, positive Ansätze zur ganzheitlichen Arbeitsgestaltung und Qualifikationserweiterung, wie sie in einzelnen Projekten der Projektträger "HdA" und "Fertigungstechnik" konzipiert und erprobt worden, für fortgeschrittene Einsatzfälle neuer Technologien weiterzuentwickeln. Dabei geht es vor allem darum,

- Erfahrungen mit Gruppentechnologien und autonomen Fertigungsinseln als Fertigungs- und Organisationsprinzip für weite Bereiche der Teilefertigung wie der Montage unter Bedingungen des integrierten Technikeinsatzes weiterzuentwickeln;

- Konzeptionen qualifizierter Mischarbeit, wie sie für eine Integration von Arbeitsaufgaben der Textverarbeitung und Sachbearbeitung erprobt wurden, auf integrierte Systeme der Bürokommunikation zu übertragen;

- Konzeptionen von Teamarbeit und Inselfertigung für die Bereiche computergestützter Konstruktion, Arbeitsplanung und -vorbereitung weiterzuentwickeln;

- Schnittstellen-Probleme für die Gestaltung EDV- bzw. computergestützter Arbeitssysteme zu lösen (z.B. Aufgabenteilung zwischen Mensch und Rechner; Aufgabenteilung zwischen dem Menschen, das heißt der in Software inkorperierten Arbeitsteilung und Arbeitsorganisation; Gestaltung der Schnittstelle des Mensch-Rechner-Systems).

Den Gestaltungskonzeptionen liegen folgende Ansprüche zugrunde:

- Gewährleistung einer mittel- bis längerfristigen Perspektive für eine gesicherte Beschäftigung, insbesondere durch "arbeitsorientierte Konzeptionen" der Produktionsgestaltung;

- Gestaltung und Anwendung von Techniken, die Qualifikationen und Kompetenzen menschlicher Arbeit als zentralen Aspekt einbeziehen;

- Vermeidung von gesundheitlichen Gefährdungen durch Abbau von Belastungen und präventivem Gesundheitsschutz;

- Sicherung und Erweiterung der fachlichen wie sozialen Qualifikationen, insbesondere durch arbeitsgestaltende Maßnahmen und eine qualifikationsfördernde Technikgestaltung sowie durch inhaltlich wie zeitlich angemessene Weiterbildung;

- Anreicherung von Arbeitsinhalten durch ganzheitlichen Zuschnitt der Aufgaben verbunden mit Gestaltungs- und Entscheidungsspielräumen für die Ausführung der Arbeit;

- Schaffung von kooperativen Arbeitsstrukturen zur Sicherung von Flexibilität, zur Erweiterung von Qualifikationen und zur Gewährleistung sozialer Kommunikation am Arbeitsplatz;

- Vermeidung von "transparenter Arbeit" sowie von Leistungs- und Verhaltenskontrollen;

- Beteiligung betroffener Arbeitnehmer an der Entwicklung und Umsetzung von Gestaltungskonzeptionen. [5]

c) Das Vorhaben beruht auf der Erkenntnis, daß der Einsatz neuer Technologien nicht per se mit negativen Folgen einhergehen muß, sondern perspektivisch in vielfältiger Hinsicht - belastungsreduzierend, qualifikationsfördernd, sozialverträglich - erfolgen kann. Dafür spricht, daß neue Technologien aufgrund der Universalität der Mikroelektronik und der Trennung der meisten

Technologien in Hard- wie Softwarekomponenten - stärker als dies
bei konventionellen Produktions- und Bürotechniken der Fall
war - gestaltbar sind. Das gilt sowohl für das Verhältnis
Technik und Arbeitsorganisation wie für die Technik selbst.
Zwischen der technischen Struktur von Fertigungs- und Informationssystemen, der Arbeitsorganisation und den Qualifikationsanforderungen der Beschäftigten besteht keine starre, deterministische Beziehung. So erzwingt die Technik keine eindimensionale Anpassung der Qualifikationen. Vielmehr sind multifunktionale Tätigkeiten, in denen planende, gestaltende, kontrollierende und ausführende Arbeitsfunktionen zu komplexen
Tätigkeiten kombiniert werden, möglich, wenn man Qualifikationen nutzen und menschenwürdige Arbeitsbedingungen realisieren will. Aber nicht nur das Verhältnis von Technik, Arbeitsorganisation und Qualifikation ist - wie in zahlreichen Projekten des HdA-Programms und in der betrieblichen Praxis belegt
wurde - gestaltbar. Auch die Technik selbst, ob als Produktionsoder Informationstechnik, kann alternativ entwickelt und ausgelegt werden. Das heißt, Kriterien menschengerechter und qualifikationsfördernder Arbeitsgestaltung können bereits bei der
Entwicklung, Auslegung und betrieblichen Planung des Einsatzes
neuer Techniken und technologischer Systeme Berücksichtigung
finden. Um keine Illusionen aufkommen zu lassen: Eine solche
prospektive, an humaner Arbeit orientierte Technikentwicklung
und -anwendung, die systematisch Alternativen auslotet, ist bislang weder in der Forschung noch in der betrieblichen Praxis
in Angriff genommen worden. Trotzdem ist bewiesen, daß es keine
Frage technischer Funktionalität und prozessualer Sachzwänge
ist, wenn sich im Forschungsprozeß überwiegend eindimensionale
Technikentwicklungen und in der betrieblichen Praxis überwiegend traditionelle, das heißt tayloristische Formen der
Arbeitsteilung und Arbeitsgestaltung durchsetzen. Für beide
Bereiche gilt, daß kapitalorientierte Interessen, überkommenes
Herrschaftsdenken und einseitige Wirtschaftlichkeitsbetrachtungen, aber auch unzureichende Forschungskapazitäten sowie
mangelnde Erfahrung und Ausbildung der "technischen Intelligenz"
den Blick für die Gestaltungsperspektive der Technik versperren.

Mit der These von der Gestaltbarkeit der Technik soll kein naiver
Fortschrittsoptimismus propagiert werden: Wir sind uns der
Diskrepanz zwischen einer "prinzipiellen Gestaltbarkeit" neuer
Technologien nach Kriterien gesellschaftlicher Nützlichkeit,
sozialer wie ökologischer Verträglichkeit und ihrer tatsächlichen Gestaltung im Forschungs- und Entwicklungsprozeß wie bei
der betrieblichen Anwendung durchaus bewußt. Technik läßt sich
letztlich nicht lösen von wirtschaftlichen und gesellschaftlichen Rahmen, in dem sie erforscht, entwickelt, geplant und
verwertet wird. Technikentwicklung ist somit kein gesellschaftlich neutraler Prozeß. Vielmehr manifestieren sich darin
- vielfältig vermittelt - kapitalorientierte Interessen, die
vor allem darin wirksam sind, daß alternative technische
Lösungsansätze bereits im Forschungsprozeß ausgeblendet werden;
daß einmal eingeleitete technologische Entwicklungen, wahrscheinlich auch einmal eingeschlagene Strategien des betrieblichen Technikeinsatzes - mit zentraler oder dezentraler Orientierung - nicht bzw. nur unter schwierigen Bedingungen rückholbar sind. Die aber auch darin wirksam sind, daß überkommene
Muster tayloristischer Arbeit bei der Technikentwicklung und

-auslegung sowohl in die Gestaltung der Hard- wie der Softwarekomponenten einfließen.

d) Trotz dieser Präformation durch industrielle Interessen verbleiben für den betrieblichen Einsatz neuer Technologien Handlungsspielräume für eine alternative Nutzung. Beispiele hierfür sind in den letzten 10 Jahren nicht nur im Rahmen der staatlichen Förderprogramme "HdA" und "Fertigungstechnik", sondern auch, gestützt durch das Humanisierungs-Beratungsprojekt der IG Metall, in der betrieblichen Praxis - zumindest im Ansatz - realisiert worden. Und auch die Studie von Horst Kern und Michael Schumann zeigt, daß sich in der Automobilindustrie wie im Maschinenbau zunehmend Produktionskonzepte durchsetzen, deren Technikauslegung und Arbeitsgestaltung ganzheitlichere Arbeitsaufgaben und damit Chancen der Qualifikationsentfaltung ermöglichen. [6]

Die Realisierung der Gestaltbarkeit ist allerdings an zentrale Voraussetzungen gebunden:

- In der Regel werden Arbeitsplätze erst im Nachhinein gestaltet, wenn extrem negative Folgen für die betroffenen Arbeitnehmer sichtbar werden oder die ökonomische Effizienz und Flexibilität des automatisierten Prozesses oder Systems gefährdet sind. Die Gestaltungsspielräume sind dann zumeist infolge vorgängiger Entscheidungen über die - meistens außerbetrieblich - erfolgende Entwicklung der jeweiligen eingesetzten Technologien; die Auswahl der auf dem Markt befindlichen Technologien; die Auslegung der technisch-organisatorischen Einsatzbedingungen der Technologien; die Festlegung des Automatisierungsgrades und dergleichen mehr weitgehend vertan. Den korrektiven Maßnahmen der Arbeitsgestaltung, die unter solchen Bedingungen noch greifen können, kommt eher der Stellenwert "kosmetischer Manipulationen" als ein tatsächlich gestaltender Charakter zu. Soll solche "Reparaturhumanisierung" vermieden werden, müssen bereits bei der Entwicklung, der Planung und Auslegung automatisierter Anlagen und Systeme Erkenntnisse und Erfordernisse menschengerechter Arbeitsgestaltung und Qualifikationsentfaltung Berücksichtigung finden.

- Das heißt, die Frage nach menschengerechter Gestaltung von Arbeit beim Einsatz neuer Technologien muß radikaler, früher und umfassender gestellt werden, als sie gemeinhin gestellt wird. Wichtigste Ansatzpunkte einer vorausschauenden Gestaltung sind

    * Entscheidungen über die Aufgabendefinition zwischen Mensch und technischem System. Dabei sind insbesondere die Anforderungen an den Menschen - mit allem Einfluß auf die Systemzuverlässigkeit -, die daraus sich ergebenden Belastungen, Qualifikationsanforderungen und Kontrollaspekte, Fragen der Entkopplung von technischen Zwängen und dergleichen mehr zu bedenken. Das heißt: Wünschenswerte Qualifikationen und zumutbare Beanspruchungen sind in die Systemauslegung zu transferieren. Zentrales Gestaltungs-

kriterium ist dabei die Persönlichkeitsentfaltung bzw.,
da diese weitgehend abhängig ist von Qualifikationsanforderungen, Kooperationsbeziehungen und Möglichkeiten zur
Kommunikation, die Forderung, daß Arbeitsinhalte und
-abläufe so gestaltet werden, daß die intellektuelle Kontrolle des Menschen über das Arbeitssystem erhalten bleibt.

* Die Arbeitsteilung und Arbeitsorganisation zwischen betroffenen Beschäftigten. Hier geht es darum, tayloristische
  Überbleibsel - wie die Trennung von Kopf- und Handarbeit,
  die mit wachsender Automatisierung immer überflüssiger
  wird, als sie historisch je war - endgültig und restlos zu
  überwinden. Die arbeitsteiligen und organisatorischen
  Grenzen zwischen planenden, dispositiven, kontrollierenden
  und überwachenden Funktionen einerseits, ausführenden und
  bedienenden Arbeitsfunktionen andererseits, müssen bei der
  Konzipierung einer systembezogenen Arbeitsgestaltung in
  Frage und für eine Bündelung neuer Tätigkeiten zur Disposition gestellt werden.

* Die jeweilige Gestaltung der Schnittstelle Mensch/technisches System. Dabei sind ergonomische Kriterien sowie vor
  allem Ansprüche an Belastungsregulation in operationalisierbare - pflichtenheftreife - Kriterien menschengerechter
  Arbeits- und Technikgestaltung umzusetzen.

- Zentrale Voraussetzung, um bei der Planung und Auslegung von
  Arbeitssystemen über ausreichende Gestaltungsspielräume verfügen zu können, ist die Festlegung einer Automatisierungs-
  bzw. Integrationsschwelle, die den Erhalt oder die Rückverlagerung qualitativ und dispositiv höherwertiger Arbeitsaufgaben in Arbeitssysteme überhaupt erst erlaubt oder begünstigt. [7]

Obgleich die Mitwirkungs- und Mitbestimmungsrechte betrieblicher
Interessenvertreter bei weitem nicht ausreichen, die skizzierten
Ansprüche zwingend durchzusetzen, hat das Projekt zum Ziel,
Betriebsräte zu befähigen, auf die verschiedenen "Interventionsebenen betrieblicher Gestaltung" Einfluß zu nehmen. Für eine solche
interessenbezogene Intervention in betriebliche Planungsprozesse
können keine "harten", allgemein gültigen Gestaltungsregeln vorgegeben werden. Zum Beispiel können höhere Automatisierungsniveaus
nicht generell abgelehnt werden. Vielmehr ist von Fall zu Fall abzuwägen, welche positiven (z.B. Belastungsabbau, Schaffung von
Freiräumen für qualifiziertere Arbeit) und negativen (z.B. Verengung von Handlungsspielräumen) Folgen damit verbunden sein können. Deshalb sollen betriebliche Interessenvertreter "prozeßorientiert" qualifiziert werden, potentielle Auswirkungen des geplanten betrieblichen Technikeinsatzes einschätzen und in Abwägung der vor- und nachteiligen Konsequenzen intervenieren zu

können.

3. Das Projekt soll die betriebliche Umsetzung sozial beispielhafter Gestaltungskonzeptionen initiieren. Dieser Prozeß stützt sich auf die pilothafte Umsetzung der konzeptionell aufbereiteten Gestaltungskonzeptionen. Die Erprobungsphase erfolgt in langfristig angelegter Beratung von betrieblichen Interessenvertretern, betroffenen Arbeitnehmern und - soweit Kooperationsbereitschaft vorliegt - betrieblichen Experten der Arbeitsplanung und -gestaltung. Sie dient der praxisbezogenen Überprüfung und interessenbezogenen Umsetzung der Gestaltungskonzeptionen. Die Absicherung bzw. Verallgemeinerung der derart modifizierten Konzeptionen stützt sich auf die mehrfache Übertragung auf vergleichbare Einsatzfälle neuer Technologien.

Zielgruppen der Umsetzung sind betroffene Arbeitnehmer, Betriebsräte und Vertrauensleute, betriebliche Experten der Arbeitsplanung und -gestaltung (Ingenieure, Techniker, Konstrukteure, Organisations- und EDV-Fachleute, Meister), sowie Multiplikatoren gewerkschaftlicher Umsetzungsaktivitäten (Leiter von Arbeitskreisen) und hauptamtliche Funktionsträger. Da die Bedeutung betrieblicher Interessenvertreter sowie hauptamtlicher Gewerkschaftsvertreter für die Umsetzung von HdA-Erkenntnissen bereits betont wurde, soll hier nur noch auf die neuen Zielgruppen eingegangen werden. Dabei geht es insbesondere um die stärkere Beteiligung direkt betroffener Beschäftigtengruppen als auch um eine intensivere Beteiligung "betrieblicher Experten" an der Konkretisierung wie an der Verbreitung sozial beispielhafter Gestaltungskonzeptionen:

- Die Beteiligung Betroffener ist aus drei Gründen zwingend notwendig. Erstens müssen - angesichts kaum mehr überschaubarer, betriebsübergreifender Rationalisierungsstrategien - in systematischer Gegenstrategie das Detailwissen Betroffener über ihre Arbeit, der kollektive Sachverstand von Belegschaften, Wissen und Erfahrungen betrieblicher Interessenvertreter und gewerkschaftlicher Experten der Arbeits- und Technikgestaltung zusammengeführt werden. Zweitens gibt es - trotz HdA-Erkenntnissen und Gestaltungswissen - kein "Rezeptwissen" darüber, wie Qualifikationsanforderungen, Arbeitsbelastungen, Entscheidungskompetenzen, Leistungsanforderungen und anderes mehr in ein zumut-

bares und ausgewogenes Verhältnis zueinander gebracht werden
können. Die Lösung kann nur unter Einbeziehung Betroffener gefunden werden. Drittens verlangt das "Schneiden" neuer Arbeitsaufgaben - von qualifizierter Mischarbeit, von qualifikationssichernden Aufgaben in der Werkstatt, von qualifikationsorientierter Teamarbeit bei computergestützter Konstruktion - die Beteiligung der verschiedenen betroffenen Beschäftigtengruppen. Denn ganzheitliche Arbeitsgestaltung berührt und verletzt jeweils auch die Interessen anderer Belegschaftsgruppen und stellt überkommene Muster geschlechtsspezifischer Arbeitsteilung in Frage. Die Realisierung humaner und qualifikationsfördernder Arbeit für alle wird somit entscheidend davon abhängen, ob es gelingt, zwischen den verschiedenen betroffenen Gruppen einen solidarischen, aber zugleich kritischen Dialog über gruppenspezifische Interessen zu führen.

- Technisch-wissenschaftliche Fachkräfte, die in den Betrieben weitgehen Einfluß nehmen können auf die Gestaltung von Arbeit und Technik, wurden in der Vergangenheit - weder im Rahmen des HdA-Programms noch durch die Gewerkschaften - als potentielle Experten humaner Arbeits- und Technikgestaltung angesprochen. Die IG Metall will sich dieser Aufgabe - gestützt auf das HdA-Gestaltungsprojekt - zukünftig verstärkt stellen. Es geht vor allem um eine solidarische Einbindung der technisch-wissenschaftlichen Intelligenz, die bei uns organisiert ist, für die Konzipierung und Durchsetzung menschengerechter, sozial und ökologisch verträglicher Produktions- und Produktkonzepte. Die IG Metall kann hierbei auf vielfältige Erfahrungen zurückgreifen: Bereits heute gibt es betrieblich wie örtlich aktive Arbeitskreise, die sich mit Rationalisierungsfragen und der Entwicklung gewerkschaftlicher Gegenstrategien beschäftigen; vereinzelt gibt es Ingenieurarbeitskreise, die sich vorrangig mit der Entwicklung von konkreten Gestaltungsalternativen und Bewertungshilfen für betriebliche Rationalisierungsvorhaben sowie mit Vorschlägen zum humanen Einsatz neuer Technologien befassen. Die sich aber auch mit Fragen gesellschaftlich nützlicher Produkte und alternativer Produktionsverfahren auseinandersetzen. Die bislang schwierige Einbindung technisch-wissenschaftlicher Fachkräfte wird offensichtlich durch Erfahrungen erleichtert, denen sie in den Betrieben in wachsendem Maße selbst ausgesetzt sind. Die drohende oder bereits erfahrene Entwertung eigener Qualifikationen, die schleichende "Wissensenteignung", die sich mittels computergestützter Systeme auch in ihrem Arbeitsbereich vollzieht, haben die Sensibilität für humane und qualifikationsfördernde Produktionskonzepte gesteigert. In dieser Interessenerkenntnis liegen beachtliche Potentiale für die konzeptionelle Erarbeitung wie für die Durchsetzung humaner Arbeits- und Technikgestaltung.

Die Zielsetzung des erweiterten HdA-Programms nach breiter Umsetzung soll dadurch gewährleistet werden, daß der gesamte Umsetzungsprozeß als "Hilfe zur Selbsthilfe" organisiert wird. Prinzip ist, die durch das Vorhaben gegebenen unterstützenden Kapazitäten so einzusetzen, daß damit ein optimaler Umsetzungs-

effekt erreicht wird. Das erfordert die Verknüpfung der zentral
erfolgenden konzeptionellen Arbeiten mit dezentralen gewerkschaftlichen Aktivitäten zur Umsetzung. Deshalb werden in nach strukturellen Kriterien ausgewählten "Verwaltungsstellen" der IG Metall
mit Hilfe der Projektgruppe Arbeitskreise initiiert, deren er-
klärtes Ziel es ist, die "infrastrukturellen" Voraussetzungen am
Ort für die Umsetzung von HdA-Erkenntnissen zu fördern. So sollen
die Arbeitskreise den Erfahrungsaustausch betrieblicher Funktio-
näre über die Umsetzung von Humanisierungserkenntnissen beim Einsatz neuer Technologien gewährleisten; einen Teil der Qualifizie-
rungsarbeit selbständig tragen und "Sachverstand" am Ort für wech-
selseitige Beratung zur Verfügung stellen. Zur Unterstützung der
Umsetzungsaktivitäten von Arbeitskreisen und Multiplikatoren werden im Rahmen des Gestaltungsprojektes exemplarische Beratungs-
hilfen in Form von Informationsmaterialien und Medien (z.B. Video-
filme, Ausstellungskonzepte) erarbeitet.

Schrifttum

1) Bericht der Bundesregierung zur Planung für die Weiterentwicklung des Programms "Humanisierung des Arbeitslebens", Bundestagsdrucksache 10/16 vom 6.4.1983

2) IG Metall (Hrsg.) Aktionsprogramm: "Arbeit und Technik - Der Mensch muß bleiben", Frankfurt 1985

3) IG Metall   Konzipierung und Umsetzung menschengerechter Arbeits- und Technikgestaltung in Fertigung und Verwaltung, Projektantrag, Frankfurt 1984

4) Krahn, K., u.a., Handlungsprobleme bei Maßnahmen zur Humanisierung der Arbeitswelt, Forschungsprojekt, Bielefeld 1983

5) IG Metall   Projektantrag, S. 6

6) Kern, H., Schumann, M., Das Ende der Arbeitsteilung?, München 1984

7) Benz-Overhage, K.; Brumlop, E., v. Freyberg, Th., Papadimitriou, Z., Neue Technologien und alternative Arbeitsgestaltung, Frankfurt/New York, 1982

8) IG Metall (Hrsg.) Positionspapier für die gewerkschaftliche Arbeit mit technisch-wissenschaftlichen Fachkräften, Frankfurt 1985

Menschen · Arbeit · Neue Technologien

Technologieeinsatz und Arbeitsorganisation
in der Produktion II
— Arbeitsorganisation —

CIM-Auswirkungen auf das Personal

D. Rushton

Schaubild 1

Guten Tag, meine Damen und Herren. Es ist für mich eine große Ehre, heute hier in Stuttgart auf dieser wichtigen Nachfolgekonferenz der erfolgreichen Londoner "Human-1-Conference" einen Vortrag zu halten.

Die Fertigungsindustrie wird zur Zeit mit den einschneidensten Veränderungen seit der ersten Industriellen Revolution konfrontiert. Durch immer kürzere Entwicklungszeiträume auf dem Gebiet der Technik erfolgen diese Veränderungen schneller als es vielen von uns lieb ist. Hierin liegt wohl auch der Grund für die an mich ergangene Einladung, vor Ihnen über einige Aspekte bei der Einführung neuer Technologien zu sprechen und deren Auswirkungen auf die Motiviation der betroffenen Menschen aufzuzeigen, die von grundsätzlicher Bedeutung für die Effizienz von produzierenden Unternehmen ist.

Schaubild 2

Ich möchte das Thema unter drei verschiedenen Aspekten beleuchten:

- Technologie und Unternehmenserfolg
- Unabwendbare Randbedingungen
- Ableitung von Anregungen

Schaubild 3

Die Entwicklung von Konzepten zur computerintegrierten Produktion, im folgenden kurz CIM genannt (Computer Integrated Manufacturing), verdanken wir hauptsächlich der Pionierarbeit einiger Firmen, die - aus den unterschiedlichsten Gründen - weltweit im Spitzenbereich technischer Entwicklungen tätig sind, z.B. in der Weltraum-Industrie, der Rüstungsindustrie, der Automobilindustrie und einigen anderen führenden Industrien aus den Bereichen Maschinen- und Fahrzeugbau.

Der großen Mehrzahl der Unternehmen fällt es aber schwer, den Überblick zu behalten über neue technische Entwicklungen, die verstärkt auf den Markt drängen, und die Bedeutung der Anwendung neuer Technologien für ihre Produktion zu erkennen. Dabei wächst zunehmend die Einsicht, daß eine solche Anwendung für viele zum zukunftssichernden Faktor wird.

Es gibt mehrere Gründe, warum viele Industriemanager die Informationsflut nicht mehr voll überblicken. Wohlmeinender Fachleute und Institutionen überhäufen uns mit Definitionen. Mögliche Verbesserungen durch die Anwendung von CIM-Konzepten sind häufig nur schwer zu fassen, da Prognosen hierüber nicht eindeutig quantifizierbar sein können. Einige Unternehmen haben bereits damit begonnen, in Teilbereichen einzelne Elemente einzuführen, die in der Zukunft, nach einem erfolgten Ausbau, in eine CIM-Produktionslandschaft integriert werden können. Die Gründe hierfür sind jedoch eher im allgemeinen Fortschritt der Technik zu suchen als in Wirtschaftlichkeitsberechnungen. Viele Unternehmen glauben, daß, wenn sie nur mit den Entwicklungen auf technischem Gebiet Schritt halten, sie bereits die Lösung für künftig auftretende Probleme haben. Praxis zeigt jedoch, daß CIM nicht die Lösung für jedes Problem einer jeden Firma darstellt und dies vor allem auch gar nicht kann. Es gibt, wie wir später sehen werden, keine allgemeingültigen Antworten. Angesichts der Vielfalt ausbaufähiger Systeme geben sich manche Manager zurückhaltend, was wohl auch auf den Umfang ihres ohnehin schon breiten Aufgabenbereiches zurückzuführen ist. Dieser hindert sie, sich soweit mit der Materie vertraut zu machen, daß sie Notwendigkeit und Möglichkeiten von CIM sehen und einschätzen können.

Desweiteren drängen viele Verkäufer auf einen weiteren Ausbau der bereits von ihnen vertriebenen Systeme auf dem Markt, ohne die jeweilige Unternehmensstruktur voll in das Konzept miteinzubeziehen. Nur unter völliger Berücksichtigung der vorhandenen Organisationsstrukturen kann ein System den Anforderungen des Betriebes gerecht werden. Und genau dies ist es, was CIM leistet.

Situationen wie die eben genannten sind häufig zu finden, und sie zeigen uns deutlich, daß der Einsatz von Technologien immer noch höher bewertet werden als unternehmerisches Handeln.

Schaubild 4

Untersuchen wir einmal unsere eigenen Geschäftsbereiche auf den Erfolg eines Unternehmens, so stoßen wir auf von jeher gültige Wirtschaftlichkeitskriterien.

- niedrigere Stückkosten
- kürzere Vorlaufzeiten
- höhere Qualität
- kürzere Reaktionszeiten

und, um diese Vorgaben auch zu erreichen, ein hochmotiviertes Team. Wenn wir die Möglichkeiten und die Auswirkungen von CIM auf die Betroffenen besser verstehen und einschätzen wollen, sollten wir CIM einmal näher betrachten:

Schaubild 5

Zur Einschätzung der jeweiligen Unternehmenssituation ist es erforderlich, folgende Bereiche zu untersuchen:

- Unternehmensprofil
- Entscheidungsträger auf den verschiedenen Ebenen und die derzeitige Unternehmensstruktur
- Unternehmenssteuerung mit CIM
- Ängste und Befürchtungen der Belegschaft

Schaubild 6

Unabhängig hiervon sieht sich der Vorstandvorsitzende Sachzwängen gegenüber, die sich in der Unternehmensstruktur begründen.

Auf einem einzigen Firmengelände angesiedelte Unternehmen sind üblicherweise von überschaubarer Größe. Einige, - unter ihnen Ingersoll Milling Machining Company in Rockford, Illinois, - sind aufgrund ihrer spezifischen Situation zu Vorreitern auf dem Gebiet der Entwicklung und Anwendung von CIM geworden.

Die meisten Firmen jedoch befinden sich jetzt in einer Situation, in der sie die Entwicklungen anderer, die zur Zeit auf dem Markt angeboten werden, nutzen können. Sie neigen dazu, auf bereits erstellte Angebotspakete zurückzugreifen, anstatt spezielle, auf ihre Bedürfnisse zugeschnittene Softwareprogramme entwickeln zu lassen.

Unternehmen mit mehreren Produktionsbetrieben an einem Standort lassen sich in zwei Kategorien aufteilen, solche mit ähnlicher Produktionspalette in jedem Betrieb und solche mit verschiedenen Produktfamilien. Für die erstgenannten Unternehmen ist eine Standardisierung von großem Vorteil. Eine enge Verbindung zur Unternehmensleitung bietet sich hier naturgemäß an. In Produktionsbetrieben mit unterschiedlichen Produkten wird nach ähnlichen Konzepten produziert, jedoch mit dem Unterschied, daß die Daten in ein zentrales Rechnungswesen einfließen.

Unter eine dritte Kategorie fallen Firmen mit mehreren Niederlassungen. Meistens handelt es sich hierbei um multinationale Konzerne, deren einzelne Betriebe wie die eben genannten Firmen operieren. Wahrscheinlich ist, daß in einigen dieser Betriebe Produkte gleicher Beschaffenheit gefertigt werden. Häufig tritt jedoch der Fall auf, daß diesen Konzernen Unternehmen mit verschiedensten Produktpaletten angehören. Großunternehmen werden unter diesen Umständen wahrscheinlich Richtlinien für Computersysteme aufstellen, die auf das Gesamtunternehmen Anwendung finden. Nur durch eine derartige Konstellation ist es möglich, aus angewandter Technologie ökonomischen Nutzen zu ziehen.

Schaubild 7

Diese Darstellung zeigt die 5 Grundfunktionen, die für die Mehrzahl aller Unternehmensabläufe gelten. Die traditionellen Organisationsstrukturen sind bisher mit Rücksicht auf diese Aufgaben entstanden. Daher überrascht es nicht, daß sich Barrieren zwischen den einzelnen Bereichen aufbauen konnten. So berechnen sich die Projektzeiten, z.B. die Zeit für die Einführung eines neuen Produktes aus der Summe der Durchlaufzeiten durch die einzelnen Bereiche. Wenden wir das zur Zeit gängige Just-in-Time-Konzept auf die Einführungsphase eines neuen Produktes an, so werden wir wahrscheinlich feststellen, daß eine Überlappung der einzelnen Funktionsbereiche zweckmäßig erscheint. Voraussetzung hierfür ist aber, daß Informationen über den jeweiligen Produktionsstatus allen Bereichen gleichzeitig zur Verfügung stehen müssen. Dies stellt eine der Haupteigenschaften von CIM dar: sämtliche relevanten Daten sind für alle abrufbar, während der Umfang der Abfrage von der jeweiligen Situation bestimmt wird.

Schaubild 8 (nur Mittelteil)

Um die Perspektiven von CIM für ein Unternehmen einschätzen zu können, müssen wir zunächst das Konzept und die Grundstruktur eines Computersystems betrachten. Diese Strukturvorgaben können als Hilfsmittel für die Geschäftsleitung bei der Optimierung der Betriebsführung auf allen Ebenen genutzt werden. Daten sind nichts Anderes als Fakten. Fakten werden einerseits durch einen Fertigungsauftrag - von der Angebotserstellung bis zum Versand - erzeugt. Andererseits schafft die individuelle Firmengeschichte ebenfalls ihre Fakten, und weitere Fakten entstehen in den einzelnen Geschäftsbereichen. Werden diese Fakten festgehalten und abgefragt, können sie künftig für die Leitung des Unternehmens herangezogen werden. Werden diese Fakten gesammelt und in den Computers eingespeichert, bezeichnet man dies als Datenbank. Um Entscheidungen während eines Projektes treffen zu können, z. B. über die Einführung eines Produktes oder Auftragsannahme bis hin zur Auslieferung, ist es erforderlich, daß die Geschäftsleitung Zugang zu den in der Datenbank gespeicherten Informationen hat. In diesem Zusammenhang bezeichnet das Wort Geschäftsleitung sämtliche Entscheidungsträger innerhalb des Betriebes, die sich mit der

Auftragsausführung befassen. Aus diesem Schaubild sind die Hauptdatenflüsse zwischen Auftragsannahme und Auslieferung des fertigen Produktes ersichtlich. Der erste ist der Fluß der technischen Daten, wie z. B. die Festlegung des Fertigungsprozesses für das Produkt. Hier werden die Fragen des "Was?", "Wie?" und "Wieviel wird es kosten?" beantwortet.

Der zweite parallele Datenfluß, der die Bereiche Material- und Produktionssteuerung sowie Planung und Kontrolle durch die Geschäftsführung darstellt, liefert Informationen und Antworten auf die Fragen "Wann?", "Wieviel?" und "Wieviel hat es gekostet?". Die Tatsache, daß beide Ströme Zugang zu den selben Informationen der Datenbank haben, stellt eins der wichtigsten Argumente für ein einheitliches, den gesamten Produktionsbetrieb steuerndes Computersystem dar. Ob die Datenbank in einer einzigen Unternehmensstruktur integriert ist, oder graduell strukturiert in ähnlichen oder miteinander verbundenen Bereichen, muß zu diesem Zeitpunkt noch nicht entscheiden werden.

Schaubild 8 (Gesamtansicht)

Bei der Planung eines derartigen Systems, dürfen nicht nur die bereits bestehenden, zu integrierenden Systeme berücksichtigt werden, sondern auch - und dies ist von größerer Wichtigkeit - die Menschen, die in dem Unternehmen mit dem neuen System arbeiten sollen.

Schaubild 9

Professor Tom Lupton, Lehrstuhlinhaber für Verhaltensforschung an der Manchester Business School, hat sich mit der Frage befaßt, wie die Kooperation der betroffenen Belegschaftsmitglieder erzielt werden kann. Professor Lupton schlug hier als Ansatzpunkt die bestehenden Befürchtungen, Hoffnungen und Erwartungen der Betriebsangehörigen auf den verschiedenen Ebenen vor. Wir werden heute, wegen der Kürze der Zeit, nur drei Ebenen näher untersuchen: die Belegschaftsebene, die mittleren Führungsebene und die Geschäftsführungsebene. Zunächst wenden wir uns der Belegschaftsebene zu. Hier stoßen wir auf verständliche, oft unausgesprochene Ängste.

- Was bedeutet Automatisierung/Computerisierung?

- Werde ich in der Lage sein, mit dem neuen Umfeld zu leben?

- Verstehe ich, was die Geschäftsleitung weiterhin plant, oder wird es für mich eine Überraschung sein?

- Werden die Veränderungen, auf die ich keinen Einfluß habe, meinen Interessen entgegenlaufen?

Dies alles sind legitime Befürchtungen, und hier gilt - wie auch für andere menschliche Problembereiche - daß, wenn die Kooperation der Belegschaft notwendig ist, um das geplant Ziel des Unternehmens zu erreichen, die Geschäftsleitung diese Ängste und Befürchtungen ernst nehmen muß.

Schaubild 10

Wenn wir uns der mittleren Führungsebene zuwenden, werden wir sehen, daß hier andere Ängste existieren. Und, falls es in der Vergangenheit Reibungspunkte zwischen Arbeitgeber- und Arbeitnehmerseite gegeben hat, wird diese Gruppe häufig annehmen, daß die Gewerkschaften mit der Einführung der neuen Technologien automatisch Verluste von Arbeitsplätzen verbinden und deshalb negativ reagieren könnten. Dies kann Unruhe erzeugen und die Aufgaben des mittleren Managements erschweren. Zudem gehören die meisten Personen dieser Führungsebene einer etwas älteren Generation an. Häufig haben eher sich ihre Mitglieder während der langen Berufsjahre im Unternehmen hochgearbeitet, und eine Großteil ihres Berufslebens damit verbracht, die bestehenden Standards innerhalb des Betriebes aufzustellen. Da ihr Wissen über Computer meist gering ist, fühlen sie sich unwohl bei dem Gedanken, damit zu arbeiten. Angesichts der Tatsache, daß junge Hochschulabsolventen, die mit der Materie vertraut sind, von der Geschäftsleitung häufig wie VIP's behandelt werden, verspüren sie eine gewisse Unzulänglichkeit und befürchten, daß ihre Schwächen zutage treten und ihre Arbeitsplätze gefährdet sind. Nicht zu vergessen ihr ausgeprägtes Loyalitätsgefühl gegenüber den langjährigen Kollegen.

Diese Loyalität führt zu einer gewissen Zurückhaltung, wenn sie meinen, in Zuständigkeitsbereiche einer anderen Abteilung, die früher klar abgegrenzt war, einzudringen. Auch werden sie nichts unternehmen, was die Autorität ihrer Freunde und Kollegen untergraben könnte. Dies kann den Willen zu Veränderungen sehr stark limitieren. Sie haben keine Einsicht in die Zukunftsplanung der Geschäftsleitung und zeigen sich deshalb - zunächst dort, wo die Geschäftsführung sich ihnen gegenüber noch nicht eindeutig festgelegt hat - zurückhaltend, wenn größere Veränderungen bevorstehen, da sie befürchten, vor vollendete Tatsachen gestellt zu werden. Dies gilt besonders dann, wenn sie sich am Ende ihres Berufslebens befinden. Viele Angehörige des mittleren Managements haben Standards geschaffen, die für ihre berufliche Karriere sehr wichtig sind, so z. B. die Entwicklung eines Qualitätskontrollsystems, die Aufstellung einer Produktionsplanung und andere wichtige Funktionen im Betrieb. Es ist verständlich, wenn sie sich nicht mit dem Gedanken anfreunden können, daß durch den Einsatz neuer Technologie das durch ihr Engagement Erreichte gegenstandslos wird.

Schaubild 12

In den letzten 3 oder 4 Jahre haben immer häufiger Konferenzen stattgefunden, im Verlauf derer die teilnehmenden leitenden Angestellten sich bemüht haben zu klären, was CIM in Zukunft für ihr Unternehmen bedeutet. Im Laufe der Zeit haben sich die Ergebnisse dieser Konferenzen qualitativ enorm verbessert, dennoch gibt es immer noch große Probleme. Nur wenige Unternehmen können bereits Ergebnisse einer relativ kompletten Umstellung vorweisen, so daß es nicht verwunderlich ist, wenn Top-Manager häufig noch skeptisch sind. Viele dieser Manager sind nur für einen Betriebszweig zuständig und nicht in der Lage, Entscheidungen für das Gesamtunternehmen zu treffen, oder auf einer notwendigen Zusammenarbeit der verschiedenen Bereiche zu bestehen. Hier ist allerdings mehr erforderlich als ein besonderes Interesse eines einzelnen: Direktiven der Geschäftsleitung und eine demonstrative Unterstützung bei

Investitionsentscheidungen und weiteren relevanten Maßnahmen sind unerläßlich. Da aber nicht alle Betriebsleiter den für strategische unternehmensspezifische Entscheidungen nötigen Informationsstand haben, müssen sie über die gesamten hierfür relevanten Unternehmensplanungen und -prognosen sowie die möglichen Auswirkungen unterrichtet werden. Die einzigen Unternehmen, die bereits begonnen haben, klare CIM-Zukunftsperspektiven zu formulieren, sind Firmen, die zuvor ihre Strategie derart festgelegt haben, daß die Fertigung als Schlüsselelement definiert wurde. Für Unternehmen, die "noch nicht so weit sind", wäre jetzt ein günstiger Zeitpunkt anzufangen.

Schaubild 13

Um diesen komplexen Bereich etwas übersichtlich zu gestalten, könnte es sich als hilfreich erweisen, einige Anregungen anzubringen.

Schaubild 14

Wenn leitende Angestellte Entscheidungen über Investitionen oder Programme treffen sollen, die in hohem Maße die Mitarbeit von Entscheidungsträgern des Unternehmens erfordern, benötigen sie Antworten auf die folgenden Fragen:

- Wird es sich auszahlen?

- Wird es funktionieren?

- Werden wir in der Lage sein, es in Gang zu bringen? D.h., werden wir die notwendige Unterstützung der Belegschaft erhalten?

Schaubild 15

Nachdem wir nun einige Ängste erörtert haben, zeigt sich, daß es nur eine Möglichkeit für ihre Beseitigung gibt: die Information der Betroffenen, die damit in die Lage versetzt werden, die langfristig positiven Effekte zu erkennen. CIM ist nur ein Teilaspekt bei der Automatisierung von Industrien. Der Durchführbarkeitsgrad ist von Unternehmen zu Unternehmen und zwischen verschiedenen Branchen unterschiedlich hoch. Unser Blickwinkel muß jedoch größer sein. Die Geschichte der sozialen Entwicklung der Menschheit und besonders die der Industrie in den letzten 200 Jahren weist uns hier die Richtung.

Schaubild 16

Zu Anfang dieses Jahrhunderts waren ca. 40 % der arbeitenden Bevölkerung in der Landwirtschaft tätig. Das bekannte Gemälde von Breughel, das Sie hier sehen, zeigt eine Situation, die unverändert auch für spätere Jahrhunderte hätte zutreffen können. Doch schon in den 60er Jahren dieses Jahrhunderts hatte der technische Fortschritt in der Landwirtschaft (Schaubild 17) dazu geführt, daß dieser Prozentsatz auf ungefähr 4 % zurückging. Und im vorigen Jahr haben wir - besonders in Großbritannien - auf schmerzvolle Weise die Auswirkungen dieses Fortschrittes auf dem Sektor der Bauindustrie erfahren müssen. Hier zeigt sich seit einiger Zeit ein ähnlicher Trend wie im Kohlebergbau, dessen Probleme durch die Auseinandersetzungen mit der Gewerkschaft veranschaulicht wurden. Die Situation, vor der die Maschinenbau- und die elektronische Industrie stehen, unterscheidet sich von diesen Verhältnissen insbesondere durch ihre historisch bedingte, anders verlaufende Entwicklung. Während sich die elektronische Industrie in den letzten Jahren langsam an die technische Entwicklung angepaßt hat, sind im Bereich des Sektors Maschinenbau die Fertigungsweisen lange vor der Einführung der neuen Technologien entwickelt worden. Die Aussicht für das Überleben dieser Industriezweige ist nicht allzu düster. Da man auf die Kooperation der Belegschaft angewiesen ist, ist die Sicherheit der Arbeitsplätze besonders wichtig. Hier beginnen sich jetzt praktikable Lösungen abzuzeichnen: Durch den Einsatz neuer Technologien seien es - je nach Unternehmen - flexible Fertigungssysteme mit Industrierobotern oder aber CIM können die Fertigungsindustrien im Westen im allgemeinen Einsparungen bei den Fertigungsstückkosten von ungefähr 10 - 30 % erzielen. Diese Senkung der Stückkosten hilft vielen Firmen nicht nur dabei, auch weiterhin weltweit konkurrenzfähig zu sein, sondern auch die Produktionsmenge zu erhöhen. Wenn zudem größtmöglicher Nutzen aus dem natürlichen Beschäftigtenschwund (Erreichen des Rentenalters oder andere Ursachen) gezogen wird - in Großbritannien beträgt dieser Schwund ca. 6 - 8 %/Jahr - zeigt sich zunehmend, daß - bei einem gleichzeitigen Anstieg der Gewinne um 5 - 6 % - die Unternehmen in der Lage sind, ihren alten Mitarbeiterstamm zu halten. Es kann deshalb verstärkt daran gegangen werden, neue Produkte zu entwickeln und die zum Firmenerhalt notwendigen Absatzmärkte zu erschließen. Geht man weiter davon aus, daß sich der Trend zur allgemeinen Verkürzung der Arbeitszeit auch weiterhin fortsetzt - von einer durchschnittlichen Wochenarbeitszeit von ungefähr 70 Stunden zu Anfang dieses Jahrhunderts bis zum gegenwärtigen Zeitpunkt mit ca. 40 Wochenstunden -, dann stellt wahrscheinlich die flächenweite Einführung der neuen Automationstechniken einschließlich CIM die einzige Möglichkeit dar, dem Wunsch nach einer 30-Stunden-Woche nachzukommen.

Schaubild 18

Grundvoraussetzung für das Überleben und Florieren eines Unternehmens der Fertigungsindustrie ist jedoch fraglos seine internationale Konkurrenzfähigkeit.

Schaubild 19

Ingersoll Engineers und die Manchester Business School arbeiten schon seit vielen Jahren zusammen, um Techniken und Konzepte zu entwickeln, die es ermöglichen, sowohl auf sozio-ökonomische Fragestellungen als auch auf technische Probleme bei der Planung von Fertigungssystemen Lösungen anzubieten.

Professor Lupton hat acht grundlegende Fragen zusammengestellt, die dazu beitragen sollen, die Möglichkeiten aber auch die Probleme für den erfolgreichen Einsatz von CIM in einem Unternehmen mit seiner ganz speziellen betrieblichen Organisation zu erkennen:

1. Sind die Beschäftigten auf allen betrieblichen Ebenen und Bereichen in der Lage, neue wichtige Fertigkeiten zu erwerben?

2. Läßt die Betriebsstruktur die notwendigen Änderungen zu, und sind die Betroffenen willens, die neuen Strukturen anzuerkennen?

3. Wie ist das allgemeine Klima zwischen den Sozialpartnern, innerhalb und außerhalb des Betriebes?

4. Wie läßt sich das gegenwärtige Lohnsystem an die neuen Organisationsstrukturen anpassen, und werden die Mitarbeiter für das Erwerben neuer Qualifikation entlohnt?

Schaubild 20

5. Was denken die Beschäftigten über ihre Rollen? Wie kann ihr Interesse geweckt und die Zufriedenheit mit ihrer Tätigkeit erreicht werden?

6. Was werden die Umschulungen und Neueinstellungen kosten? Wieviel Zeit wird hierfür benötigt werden?

7. Wie hoch sind die Kosten und welche psychologischen Auswirkungen haben Entlassungen und die Einstellung neuer Mitarbeiter mit den entsprechenden Qualifikationen?

8. Wie sieht die gegenwärtige Unternehmenspolitik aus? Ist es der Geschäftsleitung möglich, die vorgeschlagenen Änderungen durchzuführen?

In einem Vortrag, den Professor Lupton im November 1983 vor der Royal Society in London hielt, schlug er einen gangbaren Weg zur Verbindung der relevanten Logisitik in der technischen Entwicklung mit den gesellschaftlichen Erfordernissen vor.

Schaubild 21 (linker Teil)

Die üblichen Überlegungen von Ingenieuren, die neue Fertigungssysteme entwickeln (Professor Lupton nannte diese Überlegungen 'Blue Logic'), folgen althergebrachten Denkmustern für Technologiekonzepte in der Durchführungsphase: zunächst werden Grundlagenbedingungen formuliert, Prüfverfahren entwickelt und dann erst gehen sie in die konkrete Planungsphase über.

Schaubild 21 (rechter Teil)

Wenn wir nun den Bereich der menschlichen Interaktion im Berufsleben unter den vorgenannten Bedingungen betrachten, könnten wir weiter fragen, ob der Unternehmensaufbau geeignet ist, größere Umstrukturierungen wie z.B. die Einführung von CIM vorzunehmen. Wir könnten die Betriebsstrukturen überprüfen, mögliche Probleme benennen und die Durchführbarkeit von Alternativen und Lösungsansätzen untersuchen und sie dann abschließend noch vor der Realisierungsphase beurteilen. Diese beiden eben aufgezeigten Ansätze weisen trotz ihrer Unterschiede viele Parallelen auf, und Professor Lupton regte deshalb an, beide Wege in den jeweiligen Planungsstufen miteinander zu verbinden. Wir können auf diese Art und Weise die Belegschaft schon zu einem sehr frühen Zeitpunkt in die Überlegungen der Geschäftsführung miteinbeziehen und so das notwendige Vertrauen schaffen für die allgemeine Zustimmung zur Einführung von CIM.

Schaubild 22

Zusammenfassend glaube ich, eine positive Vorgehensweise bei der Einführung von CIM vorgestellt und deren Auswirkungen auf die menschliche Arbeitswelt aufgezeigt zu haben. Dieser neue Ansatz liefert den Unternehmen den Schlüssel für eine weltweit positive Geschäftsentwicklung. Selbstverständlich können unsere Unternehmen nur dann überleben, wenn sie ihre Gewinne durch konkurrenzfähige Produkten auf den Weltmäkten erzielen; eine lediglich lokale Nachfrage ist nicht ausreichend. Es muß sichergestellt sein, daß die hier, in der EG, gefertigten Produkte auf den Weltmärkten absetzbar sind. Durch die Reduzierung der Stückkosten eröffnet sich den Unternehmen die Möglichkeit, neue Arbeitsplätze zu schaffen, die durch die gestiegene Auslandsnachfrage erforderlich sind. Außerdem kann die Mehrproduktion dazu beitragen, die Importe in der Außenhandelsbinlanzebene auszugleichen. Zufriedenheit mit der Arbeit und niedrige Stückkosten legen die Grundlage für das Einhalten von Qualitätsstandards einer Just-in-Time-Produktion. CIM hat sich bereits jetzt als wichtiger Faktor zum Erreichen dieses Zieles erwiesen und steigert in zunehmendem Maße den Prozentsatz rechtzeitiger Auslieferungen.

Wenn die Einführung von CIM eine Grundvoraussetzung für den Fortbestand und den Erfolg eines Unternehmens ist, dann sollten wir es als notwendiges Mittel für eine erfolgreiche Zusammenarbeit innerhalb einer voll integrierten Belegschaft einsetzen.

Meine Damen und Herren, ich danke Ihnen für Ihre Aufmerksamkeit.

INGERSOLL ENGINEERS

CIM IM BETRIEB

Schaubild 1

Schaubild 2

- Technologie und Unternehmenserfolg
- Unabwendbare Randbedingungen
- Ableitung von Anregungen

C I M

PROBLEME

- verwirrende Definitionen
- unzureichende Nutzung der Potentiale
- hohe Erwartungen an die Komplexität
- von Verkäufern erzwungene unnatürliche Entwicklung

HÖHERE BEWERTUNG DER TECHNOLOGIE ALS DES UNTERNEHEMERISCHEN HANDELNS.

Schaubild 3

Schaubild 4

- niedrigere Stückkosten
- kürzere Vorlaufzeiten
- höhere Qualität
- kürzere Reaktionszeiten

Schaubild 5

- Unternehmensprofil
- Entscheidungsträger auf den verschiedenen Ebenen und die derzeitige Unternehmensstruktur
- Unternehmenssteuerung mit CIM
- Ängste und Befürchtungen der Belegschaft

UNTERNEHMENSPROFILE

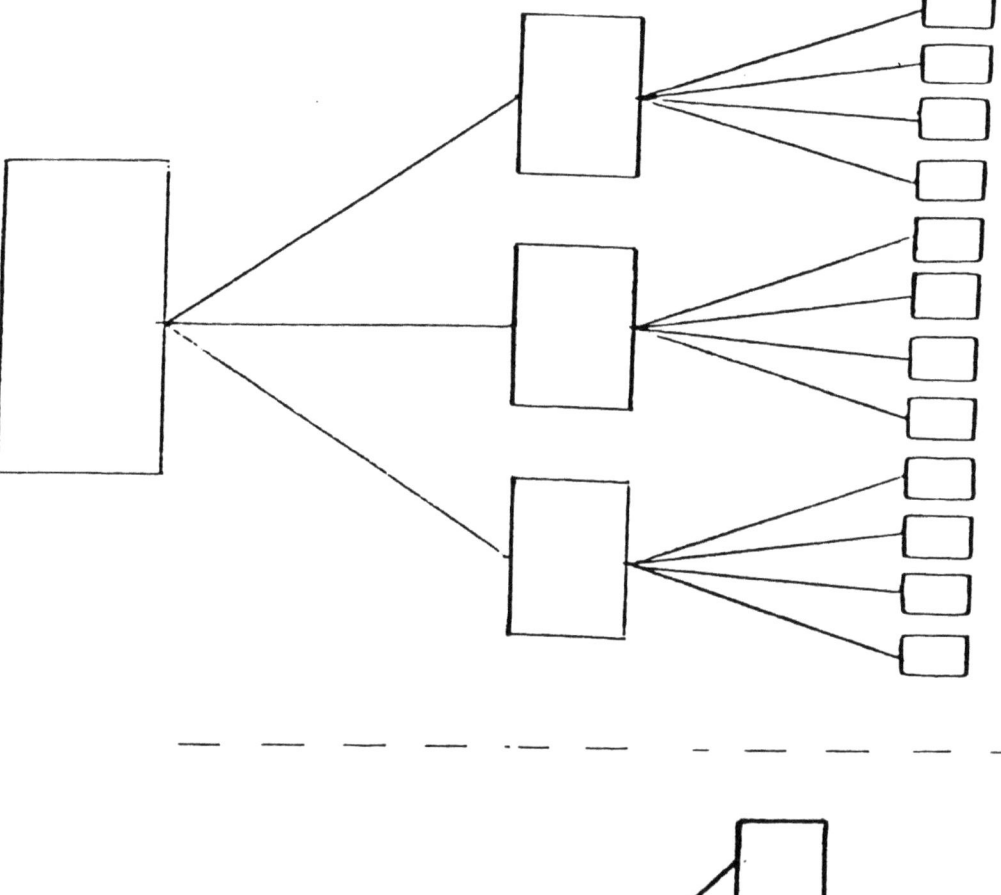

Unternehmen mit einem Firmengelände

(A) Pionierunternehmen
(B) "Auch-wir"-Unternehmen

Firmen mit mehreren Produktionsbetrieben

(A) ähnliche Produkte
(B) unterschiedliche Produkte

Multinationale Konzerne

(A) begrenzte Anzahl ähnlicher Produkte
(B) unterschiedliche Produkte

— im Normalfall beides!

Schaubild 6

ABLAUFMANAGEMENT

ABLAUF
MANAGEN

      PRODUKT
      ENTWICKELN

            PLANEN &
            VORSORGEN

                    MACHEN

                          PRÜFEN

Schaubild 7

135

WAS GESTEUERT WERDEN MUSS

PERSONAL?

PRODUKTIONS-
PLANUNG
& -STEUERUNG

WANN?
WIEVIEL?
derzeitige KOSTEN

VERKAUF UND MARKETING

DATEN

PRODUKTION

PRODUKTE

PRODUKT &
ABLAUFDEFI-
NITION

– WAS?
– WIE?
– gesch. KOSTEN

BESTEHENDES
UNTERNEHMENS-
SYSTEM

Schaubild 8

Schaubild 9

- Was bedeutet Automatisierung/Computerisierung?

- Werde ich in der Lage sein, mit dem neuen Umfeld zu leben?

- Verstehe ich, was die Geschäftsleitung weiterhin plant, oder wird es für mich eine Überraschung sein?

- Werden die Veränderungen, auf die ich keinen Einfluß habe, meinen Interessen entgegenlaufen?

ÄNGSTE DES MITTLEREN MANAGEMENTS

- befürchtet, daß Gewerkschaften mit Arbeitsunterbrechungen auf Aurbeitsplatzabbau reagieren

- Zurückhaltung gegenüber Umgang mit neuer Computertechnologie

    - fühlt sich unzureichend vorbereitet
    - fürchtet, daß Schwächen zutage treten

- stark ausgeprägtes Loyalitätsgefühl schränkt die Bereitschaft zu radikalen Veränderungen ein

- kein Einblick in die Zukunftsplanung der Geschäftsleitung

- befürchtet, unzureichend auf die Veränderung vorbereitet zu sein

- Angst, vor vollendete Tatsachen gestellt zu werden

- Zufriedenheit mit dem Arbeitsplatz ist gefährdet, wenn das in der Laufbahn bisher Erreichte an Bedeutung verliert

Schaubild 10

BEFÜRCHTUNGEN DES OBEREN MANAGEMENTS

- HINDERNISSE BEI DER REALISIERUNG VON CIM

- Unvorhersehbarkeit der Ergebnisse bei CIM-Unternehmen

- bisheriges Unvermögen, feste Verbindungen innerhalb der Firma oder zwischen den einzelnen Betrieben herzustellen - nicht ausreichendes Engagement

- fehlende Informationen, um strategische Entscheidungen treffen zu können

- es fehlt eine Unternehmensstrategie, die die Fertigung als Schlüsselelement anerkennt

Schaubild 12

Schaubild 14

- Wird es sich auszahlen?

- Wird es funktionieren?

- Werden wir in der Lage sein, es in Gang zu bringen? D.h., werden wir die notwendige Unterstützung der Belegschaft erhalten?

CIM - EIN WESENTLICHER BESTANDTEIL DER AUTOMATISIERUNG

- langfristige Auswirkungen auf die Gesellschaft

    - Entwicklung in der Landwirtschaft
    - 5 - 6 % mehr Gewinn, um Personal zu halten
    - 10 - 30 % geringere Kosten helfen bei der erhaltung der Auslandsmärkte und bei der Schaffung von Arbeitsplätzen
    - neue Produkte und Dienstleistungen müssen geschaffen werden

AUTOMATISIERUNG - EIN SCHRITT AUF DEM WEG ZUR 30-STUNDEN-WOCHE

Schaubild 16

Schaubild 19

1. Sind die Beschäftigten auf allen betrieblichen Ebenen und Bereichen in der Lage, neue wichtige Fertigkeiten zu erwerben?

2. Läßt die Betriebsstruktur die notwendigen Änderungen zu, und sind die Betroffenen willens, die neuen Strukturen anzuerkennen?

3. Wie ist das allgemeine Klima zwischen den Sozialpartnern, innerhalb und außerhalb des Betriebes?

4. Wie läßt sich das gegenwärtige Lohnsystem an die neuen Organisationsstrukturen anpassen, und werden die Mitarbeiter für das Erwerben neuer Qualifikation entlohnt?

Schaubild 20

5. Was denken die Beschäftigten über ihre Rollen? Wie kann ihr Interesse geweckt und die Zufriedenheit mit ihrer Tätigkeit erreicht werden?

6. Was werden die Umschulungen und Neueinstellungen kosten? Wieviel Zeit wird hierfür benötigt werden?

7. Wie hoch sind die Kosten und welche psychologischen Auswirkungen haben Entlassungen und die Einstellung neuer Mitarbeiter mit den entsprechenden Qualifikationen?

8. Wie sicht die gegenwärtige Unternehmenspolitik aus? Ist es der Geschäftsleitung möglich, die vorgeschlagenen Änderungen durchzuführen?

Menschen · Arbeit · Neue Technologien 3. Halbtag

Technologieeinsatz und Arbeitsorganisation in
der Produktion III — Implementierungsstrategien —

Menschen · Arbeit · Neue Technologien

Technologieeinsatz und Arbeitsorganisation
in der Produktion III
— Implementierungsstrategien —

Optimierung des Fertigungsprozesses durch eine verfahrens- und produktorientierte Personalpolitik

K.-L. Trültzsch

ZUSAMMENFASSUNG

Seit 1982 befaßt sich die Hoesch Stahl AG damit, in den Kaltwalzwerken Dortmund die Formen der Arbeitsorganisation zu verändern. Es wird abgegangen von Einzelarbeitsplätzen und es wird anlagenbezogene Gruppenarbeit eingeführt; zugleich werden Beteiligungsgruppen zur unmittelbaren Mitwirkung der Beschäftigten an den betrieblichen Problemlösungen eingerichtet.

Die neuen Formen der Arbeitsorganisation unter Einschluß der Beteiligung können bei sinnvoller Anwendung in einem konsensbereiten Umfeld eine Möglichkeit sein, sowohl den Interessen des Unternehmens auf kostengünstige und qualitätsoptimale Fertigung als auch den Interessen der Mitarbeiter an verfahrensoptimalen und humanen Arbeitsplätzen und menschengerechter Arbeit Rechnung zu tragen.

a) AUFGABENSTELLUNG

In einem integrierten Hüttenwerk sind die Kaltwalzwerke die letzte interne Fertigungsstufe mit der größten bereichsbezogenen Verarbeitungstiefe und der höchsten Wertschöpfung. Mit modernen Anlagen werden hochwertige Fein- und Verpackungsbleche mit einer Belegschaft von etwa 1 100 Mitarbeitern produziert und veredelt.

Die installierte Anlagen- und Verfahrenstechnik entspricht dem Stand der Technik und wird den wachsenden Anforderungen an die Fertigprodukte ständig angepaßt.

Der hohe und reproduzierbare Qualitätsstand der Produkte soll durch optimale technische Anlagensysteme verbunden mit einer adäquaten Arbeitsorganisation und Belegschaftsqualifikation sichergestellt werden.

b) LÖSUNGSANSATZ

Abweichend von der bisher vorherrschenden Fertigungsphilosophie wird im folgenden der Versuch unternommen, aus den Anforderungen des Produktionsbetriebes heraus eine optimale Rollenverteilung in Leitsystemen hochautomatisierter Fertigungen unter Einbe-

ziehung humaner Funktionen abzuleiten und zu realisieren.
Dabei wird herausgestellt, daß gerade unter dem Aspekt der
Automatisierung, den Humanfunktionen entscheidende Bedeutung
zukommt, wenn das Produktionsziel wirtschaftlich erreicht werden soll.

Dementsprechend gilt es

- die Aufgabenverteilung zwischen Automatisierungssystem und Mensch zu definieren,
- das dafür geeignete Arbeitssystem zu finden und
- die Qualifikation des handelnden Menschen anzupassen.

1. SUBSYSTEME DES FERTIGUNGSPROZESSES UND DEREN WESENTLICHE PARAMETER

Die Optimierung industrieller Fertigungsprozesse ist die wichtigste Voraussetzung für die Konkurrenzfähigkeit von Unternehmen und ihrer Produkte. Die Optimierung des Gesamtsystems "Fertigung" umfaßt folgende Subsysteme:

- <u>Produktoptimierung</u>, gekennzeichnet durch
    - marktorientierte Qualität,
    - gleichmäßige Produktgüte,
    - geringe Fertigungstoleranzen,
    - wirkungsvolle Qualitätssicherung.

- <u>Anlagen- und Verfahrensoptimierung</u>, gekennzeichnet durch
    - volle Kapazitätsausnutzung durch hohe Anlagengeschwindigkeit und -verfügbarkeit,
    - Reproduzierbarkeit der Anlagen- und Verfahrensparameter,
    - Minimierung der Eigenfehler,
    - hohe Flexibilität bei Programmumstellungen,
    - hoher Automatisierungsgrad,
    - leistungsfähige Verfahrensmeßtechnik zur Sicherung der Qualität.

- <u>Optimierung der Produktion</u>, gekennzeichnet durch
    - Minimierung der Verarbeitungskosten,
    - Minimierung der Läger für Vor-, Umlauf- und Fertigmaterial,
    - Minimierung der Produktionszeit,
    - Realisierung kurzer Liefertermine und deren Einhaltung,
    - Steigerung der Produktivität,
    - Steuerung über leistungsfähige Betriebsrechner.

Diese wenigen Stichworte zeigen, daß die Optimierung von Fertigungsprozessen als kontinuierliche Aufgabe gesehen werden muß, da sowohl die Anforderungen an das Fertigprodukt, wie auch die Entwicklung der Anlagen- und Verfahrenstechnik und - damit gekoppelt - der Produktion und ihrer Ablauforganisation ständigen Änderungen unterworfen sind.

Der Techniker steht nun vor der Aufgabe, die Hauptparameter dieser Subsysteme so einzustellen, daß ein Gesamtoptimum angestrebt wird.

Dafür ist es u. a. von wesentlicher Bedeutung, die Rolle des Menschen im Fertigungsprozeß zu erkennen und seine Einflußnahme auf die Hauptparameter der Subsysteme zu definieren.

Voraussetzung dafür ist aber die Festlegung der Aufgaben- und Rollenverteilung von Automatisierungssystemen und dem Produktionspersonal. Daraus erfolgen letztlich die Anstöße und Maßstäbe für eine produkt- und verfahrensgerechte Personalpolitik, denn Fehlanpassungen des Menschen und der Technik oder zufallsorientierte Aufgabenverteilungen führen am Gesamtoptimum vorbei.

Die Festlegung der Rollenverteilung wurde in diesem Fall mit Hilfe der Betrachtung von Leitsystemen vollzogen.

2. LEITSYSTEME VON FERTIGUNGSPROZESSEN

Jeder Fertigungsprozeß beinhaltet ein Leitsystem, das festlegt, welche Maßnahmen im Sinne von Stellbefehlen nach Ort, Zeit, Größe und Richtung durchgeführt werden müssen, um den

Prozeß zu steuern. An diese Stellbefehle werden im Sinne des
<u>optimierten</u> Prozesses hohe Anforderungen an Genauigkeit, Zuverlässigkeit und Reproduzierbarkeit gestellt. Das heißt aber,
daß Fertigungsprozesse für ihre Optimierung und für die Erhaltung des Optimums <u>intelligente</u> Leitsysteme benötigen, die dafür
sorgen, daß ausschließlich intelligente Stellbefehle gebildet
und ausgeführt werden. Das sind Stellbefehle im Sinne des angetrebten bzw. erreichten Optimums. Nicht intelligente Stellbefehle sind Maßnahmen, die vom Optimum wegführen. Ihre Anzahl
ist deshalb zu minimieren. Die prozeßnotwendige Intelligenz ist
dementsprechend für den Erfolg wesentlich.

Im allgemeinen können intelligente Stellbefehle vom Menschen
oder von Automatisierungssystemen, z. B. Prozeßrechnern, ausgelöst werden. Wichtig ist dabei, daß rechngergesteuerte Prozeßabläufe vorgedachte Abläufe sind, die in den meisten Fällen
Reproduzierbarkeit der Prozesse voraussetzen.

Die Automatisierung nicht reproduzierbarer Vorgänge - das sind
Vorgänge mit stochastischen Störgrößen - ist möglich, setzt
aber die kontinuierliche Erfassung des jeweils geänderten Zustandes durch das Automatisierungssystem voraus.

Das klassische Leitsystem ist der am Prozeß beteiligte Mensch,
der - um prozeßoptimale Stellbefehle durchzuführen - in seiner
Intelligenz den Erfordernissen des Verfahrens angepaßt sein
muß. Der Mensch ist häufig in der Lage, Änderungen von Prozeßparametern zu erkennen und entsprechend schnell zu reagieren.

3. <u>PROZESSOPTIMALE VERTEILUNG DER INTELLIGENZ
IN LEITSYSTEMEN</u>

Die prozeßoptimale Verteilung der Intelligenz im Leitsystem ist
abhängig von allen Subsystemen des Fertigungssystems. Dabei gilt
sowohl für das Produkt, die Anlagen- und Verfahrenstechnik und
die Produktion gleichermaßen, daß Routinefunktionen, d. h. Funktionen mit hoher Reproduzierbarkeit wirtschaftlich automatisierbar sind. Diese Funktionen haben häufig eine geringe Geberperipherie und eine dementsprechend geringe Verknüpfungstiefe.

In diesen Fällen bestimmen gesunkene Hardware-Kosten und relativ geringe Software-Kosten die Wirtschaftlichkeit.

Nicht reproduzierbare Funktionen, z. B. insbesondere solche, die nach Ort, Zeit, Amplitude und Richtung nicht reproduzierbar sind, sind schwer automatisierbar. Häufig handelt es sich aber um Funktionen mit erheblicher Auswirkung auf die Produktqualität, die Anlagenkapazität oder beides. Die dafür notwendigen optimalen Stellbefehle sind deshalb vom Menschen durchzuführen, da Automatisierungssysteme den auftretenden Störgrößen nicht oder nicht wirtschaftlich gewachsen sind. Daraus resultiert der Grundsatz für die Verteilung von Intelligenz im vorliegenden Fertigungssystem.

> Routinefunktionen mit hoher Reproduzierbarkeit werden durch Automatisierungssysteme durchgeführt, nicht reproduzierbare Funktionen werden durch Stellbefehle des Menschen gesteuert.

Daraus folgt auch die angetrebte Rollenverteilung der Kontrollfunktionen der Prozesse. Reproduzierbare Reaktionen auf Störfälle, d. h. Reaktionen, die logisch mit definierten Störfällen verknüpft sind, übernimmt das Automatisierungssystem im Regelfall. In vielen derartigen Fällen handelt es sich um Schutzfunktionen für Anlagen und Komponenten. Kontrollfunktionen geringer Reproduzierbarkeit, größerer Verknüpfungstiefe und überlagerter Leitfunktionen sowie die daraus resultierenden Reaktionen im Sinne intelligenter Stellbefehle übernimmt der bedienende und kontrollierende Mensch.

Diese Aufgabe macht die notwendige Qualifikation sichtbar. Der Mensch muß das Fertigungssystem soweit beherrschen, daß er aus einer Vielzahl von Informationen - die er logisch verknüpft - die jeweilige Prozeßsituation erkennt und intelligent im Sinne des Gesamtsystems reagiert.

Diese Form von Verteilung der Intelligenz im Leitsystem hat die Konsequenz, daß Automatisierungssysteme, z. B. Rechner als Hilfe des steuernden und kontrollierenden Menschen angesehen werden. Stellbefehle des Menschen haben dementsprechend

Priorität.

Dementsprechend vertritt er eine aktive Position gegenüber der ihn umgebenden Technik. Den sich daraus ergebenden Ansprüchen muß er um so mehr gewachsen sein, als die Entwicklung der Subsysteme kontinuierlich erfolgt.

Die Unterordnung des Menschen unter Automatisierungssysteme hat sich bei der Einführung dieser Aufgabenverteilung in das bestehende Fertigungssystem in Teilbereichen als sinnvoll erwiesen. Dies führte zu Rationalisierungsmöglichkeiten bzw. zu einer Zentralisierung wesentlicher hochwertiger - z. B. rechnergestützter - Bedien- und Kontrollfunktionen an Anlagen, die mit einer Reduzierung der Bedienungsmannschaft verbunden waren. Das Ergebnis war aber immer die o.g. Aufgabenverteilung.

4. ANFORDERUNGEN AN DEN MENSCHEN IM LEITSYSTEM VON ANLAGEN

Die notwendigen Kenntnisse sind durch die Struktur der Subsysteme gegeben als

- Produktkenntnisse,
- Kenntnisse der Anlagen- und Verfahrenstechnik,
- Produktionskenntnisse.

Im folgenden sind notwendige Kenntnisse in Stichworten wiedergegeben:

o <u>Produktkenntnisse</u>

- Forderungen an das Vormaterial der eigenen Verarbeitungsstufe
- Festlegung der Produktqualität nach Umwandlung in der eigenen Verarbeitungsstufe
- Produktfehler mit den zugehörigen Fehlerursachen und deren Behebung
- Fehlererkennung einschließlich der dafür notwendigen Hilfsmittel, Anlagenzustände, Meßgeräte
- Konsequenzen von Produktfehlern bei der Verarbeitung in nachgeschalteten Anlagen
- Einfluß von Eigenfehlern auf die Produktqualität

- Genauigkeit und Grenzen der Verfahrensmeßtechnik für die Qualitätssicherung
- Interpretation von Ergebnissen der Verfahrensmeßtechnik

u. a.

o <u>Kenntnisse der Anlagen- und Verfahrenstechnik</u>

- wesentliche Anlagen- und Verfahrensparameter und ihr Einfluß auf den Verarbeitungsprozeß
- wesentliche Anlagen- und Verfahrensfunktionen und ihre Wirkungsweise auf Prozeß und Produkt
- prozeßtechnische Kopplung von Anlagenfunktionen
- Erkennung fehlerhafter Anlagenfunktionen
- Toleranzgrenzen von Anlagenparametern
- optimale Anlagenbedienung
- manuelle Beherrschung automatischer Anlagen- und Verfahrensfunktionen im Störfalle

u. a.

o <u>Produktionskenntnisse</u>

- Bildung von Aggregateprogrammen für die eigene Verarbeitungsstufe
- Interpretation der Daten und Vorgaben des Aggregateprogramms
- Prinzipien der Materialflußsteuerung
- Kenntnisse der vom Prozeß rückgemeldeten Daten an überlagerte Rechner zur Materialflußerfassung und -steuerung
- Auswirkungen von Störungen und Eingriffen in den Materialfluß
- betriebsrechnerkonforme Arbeitsweise an Anlagen und Terminals
- Errechnung der Sollproduktion in Abhängigkeit der Produktspezifikation
- Wirkung von Störungen, Materialausfällen, Bedienungsfehlern und anderer Störfälle auf Liefertermine und Verarbeitungskosten

u. a.

Diese Kenntnisse werden zum überwiegenden Teil bisher nicht gezielt vermittelt. Die methodische Arbeitsunterweisung geht ausschließlich auf die Bedienungsfunktionen ein und vermittelt sie schematisch. Dementsprechend lernt der Steuermann häufig empirisch - auch empirisch falsch -, vieles aber gar nicht.

Dementsprechend ist neben der Automatisierung reproduzierbarer Anlagenfunktionen die kontinuierliche Anpassung der Qualifikation des Personals eine wesentliche Aufgabe.

Aus dieser Aufgabenstellung heraus wurde von der Betriebsleitung beschlossen, den Versuch zu unternehmen, durch einen integrierten Ansatz Automatisierung - Arbeitsstrukturierung - Qualifizierung - Beteiligung - Gestaltung zu einem optimalen Fertigungssystem zu kommen.

5. AUFGABENADÄQUATE ARBEITSORGANISATION

Konsequenz der vorangegangenen Überlegungen ist die Entwicklung neuer Formen der Arbeitsorganisation in einem Kaltwalzwerk. Neben den unternehmerischen Zielen soll dabei den Bedürfnissen und Interessen der Belegschaft stärker Rechnung getragen werden.

Dabei werden folgende Grundsätze verwirklicht:

- Vermittlung gruppen- und fertigungsadäquater Qualifikationen
- weiterbildende Maßnahmen zur Bewältigung absehbarer technischer und organisatorischer Entwicklungen
- Beteiligung der Belegschaft und deren Interessenvertreter an der Gestaltung der Arbeitsbedingungen
- Erweiterung von Handlungskompetenz und Persönlichkeitsentfaltung in der Arbeit
- Anpassung der betrieblichen Leitungsstrukturen an die neue Arbeitsorganisation
- kompensatorische Maßnahmen zur Belastungssituation
- ergonomische Anpassung der Anlagen an die neue Arbeitsorganisation
- Anpassung der Entlohnung an die neue Arbeitsstruktur

Dabei wird davon ausgegangen, daß durch diese aufeinander
abgestimmten Maßnahmen eine produkt- und verfahrensoptimale
Personalpolitik initiiert ist, die auch Anspruch darauf erhebt,
zur Humanisierung der Arbeitswelt beizutragen.

Dieses wird u. a. dadurch verstärkt,

- daß durch die Verarbeitung und Anwendung arbeitswissenschaftlicher Erkenntnisse im Verlauf der Umstrukturierungs-
  und Modernisierungsmaßnahmen die Voraussetzungen für die
  Gestaltung von aufgabenbezogenen und humanen Arbeitsplätzen
  und Produktionsstätten geschaffen werden

- daß die Einführung von neuen Formen der Arbeitsorganisation
  dazu beiträgt, im Rahmen einer inhaltlichen Umgestaltung
  der Arbeit die Qualifikation der Mitarbeiter zu erweitern,
  die Motivation und Leistungsbereitschaft zu steigern und
  dem Anspruch der Mitarbeiter auf menschengerechtere Arbeit
  Rechnung zu tragen

- daß durch die direkte Beteiligung der Mitarbeiter und
  ihrer Interessenvertreter erreicht wird, daß
  sowohl das auf langjähriger Betriebserfahrung
  basierende Wissen dazu beiträgt, sinnvolle Formen neuer
  Arbeitsorganisationen zu finden als auch ein größtmöglicher
  Identifizierungsgrad mit dem letztlich gemeinsam gefundenen
  Konzept zustande kommt.

Um diesen Anforderungen zu genügen, werden im Kaltwalzwerk
Modelle der Gruppenarbeit und der Beteiligung erprobt. Beide
Modelle werden gemeinsam angewendet, können aber auch unabhängig
voneinander angewendet werden.

Gruppenarbeit

Gruppenarbeit besteht im wesentlichen darin, daß in einem
Arbeitssystem mehrere Arbeitspositionen mit unterschiedlichen Arbeitsinhalten nach arbeitswissenschaftlichen
Gesichtspunkten zusammengefaßt werden, und daß alle Mitarbeiter der Gruppe alle Arbeitspositionen beherrschen
und planmäßig einnehmen.

Bei der Einführung eines Gruppenarbeitssystems werden Arbeitsinhalte alter Arbeitsplätze miteinander kombiniert und zu neuen Arbeitspositionen zusammengefaßt.

Dabei sollen sich durch die Kombination der Arbeitspositionen ergeben:

- <u>vielfältigere Arbeitsinhalte</u> durch eine Zusammenfassung mehrerer verschiedenartiger Tätigkeiten etwa gleichen oder ähnlichen Anforderungsniveaus,
- <u>höherwertige Tätigkeiten</u> durch eine Ergänzung um anspruchsvollere Arbeitselemente,
- ein <u>Belastungsausgleich</u> für die Mitarbeiter durch eine sinnvolle Umverteilung physischer und psychischer Beanspruchungen.

Damit diese Aspekte voll zum Tragen kommen, wird ein <u>systematischer</u> Arbeitsplatzwechsel festgelegt, d. h.: die Mitarbeiter wechseln regelmäßig zwischen allen Arbeitspositionen des Gruppenarbeitssystems. <u>Bild 1</u>

Entsprechend der Komplexität der einzelnen, in einer Gruppe zusammengefaßten Tätigkeiten und der Anzahl der Arbeitspositionen ergeben sich erhebliche Anlern- und Erfahrungszeiten. Damit ist das Qualifizierungsproblem allerdings nur für die Bedienfunktionen gelöst; notwendige theoretische Kenntnisse zu Produkteigenschaften, zur Anlagen- und Verfahrenstechnik und zum Produktionsprozeß müssen hinzukommen.

Diese Kenntnisse werden wesentlich vor Einnahme der Gruppenarbeitsplätze vermittelt und danach laufend systematisch ergänzt. <u>Bild 2</u>, Auszug aus einer Schulungsveranstaltung.

Durch die komplexeren Arbeitspositionen, die höhere Qualifikation, die erhöhte Anforderung und Entscheidungskompetenz ergibt sich auch eine Höherbewertung der Gruppenarbeitsplätze und somit ein höheres Entgelt für die Mitarbeiter.

<u>Beteiligung</u>

Beteiligung ist die gemeinsame Einflußnahme von Belegschaftsmitgliedern über Beteiligungsgruppen auf die

Lösung technischer, organisatorischer oder sozialer
Probleme, die den eigenen Arbeitsplatz und/oder
dessen Umfeld betreffen.

Die Grundeinheit im Beteiligungsverfahren ist das Aggregat, ein
Arbeitsbereich - also etwa eine Kaltbandstraße, ein Dressiergerüst oder eine Inspektionsanlage. Die gesamte Belegschaft
eines Arbeitsbereiches über alle Schichten bildet eine Beteiligungsgruppe. Bild 3, Organisation von Beteiligungsgruppen.

Aufgabe der Beteiligungsgruppe ist es, arbeitsbereichsspezifische
technische, organisatorische und soziale Probleme sowie Arbeitssicherheits- und Weiterbildungsmaßnahmen zu erörtern und Lösungsvorschläge zu erarbeiten. Die Themen wählt sich die Gruppe selbst;
Betriebsleitung und Betriebsrat machen Vorschläge. Von der Betriebsleitung geplante Veränderungen im Arbeitsbereich werden in
jedem Fall in den Beteiligungsgruppen erörtert. Die Reihenfolge
der Bearbeitung der Themen legt die Gruppe in der Regel selbst
fest.

Die 2stündigen Sitzungen der Beteiligungsgruppen finden normalerweise alle 2 Wochen während der Arbeitszeit statt. Die Teilnahme
ist freiwillig.

Neben den Mitgliedern der Beteiligungsgruppe können an den
Sitzungen der Betriebsrat, die Betriebsleitung oder von der
Gruppe eingeladene Experten teilnehmen. Zur Unterstützung der
Arbeit in den Beteiligungsgruppen, zur Koordinierung der Arbeit
und zur Organisation von Erfahrungsaustausch und Qualifizierung
der Gruppensprecher ist ein Koordinator (Ingenieur aus dem Kaltwalzwerk) bestellt.

Geleitet werden die Sitzungen von gewählten Gruppensprechern;
über den Verlauf der Sitzung wird ein kurzes Protokoll gefertigt.

Da die Leitung der Gruppengespräche erheblich die Ergebnisse
der Beteiligungsarbeit beeinflußt, werden vor Beginn der
Arbeit in den Beteiligungsgruppen die Gruppensprecher auf ihre
Aufgabe intensiv vorbereitet. Bild 4, Schulung der Gruppensprecher, Programm.

Die Mitarbeiter lernen durch Beteiligung. Indem sie sich mit bestimmten Problemen beschäftigen, nach Lösungsmöglichkeiten suchen, hierzu Informationen einholen und austauschen, erhöhen sie ihre Qualifikation. Dieses "beteiligungsfunktionale Lernen" reicht aber nicht für alle Problembearbeitungen aus. Je nach Problemlage müssen weitere spezifische Kenntnisse vermittelt werden. In den Beteiligungsgruppen wird deshalb auch diskutiert, zu welchen Punkten eine Weiterbildung benötigt wird. Diese Weiterbildung wird dann - soweit möglich - in die periodischen Sitzungen der Beteiligungsgruppen eingebunden.

Ein Beispiel für die Arbeit einer Beteiligungsgruppe gibt Bild 5. "Neugestaltung des Auslaufsteuerstandes am Dressiergerüst 2"

6. BETRIEBLICHE ERFAHRUNGEN

Die Optimierung des Fertigungsprozesses durch eine verfahrens- und produktorientierte Personalpolitik ist ein Projekt, das bei der Hoesch Stahl AG nunmehr seit etwa drei Jahren durchgeführt wird. Es ist somit noch in der Entwicklung. In allen Punkten abgesicherte Erfahrungen liegen noch nicht vor. Die ersten Bewertungen lassen jedoch erkennen, daß die neuen Formen der Arbeitsorganisation und der Zusammenarbeit eine Möglichkeit sein können, sowohl den Interessen des Unternehmens auf kosten- und qualitätsgünstige Fertigung als auch den Interessen der Mitarbeiter gerecht zu werden.

Auf nachstehende betriebliche Erfahrungen sei besonders hingewiesen:

- der systematische Arbeitsplatzwechsel bei Gruppenarbeit ist anlagen- und verfahrensorientiert zu gestalten
- parallele Teamarbeit in der Gruppe beinhaltet erhebliche Rationalisierungspotentiale gegenüber serieller Einzelarbeit
- Belegschaften sind lern- und leistungsfähiger als von manchem Skeptiker angenommen
- Produktionsergebnisse nach Menge und Qualität wurden durchweg konstant gehalten
- Betriebsleitung und Mitarbeiter kommunizierten direkter und kooperativer

- unmittelbare und problemorientierte Diskussionen fördern das gegenseitige Verständnis
- anlagentechnisches know how der Belegschaft wird für das Unternehmen stärker nutzbar
- konstruktive Kritikfähigkeit der Beschäftigten wird gefördert und nimmt zu
- Kenntnisse der Beschäftigten über die betrieblichen Entscheidungswege und die Realisierungszeiten von Entscheidungen steigen
- Auswirkungen der eigenen Verhaltensweise werden erkannt und Problemlösungen gesucht
- Beteiligungsarbeit erfordert eine (permanente) kooperative Unterstützung durch die Betriebsleitung und den Betriebsrat.

Die neuen Formen der Arbeitsorganisation unter Einschluß der Beteiligung können bei sinnvoller Anwendung in einem konsensbereiten Umfeld eine Möglichkeit sein, sowohl den Interessen des Unternehmens auf kostengünstige und qualitätsoptimale Fertigung als auch den Interessen der Mitarbeiter an verfahrensoptimalen und humanen Arbeitsplätzen und menschengerechter Arbeit Rechnung zu tragen.

```
          MODELL  GRUPPENARBEIT
          am Beispiel Dressiergerüst D 2

      Alte Arbeitsorganisation        |    Neue Arbeitsorganisation
        Einzelarbeitsplätze            |       Arbeitspositionen


  1.  Dressier Auslauf                 |         Kaltwalzwerker D 2
  2.  Dressier Einlauf                 |   Steuermann        Einsatzvor-
  3.  Steuermann Einlauf                |   Auslauf          bereiter
  4.  Steuermann Bundvorbereitung       |
  5.  Steuermann Auslauf                |   Dressierer       Steuermann
  6.  Einsatzvorbereiter                |   Auslauf          Einlauf


  o   Einzelqualifikationen           | o  gleiche Qualifikationen
                                       |    (jeder kann jedes)
  o   hierarchische Struktur          | o  gleiche Hierarchie
                                       |    (Kaltwalzwerker)
  o   einseitige Belastung            | o  Belastungsausgleich
  o   geringe Flexibilität            | o  hohe Flexibilität
  o   niedrige Identifizierung        | o  hohe Akzeptanz
  o   Personalengpässe                | o  teamartige Zusammenarbeit
  o   unterschiedliche Entlohnung     | o  gleiche Bezahlung
```

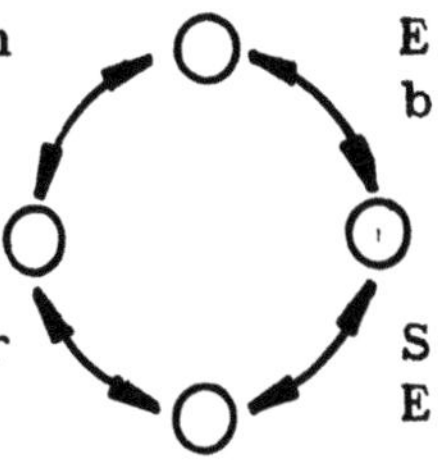

Bild 1

Auszug aus den Weiterbildungsmaßnahmen vor Einführung der Gruppenarbeit

Weiterbildungsmaßnahmen (Gruppenarbeit DCR-Straße, Vorbereitungslinie)

Zeitplan: dritter Ausbildungsabschnitt

Tag	Uhrzeit von	bis	Themen
Montag 22.08.1983	7.00	9.15	Erzeugung von Feinstblech
	9.45	12.00	Stahlqualitäten, Fehlerarten von Block-, Strangguß- und Warmbreitbandmaterial
Dienstag 23.08.1983	7.00	9.15	Fehler der Vorstufen im Kaltwalzwerk (Beiz-, Walz- und Glühfehler)
	9.45	12.00	Auswirkungen des Produktes Feinstblech in den nachgeschalteten Anlagen
Mittwoch 24.08.1983	7.00	9.15	Freigabeprüfungen, Freigabekriterien, spezielle Kundenanforderungen
	9.45	12.00	Projektorientiertes Lernen anhand von Fallbeispielen (Reduzierung der Ringwechselzeiten an der DCR-Straße)
Donnerstag 25.08.1983	7.00	12.00	Projektorientiertes Lernen (Fallbeispiele)
Freitag 26.08.1983	7.00	12.00	Projektorientiertes Lernen (Fallbeispiele) anschließend gemeinsames Mittagessen und Abschlußdiskussion (dritter Ausbildungsabschnitt und Gesamtverlauf der Weiterbildungsmaßnahme)

Bild 2

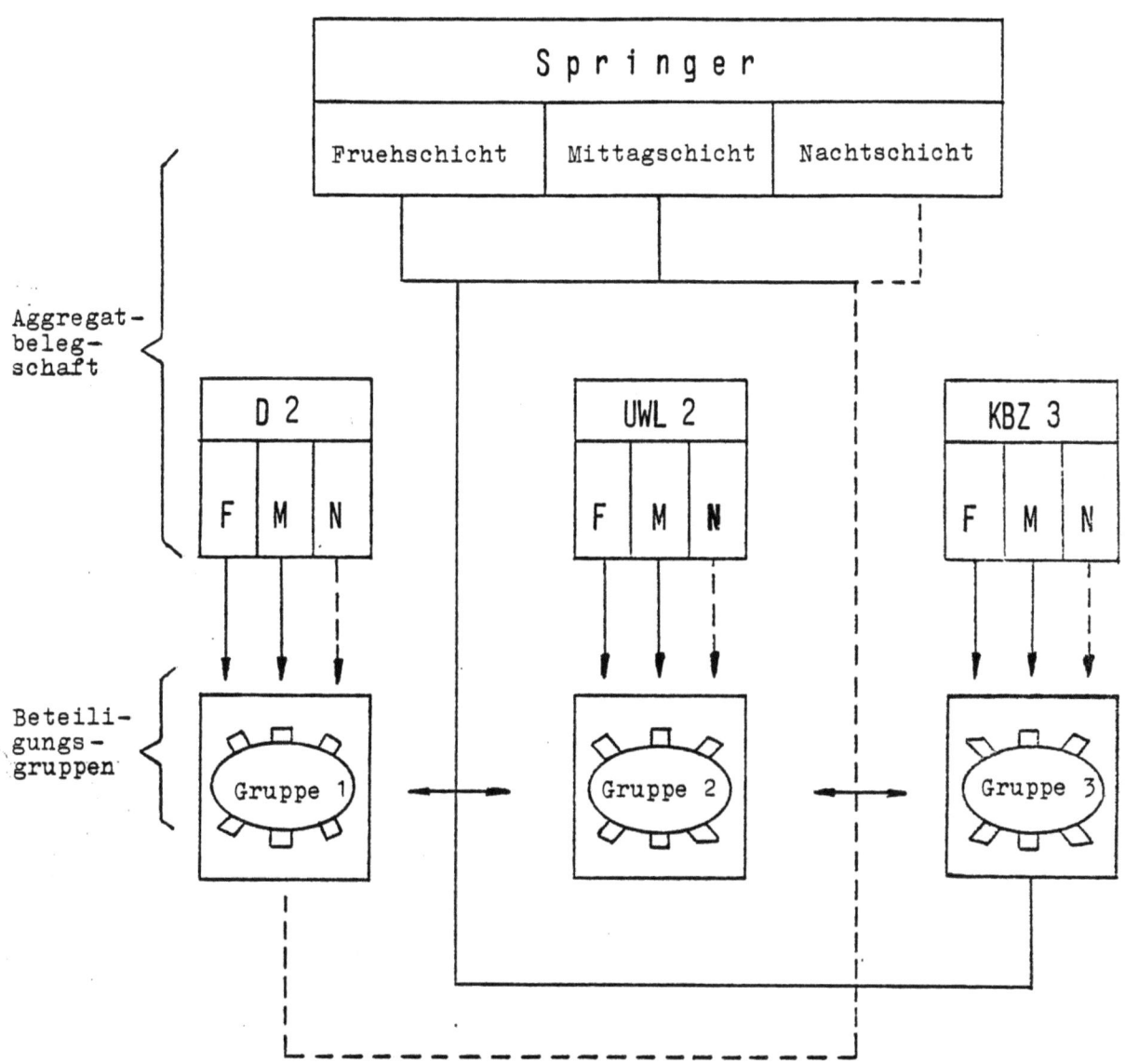

Bild 3   Organisation der Beteiligungsgruppen

Schulung der Gruppensprecher
Grundausbildung (3 Tage)
---

1. **Aufgaben der beteiligten Personen**

1.1. Aufgaben der Gruppensprecher
1.2. Aufgaben der Gruppenmitglieder
1.3. Aufgaben des Koordinators
1.4. Aufgaben der Betriebsratsmitglieder
1.5. Aufgaben des Weiterbilders

2. **Systematische Problembearbeitung**

2.1. Problemidentifikation (-findung)
2.2. Problemauswahl
2.3. Problemlösungsprozeß
2.4. Problembearbeitungstechniken

2.4.1. Datensammeltechniken
2.4.2. Diagramme
2.4.3. Pareto-Analyse
2.4.4. Ursache - Wirkungs-Diagramm
2.4.5. Brainstorming
2.4.6. Fehlerquellenhinweisaktion

Bild 4

MODELL BETEILIGUNGSGRUPPE

Selbstgestelltes Thema: Gestaltung Steuerstand, Dressiergerüst D 2, Auslauf

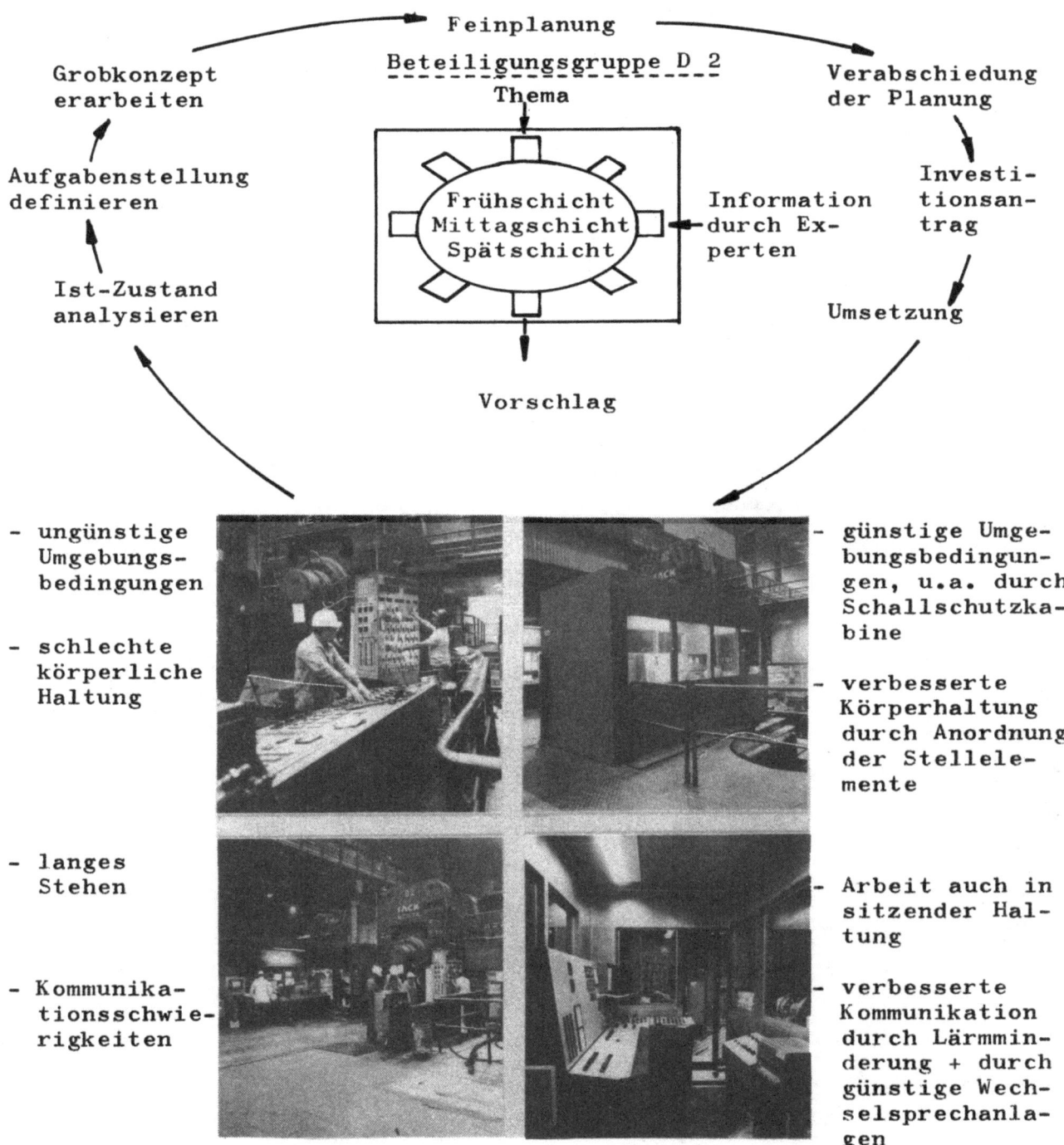

Bild 5

Menschen · Arbeit · Neue Technologien — 3. Halbtag

Gesundheit und neue Technologien

Menschen · Arbeit · Neue Technologien

Gesundheit und neue Technologien

Neue Technologien und Belastungsverschiebungen

V. Volkholz

Die vielzitierte These von der Belastungsverschiebung beim Einsatz neuer Technologien in Fertigung und Verwaltung wird anhand zweier empirischer Studien mit hohen Fallzahlen überprüft. Auf die methodischen Unzulänglichkeiten repräsentativer Erhebungen in der Belastungsforschung wird aufmerksam gemacht.

Traditionelle Belastungen verschwinden mit dem Einsatz neuer Technologien nicht gänzlich. Es treten bestimmte Belastungen (z.B. Zwangshaltung, Lärm) verstärkt auf. Das Ausmaß der psycho-mentalen Belastungen ist erheblich.

Das Auftreten von körperlichen und psycho-mentalen Belastungen beim Einsatz neuer Technologien ist kein unvermeidbares Ereignis - und daher kein unvermeidbares Arbeitnehmerrisiko. Deutliche Unterschiede in den Nennungen über Zu- und Abnahmen von Belastungen schlechthin im Zeitablauf verweisen auf die Gestaltbarkeit der Arbeitsbedingungen auch unter Zielsetzungen des Belastungsabbaus. Hier stellt sich die Frage der Zuständigkeiten.

1 DIE THESE VON DER BELASTUNGSVERSCHIEBUNG

Die These von der Abnahme physikalisch-chemischer Belastungen und der Zunahme psycho-mentaler Belastungen, die These also der Belastungsverschiebung, ist das bekannteste Argument der Belastungsdiskussion. Eine genauere Betrachtung zeigt, daß diese These in dieser Allgemeinheit nicht stimmt. Richtig ist, daß beim Vollzug von Mechanisierung und Automatisierung die körperlich schwere Arbeit (Tragen und Handhaben von Lasten schwerer als 20 kg) abnimmt. Gleichwohl geben immer noch 16 % der Erwerbstätigen diese Belastung als zumindest häufig an. Andere körperliche Belastungen, wie insbesondere einseitige Körperhaltungen, sind von zunehmender Bedeutung.

Bezüglich der physikalisch-chemischen Belastungen besteht ein verwirrendes Bild. Zunahmen stehen Abnahmen gegenüber. Es zeigt sich, daß im konkreten Fall die Qualität der betrieblichen Arbeitssicherheit von nicht unerheblicher Bedeutung ist.

Hier werden zunächst Arbeitsbelastungen und -anforderungen aus der Perspektive von Erwerbstätigen berichtet, wobei insbesondere die Beurteilung programmgesteuerter Arbeitsmittel interessiert.

Sodann erfolgt eine Diskussion der Veränderungstendenzen der Belastungen, wobei auf die bereits mehrfach herangezogene Untersuchung der IG Metall zurückgegriffen wird. Da Angaben der Betriebsräte leicht auf Skepsis stoßen, werden ihre Angaben soweit es möglich ist mit den anfänglich berichteten Ergebnissen der BiBB/IAB-Befragung "Qualifikation und Berufsverlauf" verglichen.

Die hier verwandten Erhebungsmethoden der Befragung erlauben zwar die Verarbeitung großer Fallzahlen, was die Herstellung statistisch gesicherter Aussagen begünstigt. Sie sind aber bezüglich ihrer inhaltlichen Qualität insbesondere aus arbeitswissenschaftlicher Sicht unbefriedigend. Die Arbeitswissenschaften - insbesondere ROHMERT und RUTENFRANZ - haben in der Vergangenheit gezeigt, daß eine <u>solide EDV-gestützte Dokumentation</u> aufwendiger arbeitswissenschaftlicher Untersuchungen mit der Zeit eine auswertbare Sammlung von arbeitswissenschaftlichen Tätigkeits-Belastungs-Anforderungsanalysen entstehen läßt. Eine großzügigere öffentliche Förderung dieses Ansatzes könnte mit der Zeit zu einem quasi-repräsentativen Datensatz an arbeitswissenschaftlichen Erhebungen führen. Auf einer solchen Grundlage wäre eine definitivere Beurteilung insbesondere der psycho-mentalen Belastungen möglich.

2 BELASTUNGEN AN PROGRAMMGESTEUERTEN ARBEITSMITTELN

Werden nun die Angaben der Erwerbstätigen, die an bzw. mit programmgesteuerten Arbeitsmitteln arbeiten, betrachtet (vgl. Tabelle 1), so ergibt sich bei Computer/Terminal-Arbeiten das eingangs beschriebene Bild der Belastungsverschiebung. Im Vergleich zu allen Erwerbstätigen werden die physikalisch-chemischen Belastungen weniger häufig und die psycho-mentalen Anforderungen häufiger genannt. Aber bereits bei den programmgesteuerten Maschinen kommen zu den psycho-mentalen Anforderungen weit überdurchschnittliche Häufigkeiten der physikalisch-chemischen Belastungen. Insbesondere gilt dies für die Lärmbelastung. Lediglich die geringere Nennung der körperlich-schweren Arbeit entspricht noch der allgemeinen These der Belastungsverschiebung. Zu verweisen ist auch auf die häufige Nennung von Nacht-/Schichtarbeit.

Für die verschiedenen maschinellen Anlagen, die programmgesteuert werden, gilt auch das Bild überdurchschnittlich häufiger psycho-mentaler und physikalisch-chemischer Belastungen. Durchgängig wiederum ist lediglich die geringere Nennung von körperlich-schwerer Arbeit. Ansonsten sind die

Tabelle 1: Belastungen und Arbeitsanforderungen an hauptsächlich verwandten programmgesteuerten Arbeitsmitteln (in % des hauptsächlich verwandten Arbeitsmittels)

Programmgesteuerte Arbeitsmittel	schwere Lasten	Stäube Gase	Klima/ Belast.	Lärm	Nacht-/ Schichtarbeit	detail. vorgeschr. Arbeitsdurchf.	Termindruck	versch. Arbeitsaufg.	Gedächtnisleistung
1. programmgest. Masch. (z.B. CNC-WZM)	10	21	19	45	36	29	50	64	67
2. Computer/Terminal	2	2	4	16	12	10	55	63	83
3. Computergest.mediz. techn. Anlagen	14	15	7	9	44	11	41	68	81
4. Energieerzeug./ -umwandlung	11	30	45	48	33	13	34	70	67
5. Chemische Anlagen	14	45	26	42	27	23	39	73	68
6. Fertigungsanlagen	14	46	35	64	58	45	51	58	39
7. Schreibaut.,Textsystem,Composer	2	4	1	20	5	17	58	58	73
8. Elektronische Kasse	8	5	9	13	7	5	18	52	70
9. Automat. Kartei/ Registratur	2	0	5	2	5	5	30	48	63
10. Kopier-/Mikrofilmg.	4	8	11	24	4	20	38	50	70
Zum Vergleich: alle Erwerbstätigen	16	17	21	28	13	16	39	49	58

Quelle: Auswertung des IAB/BIBB-Datensatzes "Qualifikation und Berufsverlauf": In einer 5teiligen Antwortskala sind hier die beiden ersten Antwortmöglichkeiten (praktisch immer und häufig) zusammengefaßt ausgewiesen.

Unterschiede in den Belastungen - auf überdurchschnittlichem Niveau - eher funktionsspezifisch. So fallen bei chemischen Anlagen und bei Fertigungsanlagen die erhöhten Nennungen der häufigen Belastungen durch Stäube/Gase auf. Weit überdurchschnittliche Nennungen ergeben sich für die Lärmbelastung, die insbesondere bei Fertigungsanlagen verbreitet sind. Ebenfalls deutlich erhöhte Werte liegen für Nacht-/Schichtarbeit vor. Die Belastung ist bei medizinisch-technischen und bei Fertigungsanlagen besonders ausgeprägt.

Insgesamt kann also von einer globalen Abnahme der **physikalisch-chemischen Belastungen** keine Rede sein.

Durchgängig aber liegen erhöhte psycho-mentale Anforderungen vor, wobei bei den Fertigungsanlagen im Unterschied zu den übrigen Anlagen die Betonung des Monotonie-Moments auffällt, also das häufige Durchführen detailliert vorgeschriebener Arbeiten.

Bezüglich der modernen Büromittel fallen zunächst wiederum die häufigen Nennungen psycho-mentaler Anforderungen auf. Ansonsten fallen wenigstens körperlich schwere Arbeit und Nacht- und Schichtarbeit unterdurchschnittlich an. Hervorgehoben zu werden verdient der zwar unterdurchschnittliche aber vergleichsweise hohe Anteil von Lärmbelastungen bei Schreibautomaten, Textsystemen etc. sowie bei Kopiergeräten.

Festzustellen ist also, daß im Urteil der Erwerbstätigen die Arbeit an/mit programmgesteuerten Arbeitsmitteln keineswegs als belastungsarm einzustufen ist, wobei die Häufigkeit der Nennungen 'traditioneller' Belastungen überrascht.

3 BELASTUNGSVERÄNDERUNGEN

Was läßt sich nun über die Veränderungstendenzen der Belastungen sagen. Sowohl für den Arbeiterbereich als auch für

den Angestelltenbereich sind die Betriebsräte in der bereits
wiederholt angeführten IG Metall-Erhebung gefragt worden,
wie sie die Entwicklung der Arbeitsbelastungen in den letzten 2 Jahren beurteilen. Hierzu wurde für beide Bereiche
eine Liste von Belastungen vorgegeben; für jede einzelne
Belastung konnte angegeben werden,

- ob sie eher zugenommen hat,
- ob sie eher abgenommen hat,
- ob sie sowohl zu- als auch abgenommen hat (1).

Zur sachgerechten Verwendung der Antworten muß Klarheit
darüber bestehen, daß Veränderungen von Belastungen und
nicht der Bestand an Belastungen erhoben worden ist. Richtig gelesen erlaubt die Tabelle 2 über die Belastungsentwicklung in den letzten 2 Jahren z.B. folgende Aussagen:

- in 41 % der untersuchten Betriebe berichten die Betriebsräte von einer Zunahme der Lärmbelastung im
  gewerblichen Bereich,

- in 12 % der untersuchten Betriebe wird von den Betriebsräten eine Abnahme der Lärmbelastung im Angestelltenbereich mitgeteilt.

Da der Bestand an belastenden Arbeitsplätzen nicht bekannt
ist, ist keine Aussage darüber möglich, um wieviel die Anzahl der Lärmarbeitsplätze sich genau verändert hat.

Zu erinnern ist daran, daß der Fragebogen in der Regel von
mehreren Betriebsratskollegen gemeinsam ausgefüllt worden
ist. Die Urteile über Veränderungstendenzen beruhen also
auf den Erfahrungen der einzelnen Betriebsräte sowie ihrer
gemeinsamen Diskussion. Insgesamt sind die so ermittelten
Ergebnisse als Schätzungen von betrieblichen Experten zu
werten.

---

(1) z.B. kann Lärm im gewerblichen Bereich an einigen Arbeitsplätzen abnehmen aber an anderen Arbeitsplätzen
    zunehmen.

Tabelle 2: Zu- und Abnahme von Belastungen (alle Angaben in Prozent, Mehrfachnennungen)

Vergleichbare Belastungsarten	Belastungsart und Bereich	Nennungen in der Gesamtheit der Betriebe (1)
Körperlich schwere Arbeit und Zwangshaltungen	**Körperlich schwere Arbeit im Arbeiterbereich:**	
	- hat zugenommen	13
	- hat abgenommen	38
	Saldo: Zunahme-Abnahme	-25
	keine Veränderungen (2)	49
	Zwangshaltung im Arbeiterbereich:	
	- hat zugenommen	27
	- hat abgenommen	15
	Saldo: Zunahme-Abnahme	+12
	keine Veränderungen (2)	58
	Zwangshaltungen im Angestelltenbereich:	
	- hat zugenommen	37
	- hat abgenommen	3
	Saldo: Zunahme-Abnahme	+34
	keine Veränderungen (2)	60
Gefährliche Arbeitsstoffe und Lärm	**Gefährliche Arbeitsstoffe im Arbeiterbereich:**	
	- hat zugenommen	25
	- hat abgenommen	20
	Saldo: Zunahme-Abnahme	+5
	keine Veränderungen (2)	55
	Lärm im Arbeiterbereich:	
	- hat zugenommen	41
	- hat abgenommen	32
	Saldo: Zunahme-Abnahme	+9
	keine Veränderungen	27
	Lärm im Angestelltenbereich:	
	- hat zugenommen	17
	- hat abgenommen	12
	Saldo: Zunahme-Abnahme	+5
	keine Veränderungen (2)	71
Kurze Takte und Monotonie	**Kurze Takte im Arbeiterbereich:**	
	- hat zugenommen	33
	- hat abgenommen	8
	Saldo: Zunahme-Abnahme	+25
	keine Veränderungen (2)	59
	Monotonie im Arbeiterbereich:	
	- hat zugenommen	41
	- hat abgenommen	7
	Saldo: Zunahme-Abnahme	+34
	keine Veränderungen (2)	52
	Monotonie im Angestelltenbereich:	
	- hat zugenommen	34
	- hat abgenommen	3
	Saldo: Zunahme-Abnahme	+31
	keine Veränderungen (2)	63

Tabelle 2: Fortsetzung

Vergleichbare Belastungsarten	Belastungsart und Bereich	Nennungen in der Gesamtheit der Betriebe (1)
Soziale Isolation und Schichtarbeit	**Soziale Isolation im Arbeiterbereich:**	
	- hat zugenommen	35
	- hat abgenommen	4
	Saldo: Zunahme-Abnahme	+29
	keine Veränderungen (2)	61
	Soziale Isolation im Angestelltenbereich:	
	- hat zugenommen	68
	- hat abgenommen	1
	Saldo: Zunahme-Abnahme	+67
	keine Veränderungen (2)	31
	Schichtarbeit im Arbeiterbereich:	
	- hat zugenommen	43
	- hat abgenommen	16
	Saldo: Zunahme-Abnahme	+27
	keine Veränderungen (2)	41
	Schichtarbeit im Angestelltenbereich:	
	- hat zugenommen	12
	- hat abgenommen	7
	Saldo: Zunahme-Abnahme	+5
	keine Veränderungen (2)	81

(1) ungewichteter Durchschnitt

(2) Berechnung 100 - (Zunahme + Abnahme). Da in wenigen Betrieben sowohl Zu- als auch Abnahmen berichtet wurden, ist der tatsächliche Zahlenwert für "keine Veränderung" größer, er hat also indikatorische Bedeutung.

Quelle: Abt. Automation und Technologie der IG Metall: Ergebnisse der bundesweiten Bestandsaufnahme zum Stand der Rationalisierung und des technischen Wandels in den Betrieben der Metallindustrie, Langfassung (unveröff. Manuskript), Frankfurt 1983

Schätzungen sind bekanntlich immer mit einer Fehlerwahrscheinlichkeit behaftet. Im vorliegenden Fall ist jedoch zu beachten:

1. Befragt worden sind Betriebsräte aus über 1.000 Betrieben. Diese Zahl ist so groß, daß Über- und Untertreibungen eine gute Chance haben sich auszugleichen.

2. Die überwiegende Anzahl der Betriebsräte hat aller Erfahrung nach keine Neigung, den eigenen Betrieb nach außen "schlecht darzustellen". Außerdem werden Erfolge lieber berichtet als ungelöste Probleme.

3. Soweit es möglich war, sind die Aussagen der Betriebsräte mit den Ergebnissen anderer Untersuchungen verglichen worden. Unstimmigkeiten sind überwiegend nicht festgestellt worden.

Es ist also davon auszugehen, daß die Schätzungen der Betriebsräte über die Belastungsentwicklung der letzten Jahre ernstzunehmen sind. Beachtet man nun die wichtigsten Ergebnisse im Durchschnitt aller befragten Betriebe - also ohne Berücksichtigung ihrer branchenmäßigen, regionalen oder größenordnungsmäßigen Zusammensetzung, so läßt sich feststellen:

- Eine eindeutige positive Tendenz (Abnahme überwiegt Zunahme) ist nur bei körperlich schwerer Arbeit im gewerblichen Bereich gegeben.

- Bei Lärm und gefährlichen Arbeitsstoffen wurden vergleichsweise häufig positive Entwicklungen berichtet. Die negativen Entwicklungen, also die Zunahme von Belastungen, überwiegen jedoch.

- Bei allen anderen Belastungen, insbesondere bei den psychomentalen Belastungen, gibt es nur eine kleine

Minderheit an positiven Erfahrungen. Sehr deutlich
überwiegen die negativen Entwicklungen.

- Insbesondere auffällig ist die Zahl der Betriebe aus
  denen eine Zunahme des Arbeitstempos im gewerblichen
  Bereich und eine Zunahme der sozialen Isolation der
  Kollegen (weniger Kontakt unter den Kollegen) im Angestelltenbereich berichtet wird.

Für den Arbeiterbereich gilt: In 92 % aller Betriebe wird
von einer Zunahme der Belastungen berichtet. Hingegen wird
eine Abnahme der Belastungen aus 58 % aller Betriebe mitgeteilt.

Für den Angestelltenbereich gilt: In 84 % der Betriebe wird
von einer Zunahme der Belastungen berichtet. Hingegen wird
eine Abnahme der Belastungen nur aus 19 % der Betriebe berichtet.

Sowohl für den Arbeiter als auch für den Angestelltenbereich
gilt also, daß die Gesamttendenz negativ ist, die Bela-
stungszunahmen also deren Abnahmen überwiegen. Im Vergleich
von Arbeiter- und Angestelltenbereich läßt sich aber feststellen, daß im Angestelltenbereich die Tendenz zur Verschlechterung etwa fünffach stärker ausgeprägt ist als im
Arbeiterbereich. Kritisch zu beachten ist, daß hier jede
Belastungsart und jede Veränderungsangabe gleichrangig
berücksichtigt worden ist. Psycho-mentale Belastungen sind
also in dieser Rechnung als genauso wichtig wie körperliche oder physikalisch-chemische Belastungen behandelt worden.

4 INNOVATIVE BETRIEBE: HÄUFIGERER BELASTUNGSABBAU ABER AUCH HÄUFIGERE ZUNAHME VON BELASTUNGEN

Bei der Analyse der Einflußfaktoren für diese Tendenzen
haben sich die Betriebsgröße sowie das technische Innovationsniveau der Betriebe als wichtiger erwiesen als andere

Faktoren wie etwa die regionale Verteilung der Betriebe, oder ihre branchenmäßige Zugehörigkeit. Im folgenden wird dies bei der genaueren Beschreibung der Veränderungstendenzen der einzelnen Belastungen besonders zu berücksichtigen sein. Als beispielhafter Einflußfaktor wird hier das technische Innovationsniveau des Betriebes demonstriert.

Es liegen Hinweise vor, daß verschiedene Belastungen von dem Mechanisierungs- bzw. Automatisierungsgrad sowie dem Grad der Arbeitsleistung stark beeinflußt werden. Körperlich schwere Arbeit nimmt mit zunehmendem Maschineneinsatz ab, Schichtarbeit und Zwangshaltung hingegen wachsen. Monotonie und kurze Takte wachsen mit dem Grad der Arbeitsteilung. Soziale Isolation wird sowohl von der Maschinenausstattung als auch von dem Grad der Arbeitsteilung beeinflußt. Daraus läßt sich nun die These ableiten, daß die Veränderung der Belastungen sowie die Verschiebung der Belastungsarten stark von technisch-ökonomischer Struktur der Betriebe abhängt.

Wird diese These als richtig unterstellt, so ist zu erwarten, daß in technisch und organisatorisch besonders innovativen, also in hochmodernen Betrieben, eine weit überdurchschnittliche Tendenz von zunehmenden Belastungen insbesondere im Hinblick auf psycho-mentale Belastungen besteht. Um diese These zu prüfen, ist ein Typ "stark innovative Betriebe" gebildet worden. Ihm wurden Betriebe zugeordnet, die durch folgende Merkmale gekennzeichnet sind:

- eine überdurchschnittlich häufige Nutzung von Bildschirmgeräten je 100 Angestellte und

- die Durchführung von organisatorischen Rationalisierungsmaßnahmen und

- die Nutzung von bislang weniger verbreiteten neuen Technologien in der Fertigung (z.B. CAD-Systeme, oder Industrieroboter oder automatische Hochregallager).

Im Vergleich dieses Typs der stark innovativen Betriebe mit allen übrigen Betrieben lassen sich nun enorme Unterschiede in der Zunahme von Belastungen feststellen (vgl. Tabelle 3). Beispielsweise gilt für den Arbeiterbereich:

- in 68 % der innovativen Betriebe nimmt Monotonie zu, bei anderen Betrieben ist dies nur zu 37 % der Fall,
- aus 66 % der innovativen Betriebe wird eine Zunahme der Schichtarbeit berichtet, aber "nur" aus 40 % der übrigen Betriebe,
- eine wachsende soziale Isolation wird aus 63 % der innovativen, aber nur aus 31 % der übrigen Betriebe berichtet, etc.

Vergleichbare Tendenzen gelten für den Angestelltenbereich:

- 34 % der innovativen Betriebe berichten eine Zunahme der Schichtarbeit, bei den übrigen Betrieben sind es nur 9 %,
- etwa aus 2/3 der innovativen Betriebe wird eine Zunahme von Monotonie und Zwangshaltung mitgeteilt, bei den übrigen Betrieben belaufen sich diese Anteile auf etwa 1/3, etc.

Die Vermutung, daß aus innovativen Betrieben häufiger über zunehmende Belastungen berichtet wird, ist als bestätigt zu betrachten. Die feststellbaren Unterschiede sind durchgängig und sie sind beachtlich.

Aber: vergleicht man die innovativen und die übrigen Betriebe im Hinblick auf den Abbau von Belastungen, so gilt: sowohl für den Arbeiter- als auch für den Angestelltenbe-

Tabelle 3: Veränderungstendenzen der Belastungen (alle Angaben in Prozent des jeweiligen Betriebstyps) (im Anteil von Betriebsräten in der Metallwirtschaft)

Betriebstyp	stark innovative Betriebe (n = 119)			übrige Betriebe (n = 864)		
Entwicklungstendenz	Zunahme	Abnahme	Saldo	Zunahme	Abnahme	Saldo
a) Arbeitsbelastungen im gewerblichen Bereich						
Schichtarbeit	66	17	49	40	16	24
körperl. Schwerarbeit	10	59	-49	13	36	-23
Zwangshaltung	42	23	19	25	14	11
Lärm	47	43	4	40	31	9
gefährl. Arbeitsstoffe	37	26	11	24	19	5
Monotonie	68	13	55	37	6	31
kurze Takte	61	18	43	29	6	23
Arbeitstempo	91	0	91	75	1	74
soziale Isolation	63	3	60	31	4	27
Sonstige	7	0	7	5	0	5
keine Veränderung	2	30	28	8	44	36
b) Arbeitsbelastungen im Angestelltenbereich						
Schichtarbeit	34	9	25	9	6	3
Lärm	27	21	6	16	11	5
Zwangshaltung	68	3	65	33	3	30
Augenbelastung	98	1	97	64	2	62
Monotonie	66	7	59	30	3	27
Arbeitstempo	53	6	47	25	3	22
soziale Isolation	84	1	83	65	1	64
Sonstige	7	0	7	4	0	4
Keine Veränderung	2	71	69	18	83	65

Quelle: Ebenda, Frankfurt 1983

reich: aus den innovativen Betrieben wird durchgängig häufiger ein Abbau von Arbeitsbelastungen berichtet als aus den übrigen Betrieben. Diese Tendenz ist nur für eine Minderheit der Betriebe vorhanden. Sorgen über die zukünftige gesundheitliche Verfassung der Arbeitnehmer in hochmodernen Betrieben sind also nicht unberechtigt.

Am Beispiel der Diskussion um Belastungsveränderungen in stark innovativen Betrieben bestätigt und verdeutlicht sich ein Sachverhalt, der in allen Abschnitten dieses Kapitels angeschnitten worden ist:

In der Mehrzahl der Betriebe besteht für viele Belastungen, insbesondere solcher psycho-mentaler Art, eine Tendenz zur Zunahme. Der zunehmende Einsatz neuer Technologien und die Art ihrer technisch-ökonomischen Nutzung unterstützt und verstärkt diese unerfreuliche Entwicklung.

In einer Minderheit von Betrieben - die Anzahl ist je nach Belastungsart unterschiedlich - wird von einem Abbau derselben Belastungen berichtet.

Die Minderheit der Betriebe belegt die Gestaltbarkeit des Einsatzes von Technologien, die Verminderbarkeit von Belastungen. Die Mehrheit der Betriebe belegt die Nichtgestaltung des Technik-Einsatzes sowie die Möglichkeiten der Zunahme von Gesundheitsrisiken. Bei innovativen Betrieben finden sich beide Tendenzen besonders ausgeprägt.

Wenn nun eine so deutliche Zunahme der psycho-mentalen Anforderungen berichtet wird, so stellt sich auf die Frage, wer eigentlich für die Regelung der hieraus entstehenden Probleme zuständig ist. Das betriebliche und überbetriebliche Arbeitsschutzsystem der Bundesrepublik Deutschland weiß mit diesen Sachverhalten nicht viel anzufangen. Es ist an einzelnen Belastungen mit normierbaren Grenzwerten orientiert. Wiederholt ist darauf hingewiesen worden, daß hier noch viel zu tun ist.

Zu beobachten ist, daß - sofern überhaupt - Beiträge zur Arbeitsgestaltung insbesondere im Hinblick auf psycho-mentale Anforderungen betrieblicherseits eher von Planungs- und auch von EDV-Abteilungen kommen. Soweit die Qualifikation betroffen ist, wirken Personalabteilungen mit. Findet also im Vollzug der Zunahme der neuen Technologien und der damit verbundenen psycho-mentalen Anforderungen eine faktische Kompetenzverschiebung in der betrieblichen Arbeitsgestaltung statt? Die Frage, ob den sich langsam ändernden Produktionsstrukturen und den damit neu auftretenden Gestaltungsaufgaben auch veränderte Kompetenzzuweisungen für die überbetrieblichen Arbeitsschutzinstitutionen zu entsprechen haben - bzw. ob veränderte Aufgaben mit einem Innovationsschub in den vorhandenen Arbeitsinstitutionen zu bewältigen sind ist bislang kaum diskutiert worden.

5 ZUSAMMENFASSUNG

Im Vergleich beider Erhebungen ergeben sich in der Beschreibung der Entwicklungstendenzen tendenzielle Übereinstimmungen. Vielleicht ist die getroffene Unterscheidung zwischen Gestaltbarkeit und Gestaltung (als empirischer Trend) für die weitere Diskussion hilfreich. Ist es möglich sich über die Gestaltbarkeit technischer Veränderungen zu verständigen, es kann sich die Debatte auf die tatsächliche Gestaltung konzentrieren. Bezüglich des tatsächlichen Umfangs der Gestaltung werden die Meinungen sicherlich auseinandergehen; Einigkeit hingegen dürfte wiederum über die Notwendigkeit bestehen, diesen Prozeß der tatsächlichen Gestaltung voranzutreiben.

SCHRIFTTUM

1   Abteilung Automation und Technologie der IG Metall:
    Ergebnisse der bundesweiten Bestandsaufnahme zum Stand
    der Rationalisierung und des technischen Wandels in
    den Betrieben der Metallindustrie.
    Langfassung (unveröffentlichtes Manuskript),
    Frankfurt/M., Juli 1983

2   BiBB/IAB-Befragung: "Qualifikation und Berufsverlauf"
    1979 - eigene Auswertungen des Datensatzes

3   Volkholz, V.: Auswirkungen technischer Veränderungen
    auf Belastungen.
    Kurzstudie (unveröffentlichtes Manuskript), Dortmund
    1984

Menschen · Arbeit · Neue Technologien

Gesundheit und neue Technologien

Innovation und Gesundheit – Gegenwarts- und Zukunftsfragen einer arbeitsökologischen Medizin

H. Mayer

Kurzfassung

Das Beziehungsgefüge zwischen Innovationen und Gesundheit in der Arbeitswelt zentriert sich gegenwärtig im wesentlichen um technikinduzierte Innovationen, und die gegenwärtigen Erkenntnisse zur Gesundheitsebene betreffen meist gesundheitliche Folgen technologischer Veränderungen. Anhand der Darstellungen des gegenwärtigen Belastungswandels und des Wandels der in der Arbeit vertretenen Gesundheitsstörungen sowie einer Kurzanalyse der möglichen Trends wird die Notwendigkeit herausgestellt, alternative Formen der Innovation mit arbeitsökologischem oder medizinischem Ursprung zu entwickeln und gleichzeitig die Humanwissenschaften und die Organe des Arbeitsschutzes in technische innovatorische Prozesse miteinzubeziehen. Dies setzt strukturelle und funktionale Veränderungen voraus, die es gestatten, die Eigengesetzlichkeiten der technologischen Innovation zu durchbrechen, beginnend bei der Wiedereinführung des kreativen Aktes, über den Entwicklungsprozeß, die Konzeption seiner Anwendung, Umsetzung und Einführung in der Arbeitswelt. Nur die frühzeitige Einbindung von Experten und Betroffenen gleichermaßen verhindert die gegenwärtig noch weit verbreiteten Reparaturnotwendigkeiten. Es bedarf aber auch eines Konsenswandels zwischen den Organen des Arbeitsschutzes und dem Betrieb sowie einer weiteren Emanzipation der Arbeitsmedizin, um die sich hieraus ergebenden Funktionen erfüllen zu können.

Die Frage eines Zusammenhangs zwischen Innovation und Gesundheit ist ein abendfüllendes Thema. Seine Aspekte reichen von Kernfragen der Phylogenetik bis zu daseinsskeptischen Weltanschauungen. Im Rahmen einer Konferenz mit dem Thema "Menschen, Arbeit, neue Technologien" limitiert sich sich jedoch das Thema auf einige Schwerpunkte.

Zunächst zur Begriffswelt: Hierbei sind einige Ergebnisse der Beratungen des Gesprächskreises "Humanisierung des Arbeitslebens" des Bundesministers für Forschung und Technologie zum Thema "Humanisierung des Arbeitslebens und Innovationen" hilfreich:

"Innovationen im herkömmlichen Sinne umfassen die Entwicklung neuer Produkte und Verfahren durch die Anwendung neuer Techniken. Dieser Innovationsbegriff greift zu kurz. Innovation ist mehr als rein technisch bedingte Veränderung. Innovationen können in einer erweiterten Perspektive alle Veränderungen aus anderen Quellen, wie z.B. organisatorische, institutionelle und soziale Anstöße sein.

Zwischen den verschiedenen Formen von Innovation bestehen Wechselwirkungen. Zum Beispiel können technikinduzierte Innovationen Humanisierungsmaßnahmen anregen, wie umgekehrt auch Humanisierungsziele Anstöße für Innovationen geben können.

Humanisierungsbezogene Innovationen vollziehen sich im Rahmen von Meinungsbildungs- und Entscheidungsprozessen, deren Ergebnisse daher auch von Mehrheits- und Kräfteverhältnissen der Verhandlungspartner bzw. den an der Entscheidung beteiligten Personen mitbestimmt werden. Humanisierung und Innovation sind dynamische Prozesse, in die gesellschaftliche Veränderungen, technologischer Wandel und Wertehaltungen mit einfließen, die sich wechselseitig beeinflussen.

....

Die Erfahrung zeigt, daß erfolgreiche Innovationen sich durch die Berücksichtigung <u>technischer, wirtschaftlicher, organisatorischer, sozialer und humaner Aspekte</u> auszeichnen."

Das Dilemma ist, daß genau dies zum gegenwärtigen Zeitpunkt nicht stattfindet.

Und weiter: "Die Lösung der Zukunftsaufgaben erfordert ein solches umfassendes Innovationsverständnis."

Es fiele mir leichter, über Innovation und Gesundheit zu sprechen, wenn der Begriff der Innovation nicht gestaltbar wäre. Doch allein die Tatsache, daß er es ist, rechtfertigt die Auseinandersetzung.

Zunächst muß festgehalten werden, daß eine Einengung des Innovationsbegriffs auf die Ebene der Informationstechnologien zu Fehleinschätzungen führen muß. Lasertechnologien, Wasserstrahlverfahren, Entwicklungen der Festkörperphysik sowie Bio- oder Keramiktechnologien - um nur einige zu nennen - waren in jüngster Zeit Kristallisationspunkte erheblicher Innovationsschübe.

Sodann möchte ich warnen vor einer vorschnellen Verortung des Begriffs Innovation im Sinne einer Wertung. Einseitige Ausrichtungen wie technokratische Verklärung oder Unbewältigbarkeitsängste sind einer Gestaltung dieser Gegenwartstatsachen wenig dienlich. Allenfalls kann es hilfreich sein, sich das Nebeneinander von Risiko und Chance für den Einzelnen und die Gesellschaft genauer zu vergegenwärtigen.

Auch wenn wir dies als nicht ganz unproblematisch ansehen, definieren wir im Zusammenhang mit der hier diskutierten Fragestellung Gesundheit im Sinne der Weltgesundheitsorganisation mit den Teilkomponenten des physischen, psychischen und sozialen Wohlbefindens. Zur Eingrenzung der Begriffe der physischen Gesundheit und Krankheit folgen wir weitgehend der Definition von Krankheit, wie sie GROSS (1980) gibt: "Eine oder mehrere Erscheinungen, die eine Abweichung vom physiologischen Gleichgewicht (Homöostase) zeigen und durch definierte endogene oder exogene Noxen verursacht werden. Sie können durch den Schaden selbst, durch Abwehr- oder Kompensationsmechanismen bedingt sein".

Die Beziehungsstrukturen zwischen Innovation und Gesundheit sind identisch mit jenen zwischen Lebens- bzw. Arbeitsbedingungen und Gesundheit, erweitert um den Prozeß der Veränderung.

Bei einer Darstellung möglicher Zusammenhänge sind wir darauf angewiesen, Behauptungen aus sehr unterschiedlichen methodischen Bereichen nebeneinander zu stellen. Sie betreffen gesicherte Erkenntnisse, zustandegekommen durch Anwendung formal adäquater Methoden an validen und reliablen Parametern, statistische Befunde, heuristische Erkenntnisse und eine Vielzahl von Hypothesen und Vermutungen. Die Palette der Verursachungsaussagen ist somit vergleichsweise bunt.

Indessen wissen wir alle, daß dramatische Innovationsschübe - wie ganz allgemein Veränderungen - sehr wohl belastende Eigenschaften haben. Dies betrifft einerseits Aspekte der Ungewißheit, der Trennungs- und Verlustängste und berechtigter, auf Erfahrungen beruhender Befürchtungen der Inkompatibilitäten neuer Bedingungsgefüge mit unserer inneren Welt und ihren Wertmaßstäben.

So löst sich die Frage der Pathogenität in der Spiegelbildlichkeit auf: Innovative Prozesse können existentielle Risiken darstellen, andererseits sind innovatorische Prozesse ihrerseits nicht als unabhängig von der Eigenschaftsmatrix der Menschen, und hier vor allem des Individuums, anzusehen.

Diesen polaren Betrachtungsweisen stehen die weitaus realistischeren Wechselwirkungsgesichtspunkte gegenüber, eine Tatsache, die den bisherigen Umgang mit dem Problem meist auf ein Minimum reduzierte. Innovationen wurden als unumgänglich dargestellt, die Bewältigung ihrer gelegentlichen Probleme meist als Reparaturprozeß gestaltet.

Der arbeitsgestalterische Eingriff in Konzeption und Implementierung, d.h. im eigentlichen Innovationsprozeß, unterblieb meist. Viele HdA-Vorhaben zeigten, daß in den meisten Fällen ohnedies erst eingegriffen wurde, wenn die Technologie bereits veraltet war.

Auch wenn allgemein anerkannt wurde, daß umfassende und zuverlässige Prognosen auf die Auswirkungen zukünftiger Technologien aus den Wissenschaften nur in den seltensten Fällen gelingen, wurden meist mit wissenschaftlicher Unterstützung als einzige (palliative) Maßnahme qualifikatorische Strategien entwickelt und durchgeführt. Das HdA-Programm erbrachte allerdings einige Fortschritte.

In dem hier auf breiter Ebene konzipierten Prozeß der Beteiligung unterschiedlicher Disziplinen an der (meist nachträglichen) Ausgestaltung menschlicher Arbeit gilt es jedoch nach wie vor, zunächst aus der Rolle des Zuschauers in jene des teilnehmenden Beobachters zu geraten, weniger Prognosen hinsichtlich zu erwartender Zusammenhänge z.B. zwischen technologischem Wandel und Gesundheit zu erwarten oder zu stellen, sondern die Innovationsebenen mitzugestalten oder Gestaltungsprozesse zu fordern und zu fördern.

Aufgabe einer arbeitsökologischen Medizin, die im Vorfeld der Veränderungen unserer Arbeitswelt angesiedelt ist, ist nicht die Extrapolation der vergangenen und gegenwärtigen Zustände, sondern im wesentlichen die Anwendung der gewonnenen Metaerkenntnisse in der Situation des Einbezogenwerdens bereits in den Entstehungsakt innovativer Vorgänge.

Arbeitsökologie ist eine Tochter der Sozialökologie. Ihr Gegenstand ist das Beziehungsgefüge von Human-Biosphäre und Technosphäre in der Arbeit. MARX nannte in diesem Zusammenhang die Arbeit den Stoffwechsel des Menschen in der Natur. Eben dieser ist durch eine Arbeitsökologie neu zu durchdenken.

Eine arbeitsökologische Medizin muß sich demzufolge mit Sachverhalten beschäftigen, deren Informationsstruktur und Semiotik ständig hinterfragt werden muß, um nicht an Gültigkeit zu verlieren und abzugleiten in eine Welt der Eigengesetzlichkeiten. Sie muß einerseits pragmatisch bemüht sein, die Entitäten des Beziehungsgefüges in ihrem Wirkfeld zu definieren und verfügbar zu machen, darf andererseits den vor allem wissenschaftlichen Kontakt etwa zur Sozialmedizin nie verlieren. Sie muß also gleichzeitig analytisch und ganzheitlich sein.

Ansätze hierzu fanden sich früher in den Arbeiten der anthropologischen Leistungsmedizin und Psychosomatik, welche auf einem frühen kybernetischen Konzept, dem Gestaltkreis, aufbauen (V. v.WEIZSÄCKER, CHRISTIAN u.a.). Hier wurden bereits vor 50 Jahren die wesentlichen Inhalte moderner Handlungstheorien vorweggenommen. Es kommt nicht von ungefähr, daß eine sich emanzipierende Gesundheitsmedizin, die sich weitgehend induktiv am Beziehungsgefüge zwischen Mensch und Technosphäre orientiert, eine gewisse Vorliebe für Handlungstheorien aufweist. Erst auf der Basis handlungs- und entscheidungstheoretischer Forschung ist die Begründung einer längst fälligen Arbeitsökologie möglich. Eine arbeitsökologische Medizin kann sich nur Hand in Hand mit dieser entwickeln.

Auch in den Arbeitswissenschaften ist ein Paradigmenwandel im Gange. Lange Zeit war die Erforschung von Arbeitsprozessen in Mensch-Maschine-Systemen blockiert durch ein Reiz-Reaktions-Schema, bei dem auf der einen Seite die interne Beanspruchung, auf der anderen Seite die externe Belastung gemessen wurde. Subjekt und Objekt können aber nicht, wie die mechanomorphe Betrachtungsweise der traditionellen Arbeitswissenschaft vorschrieb, als völlig getrennt betrachtet werden. Um die Außenwelt wahrzunehmen, muß das Subjekt aktiv auf sie einwirken. Eine Grenze ist dabei nicht festgelegt. Subjekt und Objekt verschmelzen in der Handlung (PIAGET). Es ist ein Unterschied, ob die Arbeitstätigkeit in ihren Bestimmungsstücken als fertiges Resultat in der linearen Zeit oder als Entstehungsprozeß, als Aktualgenese auf ein Ziel hin in der subjektiven Zeit untersucht wird. Am Anfang steht die Offenheit und die Unbestimmtheit. Erst im aktiven Tun erfolgt die Gegenstandsbildung (CHRISTIAN). Die Handlungsregulation entsteht nicht primär durch im Gedächtnis abrufbare fertige Handlungsprogramme, sondern wert-sinnhafte Kategorien im Namen eines antizipativen Konzepts der Handlung sind bestimmend. Die Programme sind dabei Leistungen auf einem niedrigeren Niveau der Konkretisierung. Die Aktualgenese der Handlung besitzt eine andere Struktur als die fertige Leistung. Erst diese kann rückschauend regeltechnisch beschrieben werden. Arbeitssysteme sind keine Mechanismen, deren Zweck es ist, vorgegebene Sollwerte einzuhalten nach Art eines Thermostaten. Das menschliche Systemglied besitzt die Tendenz, über Gleichgewichtszustände hinaus zu gehen, auf Kosten von Ungleichgewichten (ALLPORT). Eine Regelung gegen Null, die vollständige Identität mit dem mechanisch-idealen Vollzug wäre der Verlust der Kontrolle über die Leistung! Es ist die Frage, ob totaler Kontrollverlust, das Fehlen von Varianz, überhaupt eine Leistung ermöglicht.

Im ökologischen Arbeitssystem ist der Mensch nicht nur Funktionsglied im Regelprozeß, sondern aktive Persönlichkeit. Sie wird nicht wie ein Mechanismus durch Fremdantrieb bewegt, sondern sie bewegt sich selbst. Sie handelt und bezieht Stellung. Von der Persönlichkeitsdimension kann man nicht absehen, genausowenig von der Umwelt, denn die Handlung vollzieht sich immer in einem Kontext der Wechselwirkung mit den Außenvariablen. Menschliche Arbeit kann vollständig nur in der Einheit Handlung beschrieben werden, die sich als Einheit von Person und Umwelt, von Kognition und Aktion, von Wahrnehmung und Bewegung darstellt.

Was in der gegenwärtigen Zeit der dramatischen Innovationsschübe mehr denn je benötigt wird, ist eine Sozial- und Arbeitsökologie, welche zwar in Ansätzen konzipiert wird, aber noch weitgehend eine Leerstelle - auch in der ökologischen Bewegung - darstellt. Sie kann keinesfalls eine naturalistische Metawissenschaft sein, sondern muß ihre Theorien und Instrumentarien im Zusammenwirken mit den Humanwissenschaften entwickeln. Der Mensch lebt sowohl in der Bio- wie auch in der Technosphäre! Die Randbedingungen sind weitgehend durch das industrielle System vorgegeben, das es in Richtung auf Befriedung und Humanisierung zu verändern gilt. Das Leben in komplexen und dynamisch sich ändernden Umfeldern bedarf allerdings neuer Methoden zur Bewältigung seiner Probleme. Die vorhandenen sind unzureichend!

Die gegenwärtige Situation ist, wenn man die Bedingungsgefüge nach den Einschwingvorgängen innovativer Prozesse betrachtet, gekennzeichnet durch einen Belastungswandel, dessen "Pathogenität" in vielen Fällen jedoch erst noch nachzuweisen wäre. Auf vielen Ebenen ist jedoch dieser Beweis schon erbracht: Die Fortsetzung des Prozesses der Sinnentleerung und Arbeitszerstückelung, das Aufzwingen von inkompatiblen Arbeitsformen, die Vereinzelung des Arbeitnehmers mit Wegfall gegenseitiger Hilfe und Kontrolle, die zunehmende Uneinschätzbarkeit der Situation und die Reduzierung des Einsatzes menschlicher Arbeitskraft auf Gebieten, in denen technische Realisierungen noch zu teuer sind, sind Beispiele hierfür.

Andererseits werden immer weniger Menschen in der Arbeit in die Lage versetzt, Handlungskompetenz, d.h. Autonomie, zu entwickeln. Dies könnte letztlich zu einer Reduzierung menschlicher Fähigkeiten führen.

Überdies gesellen sich den Strukturen der Arbeitsteiligkeit mit einer zerstückelten Wirklichkeit der Produktionsgegenwart weitere Elemente als scheinbar unabdingbare Rahmenbedingungen des Eindringens von Informationstechnologien bei, eine neue Arbeitsteiligkeit ergreift in zunehmendem Maße Besitz von fast allen Verwaltungs- und auch von Planungs-, Steuerungs- und Kontrolltätigkeiten der Produktion. Die Vernetzungen von Arbeitsanforderungen, Leistung, Steuerung, Kommunikation und Kontrolle im Bereich der Informationstechnologien erscheinen häufig als Software-Abbild längst überwunden geglaubter Herrschaftsstrukturen.

So wird das zunehmende Auftreten seelischer Probleme bei gewerblichen Arbeitnehmern plausibel, und es läßt die arbeitsepidemiologischen Defizite der Gegenwart sowie den gemeinsamen Handlungsbedarf von Arbeitswelt und Arbeitsmedizin eher noch größer erscheinen.

Dem Wandel der Belastungen entspricht ein Wandel der "Krankheiten" von akuten Gefahren und spezifischen akuten Erkrankungen über Späterkrankungen, chronische Krankheiten, berufsbezogene Erkrankungen bis hin zu psychosomatischen und funktionellen Störungen sowie Befindlichkeitsbeeinträchtigungen.

Dies bedeutet, daß wir zwar Belastungen definieren können und auf der anderen Seite Gesundheitsstörungen, und diese auch in einigen Fällen als gemeinsame Aggregate bestimmter Arbeitssituationen isolieren können, eine eineindeutige Zuordnung zueinander im Sinne eines Verursachungsgeschehens aber in den allermeisten Fällen mißlingt. Die Grenzen eines Kausalitätsprinzips im Sinne einer alleinigen oder vorwiegenden Verursachungserklärung werden offenkundig, und die Kategorien des Bedingtseins, Mitverursachtseins oder Bezogenseins treten in den Vordergrund. Dies gilt in besonderem Maße für Innovationsprozesse, deren Eigenschaftsmengen nur äußerst schwer untergliederbar sind.

Innovationsprozesse bieten nun eine weitere Schwierigkeit: Innovation bedeutet Veränderung, und letztere hat zunächst grundsätzlich eine Belastungskomponente, wie wir aus der Life-Event-Forschung wissen. Diese ist um so stärker ausgeprägt, je schneller die Veränderung vonstatten geht und je unbekannter sie vorher war. Medizinischerseits ist dies die Domäne der klassischen physiologischen Streßforschung.

Auf psychischer Seite sind diese Prozesse gekennzeichnet durch das, was man "Objektverlustangst" nennt, aber auch emotionale Einstellungen gegenüber ungewissen zukünftigen Anforderungen und Bedingungen.

Sodann ist der Innovationsprozeß für den betroffenen Arbeitnehmer gekennzeichnet durch die objektiven und subjektiven Eigenschaften der Ausgangslage, die Art und Weise des Veränderungsprozesses selbst mit oder ohne vorbereitende und begleitende informatorische und qualifikatorische Maßnahmen und schließlich den Sollzustand mit seinen statischen und dynamischen Eigenschaften und somit Anforderungen, Belastungen, aber auch Bewältigungs- und Erfahrungschancen.

Sieht man einmal von den "chronischen" Beeinträchtigungen des arbeitenden Menschen durch die veränderte Arbeitssituation ab - und diese sind m.E. durch Maßnahmen der ergonomischen Gestaltung in den Griff zu bekommen -, so gilt für die Umsetzung des Innovationsprozesses in der Arbeitswelt in besonderem Maße das, was RUTENFRANZ (7) im Zusammenhang mit den Gegenwartstrends der Gesundheitsbeeinträchtigungen durch Arbeit sagte: Arbeitsbedingungen sind letztlich Risikofaktoren in einem mehrdimensionalen Verursachungsgefüge mit einer Vielzahl von Interaktionen zwischen Umwelt und Persönlichkeit, beruflichen und außerberuflichen Lebenssituationen und vor allem gekennzeichnet durch die ständige Notwendigkeit, die inneren Modelle unserer Welt so anzupassen, daß wir eine Chance haben zu einer erfolgreichen Bewältigung neuer Anforderungen.

Dies entbindet uns allerdings nicht von der Pflicht, diese möglicherweise nur segmentale Bedeutung der Arbeitsbedingungen für die Gesundheit der Arbeitnehmer genauso ernst zu nehmen wie etwa toxische Gefahren. Auch möchte ich davor warnen, Befindlichkeitsstörungen zu bagatellisieren. Der Arbeitsmediziner der Zukunft wird lernen müssen, diese weichen Indikatoren einer gestörten Vitalsteuerung diagnostisch adäquat zu berücksichtigen.

Betrachtet man die sich gegenwärtig abzeichnenden Trends von Zusammenhängen zwischen Arbeitswelt und Innovationen, so zeichnen sich - bei aller Beschränktheit extrapolativen Vorgehens - einige Schwerpunkte ab, die möglicherweise einen zunächst konsistenten Trend entwickeln könnten.

Zu einer detaillierten Betrachtung sei auf die hervorragende Studie von KUHN u. SCHREIBER (3) über Arbeitsschutz und neue Technologien verwiesen. Hier seien nur in aller Kürze einige Schwerpunkte aufgeführt.

So führten in jüngster Zeit die technologischen Veränderungen der Arbeitswelt zu einem weiteren Ansteigen des Arbeitstempos mit Abnahme der Zeitpuffer und einer dramatischen Disproportionierung der Aufgabenbereiche, am besten meßbar am Arbeitsinhalt. Diese Disproportionierung zeigt sich im Betrieb, aber auch beim Einzelnen. Sie ist gekennzeichnet durch eine Zunahme einfacher, hochrepetitiver, monotoner Arbeitsinhalte mit deutlichen Anzeichen von Unterforderung sowie einer ebensolchen Zunahme hochkomplexer Aufgaben bei Kontrolle, Steuerung und Wartung mit den Anzeichen der Überforderung durch hohe Verantwortung und Entscheidungsdruck. Gleichzeitig schwinden mittlere Qualifikationsanforderungen mit der ihnen eigenen, individuell nutzbaren Varianz und gewissen Kommunikationsmöglichkeiten.

Durch die Zunahme der Arbeitsanspannung werden die Rahmenbedingungen und Begleitumstände der Arbeit wie Arbeitsorganisation und Umgebungsfaktoren immer wichtiger, zumal die Kommunikation mit intelligenteren Systemen sich ständig neuer Kanäle bedient: Zur visuellen, taktilen und motorischen Kommunikation gesellt sich nun an der Mensch-Maschine-Schnittstelle noch der akustische Kanal. Dies allerdings könnte sich für den Arbeitnehmer auch positiv auswirken: Eine einwandfreie akustische Kommunikation ist an die Abwesenheit von Lärm gebunden und könnte nun den Konstrukteuren Anlaß geben, endlich einmal lärmarm zu konstruieren und damit dem durch die Vereinzelung der Arbeitsplätze bedingten Trend zu einer Verhinderung verbaler Kommunikation zwischen Arbeitnehmern geringfügig entgegenzuwirken.

Die Probleme des Einzelarbeitsplatzes werden dadurch allerdings nur sehr wenig gemildert, zumal ihre Anzahl dramatisch zunehmen wird, vor allem, wenn man bedenkt, daß auch bei vielen Verwaltungsaufgaben die notwendige Zentralisierung heute entfällt.

Dies betrifft nicht zuletzt auch den Sicherheitsaspekt, der auf vielen Ebenen stark in den Vordergrund getreten ist und treten wird: Die höhere Komplexität der Anlagen und die in ihnen ablaufenden hochvernetzten Prozesse mit ihrer stets geringer werdenden Überprüfbarkeit durch den Einzelnen müssen zu umfassenderen Sicherheitsanalysen und einer Hervorhebung vielfältiger Sicherheitsaspekte führen. Dies betrifft einerseits die Sensorentechnologie, die in zunehmendem Maße auf menschliche Signale, und hier vor allem solche von Menschen in Gefahr, abgestimmt werden muß. Die beste Qualifizierung eines Arbeitnehmers ist nutzlos, wenn sich dieser im Zustand extremer Gefahr befindet. Der Hilferuf, der Schrei und ähnliches, aber auch emotionale Verhaltensweisen, wie wir sie zum Glück hoffentlich nie eliminieren können werden, werden bei steigender Individualdistanz im Arbeitsprozeß als Eingabesignale moderner Technologien zu einer conditio sine qua non. Wie auch auf anderen Gebieten gilt hier, daß mit dem Vorhandensein erheblicher Reserven technischer Intelligenz in Hard- und Software diese in zunehmendem Maße dazu genutzt werden müssen, auf die Bedürfnisse des Arbeitenden und auch auf seine ganz individuellen Neigungen und Fähigkeiten einzugehen.

Hier kommen erhebliche Aufgaben auf eine Software-Ergonomie zu, die neben dem umfangreichen Gebiet der Sicherheitssoftware sich um jene Software zu kümmern hat, die es letztendlich gestattet, den Menschen von den zusätzlichen Zwängen der Informatik zu befreien und letztere zu nutzen, die Technik hochflexibel an das einzelne Individuum anzupassen.

Hiervon können und müssen jene Impulse ausgehen, die bei innovativen Prozessen der Schnittstelle der Systeme zum Menschen den ergonomischen Input auf die Ebene der Arbeitsökologie anheben. Die damit verbundene Grundlagenforschung schließlich könnte dazu beitragen, den Transmissionsriemen zwischen Problemvermutung und Problemanalyse enger zu schnallen und damit vor allem Verzerrungen der Sichtweise entgegenzuwirken, die unter anderem oft darin gipfeln, daß wahre Gefahren bagatellisiert werden und auf der anderen Seite dort Gefährdungen vermehrt gesehen werden, wo durch den Einsatz neuer Technologien klassische Rationalisierungseffekte auftreten.

Im Zusammenhang mit den Sicherheitsaspekten kommt auch dem Wartungsbereich in Zukunft größere Bedeutung zu, während umgekehrt der Sicherheitsaspekt für Wartungsvorgänge ebenfalls erheblich an Bedeutung zugenommen hat.

Kongruent hierzu verlaufen die Trends der Verbreitung von Schichtarbeit, die mit Zunehmen des CIM (Computer Integrated Manufacturing) vor allem im Wartungs- und Bürobereich zu einem weiteren Ansteigen des Schichtbetriebs führen werden.

Faßt man die zu erwartenden Belastungen, Beanspruchungen und Gefährdungen, die letztlich entscheidenden Einfluß auf die Gesundheit des Arbeitnehmers haben werden, zusammen, so stellt sich dies folgendermaßen dar:

Auf physischem Gebiet sind es toxische Substanzen, vor allem neuer Stoffgruppen und in Kombination untereinander, deren Wirkungsnachweis aber unter anderem auf oftmals erhebliche methodische Probleme stößt (s. hierzu auch WOITOWITZ /8/), und mit dem Vordringen der Biotechnologie auch biologische Substanzen, Radikale, Partikel und Einfachlebewesen, die in Zukunft unserer Aufmerksamkeit bedürfen.

An Restarbeitsplätzen sowie an Schnittstellen zu und zwischen intelligenten Systemen und dergleichen (Materialeingabe etc.) wird es auch in Zukunft nach wie vor körperliche Schwerarbeit geben. Hier ist vor allem die Kombination mit mentalen und psychischen Anforderungen im Ansteigen begriffen.

Auch das Strahlenrisiko nimmt deutlich zu, wenn auch nur in Kombination mit Sicherheitsproblemen.

Auch Bewegungsarmut und physischer Streß durch hohes Arbeitstempo werden möglicherweise in Zukunft weiter zunehmen.

Die informatorisch-mentalen und sensumotorischen Belastungen sind ebenfalls im Ansteigen begriffen, besonders häufig gekoppelt mit innovatorischen Prozessen. So sind die Sehaufgaben mit den Problemen der nachgeschalteten Informationsverarbeitung aufgrund ihres nach wie vor kostspieligen Ersatzes durch technische Lösungen weiter im Vordringen. Die menschlichen Augen sind oft schon an der Grenze ihrer Leistungsfähigkeit, gleiches gilt für die Bildverarbeitung im Zentralnervensystem.

Mit Neuhinzukommen des akustischen Kanals treten neben qualifikatorischen Problemen - das menschliche Ohr ist bei Arbeitnehmern in noch stärkerem Maße leistungsschwach oder geschädigt wie das Auge - zusätzliche Probleme der Komplexität.

Die Zwänge der Informationstechnologien greifen in steigendem Maße auf den mentalen Bereich über, so vor allem in Form funktioneller Umstrukturierungen mit Überforderungen des Kurzzeit- und Unterforderung des Langzeitgedächtnisses (letzteres ist heutzutage Aufgabe der Datenbanken). Wie KUHN u. SCHREIBER (3) treffend darstellen, ist die menschliche Informationsverarbeitung durch Musterbildung und Vernetzung gekennzeichnet, die technische Informationsverarbeitung jedoch durch Verkettung und Verknüpfung. Was die Internalisierung dieser Prozesse für das menschliche Leben der Zukunft bedeutet, kann man nur ahnen. Denkanstöße hierzu finden sich u.a. bei LOHMANN (4) und bei ECCLES (2) und POPPER u. ECCLES (6).

<u>Psychische</u> und hier vor allem <u>emotionale</u> Belastungen zentrieren sich um eine Erhöhung der Arbeitsteiligkeit, weiteres Nachlassen des Sinnes in der Arbeit, fehlende Gestaltungsmöglichkeiten, Verringerung der Abwechslung und der Kommunikation bei zunehmendem Einsatz aller Sinneskanäle. Die Erhöhung des Tempos unter Fremdbestimmung, u.a. durch Softwareeinflüsse, aufgezwungene Wartezeiten durch Computer bei gleichzeitiger Erhöhung der realen oder nur vermuteten Kontrolle und eine Vielzahl von Interaktionen mit Persönlichkeitseigenschaften runden das Bild ab. So neigen manche Arbeitnehmer bei Bildschirmarbeit zu einer erheblichen Selbstintensivierung durch Sogwirkung, vor allem wenn die Anforderungen in der Weise gestaltet sind, daß die Möglichkeiten zu freiem Denken entfallen. Die Undurchschaubarkeit von Arbeitsabläufen erhöht den Streß, was vor allem bei Wechselwirkungsprozessen zwischen Streß und Arbeitsverhalten - z.B. bei der Interaktion von Streß und Fehlentscheidung bzw. -verhalten - zum Tragen kommt. Diese Ausschaukelungsprozesse, die auf der Ebene des Schlafes und des Alkoholkonsums noch deutlicher gemacht werden können, sind ebenfalls im Ansteigen begriffen.

Nach diesem kurzen Abriß möglicher Knotenpunkte des Geschehens möchte ich noch auf die zentrale Bedeutung der ergonomischen Gestaltung hinweisen, die, im Vorfeld angewandt, sehr vieles verhindern kann, die jedoch im nachhinein meist zur bloßen Arbeitsschutzkosmetik wird. Die ergonomische Gestaltung eines elektrischen Stuhles geht, für jeden einsichtig, am Problem vorbei.

Faßt man die obige Sichtweise zusammen, so ergeben sich zwangsläufig einige Folgerungen und Forderungen:

Wichtigste Präventivmaßnahme ist die Mitarbeit der Organe des Arbeitsschutzes und aller auf dem Gebiet der Arbeitsökologie Tätigen bei der Entstehung und Umsetzung innovativer Prozesse. Für eine Verbesserung des Beziehungsgefüges zwischen Gesundheit und Innovation wäre schon viel gewonnen, wenn die bestehenden Gesetze erfüllt würden. Ich denke hier nur an § 3 Arbeitssicherheitsgesetz.

Sodann scheint es mir unumgänglich, die Partizipation der Arbeitsmedizin am innovativen Prozeß selbst zu fördern, ihre Möglichkeiten zu analysieren und vom Entstehungsprozeß elementarer Innovationen über die Applikationssuche bis zur betrieblichen Nutzung in voller Breite zu strukturieren und zu betreiben.

In der gegenwärtigen Zeit sind Innovationen vor allem mittelfristig nur erfolgreich, wenn sie bereits initial den Menschen berücksichtigen. Die Möglichkeiten hierzu sind nicht als Alternativen zu sehen, sondern sind auf breitester Ebene zu nutzen: Beteiligung der Betroffenen und Expertenwissen sind gemeinsam nötig, chronische Negativeinflüsse zu vermeiden und auch Anpassungen an vorhandene Qualifikationen sowie deren Entwicklung zu ermöglichen.

Konvergenzen und Konkordanzen der Interessen und Kräfte unter Einschluß der über lange Strecken vernachlässigten Kreativität müssen ergänzt werden durch Kostengesichtspunkte. Letztere müssen allerdings in gleicher Weise dazu dienen, Gesundheitsrisiken zu erklären, Gesundheitkosten optimal zu sichern, Innovationsbedingungen zur Sicherung der Gesundheit zu prüfen und Paradigmata der Gesundheitsfürsorge (z.B. Prävention contra Rehabilitation), aber auch ökonomische Begriffe (z.B. Kostenproduktivität) zu analysieren.

So ergeben sich mehrere Ebenen neu gestalteter Innovation:

- Ein verstärktes Einbinden von Ergonomie, Arbeitsökologie, Medizin und nicht zuletzt auch die Anwender in Prozesse der technischen Innovation, wobei hier gewisse Voraussetzungen - z.B. deutliche Erweiterungen der Ergonomie im individualpsychologischen Bereich - wünschenswert sind.

- Zugleich dreht es sich aber auch um die Innovation von Innovationsprozessen. Eine hier entscheidende Ebene ist jene des Begreifens sozialer Prozesse als Innovation auch auf betrieblicher Ebene. Hierzu einige Gedanken, die ADLER in gemeinsame Planungen zur Verbesserung der Funktionen des Arbeitsschutzes einbrachte:

Die Verhinderung und Beseitigung von Berufskrankheiten und arbeitsbedingten Erkrankungen und Gesundheitsrisiken bedeutet technisch Innovation (z.B. Humanisierung, Arbeitsschutz, Unfallschutz, Betriebssicherheit), aber auch soziale Innovation (Qualifizierung, Lernen von Gesundheit). Dies sind Maßnahmen in den Unternehmen, die Vermeidungs- und Umgehungskosten im Unternehmen erzeugen, anstatt Beseitigungskosten außerhalb der Unternehmen entstehen zu lassen. Damit beschreitet das Unternehmen einen völlig anderen Innovationsweg zur Sicherung der Gesundheit, indem es das freie Gut Gesundheit produziert. Die klassische Ökonomie macht nun diesen Innovationsweg nicht leicht möglich. Sie begreift nämlich Maßnahmen im Unternehmen zum Gesundheitsschutz als Kosten, und Schadensbeseitigung außerhalb des Unternehmens als Wertschöpfung. Eine überspitzte Präventionsmedizin im Arbeitsleben und eine extreme Nachsorgemedizin im Arbeitsleben sind gleichermaßen kostenexplosiv. Gerade der Risikogedanke legt es nahe zu prüfen, ob es dazwischen so etwas wie ein innovatorisch stabiles, aber auch versicherungstechnisch interessantes Risikoniveau der industriellen Produktion gibt, das durch neue Wege der betrieblichen Gestaltung zu finden ist.

Zum Aspekt eines betriebswirtschaftlichen Interesses an HdA-Maßnahmen als Prozesse sozialer Innovation s. hierzu ebenfalls ADLER (1, S.10 ff).

Noch etwas scheint mir unumgänglich, nämlich die Erweiterung und Veränderung der Partizipation der Medizin am betrieblichen Geschehen im Sinne des Erreichens eines höheren Konsenses zwischen beiden mit

- Effektivierung der Strukturen im Arbeitsschutz,

- flexiblerer Problemorientierung und Handlungsfähigkeit beider Partner durch

    -- Qualifizierung,
    -- Verbesserung der Informationsstruktur,
    -- Aufbau einer Struktur von Problemlösungshilfen,
    -- Rückverlagerung der Schnittstelle der Problemlösung und Bewältigung in den Betrieb,

- Verschiebung der Betrachtungsschwerpunkte von einer Strategie der Gefährdungsminimierung und Erreichung von "Sozialverträglichkeit" zu einer solchen der Gesundheitsförderung im Sinne der Gesundheitsdefinition der WHO,

- flankierende Maßnahmen wie eine betriebsnahe, messende Epidemiologie zum frühzeitigen Erkennen von Krankheitsprozessen und berufsbedingten Gesundheitsphänomenen.

Entscheidend ist auch die Weiterentwicklung des Dialogs zwischen Wissenschaft und Praxis, wobei den Betriebsärzten eine zentrale Bedeutung zukäme. Voraussetzung hierfür wäre jedoch, daß es gelänge, das Verständnis für die anstehenden Probleme und Untersuchungsgegenstände zu erzeugen. Hilfreich kann hier eine Einbindung in konkretes Forschungshandeln sein. Dies wird unumgänglich für die Mitwirkung bei Entscheidungsprozessen durch Bereithaltung eines breitgefächerten Wissens um die Komponente Mensch, denn, wie erwähnt, steht zu erwarten, daß technische, wirtschaftliche und organisatorische Innovation erst durch das Zusammenspiel mit jenen humanen Aspekten erfolgreich wird, die gleichermaßen die individuellen und sozialen Bedürfnisse des Menschen berücksichtigen. Dies kommt jedoch erst dann voll zum Tragen, wenn es nicht nur in Form des Expertenwissens geschieht, sondern von Technikern, Wirtschaftlern und betrieblichen Funktionsträgern, aber auch innerhalb der Verbände perzipiert und internalisiert ist. Es muß jedoch davon ausgegangen werden, daß z.B. eine Umsetzung des HdA-Programms in diesem Sinne nur im handelnden Lernen, d.h. im tätigen Umgang mit den innovatorischen Prozessen geschehen kann (s. hierzu auch einige ergänzende Gedanken bei LORENZEN (5).

Eine Umsetzung des oben Gesagten bedarf jedoch auch einer Weiteremanzipation der Medizin in Richtung auf eine Gesundheitsmedizin, die sich nicht mehr primär aus der klinischen Medizin ableitet, aber trotzdem dieser gegenüber offen bleibt. Sie muß in ihrem Gültigkeitsfeld dynamisch partizipativ werden, wie dies in einigen Bereichen der Arbeitsmedizin schon recht weit gediehen ist, wenn auch die Grenzen ihrer Kompetenz häufig die nötige integrative Sichtweise behindert. Diese arbeitsökologische Medizin muß darüber hinaus geprägt sein von einem hohen Entwicklungsgrad induktiver Forschungsstrategien sowie einer beträchtlichen sozialmedizinischen und psychosomatischer Kompetenz.

Schrifttumsangaben

1 ADLER, U.: Mikroelektronik als Chance für menschengerechte Arbeit.
   RKW-Handbuch Mikroelektronik VII/1983.

2 ECCLES, J.C.: Das Gehirn des Menschen.
   Piper-Verlag, München, Zürich, 1975.

3 KUHN, K. u. P. SCHREIBER: Arbeitsschutz und neue Technologien.
   Studie der Bundesanstalt für Arbeitsschutz und Unfallforschung (BAU), Dortmund, Forschungsbericht Nr. 114 zur Humanisierung des Arbeitslebens.
   Herausgeber: Der Bundesminister für Arbeit und Sozialordnung (BMA), Bonn, 1984.

4 LOHMANN, H.: Krankheit oder Entfremdung? Psychische Probleme in der Überflußgesellschaft.
   Thieme-Verlag, Stuttgart, 1978.

5 LORENZEN, H.-P.: Effektive Forschungs- und Technologiepolitik - Abschätzung und Reformvorschläge.
   Frankfurt, New York, 1985.

6 POPPER, K.R. u. J.C. ECCLES: The Self and it's Brain.
   Springer International, New York, 1977.

7 RUTENFRANZ, J.: Arbeitsmedizinische Probleme bei der Einführung neuer Technologien.
   In: Schöne neue Welt? Über das Zusammenwirken neuer Technologien. Schriftenreihe "Zum Thema" des Innenmin. d. Landes NRW., Nr. 6, Düsseldorf, 1984.
   Herausgeber: Der Innenminister des Landes NRW.

8 WOITOWITZ, H.J.: Aktuelle Aspekte der Risikobeurteilung kanzerogener Arbeitsstoffe.
   In: Krebsgefährdung am Arbeitsplatz.
   Herausgeber: NORPOTH, K., Stuttgart, 1979.

| Menschen · Arbeit · Neue Technologien | 4. Halbtag |

Neue Technologien und Qualifikation I

Menschen · Arbeit · Neue Technologien

Neue Technologien und
Qualifikation I

Anpassungsfortbildung in "Neuen Technologien"
— NC-Technik — der programmierte Erfolg

S. Reith

KURZFASSUNG

In der Metallindustrie gehört der NC-Technik die Zukunft nicht zuletzt deshalb, weil die numerisch gesteuerte Werkzeugmaschine (CNC-Maschine) mit einer frei programmierbaren Steuerung, mit bedienerfreundlicher Programmierung und Verwendung von voreingestellten Werkzeugen bereits bei kleinen und mittleren Serien besonders wirtschaftliche Lösungen erlaubt.

Unsere NC-Ausbildung ist für die Zielgruppe "Facharbeiter" nach dem Curriculum des DIHT ausgelegt. Sie umfaßt eine Grundstufe mit 80 Stunden sowie eine Aufbaustufe mit 90 Stunden.

In der Grundstufe wird der Teilnehmer in die Lage versetzt, CNC-gesteuerte Dreh- und Fräsmaschinen selbständig einzurichten, zu bedienen, eingegebene Programme zu ändern und zu optimieren. Die Aufbaustufe dient der Vertiefung und Erweiterung der theoretischen Grundlagen der NC-Technik. Der Teilnehmer entwickelt selbständig Programme für eine CNC-Dreh- und Fräsmaschine und erhält die Grundlagen in das rechnergestütze Programmieren (maschinelles Programmieren). Die Gruppengröße beträgt 12 Teilnehmer pro Lehrgang und Ausbilder. Als Ausbildungsmittel dienen ausschließlich echte Produktionswerkzeugmaschinen mit einer CNC-Steuerung nach DIN 66 025. Der Praxisanteil beträgt in der Grundstufe 45 %, in der Aufbaustufe sogar 85 % der Gesamtstundenzahl. Die Lehrgänge schließen jeweils mit einer 5-stündigen Prüfung vor dem NC-Prüfungsausschuß der Industrie- und Handelskammer ab.

NEUE TECHNOLOGIEN IN DER ANPASSUNGSFORTBILDUNG

Der programmierte Erfolg - CNC-Ausbildung in der "Überbetrieblichen Ausbildung" der Firma FR. WINKLER KG.

Immer mehr wird der Begriff NC-Technik zum Reizwort. Es kann daher nicht ausbleiben, daß durch den verstärkten Einsatz des Mikroprozessors im Bereich der Steuerung von Werkzeugmaschinen die Aus- und Fortbildung qualifizierter Facharbeiter mehr als nötig ist.

Diese Forderung an den Arbeitsmarkt wurde vom Arbeitsamt, Landratsamt, dem Regierungspräsidium Freiburg und vom Arbeits- und Sozialministerium sowie vom Landesarbeitsamt Stuttgart unterstützt, so daß im "Überbetrieblichen Ausbildungszentrum" der Fa. FR. WINKLER KG in der Turmgasse im Stadtbezirk Villingen eine bahngesteuerte Fräsmaschine der Firma HECKLER & KOCH, eine CNC-Drehmaschine der Firma BOLEY, das H 1000-4 Werkzeugvoreinstellgerät für ein lupenreines AC-System von der Firma ZOLLER sowie 6 Programmierplätze verbunden mit einem Master-Platz von RWT für die Ausbildung genutzt werden kann. Die gesamte Konfiguration wird sowohl seitens der Hard- als auch der Software auf dem aktuellsten Stand gehalten, d. h. wir verfügen laufend über die neueste Software, die zu äußerst günstigen Konditionen implementiert wird oder rechnerseitig über die nächste Generation verfügt, so bei HECKLER & KOCH. Dies setzt allerdings hochgradig engagierte Ausbilder voraus, die sich laufend neue Befehlsformen und neue Programmabläufe aneignen müssen.

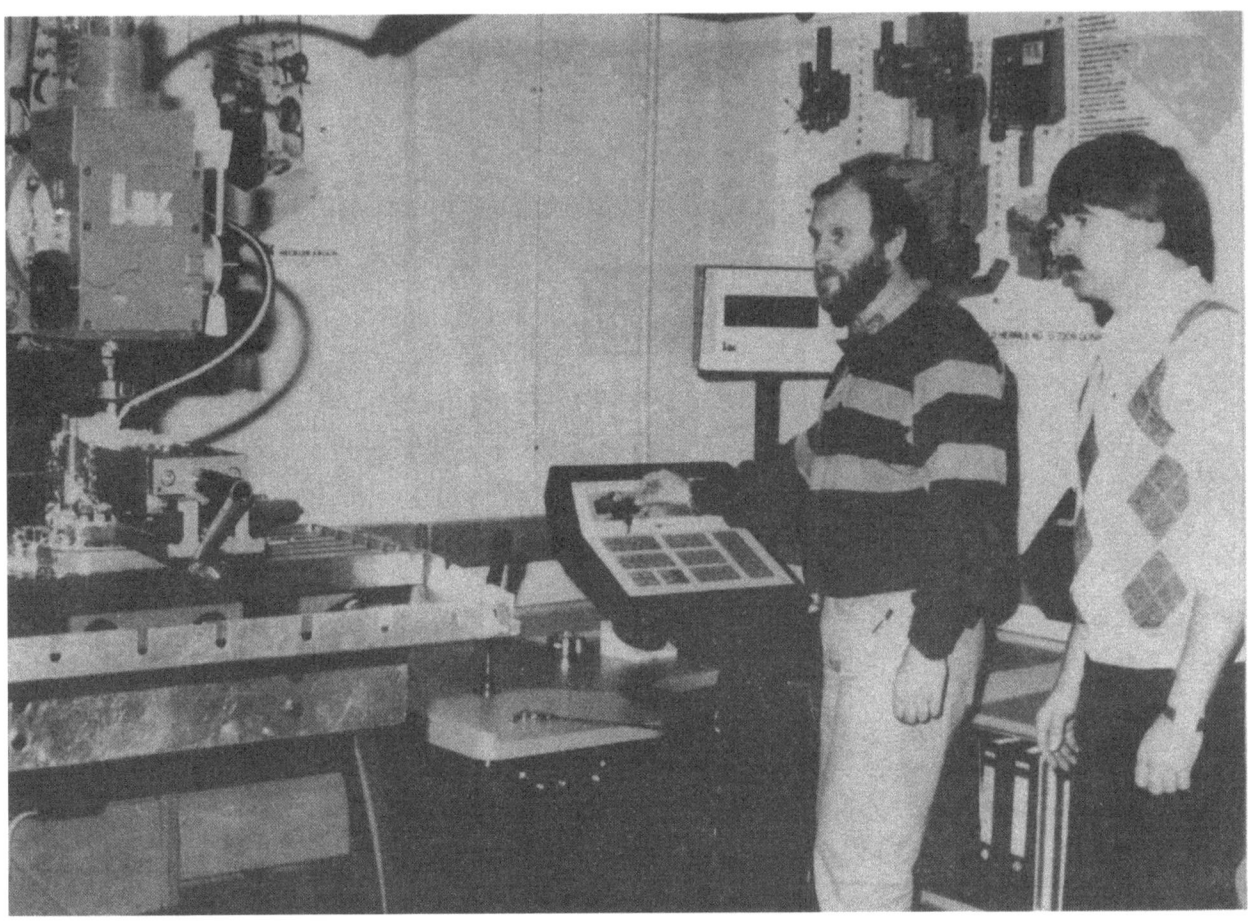

Im "Überbetrieblichen Ausbildungszentrum" der Firma FR. WINKLER KG in Villingen wird sehr großer Wert auf praxisgerechte Schulung gelegt. Deshalb wurde mit dem Modell "AM 444" der Firma HECKLER & KOCH GmbH auch eine Fräsmaschine installiert, die in der Regel im Werkzeugbau oder in der Fertigung anzutreffen ist.

Gefordert ist - hohe Verfügbarkeit der NC-Ausbildungsmittel

Durch diese uns zur Verfügung stehenden Ausbildungsmittel können wir nach dem Curriculum des DIHT (Deutscher Industrie- und Handelstag) die Grund- und Aufbaustufe der NC-Technik optimal vermitteln. Bei der Investitionsentscheidung haben wir uns nicht auf bundesrepublikanische, sondern auf baden-württembergische Werkzeugmaschinenhersteller beschränkt, denn bei der hohen Effizienz unserer NC-Ausbildung ist uns eine möglichst hohe Verfügbarkeit der eingesetzten Ausbildungsmittel natürlich sehr wichtig und bei der Produktion benachbarter Hersteller erscheint uns der Service am ehesten gewährleistet zu sein. Dies hat uns die Vergangenheit längst bewiesen. Außerdem liegen uns Arbeitsplätze in Deutschland verständlicherweise näher am Herzen als solche in Japan.

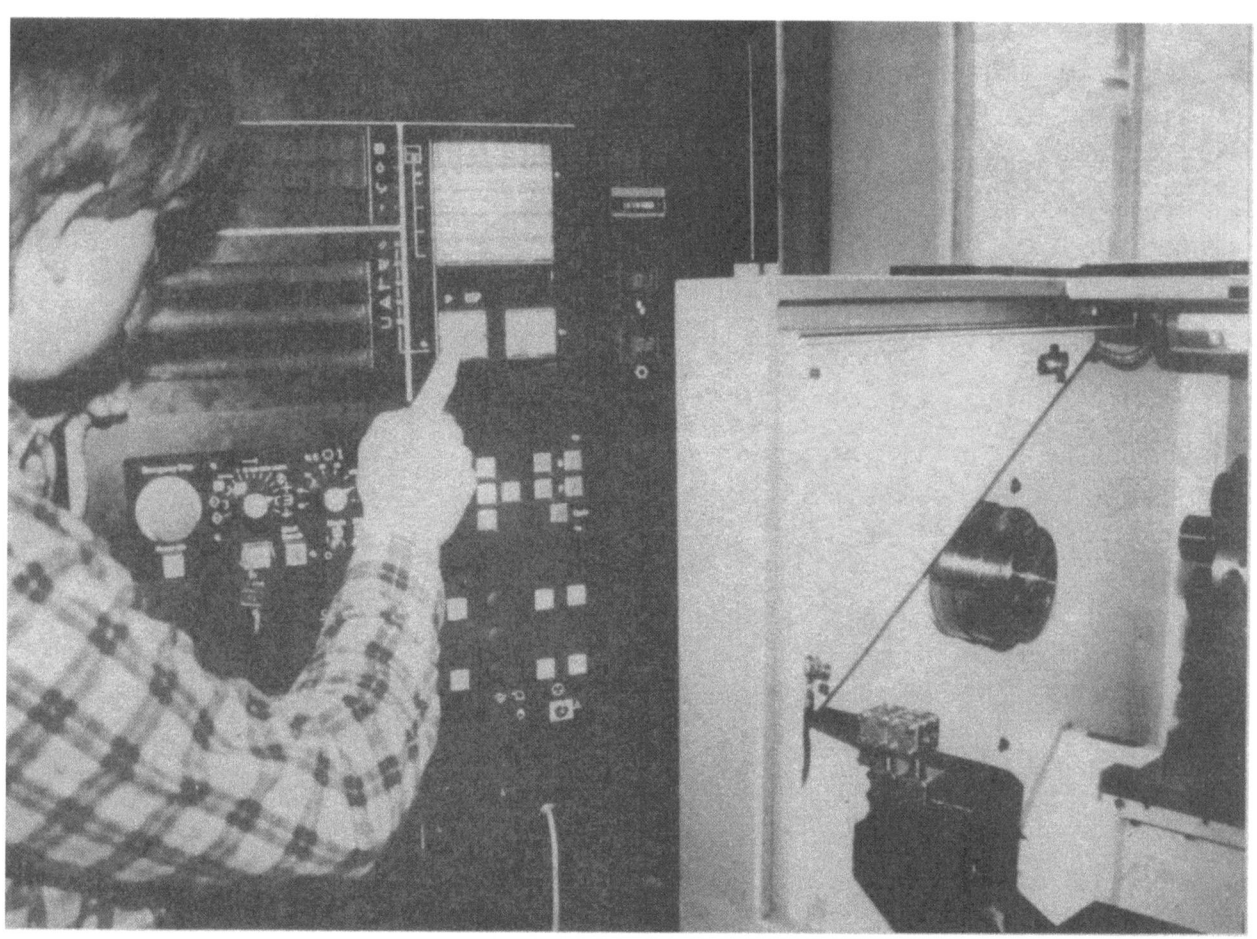

Auch die "BKN 100" der Boley GmbH wird normalerweise in der industriellen Fertigung eingesetzt und entspricht damit voll und ganz den Anforderungen der Praxis.

Neben den zwei nc-gesteuerten Werkzeugmaschinen und den sechs Programmierplätzen einschließlich Rechner, mit denen wir hier echten DNC-Betrieb fahren, gehört seit März 1985 das Werkzeugvoreinstellgerät H 1000-4 von der Firma ZOLLER zur Ausstattung der Schulungseinrichtung. Eine der Schwachstellen im NC-Betrieb war immer schon die Werkzeugvoreinstellung, aber meist fehlt die nötige Einsicht und bisweilen wird gerade hier die Sparschaltung angesetzt. Wir meinen jedoch, daß Qualität und Stückzahl am meisten von diesem Gerät profitieren können und somit auch die Produktivität eines Betriebes betroffen wird. Durch das ZOLLER-Gerät, verknüpft mit dem RWT-Rechner, ergibt sich ein AC-System, das wir im DNC-Betrieb betreiben. Unsere Schulung hier ist sicher in manchen Fällen weiter, als das, was in der Industrie realisiert ist.

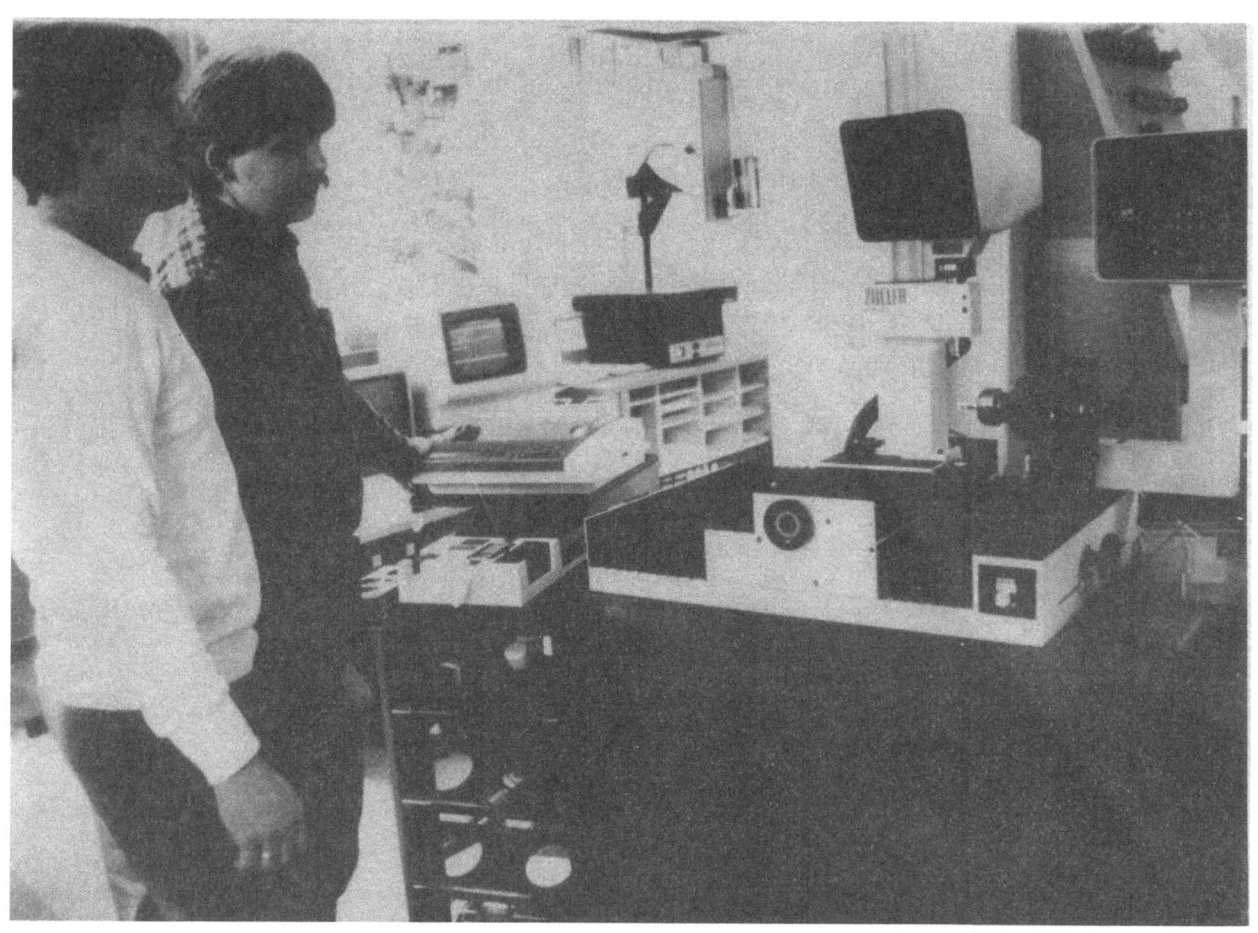

Auch bei der Investition eines Werkzeugvoreinstellgerätes entschieden wir uns mit dem Modell H 1000-4 der ZOLLER GmbH für eine Entwicklung, wie sie normalerweise nur in der Fertigung eingesetzt wird.

Anfangsschwierigkeiten entstanden im wesentlichen allein durch das Fehlen der Teachware, denn beim Start des "Überbetrieblichen Ausbildungszentrums" der Firma FR. WINKLER KG im NC-Bereich vor nunmehr fünf Jahren gab es noch kein einheitliches NC-Ausbildungskonzept, sodaß wir unsere NC-Didaktik selbst erarbeiten mußten. Allerdings lagen wir mit dem selbstgemachten Konzept keineswegs falsch, denn als 1982 die DIHT-Rahmenstoffpläne erschienen, zeigte sich nämlich, daß der pragmatische NC-Stoff durchaus den Bonner NC-Prinzipien Stand hielt.

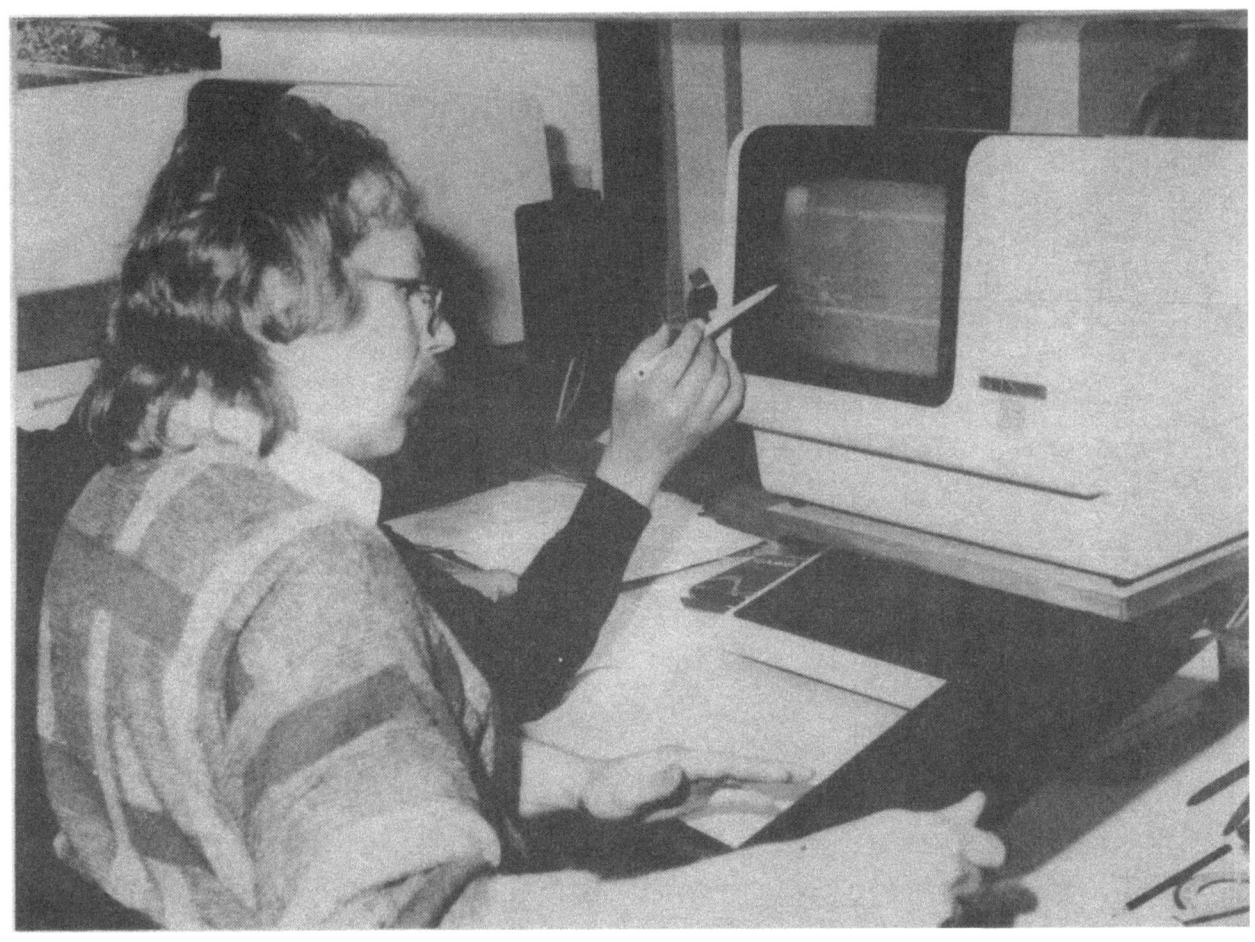

Die angehenden "NC-Facharbeiter" lernen an sechs Bildschirm-Programmierplätzen der RWT GmbH das rechnerunterstützte Generieren von NC-Programmen für Drehen und Fräsen.

Praxisnahe Ausbildung

Die vermittelte NC-Theorie führt die Teilnehmer der NC-Lehrgänge "step by step" zum Ziel: "Was ist NC, was bringt NC und welche organisatorischen Veränderungen bewirkt NC?" Diese Fragen beantworten wir zum Anfang des Lehrganges und erläutern den Teilnehmern Wirkungsweise, Kosten und Wirtschaftlichkeit der NC-Technologie. Erst nachdem der technische und wirtschaftliche Rahmen abgesteckt ist, wird der Programmaufbau behandelt und nochmals das technische Rechnen gelernt. Das ist, obwohl etliche Teilnehmer dies nicht einsehen wollen, nach unserer Erfahrung sehr wichtig. Erst danach nämlich wird praxisgerecht programmiert und der Praxistest mit Spänen gefahren. Die Absolventen unserer NC-Grundkurse beherrschen die NC-Basis, sind fit für eine herstellerorientierte Einweisung und können praktisch jede Maschine nach denkbar kurzer Zeit voll fahren.

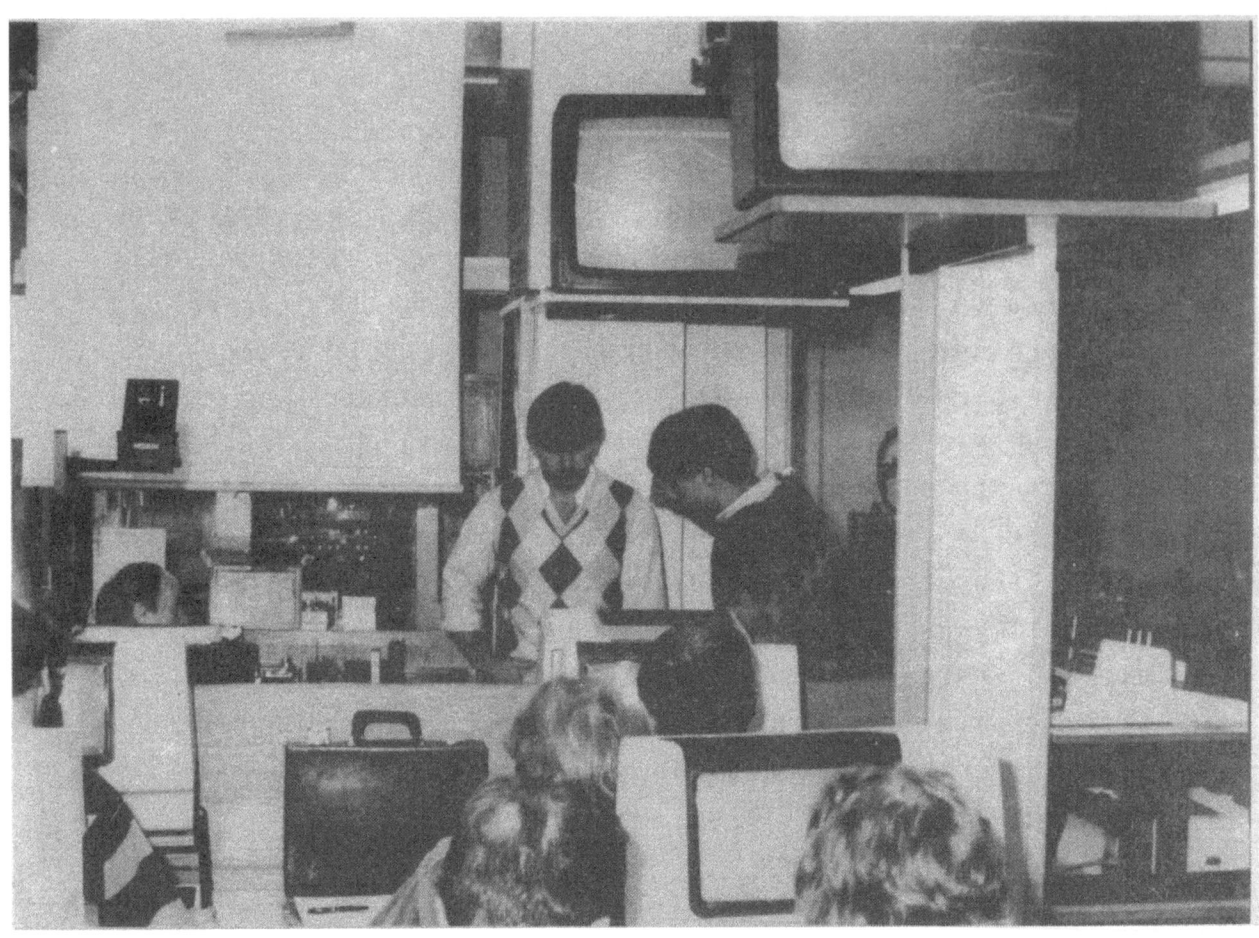

Auf den überkopf angebrachten großen Monitoren lassen sich (für alle sichtbar) Programmier-Probleme darstellen, damit alle NC-Teilnehmer eine gemeinsame Basis für die Problemlösungen haben.

Rahmenstoffpläne des DIHT - maßgerechte Vorgaben

Mittlerweile läuft die NC-Ausbildung im "Überbetrieblichen Ausbildungszentrum" der FR. WINKLER KG nach den DIHT-Rahmenstoffplänen, wobei die Lehrunterlagen des HECKLER & KOCH-NC-Konzeptes zu Hilfe genommen werden. Das gilt jedoch ausschließlich für das Fräsen. Beim Drehen arbeitet die NC-Ausbilder-Crew nach eigenentwickelter Teachware, die sich freilich an vorhandenem Ausbildungsmaterial orientiert. Angeboten werden Grund- und Aufbaulehrgänge, die jeweils 80 bzw. 90 Stunden dauern und mit einer Prüfung vor der Industrie- und Handelskammer Schwarzwald-Baar-Heuberg enden. Hier hat man eigens dafür einen Prüfungsausschuß für die NC-Technik eingerichtet, der sich vor allem aus Berufsausbildern verschiedener Betriebe zusammensetzt. Das IHK-Zertifikat wird nämlich auch außerhalb der baden-württembergischen Landesgrenze anerkannt.

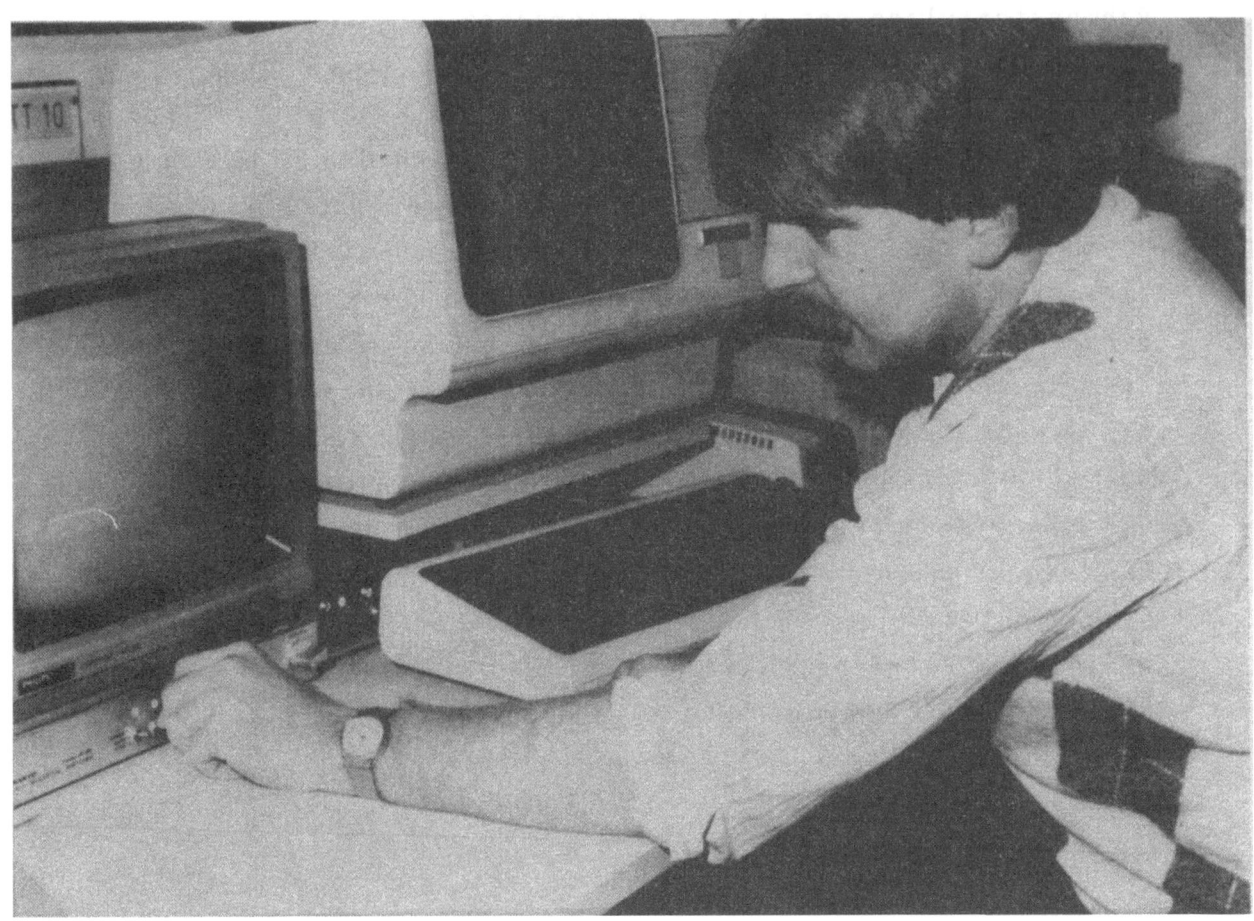

Über einen zweiten Bildschirm kann sich der NC-Ausbilder das aktuelle Programm jedes einzelnen Lehrgangsteilnehmers abrufen und ihm dadurch bei möglichen Schwierigkeiten individuell helfen.

NC-Technik als Anpassungsfortbildung

Wir sehen unsere NC-Ausbildungsinitiative grundsätzlich als Fortbildungsmaßnahme, die vor allem gestandene Praktiker, möglichst freiwillig, zur Weiterbildung nutzen sollten. Diese Idee geht voll auf, kann aber möglicherweise regionaltypisch sein. Bereits im Januar 1985 mußte das "Überbetriebliche Ausbildungszentrum" der Firma FR. WINKLER KG in Villingen sechs parallel laufende Lehrgänge mit jeweils 12 Teilnehmern anbieten, um der vehementen Nachfrage gerecht zu werden. Eine vergleichbare NC-Ausbildung genießen auch die Winkler-Auszubildenden. Allerdings nehmen sie nicht an der abschließenden Spezialprüfung der IHK teil, denn die vom DIHT vorgesehene Berufserfahrung erscheint uns ebenso wichtig, wie eine abgeschlossene Berufsausbildung im Berufsfeld Metall. An dieser NC-Ausbildung für "Stifte" nehmen auch die Firmen I. G. WEISSER in St. Georgen sowie die Firma KIENZLE APPARATE in Villingen teil, die ebenfalls in ihrem betrieblichen Unterricht (Werksunterricht) nach dem HECKLER & KOCH-Ausbildungskonzept unterrichtet werden.

Die vorwiegend von beschäftigten Metallfacharbeitern besuchten Ausbildungslehrgänge kosten derzeit (wie vor 5 Jahren) 650,-- DM, wobei wir davon ausgehen, daß dies in weiteren fünf Jahren immer noch so sein wird. In unseren Überlegungen mit eingeschlossen ist, daß auch der Arbeitnehmer mit kleiner Brieftasche seine Bemühungen, an neuen Technologien zu partizipieren, verwirklichen kann. Hierzu versuchen wir auf unsere Art, eine Chancengleichheit zu erreichen. So soll nicht nur der vom Chef geschickte (oft vermeintlich) "beste Mann" in den Genuß unserer NC-Fortbildung kommen. Der Erfolg der sicherlich bemerkenswerten, in Verbindung mit dem Villinger Arbeitsamt gestarteten Eigeninitiative der Fa. FR. WINKLER KG, kann sich sehen lassen.

Die in unserem Ausbildungszentrum ausgebildeten NC-Absolventen gehen weg wie "warme Semmeln". So haben 1984 sage und schreibe 245 Teilnehmer ihre NC-Prüfung bestanden. Das sind fast so viele, wie zwischen 1981 und 1983 zusammen (306 Teilnehmer). Für 1985 ist mit einer weiteren Steigerung zu rechnen, schon deshalb, weil unsere Aufbaustufe noch immer zu kurz kommt, denn Priorität muß die Grundstufe haben (sie stellt eine Art Erstausbildung in NC-Technik dar). Zur Zeit stehen mehr als 80 Interessenten für die Aufbaustufe auf unserer Warteliste.

Garant der Ausbildung - qualifizierte Ausbilder

Für diese von uns breit angelegte Ausbildung in NC-Technik müssen zu allererst die geeigneten Ausbilder vorhanden sein. Fachliches Können und pädagogische Begabung sind selbstverständlich, hinzu kommt ein hohes Maß an Engagement und laufendes "Dazulernen". Da die Anpassungsforbildung zum größten Teil im Freizeitbereich angesiedelt ist, erhöht sich der Achtstundentag um weitere sechs Stunden. Es gehört sehr viel Enthusiasmus dazu, den Unterricht bis 22.30 Uhr interessant und spannend zu gestalten. Hier zeigt sich, daß die jüngere Generation, und dies ist bei Ausbildern und Teilnehmern nahezu gleich, mit dieser "Neuen Technologie" weit besser zurecht kommt. Auch die von den Teilnehmern zu tragende Kosten und aufgewendete Freizeit ist nach unserer Erfahrung leistungsfördernd, denn "was nichts kostet, ist nichts wert". Jedoch sind die Anforderungen an die Teilnehmer bisweilen immens hoch, besonders im psychischen Bereich, denn neben den traditionellen Fertigkeiten werden verstärkt außerfachliche bzw. fachübergreifende Fähigkeiten verlangt, wie zum Beispiel Abstraktionsfähigkeit, planerisches Denken, Verantwortungsgefühl und -bewußtsein für Gesamtabläufe, aber auch die Fähigkeit, sich sprachlich auszudrücken und Sachverhalte genau zu beschreiben. Nicht selten werden von Unternehmen bei uns NC-Ausbildungsplätze "en bloc" belegt; hier zeigt sich ein starker Trend bei Klein- und Mittelbetrieben, die ihre Mitarbeiter weiterbilden lassen. In diesen Fällen werden die kompletten Lehrgangskosten in aller Regel von den Unternehmen getragen. Das Einzugsgebiet unserer NC-Lehrgangsteilnehmer liegt im Umkreis bis zu 80 km.

CAD/CAM-Technologie - Ergänzung unseres Ausbildungsprogramms

Die Teilzeit- und Vollzeitlehrgänge auf dem Gebiet der NC-Technik stellen jedoch nur einen Teil unserer Maßnahmen im Fortbildungsbereich dar. Aufgrund ihrer vielseitigen

Anwendungsmöglichkeiten dringen EDV und CAD/CAM in allen Berufszweigen weiter vor (im Januar 1985 begannen wir mit CAD/CAM-Technologie). Gleichzeitig steigen parallel dazu die Anforderungen an das Verständnis der Anwender dieser neuen Technologien. Das Vorhandensein und die Anwendung solcher Kenntnisse und Fertigkeiten entscheidet heute in erheblichem Maße über die betriebliche Wettbewerbsfähigkeit und damit auch über die Sicherheit der Arbeitsplätze.

Pragmatische Untersuchung

Die von uns durchgeführte Untersuchung, bezogen auf das Lebensalter unserer Teilnehmer bzw. auf die Ausbildungsinhalte, zeigen uns die Grenzen der Belastbarkeit des Einzelnen auf. Der Kulminationspunkt liegt bei 35 Jahren, danach erfolgt ein stetiges Nachlassen der geistigen Kapazität bis zum Alter von 40 Jahren, anschließend kann man eine gleichbleibende Leistung bis 45 verzeichnen, die dann allerdings wieder weiter absinkt. Des weiteren zeigt sich, daß das Lebensalter und die Bereitschaft, die Aufbaustufe daraufzusetzen, vorwiegend den 25- bis 35-jährigen vorbehalten ist.

Eine weitere Untersuchung bezieht sich auf die Ausbildungsinhalte der Grundstufe, eingeteilt in elf Kapitel. Dabei gibt es übereinstimmend größere Probleme bei den mathematikorientierten Leistungstests, so zum Beispiel bei den Stützpunktberechnungen, Wirtschaftlichkeitsbetrachtungen etc. Was uns in unserer Mini-Untersuchung fehlt, ist eine Aussage über die psychische Belastung durch die "Neue Technologie" der Lehrgangsteilnehmer. Jedoch ist auf Verhaltensauffälligkeiten, die wir immer wieder zu hören bekommen, wie z. B. Schlaflosigkeit und hohe Reizbarkeit hinzuweisen.

Diese "neuen" Anforderungen bestätigen, daß die NC-Technik dringend in das Ausbildungsprogramm aufgenommen werden muß. Die Erstausbildung, eine Art Grundwissen in NC-Technik mit EDV-Grundkenntnissen, muß in der Berufsschule bereits unseren Jugendlichen vermittelt werden.

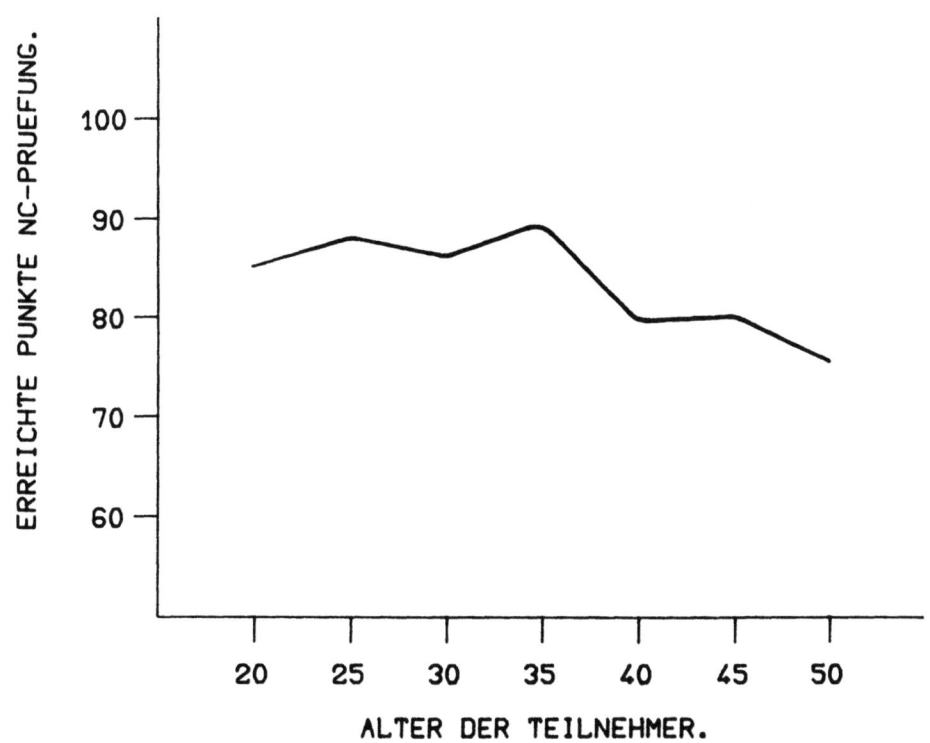

TEILNEHMER AN NC-AUFBAUSTUFE AUS
250 TEILNEHMER DER NC-GRUNDSTUFE.

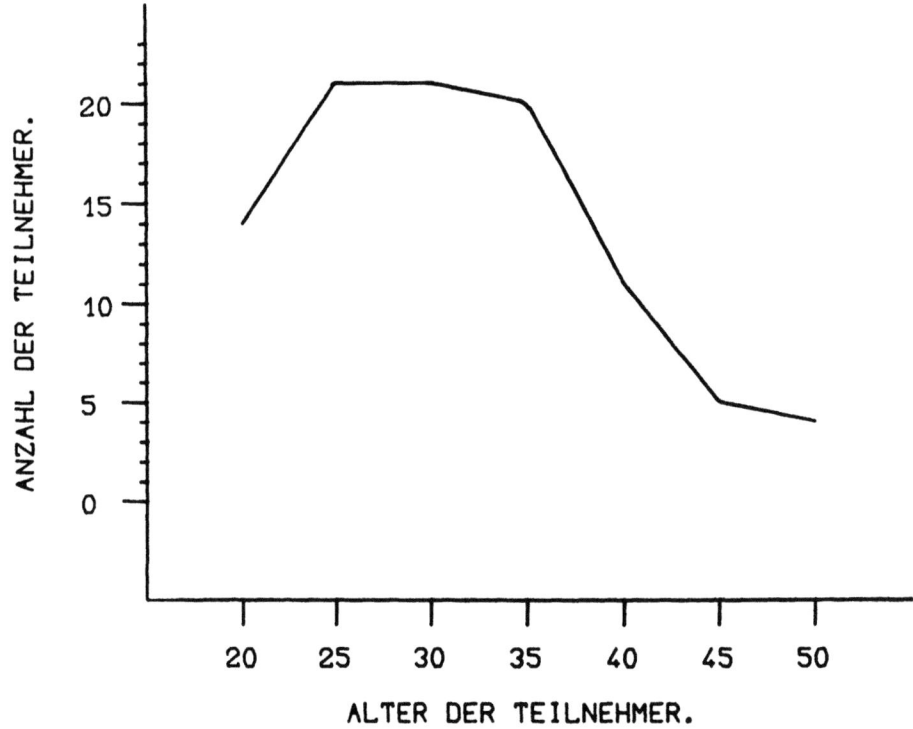

DURCHSCHNITT PRO KAPITEL AUS 31 LEHRGAENGEN.(370-TEILNEHMER)

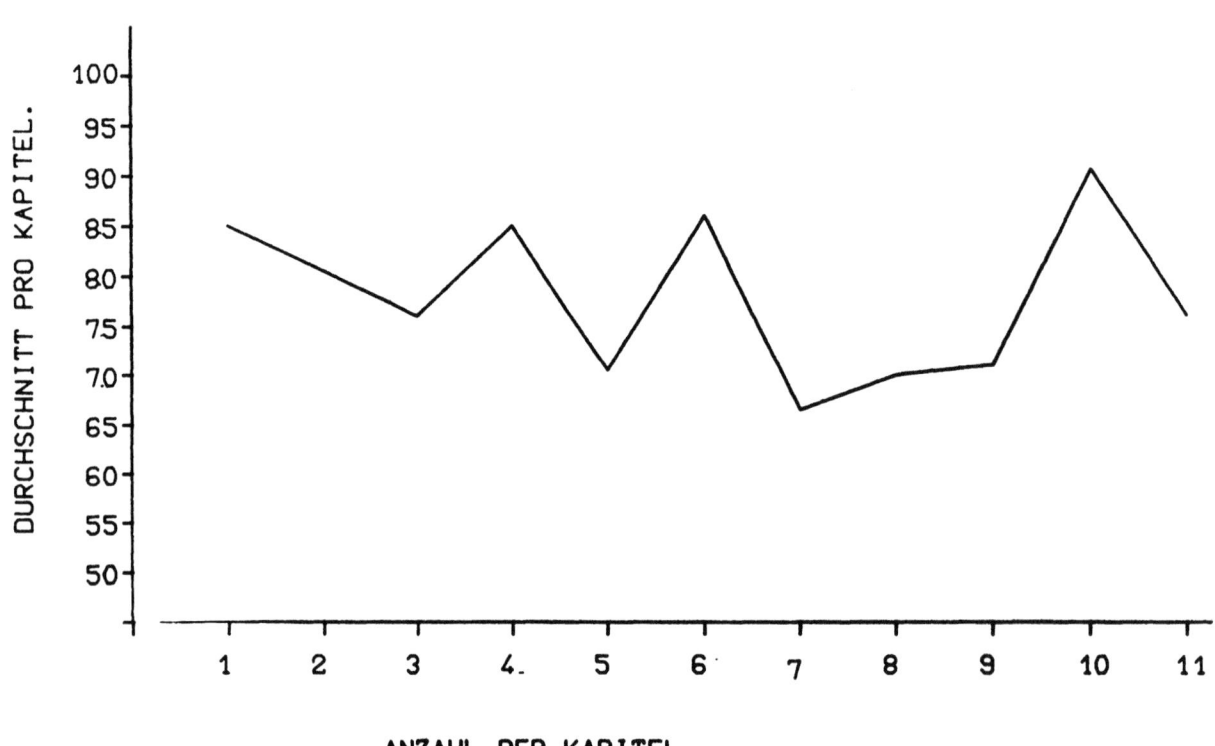

NC-Grundstufe nach DIHT

Kap. 1: Die Teilnehmer sollen einen Eindruck davon erhalten, was "NC" für die Praxis bedeutet und was NC-Maschinen zu leisten vermögen.

Kap. 2: Soll die Organisation eines Betriebes beim Einsatz von NC-Maschinen darstellen.

Kap. 3: Das Verständnis für wirtschaftliche Gesichtspunkte mit der Entscheidung, welche Maschinen einzusetzen sind, wird an rechnerischen Beispielen erläutert.

Kap. 4: Geht auf die konstruktiven Veränderungen (Hardware) der Maschine ein, die nötig waren, um die Vorteile der Steuerung ausnutzen zu können.

Kap. 5: Beschreibt den Aufbau eines Programmes (DIN 66025) mit allen erforderlichen Vorarbeiten.

Kap. 6: Zeigt den Zusammenhang zwischen dem Koordinatensystem der Maschine und dem gewählten Koordinatensystem des Werkstückes (Achszuordnung).

Kap. 7: Erstellen von sämtlichen Arbeitsunterlagen (WKZ,- Anordnungsplan) sowie Programmen für Fräs-, Bohr- und Drehwerkstücke für verschiedene Steuerungen. Alle Programme werden auf Datenträger übertragen und abgearbeitet.

Kap. 8: Beschreibt die Notwendigkeit von Stützpunkten und deren Berechnung an praktischen Beispielen (Winkelfunktionen).

Kap. 9: Erläutert die Werkzeugkorrektur. Handhabung an verschiedenen Steuerungen mit praktischen Beispielen (Programmen).

Kap. 10: Programmiererleichterung durch Einsatz von Unterprogrammen.

Kap. 11: Einblick in das Programmieren mit Hilfe eines Rechners. Erläuterungen zu verschiedenen Programmiersprachen.

Prüfungsdauer 5 Stunden mit folgendem Inhalt:

- gesamte Theorie,
- Werkzeuge vorbereiten und ausmessen,
- Dreh- und Fräsprogramme schreiben,
- Datenträger anfertigen,
- Arbeiten an verschiedenen Maschinen mit unterschiedlicher Steuerung.

Neue Technologien und ihre Wirkungen

Die dabei vorgezeichnete, sicherlich nicht aufzuhaltende Entwicklung wird letztlich auch Auswirkungen auf die Gesellschaftsform mit sich bringen. Produktions- und Beschäftigungsstrukturen werden sich grundlegend verändern. Es werden kurz- und mittelfristig negative Beschäftigungseffekte zu erwarten sein, die Zahl der Beschäftigten wird abnehmen, noch weit mehr, als wir dies wahrhaben wollen. Besonders stark betroffen werden (oder sind) die weniger qualifizierten Arbeitnehmer sein. Dagegen werden die Anforderungen an die Hoch- und Höchstqualifizierten rapide zunehmen. Die Nachfrage nach höheren Qualifikationen, bei gleichzeitiger Verknappung der Gesamtzahl von Arbeitsplätzen, wird nicht nur einen Sturm auf die Fortbildung auslösen, sondern auch die Wettbewerbsbedingungen auf dem Arbeitsmarkt verschärfen.

Politische Entscheidungen sind gefordert

Ein neuartiger Verdrängungswettbewerb könnte den Staat zu verstärkten Investitionen, aber auch Interventionen und Kontrollmaßnahmen zwingen; Auswirkungen, die sicherlich nicht gewollt sind, aber zusätzliche Kosten in den öffentlichen Haushalten verursachen werden. Die eigentliche Frage nach den Auswirkungen der "Neuen Technologie" bezieht sich also nicht mehr in erster Linie darauf, ob und in welchem Ausmaß sich Veränderungen in der Beschäftigung ergeben werden, sondern vielmehr darauf, ob und in welchem Ausmaß die Gesellschaft in der Lage sein wird, die sozialen Lasten dieser technologischen Entwicklung zu tragen. Aber auch für den Einzelnen hat die technologische Entwicklung noch nicht übersehbare Konsequenzen. Die Hauptbelastung für das Individuum wird in dem Zwang bestehen, lebenslang zu lernen.

War früher einmal erworbenes Wissen die Grundlage für die lebenslange Ausübung eines Berufes, so veralten Kenntnisse, die man sich heute aneignet, in Windeseile. Kein Zweifel besteht darüber, daß die Technologie dem Menschen sowohl im Beruf als auch in seiner Freizeit zu immer neuem "Lernen" zwingen wird. Im Allgemeinen gilt das "Lernen" als eine positive Tugend. Aber Lernen ist auch mühsam, besonders mit zunehmendem Alter und wenn unter Zwang gelernt wird, um den Anschluß nicht zu verpassen. Wer immer von neuem die Erfahrung machen muß, daß sein Wissensstand veraltet ist, wird wahrscheinlich nach einiger Zeit psychisch und physisch der neuen Technologie zum "Opfer" fallen.

Es ist nicht mehr zu leugnen: Wir sind auf dem besten Wege zu Huxley's Alptraumgesellschaft, einer Gesellschaft, "die Maschinen herstellt, die wie Menschen funktionieren und Menschen, die wie Maschinen handeln".

Schrifttum

1. Arbeitshilfen: "Erwachsenenbildung"
Ausgabe M, "Pädagogische Erwachsenenausbildung in Baden-Württemberg",
Stuttgart/Inzigkofen, Dezember 1978

2. Erich Fromm: "Sein oder Haben"

3. IHK-Lehrgang: "NC-Technik"
Deutscher Industrie- und Handelstag,
Bonn, 04.05.1982

4. NC-Verlag: "NC-Fertigung"
März 1985, Wuppertal

Menschen · Arbeit · Neue Technologien　　　　**4. Halbtag**

Neue Technologien und Qualifikation II

Menschen · Arbeit · Neue Technologien

Neue Technologien und
Qualifikation II

Qualifizierung an Industrierobotern – Ein Projektbeispiel zum Lehren und Lernen neuer Technologien

H. Bell

1 Problemstellung

Die verstärkte industrielle Einführung von Industrierobotern und anderen frei programmierbaren Betriebsmitteln wirft neben technisch-organisatorischen insbesondere qualifikatorische Fragen auf.

Industrieroboterhersteller, Industrieroboteranwender, an Industrierobotern tätige Arbeitnehmer, Betriebsräte und Gewerkschaften sind interessiert an optimalen pädagogisch-didaktischen Konzepten und Methoden. Aus Anwendersicht ist qualifiziertes Bedien- und Programmierpersonal wichtig für die kostenmäßige Effektivität des Industrierobotereinsatzes und die Garantierung der Produktqualität. Für die an Industrierobotern tätigen Arbeitnehmer bringt eine optimale Qualifizierung Belastungs- und Streßreduktion, sie verhindert Lohnminderung, sichert die Beschäftigung und kann insgesamt persönlichkeitsförderlich sein. Industrieroboterhersteller erwarten von angemessenen Qualifizierungsprogrammen eine Verbesserung ihres eigenen Schulungsangebotes, damit einen Rückgang von Serviceforderungen, die durch mangelhaft qualifiziertes Anwenderpersonal bedingt sind und insgesamt eine Steigerung ihres Produktimages.

Bisher gibt es für den Industrieroboterbereich und andere neue Technologien keine umfassend erprobten pädagogisch-didaktischen Konzepte wie sie für herkömmliche Technologien existieren.
Es bestehen zwei Hauptprobleme derzeitiger Industrieroboterschulungen:

1. erweist sich die weitverbreitete Pädagogik des Vormachens und das damit verbundene Nachahmungslernen als untauglich, um die komplexe und abstrakte Industrierobotertechnologie zu lehren und zu lernen.
2. werden Lehrinhalte - wo sie theoretisch bearbeitet werden - nicht didaktisch der jeweiligen Lernergruppe angepaßt, sondern zumeist auf ingenieurmäßigem Abstraktionsniveau dargeboten.

Aus dieser Ausgangssituation ergibt sich das Ziel des Projektes:

Es sollen pädagogisch didaktische Grundprinzipien, Konzepte, Methoden und Materialien zur praxisrelevanten Vermittlung des Industrieroboterschweißens erarbeitet und erprobt werden.
Die Pädagogik soll primär an der Zielgruppe lernungewohnter Industriearbeiter orientiert sein. Dies vor allem deshalb, weil als Personal für das Industrieroboterschweißen vorrangig Schweißer in Frage kommen, da diese - im Gegensatz zum Beispiel zu Elektronikern - besser zur Beurteilung der Produktqualität und Parameterwahl sowie -einstellung in der Lage sind. Ein weiterer Grund für die Zielgruppe ist der Humanisierungsaspekt. Es soll nachgewiesen werden, daß mit einer geeigneten Pädagogik auch Lernungewohnten eine komplexe Technologie vermittelt werden kann.
Die gewonnenen Erkenntnisse sollen auf andere neue Technologien übertragbar sein.

2 <u>Lösungsweg</u>

Formal läßt sich unser Vorgehen zur Lösung dieser Zielstellung mit folgendem Schema darstellen:

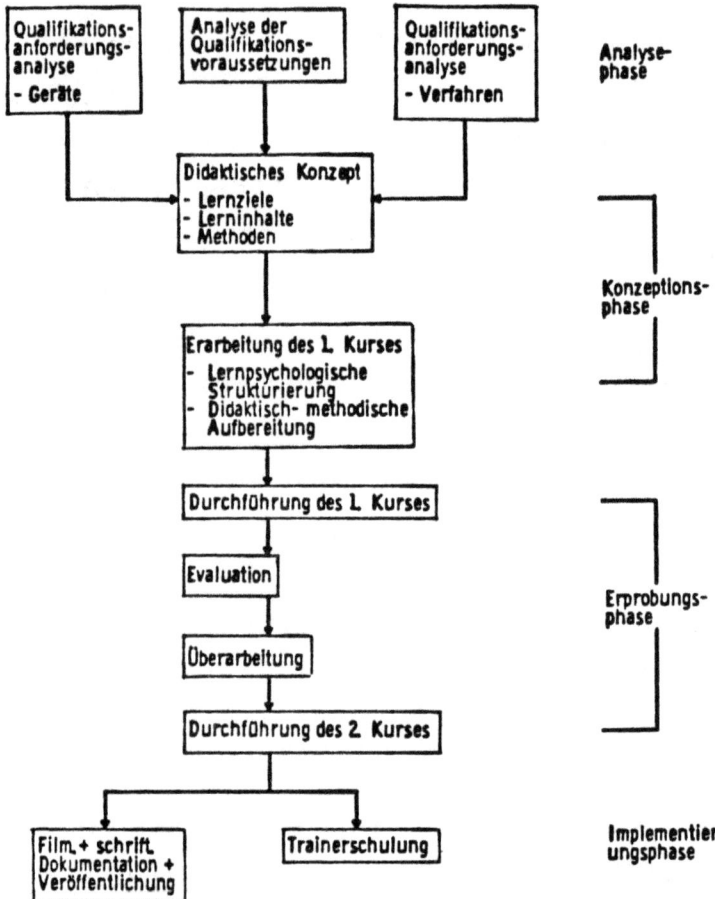

Bild 1: Projektvorgehensweise

In der ersten Phase geht es um die Erhebung objektiver Anforderungen, die die Industrierobotertechnologie als auch das spezifische Verfahren an das eingesetzte Personal stellt.

Diese Erhebungen setzen die normative Bestimmung eines Aufgabenumfangs voraus, für den ausgebildet werden soll. Wir gehen davon aus, daß ein universell und flexibel einsetzbarer Industrieroboterschweißer sowohl über Bedien-, Programmier- und einfache Wartungskenntnisse verfügen soll als auch über schweiß- und elektrotechnische Kenntnisse.

Weiterhin muß für die Konstruktion eines Schulungskonzepts und die Entwicklung entsprechender pädagogischer Umsetzungsmethoden Klarheit über qualifikatorische Voraussetzungen der angestrebten Zielgruppe bestehen. Dabei kommt es vorwiegend darauf an, eine Querschnittseinschätzung des technologiespezifischen Kenntnisstandes vorzunehmen, sowie Aussagen über die durchschnittliche Abstraktionsfähigkeit der Zielgruppe zu machen.

Auf Grund der Analyse der objektiven Technologieanforderungen als auch der Einschätzung zu erwartender qualifikatorischer Voraussetzungen findet in der Konzeptualisierungsphase die Erarbeitung des didaktischen Konzepts und seiner methodischen Umsetzung statt.

Theoretisch liegt unserem Konzept die Handlungstheorie (Hacker, Volpert, Leontjew, Galperin u.a.) zugrunde. Diese Theorie ist in allen Sparten der Pädagogik erprobt. Berufs- und erwachsenenpädagogisch fand sie bisher Anwendung zur Qualifizierung von An- und Ungelernten als auch in der Facharbeiteraus- und -weiterbildung.

Wesentlicher pädagogischer Gesichtspunkt der Handlungstheorie ist die Methode des ganzheitlichen, aufgabenbezogenen Lernens unter besonderer Berücksichtigung funktioneller Wissen- und Kenntnisvermittlung. Neben dem praktischen Handeln kommt insbesondere der Sprache eine entscheidende Lernrelevanz zu. Sprache wird dabei als ein Mittel benutzt, sich über Lernaufgaben klar zu werden, die Lösungsbedingungen und -wege von Aufgaben und Problemen zu formulieren und nach der praktischen Aufgabenbewältigung über Optimierungsmöglichkeiten diskursiv Klarheit zu verschaffen.

Als weiterhin bedeutsames Element dieser Theorie ist die enge Verschränkung von Theorie und Praxis anzusehen. Zudem wird für abstrakte Lerninhalte und Begriffe davon ausgegangen, daß sie soweit wie möglich auf konkret faßbare, anschauliche Vorformen oder Materialisationen gebracht werden. Zum Beispiel müssen zur Vereinfachung des Lernprozesses Begriffe wie "kartesisches Koordinatensystem" mit anschaulichen Mitteln (Materialisation) und/oder durch das praktische Verfahren des Industrieroboters in kartesischen Koordinaten erarbeitet werden.

2.1 Die Gesamtkonzeption des Kurses

Die Gesamtkonzeption des Kurses läßt sich durch folgenden Stundenplan wiedergeben:

QUALIFIZIERUNG AN SCHWEISSROBOTERN
2. Pilotkurs vom 28.1. bis 15.2.1985 in der SLV in Fellbach

1. Woche	MONTAG 28.1.	DIENSTAG 29.1.	MITTWOCH 30.1.	DONNERSTAG 31.1.	FREITAG 1.2.
7.30-8.15	Begrüßung, Formalia, Fragebogen, Betriebsbegehung; Film über IR-Anwendung	Wdhlg. Inbetriebnahme	Wdhlg. Teachen	Wiederholung Programmaufbau	Demonstration am Lichtbogenprojektor
8.15-9.00		PTP- und CP-Betrieb	Übungen am Kehlnahtmodell		
9.15-10.00	IR-Vorführung, Arbeitssicherheit	Verfahren des IR	Programmerstellung EDI; Insert	EDI-Kommandos	Verschleifen
10.00-10.45	Unfallschutz und -verhütung		Fahr-, Warte-, Pausebefehl, Übung	Übungen	Übungen
11.00-11.45	Inbetriebnahme, Abschalten	IR-Steuerung	Programmaufbau EXE	Schutzgas und Drosselwirkungen auf den Materialübergang	Unterprogramme
11.45-12.30	Referieren, NOT-AUS	IR-Hardware	Übungen		Übungen
13.15-14.00	Manuelles Schweißen incl. Nahtvorbereitung u. Vorbereitung man. Übungsstunden	Teachen üben	Elektrotechnik	manuelles Schweißen 5 mm w, h Kehl-, V-Naht	Vollkreis
14.00-14.45			Schweißstromquellen		Übungen
15.00-15.45	Manuelles Schweißen incl. Nahrvorbereitung u. Vorbereitung man. Übungsstunden	Teachen üben	Einstellen des Arbeitspunktes	manuelles Schweißen	
15.45-16.00				Vorbereitung der IR-Übungsstücke	

2. Woche	MONTAG 4.2.	DIENSTAG 5.2.	MITTWOCH 6.2.	DONNERSTAG 7.2.	FREITAG 8.2.
7.30-8.15	Stromquelle Cloos	Einführung Positionierer; EIA-Tester	Schweißnahtfehler I	Wdhlg. Cloos Aufbau ASEA	Teachen Einführung Menü
8.15-9.00	Elektrotechnik	Übungen		Inbetriebnahme	
9.15-10.00	Üben an transist. Schweißstromquelle	Sprungbefehl Programmverzweig.	Wdhlg. Pendeln	Einschaltzustände kartes. Koord.system	Programmaufbau Grundinstruktionen
10.00-10.45		Übungen		Übung im Verfahren	Übung Programmerstellung u. Abfahren
11.00-11.45	Einführung der Parameterliste	Zählschleife	Übungen "Pendeln"	Zylindr. Koord.-system; Kippschalt.	f - g Menü (aufrufen)
11.45-12.30		Übungen		Handgelenkkoord.-system; Kippschalt.	f - g Menü (verändern)
13.15-14.00	Übung Auftragschweißen mit dem IR	Nahtgeometrie	Übung "Pendeln" am Positionierer	Schweißnahtfehler II	f - g Menü Übungen
14.00-14.45					Automatik-Menü Zusammenfassung
15.00-15.45	Teilkreis mit Verschleifen	IR-Schweißen Übung	parallel: Speichern und Laden Master Programm	Transist. Stromquelle ESAB	
15.45-16.30	Übungen Auftragsschweißen	Kehlnaht am Positionierer		Üben Verfahren	

3. Woche	MONTAG 11.2.	DIENSTAG 12.2.	MITTWOCH 13.2.	DONNERSTAG 14.2.	FREITAG 15.2.
7.30-8.15	Wiederholung	Hand-Menü	Bewertung von Schweißverbindungen	Praktische Prüfung in Arbeitsgruppen	schriftliche Prüfung
8.15-9.00	Unterprogramme	Kreisinterpolation	Laborübung metallograph. Schliffe		
9.15-10.00	Erstellen von Schweißprogrammen	Übungen zur Kreisinterpolation	Wiederholung und Zufassung ASEA		Schriftl. Prüfung
10.00-10.45	Übungen		Wiederholung und Zusammenfassung Cloos		Abschlußgespräch
11.00-11.45	Erweiterung der Schweißprogramme (Warten, Sprung, Ausgang, Register)	Übung Kreis schweißen	Vorbereitung der Prüfstücke und Übungsstücke		Bekanntgabe der Ergebnisse
11.45-12.30					Verabschiedung
13.15-14.00	IR-Schweißen an ASEA/ESAB	Pendeln	Übungen Cloos und ASEA in Arbeitsgruppen	parallel:	
14.00-14.45					
15.00-15.45	IR-Schweißen an ASEA/ESAB	Pendeln Übungen	Übungen Cloos und ASEA in Arbeitsgruppen	Wartung, Sensorik	
15.45-16.30					

Diese Konzeption folgt didaktisch einigen wesentlichen Prinzipien:

Der Gesamtkurs ist <u>ganzheitlich</u> angelegt, das heißt es werden sowohl Bedien-, Programmier-, Verfahrens- und einfache Wartungskenntnisse vermittelt.

Er ist <u>integrativ</u> angelegt, das heißt die genannten Bestandteile werden nicht getrennt voneinander und hintereinander abgearbeitet, sondern ineinander verschachtelt. Die Integration geschieht anhand praxisrelevanter Problemstellungen und Aufgaben.

Der Gesamtkurs ist so zusammengestellt, daß zu Kursbeginn weniger komplexe, anschaulich-konkrete Wissens- und Könnenselemente vermittelt werden und später inhaltlich komplexere und abstraktere Lerninhalte. Zum Kursende führt er sowohl anschaulich-konkrete als auch unanschaulich-abstrakte Wissens- und Könnenselemente durch das Erledigen umfangreicher praktischer Aufgabenstellungen zusammen.

Didaktische Grundprinzipien	
vom ANSCHAULICHEN	zum UNANSCHAULICHEN
vom WENIG KOMPLEXEN	zum KOMPLEXEN
vom EINFACHEN	zum KOMPLIZIERTEN

vom KONKRETEN zum ABSTRAKTEN zur KONKRETEN GANZHEITLICHEN ANWENDUNG

<u>Bild 3</u>: Didaktische Grundprinzipien

2.2   Das 4-Etappenmodell des Lernens zur Gestaltung einzelner Lektionen

Zur Strukturierung der einzelnen Lektionen haben wir ein <u>4-Etappenmodell des Lernens</u> entwickelt. Es ist an das galperinsche Interiorisationsmodell angelehnt und kann folgendermaßen dargestellt werden:

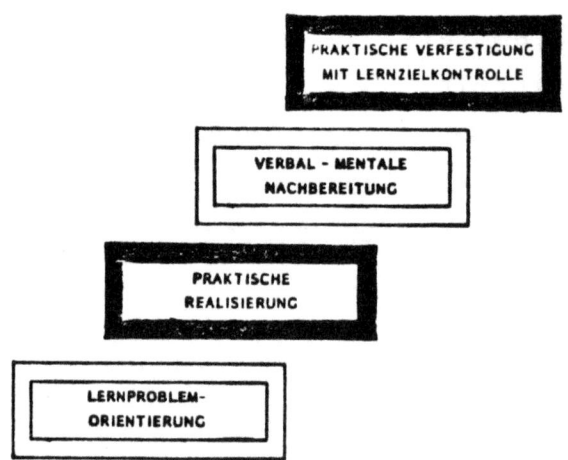

Bild 4:   4-Etappenmodell des Lernens

Allgemein gehen wir bei diesem Strukturmodell von der schon erwähnten Theorie-Praxis-Verschränkung aus. Demnach gibt es keine Lektionen, die rein theoretischer Natur sind, sondern in jeder Lektion wird das theoretische Wissen praktisch realisiert. Diese Strukturierung geht von der Erkenntnis aus, daß Begriffe, Kategorien und Strukturen (wie Programmbefehle, Parameter, Programmhierarchien usw.) geistige Abstraktionen von letztendlich materiellen Handlungserfordernissen sind. Sie können somit am schnellsten und optimalsten gelernt werden, wenn sie direkt praktisch nachvollzogen und realisiert werden.
Neben der Theorie-Praxis-Verschränkung berücksichtigt die etappenmäßige Lektionsstrukturierung die bedeutende Funktion der Sprache zum Erlernen und Trainieren von Arbeitstätigkeiten.
Nach der Handlungstheorie und entsprechenden empirischen Belegen kann man diese Funktion mit einem Schaubild verdeutlichen:

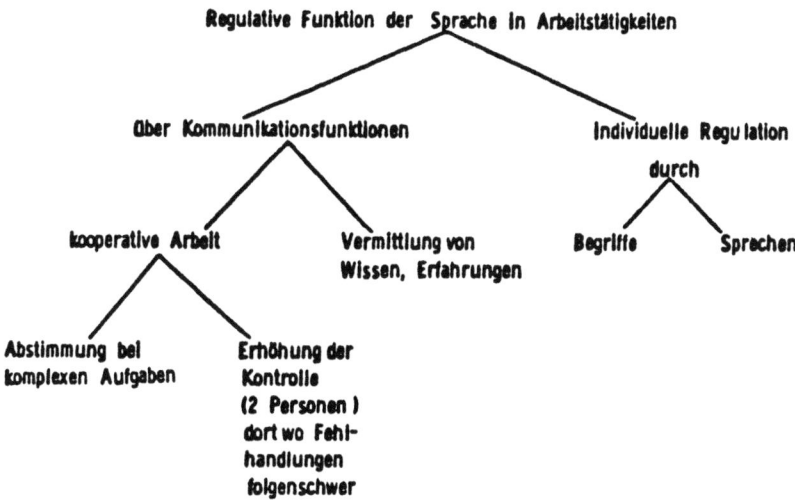

Bild 5: Regulative Funktion der Sprache

Strukturell eingesetzte sprachliche Kommunikation trägt in unserem Konzept hauptsächlich dazu bei, daß sich Lernende unter bewußter Anleitung des Lehrenden über einen Lerngegenstand austauschen, ihre Probleme artikulieren und gemeinsam Lösungswege suchen.

Die individuelle Regulationsfunktion der Sprache liegt darin, daß die Lernenden den Lerngegenstand für sich "auf den Begriff" bringen. Neben praktischem Handeln ist die sprachlich-individuelle Artikulation ein Hauptmittel auf dem Weg zur gedanklich-geistigen Verinnerlichung von Lernstoff.

Die Wirkungsmechanismen des Sprechens oder der Verbalisierung sind dabei folgende:

Wirkungsmechanismen des Sprechens oder Verbalisierung in der Tätigkeitsregulation

- Selbstinstruktionswirkung
  Aufmerksamkeitsausrichtung, Abschirmung gegen Störeinflüsse
- Förderung von Behalten
- Erhöhung der allgemeinen Aktiviertheit
- Anhebung des psychischen Regulationsniveaus
  bewußte Tätigkeitssteuerung
- Ermöglichen von Rückmeldungen durch den Lehrenden bereits in der Phase der Handlungsplanung

Bild 6: Wirkungsmechanismen des Sprechens

2.3   Die einzelnen Etappen des Lernmodells

2.3.1   Die Lernproblemorientierung

Die Lernproblemorientierung führt anhand einer Aufgabenstellung (z.B. Einschaltvorgang, Verfahren im kartesischen Koordinatensystem, Kreisprogrammierung) in ein Lernproblem ein. Sie bietet dem Lernenden das notwendige Wissen und die Kenntnisse zur Lösung der entsprechenden Aufgabenstellung. Der Trainer orientiert also die Lernenden auf eine Aufgabenstellung oder ein Aufgabenziel, er gibt ihnen die Aufgabenlösungsmittel und erarbeitet mit ihnen den Lösungsweg. In der Lernproblemorientierung kommen das Unterrichtsgespräch, erläuternde Demonstrationen und Arbeiten mit Videofilm, Modellen und sonstigen Materialien wie Infoblättern, Ablaufdiagrammen, Programmalgorithmen usw. zum Tragen.

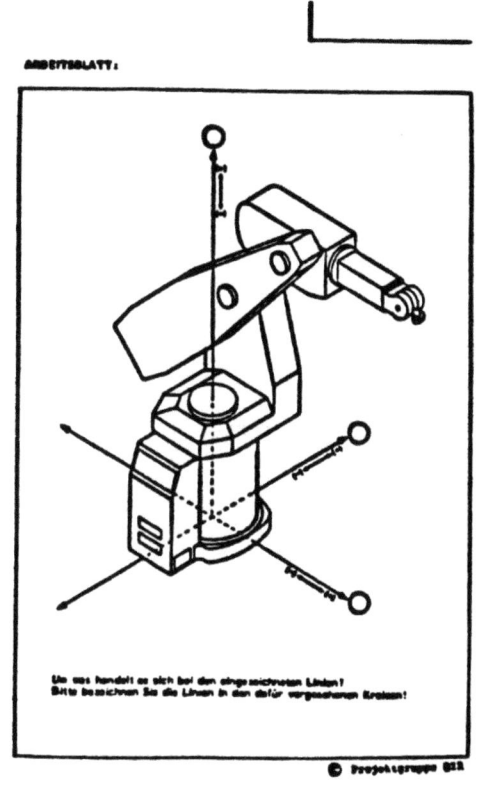
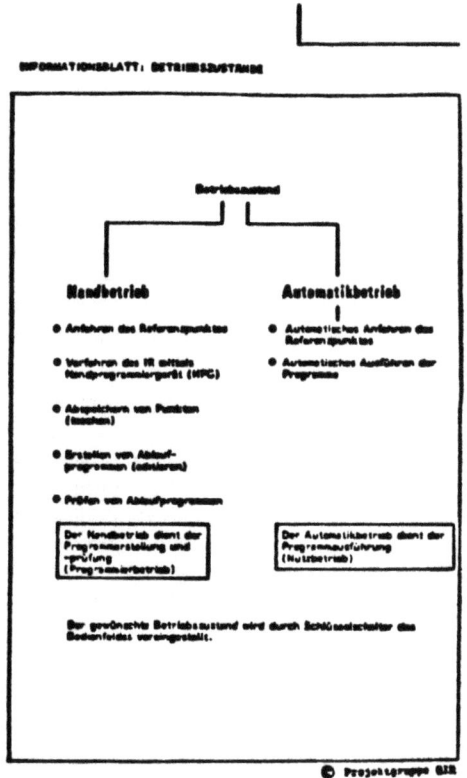

Bild 7: Materialbeispiele

Die Lernproblemorientierung ist schülerzentriert, das heißt der Trainer doziert nicht, sondern bereitet den neuen Stoff unter Einbeziehung bereits bekannter Inhalte vor und fordert die Schüler schon in dieser Etappe zum aktiven sprachlichen und praktisch-demonstrativen Mitmachen auf.

Die oben genannten pädagogischen Methoden kommen in unterschiedlicher Gewichtung je nach inhaltlicher Anforderung des Lernstoffs zum Einsatz. Grob kann man dies wie folgt verdeutlichen:

Anforderung	Überwiegende Lehrmethodik
sensumotorisch zu regulierende Routinen (z. B. Einschalten und Bedienen von IR und Peripherie)	- erläuternde (was, wie, wozu) Demonstration
reproduktive und die Behaltens- sowie Diskriminationsfunktion beanspruchende Anforderungen mit algorithmisch-symbolisch- em Charakter (z. B. Betriebs- systemkommandos, einfache Programmbefehle und einfache Programme)	- Arbeit mit (problemhaltigen) Materialien, wie Programmier- blättern, Algorithmen, Merk- blättern - erläuternde Demonstration
Intellektuelle, analytisch-syn- thetische Anforderungen ; Erfordernis einer Ziel - Mittel - Weg - Abwägung unter Kennt- nis von Routinen, Algorith- men, Symbolen und Funktion- en (z. B. komplexe Programme, Unterprogramme, Parameter- wahl, Fehlersuche und -besei- tigung)	- problemorientiertes Unterrichts- gespräch - Arbeit mit Materialien, Modellen, Suchbäumen und heuristischen Regeln - erläuternde Demonstration

Bild 8: Schema zur Lehrmethodik je Anforderungskategorie

Die nun folgenden Etappen können als Trainingsetappen bezeichnet werden. In ihnen wird das orientierte Wissen und die Kenntnisse realisiert und zu einer ersten handlungsrelevanten Fertigkeit geführt. In diesen Etappen werden pädagogisch-psychologische Methoden angewandt, die unter dem Namen psychoregulative Trainingsverfahren bekannt sind. Es handelt sich dabei um aktionales Training, um observatives Training, um verbales Training, um mentales Training und mögliche Kombinationen daraus.

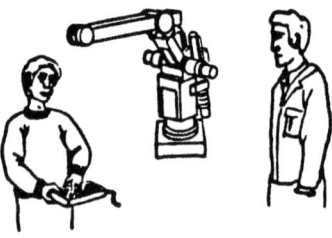

AKTIONALES TRAINING

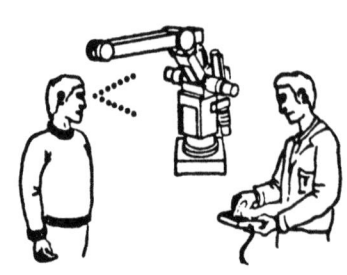

OBSERVATIVES TRAINING

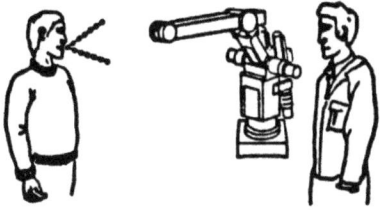 

Bild 9: Psychoregulative Trainingsverfahren

2.3.2   Die erste praktische Realisierung

In der Etappe der praktischen Realisierung setzt der Lernende den orientierten Stoff am Gerät zum ersten mal um.
Eine schnelle praktische Umsetzung hat für den Lernprozeß verschiedene Bedeutungen:

- sie kommt dem Bedürfnis vor allem von Un- und Angelernten nach praktischem Handeln entgegen und hat somit motivierende Funktion
- sie verhindert gedanklich-abstrakte und gedächtnismäßige Überforderung
- sie vermittelt direkt sichtbare Erfolgserlebnisse
- sie zeigt andererseits dem Lernenden wie dem Trainer auf, wo Probleme bestehen
- sie gibt dem Lernenden die Chance, praktisch-probierend bestehende Probleme zu korrigieren und in den weiteren Etappen noch nicht gelöste Probleme zu artikulieren

Diese Etappe kann vom Trainer unterschiedlich stark strukturiert und gestaltet werden. Als Beispiel dazu: Beim praktischen Training von Verfahrbewegungen kann der Trainer die Lernenden frei Verfahrbewegungen ausführen lassen, er kann Punkte setzen, die angesteuert werden müssen, und er kann zusätzlich noch zu einer vorbedachten Artikulation der Tasten, die der Schüler zum Erreichen des Ziels drücken muß, auffordern. Er kann gleichzeitig die anderen Schüler zum genauen Beobachten anhalten sowie zur Verbalisierung ihrer Beobachtungen. In der ersten Phase der praktischen Realisierung empfiehlt es sich, den Lernenden weniger Vorgaben zu machen und dann die Vorgaben zu steigern.

Von der Trainingsmethode liegt das Schwergewicht in dieser Etappe auf dem aktionalen Training unter Hinzuziehung von verbalem und observativem Training.

2.3.3 Die verbal-mentale Nachbereitung

Bis zur Etappe der <u>verbal-mentalen Nachbereitung</u> haben die Lernenden sowohl theoretische als auch praktische Erfahrung mit dem Lektionsstoff gemacht. Jetzt geht es unter Ausnutzung der oben dargelegten regulierenden Funktion der Sprache um eine weitere Festigung und Verinnerlichung der Lerninhalte.

Die Lernenden werden in dieser Etappe aufgefordert:

- aus den vorhergehenden Etappen resultierende Fragen zu artikulieren und untereinander sowie mit Hilfe des Trainers zu beantworten
- das Wesentliche des Lektionsstoffs zu verbalisieren, also bsw. die Einschalt- und Ausschaltroutine genau und vollständig und unter Angabe der Funktion und Funktionsweise zu wiederholen oder alle nötigen Programmierschritte und Kommandos einer Kreisinterpolation darzulegen
- Arbeits- und Kontrollblätter auszufüllen, die direkt im Anschluß daran besprochen werden.

Neben der Festigungsfunktion für den Schüler hat diese Etappe eine wesentliche Kontrollfunktion für den Trainer. Im Gegensatz zu der Kontrolle der praktischen Handlungen der Schüler kann er hier eher die Ursachen für Fehler erkennen, da ja von den Lernenden Begründungen für Ihre Antworten und Erklärungen verlangt werden.

Genauso wie in der Etappe der praktischen Realisierung kann unterschiedlich stark strukturiert werden. Diese Strukturierung hängt von der Art des Stoffes und vom Lernfortschritt der Lernenden ab. Bei Grundlagenwissen kommt ein eher diskursives Verbalisieren in Frage, bei algoryhtmischen Inhalten (wie Bedienroutinen und Programmabläufe) ein detailgenaues sprachliches Wiedergeben. Je weiter der Lernfortschritt ist, desto verkürzter kann die Verbalisierung sein. Es werden also nicht mehr alle Details, sondern nur noch die wesentlichen Begriffe, Programmierschritte, Unterscheidungsmerkmale usw. als gedankliche Superzeichen von den Lernenden verlangt.

2.3.4 Die praktische Festigung mit Lernzielkontrolle

Nach der verbal-mentalen Nachbereitung erfolgt noch einmal eine <u>praktische Bewährung</u>.
Bis dahin hat der Lernende viele Möglichkeiten der Optimierung der Lernaufgabe durch unterschiedliche Lern- und Trainingsformen. Er wurde zur Selbstkontrolle und -korrektur angehalten und unterlag der Fremdkontrolle und -korrektur durch Mitlernende und den Trainer.
In dieser Etappe hat er jetzt die Möglichkeit das bis dahin Gelernte weitgehend eigenständig und ohne fremde Eingriffe und Hilfe umzusetzen.
Die Lernzielkontrolle in dieser Etappe beschränkt sich auf eine Beobachtung des Trainers. Er kann sich so ein Bild über das jeweilige Können des Lernenden machen und dies in die Planung der nächsten Lektionen einbeziehen.

3 <u>Ergebnisse 2-er Pilotkurse</u>

Zur Kursevaluierung haben wir sowohl qualitative Beobachtungen und Teilnehmerbefragungen durchgeführt als auch "harte" Wissen- und Könnenstests.

Die qualitativen Beobachtungen enthielten Einstufungsskalen mit den Variablen Aufmerksamkeit, aktives Mitmachen, Zusammenarbeit, Fehlerhäufigkeit, Sprachverhalten und Lern- und Arbeitsstil.

Die Teilnehmerbefragungen umfaßten die Einschätzung von Unterrichtsgestaltung, Qualität der Unterrichtsmaterialien, Lehrerverhalten, eine subjektive Erfolgsbewertung und -so weit wie möglich- den Vergleich mit anderen Kursen.

Die Wissen- und Könnenstests setzen sich aus einem theoretischen Prüfungsfragebogen aller gelehrter Gebiete zusammen (Mix aus Multiple-Coise und freien Fragen) sowie aus praktischen Übungen.

Im folgenden werde ich wesentliche Ergebnisse aus allen Evaluationsinstrumenten sowohl zur Kurs- als auch Teilnehmerbewertung zusammenfassen und in Bezug auf unser Unterrichtsmodell interpretieren und diskutieren.

Dazu zuerst eine übersichtsartige Ergebnisdarstellung:

LERN-UND LEISTUNGSEFFEKTE

```
kontinuierliche Zunahme von:
 - Aufmerksamkeit
 - aktivem Mitmachen
```

```
kontinuierliche Abnahme von:
 - Fehlerhäufigkeit
```

bedingt sind diese Veränderungen durch:

- Verbesserung der Zusammenarbeit/Kooperation
- vermehrten quantitativen und qualitativen Spracheinsatz
- Verschiebung eines anfänglich eher unsystematisch-zufälligen zu einem systematisch-vorbedenkenden Arbeits- und Lernstil

Bild 10: Lern- und Leistungseffekte

3.1

In allen beobachteten qualitativen Variablen des Teilnehmerverhaltens zeigt sich eine positiv steigende Tendenz über beide Kursverläufe. Diese Tendenz unterliegt zwar Tagesschwankungen, die mit der inhaltlichen Anforderung der einzelnen Lektionen aber auch der persönlichen Situation der Teilnehmer erklärt werden können; aber zwischen Kursbeginn und Kursende haben wir durchschnittliche Skalenstufensteigerungen von einer halben bis einer Stufe von insgesamt fünf Skalenstufen.

Dies kann so gewertet werden, daß die Kurse trotz schwieriger Inhalte (selbst für Ingenieure und hochqualifizierte Techniker), unterschiedlicher Anfangsmotivation und qualifikatorischer Vorbildung, die Aufmerksamkeit und Aktivität der Teilnehmer förderten und die vorhandenen Materialien und die Unterrichtsmethodik zu einer kontinuierlichen Steigerung beitrug. Dies ist umsomehr hervorzuheben, als die Teilnehmer bekunden, daß sie bis zu ihrer Leistungsgrenze gefordert wurden.

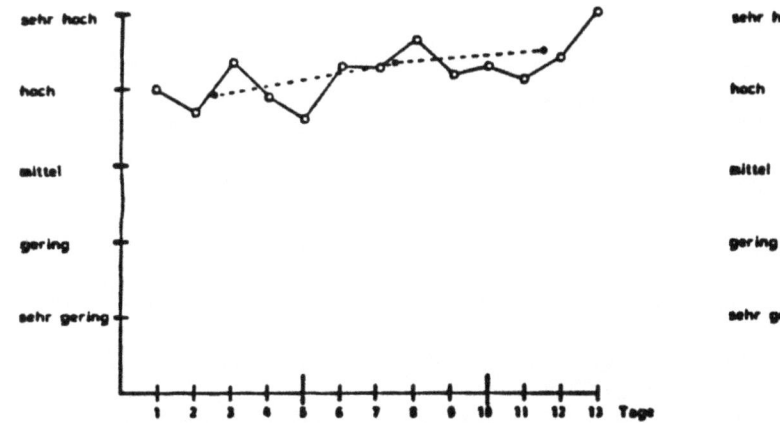
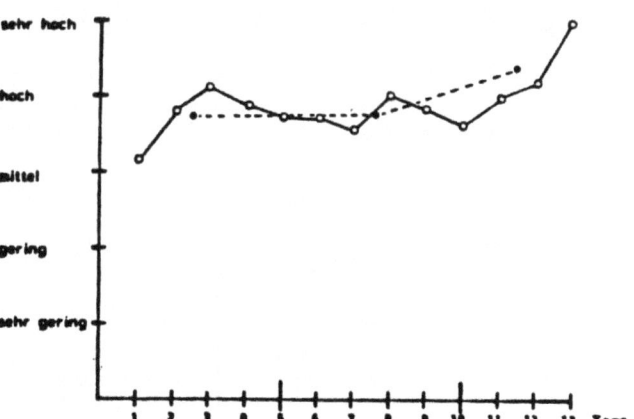

Bild 11: Aufmerksamkeit und Aktivität

3.2

Insgesamt ist es so, daß die Kurse die <u>Heterogenität</u> des qualifikatorischen Vorwissens - die Zielgruppe der An- und Umgelernten konnte nicht durchgängig eingehalten werden - und der entsprechenden Erfahrungen überwinden konnte und die Leistungen und Aktivitäten der Teilnehmer annähern konnte.

Neben der sonstigen Unterrichtsmethodik ist dies sicher ein Ergebnis der bewußt geforderten und strukturiert eingesetzten <u>Zusammenarbeit</u>, aber auch der Materialien, die unterschiedliche Lernniveaus ansprechen. Im gesamten Kursverlauf konnte somit die untere Leistungsgruppe in ihren Leistungen stark angehoben werden.

3.3

Weiter konnte die <u>Fehlerhäufigkeit</u> - wenn auch am geringsten von allen qualitativen Variablen - bis zum Ende des Kurses reduziert werden. Geht man davon aus, daß erstens die inhaltichen Anforderung im Kursverlauf immer weiter gesteigert wurden und zweitens auch ein zweites Industrierobotersystem mit grundsätzlich anderer Programmiertechnik ab Mitte der zweiten Woche als zusätzliche Anforderungen dazukam, dann muß dieser Verlauf als sehr positiv gewertet werden.

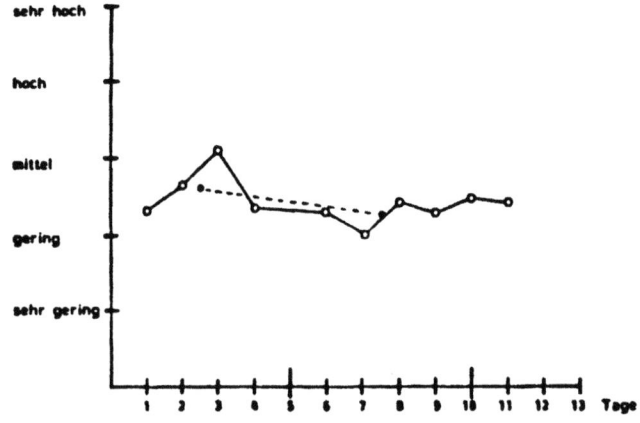

Bild 12: Fehlerhäufigkeit

3.4

Insgesamt zeigt sich der Erfolg der Kurse zudem in der theoretischen und praktischen Prüfung, die - bis auf die theoretische Prüfung eines Kursteilnehmers - ein positives Lernergebnis hat. Von 79 erreichbaren Punkten der theoretischen Prüfung wurden vom besten Kursteilnehmer 73,5 Punkte erreicht. Der "schlechteste" Kursteilnehmer erreichte immerhin noch 44,5 Punkte. Die praktisch geforderten Schweißstücke wurden nach der B1-Prüfung des Prüfgutes von allen Teilnehmern bestanden.

3.5 Zum Sprachverhalten und Lernerfolg

Vorweg: Wir wollten kein Sprachverhalten lexikalisch und grammatikalisch trainieren. Diese Variable dient vor allem der Prüfung, inwieweit ein qualitativ und quantitativ ausgeprägtes Sprachverhalten mit Lernerfolg korreliert und daher gewissermaßen unsere These, daß sprachgestützter Unterricht erfolgsversprechend ist, implizit bestätigt werden kann.

Die Ergebnisse sind eindeutig. Diejenigen Teilnehmer, die wenig Fehler machen und die besten Prüfergebnisse sowohl theoretischer als auch praktischer Art vorweisen, haben ein ausgeprägtes positives Sprachverhalten. Nun kann mit diesem Ergebnis nicht festgestellt werden, ob das Sprachverhalten ursächlich für die Leistung ist, aber das Ergebnis ist ein Hinweis, daß Sprache leistungssteigernd eingesetzt werden kann. Neben unseren Beobachtungsdaten belegen auch die individuellen Aussagen der Teilnehmer, daß ihnen die sprachliche Formulierung, das Aussprechen des Lernstoffes geholfen hat, diesen zu behalten und zu verarbeiten.

3.6

Die Variable Lernstil dient ebenfalls der Prüfung, welcher Lernstil bei so komplexen Aufgaben erfolgsversprechend ist.

Auch hier zeigen sich eindeutige Ergebnisse. Systematisches Arbeiten und geringe Fehler sowie gute Prüfergebnisse fallen zusammen. Zudem gibt es einen Zusammenhang zwischen der Systematisierung des Arbeitsstiles und der Verbesserung der Lernergebnisse. Schlußfolgernd kann man also behaupten, daß es wichtig ist, auf systematisch-vorbedenkendes Arbeiten zu drängen und nicht in solche Lehrstile zu verfallen, die dem ausschließlich praktischen Handeln am Industrieroboter den Vorzug geben.

3.7   Zum Zusammenhang von biographischen Daten und Lernerfolg

Die lern- und aufnahmefähigste Gruppe war in beiden Kursen die Gruppe der jungen Industriefacharbeiter mit kurz zurückliegendem Lehrabschluß. Diese Industriefacharbeiter können sich mit Meistern, Technikern und Ingenieuren messen.

Obwohl An- und Ungelernte die größten Probleme in beiden Kursen hatten, erreichten sie - bis auf eine Ausnahme in der theoretischen Prüfung - das Kursziel. Prinzipiell ist An- und Ungelernten also mit unserer Methodik die IR-Technologie zu vermitteln. Nach unseren Beobachtungen und den individuellen Bewertungen sollte für diese Zielgruppe jedoch der Zeitraum der Schulungen verlängert werden.

Insgesamt ist zu sagen, daß formale Qualifikationseinstufungen alleine kein prognostischer Garant für den Lernerfolg des Teilnehmers sind, sondern der Lernerfolg von der Art der Tätigkeit innerhalb des Unternehmens, dem Zeitraum bis zur letzten Qualifizierungsmaßnahme, dem Alter und der individuellen Motivation sowie betrieblichen Motivierung abhängt.

Menschen · Arbeit · Neue Technologien

Neue Technologien und
Qualifikation II

Durchführung von Schulungsmaßnahmen bei der Einführung von CAD-Systemen

G. Dobler

Ausgangssituation/Einleitung

In dem Vortrag wird über die Erfahrungen berichtet, die in 2-jähriger Tätigkeit bezüglich Schulungsmaßnahmen in Zusammenhang mit der Einführung von CAD/CAM-Technologien gesammelt wurden. Im Mittelpunkt stehen dabei die Maßnahmen, die getroffen und die Erkenntnisse, die gemacht wurden bei der Einführung eines komplexen CAD-Systems in den verschiedensten Bereichen eines Automobilherstellers.

Das zugrundeliegende CAD-System basiert auf einem 2D- und 3D-Kantenmodell, daneben existiert noch ein 3D-Flächen- sowie seit neuestem auch ein Volumenmodell.

Das System bietet nach heutigem Stand eine umfangreiche Software für die verschiedensten Anwendungsgebiete und damit auch einen komplexen Funktionsvorrat.

Ausgebildet wurden bisher ca. 120 Mitarbeiter aus unterschiedlichen Bereichen wie Produktentwicklung, Betriebsmittel-/Werkzeugkonstruktion, Schmiede, Layoutplanung, Architektur, Elektrotechnik.

Im Vordergrund der internen Schulungsmaßnahmen stand vor allem die Ausbildung von direkten Anwendern wie Entwicklern und Konstrukteuren, jedoch wurden auch entsprechende Maßnahmen für deren Vorgesetzte bzw. das Management durchgeführt.

Training beim Hersteller versus Training vor Ort

Eine der grundsätzlichen Fragestellungen im Zusammenhang mit Schulungsmaßnahmen ist die Frage, ob das Training beim Hersteller und/oder vor Ort im Unternehmen durchgeführt werden soll. Das Training vor Ort kann dabei entweder von einem externen oder internen Trainer vorgenommen werden.

Betrachtet man die Fragestellung nach Kostengesichtspunkten bezüglich des Schulungsaufwandes, so sind die Kosten pro Auszubildendem bei externem Training konstant, während sie bei internem Training mit der Anzahl der zu trainierenden Mitarbeiter abnehmen (Bild 1).

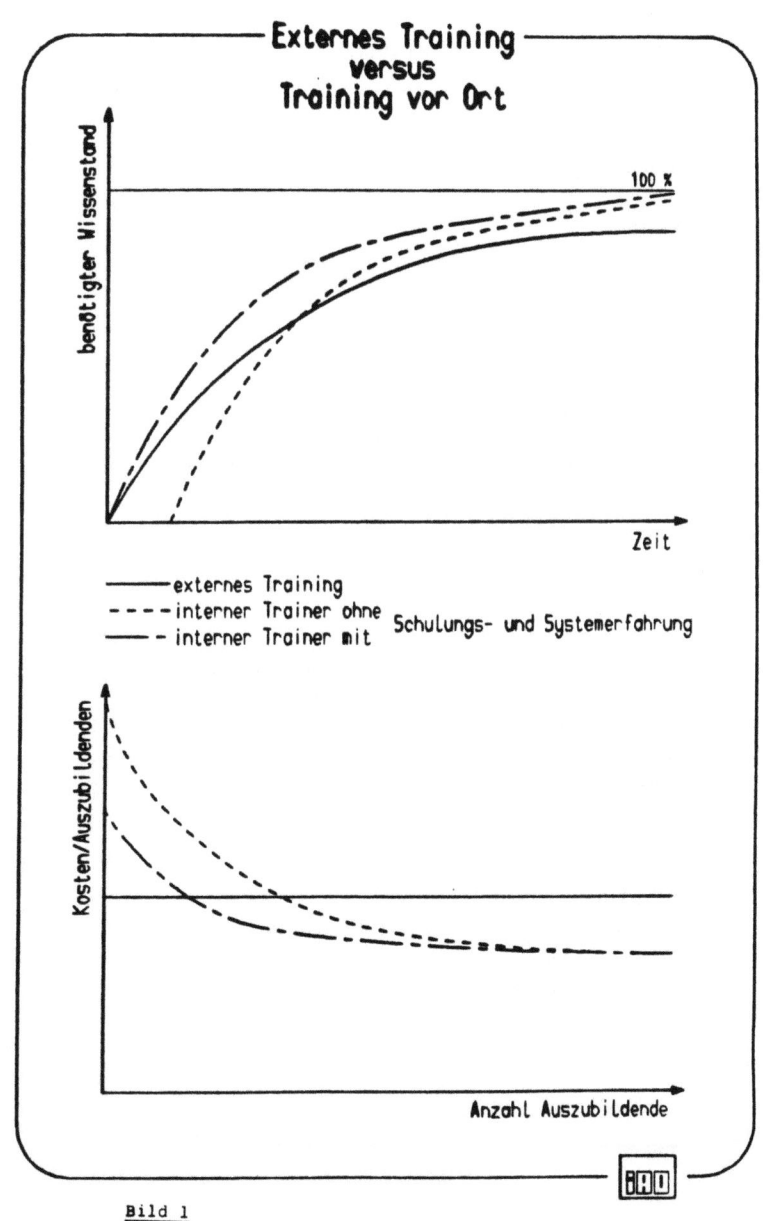

Bild 1

Bezüglich der Effektivität der Schulungsmaßnahmen haben unsere Erfahrungen gezeigt, daß einem Training im Unternehmen aus mehreren Gründen der Vorzug zu geben ist:

Einer der Hauptgründe dafür ist, daß bei einem Training vor Ort wesentlich besser die unterschiedlichen Anforderungsprofile der einzelnen Mitarbeiter berücksichtigt werden können.

In Schulungsmaßnahmen beim CAD-Hersteller werden in der Regel Mitarbeiter aus mehreren Unternehmen zusammengefaßt, die aus unterschiedlichen Anwendungsgebieten stammen und differierende Anforderungen an das CAD-System stellen (Bild 2).

CAD/CAM - Training: Beim Hersteller - Vor Ort ?

Training beim Hersteller:

Vorteile:
- Belegung der Arbeitsstationen des Herstellers
- Keine internen Trainer notwendig
- Kostengünstig bei wenig Auszubildenden

Nachteile:
- Hauptsächlich allgemeine Ausbildung
- Keine Anpassung an Anwenderprofil
- Vorteile - selten Grenzen - des Systems werden vorgestellt
- Totale Abwesenheit über längere Zeit

Training vor Ort:

Vorteile:
- Homogene Trainingsgruppen → "Tailor made"-Training
- Berücksichtigung von Qualifikation und Anforderungsprofil
- Training on the job
- Aufbau betriebsspezifischer Trainingsprogramme (Baukastenprinzip)
- Vermitteln unternehmensspezifischer Standards
- Bessere Motivation und Akzeptanz

Nachteile:
- Eigenes Trainingszentrum erforderlich bzw. Belegung der Arbeitsstation
- Eigener Trainer notwendig (intern oder extern)

Bild 2

Trainingskonzept (Bild 3)

Im Verlauf der bisherigen Trainingsmaßnahmen wurde für die Anwender aus verschiedenen Gründen ein mehrstufiges, modulares Trainingskonzept entwickelt. Damit kann zum einen der Tatsache Rechnung getragen werden, daß die einzelnen CAD-Benutzer (Konstrukteur, Detailkonstrukteur, Technischer Zeichner) aus verschiedenen Anwendungsgebieten (Produktentwicklung, Vorrichtungs-, Betriebsmittel- und Werkzeugkonstruktion, Schmiede, Arbeits- und Layoutplanung, Architektur, Elektrotechnik usw.) unterschiedlichste Anforderungen an das CAD-System stellen.

Durch ein mehrstufiges, modulares Trainingsprogramm können die notwendigen Systemkenntnisse benutzerspezifisch vermittelt werden, so daß sowohl eine Unterdeckung ('Wissenslücke') als auch eine Überdeckung ('Wissensballast') bei der Wissensvermittlung vermieden werden kann.

```
┌─ TRAININGSKONZEPT ──────────────────────────────┐
│                                                 │
│  ● Mehrstufiges, modulares Training (Baukastensystem) │
│                                                 │
│    - Grundkurs (z.B. 2 D)    ⊢─T─⊣ S            │
│    - Aufbaukurs (z.B. 3 D)        ⊢-T-⊣ S       │
│    - Spezialkurse                     ⊢─T─⊣ S   │
│                                            ⊢-T-⊣... │
│                                                 │
│  ● Trainingsmethode                             │
│                                                 │
│    - Kein Auswendiglernen (Blackbox), sondern   │
│      vermitteln von Logik / Background / Analogien │
│    - kein EDV - Wissen vorraussetzen            │
│    - Notwendige EDV - Ausdrücke erklären mit Vergleichen │
│                                                 │
│  ● Trainingsablauf                              │
│                                                 │
│    - Einführung in Problemfeld                  │
│    - Demonstration am System                    │
│    - Theorie anhand von Unterlagen              │
│    - Übung am System (betriebliche Beispiele)   │
│    - Abschließende Diskussion, Aufzeigen von Tips / Tricks │
│      und Grenzen des Systems                    │
│                                                 │
│  ● Unterlagen                                   │
│                                                 │
│    - Trainingsunterlagen - ausführliches Manual (an Arbeitsstation) │
│    - Problemorientierte Strukturierung          │
│    - Alphabetische Auflistung der Kommandos     │
│    - Bildhafte Darstellungen, Anwendungs - Beispiele │
│    - Berücksichtigung von Software - Änderungen │
│    - Video                                      │
│                                         [IAO]   │
└─────────────────────────────────────────────────┘
```

Bild 3

Voraussetzung für ein solches maßgeschneidertes Trainingsprogramm ist zum einen die Kenntnis der Anforderungsprofile der einzelnen Mitarbeiter bezüglich des CAD-Systems und zum anderen, daß Mitarbeiter mit gleichem Anforderungsprofil zu homogenen Trainingsgruppen zusammengefaßt werden können (Bild 4).

Die Ermittlung des Anforderungsprofils bereitet zumindest zu Beginn der CAD-Einführung Schwierigkeiten, da hierzu detaillierte Kenntnisse sowohl über die Möglichkeiten und Grenzen des eingesetzten CAD-Systems als auch über die einzelnen Anwendungsgebiete notwendig sind.

Aber auch wenn die Anforderungen der einzelnen Anwender bekannt sind, ist die Zusammenfassung zu homogenen Trainingsgruppen problematisch, wenn dadurch die Manpower einzelner Bereiche während der Trainingsphase in unzulässiger Weise reduziert wird.

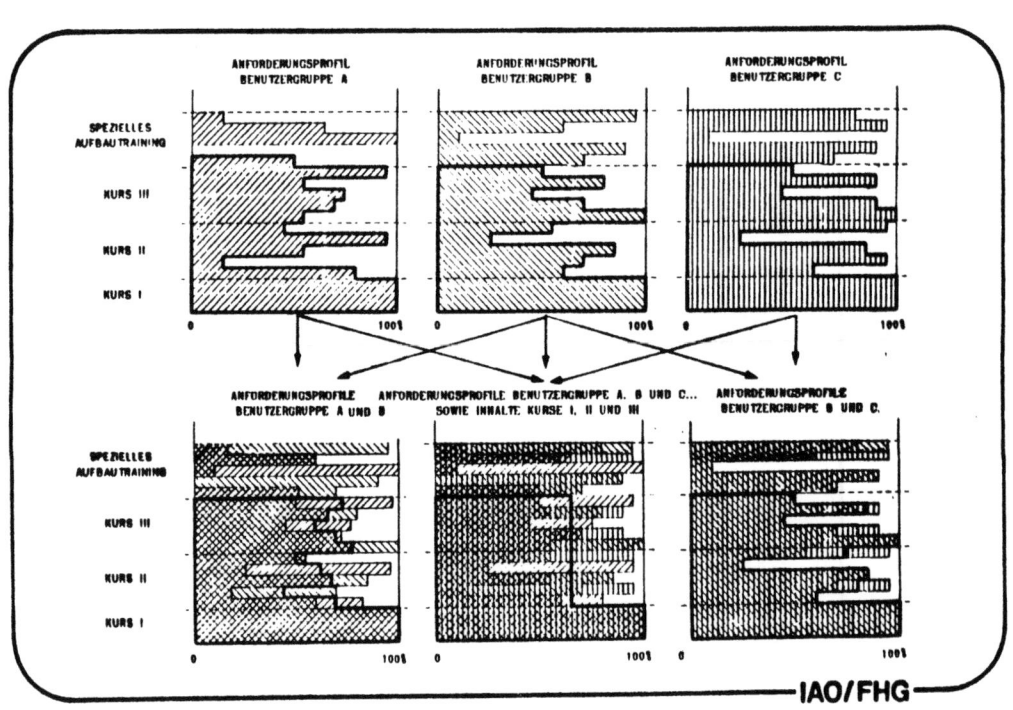

Bild 4

Ein abgestuftes Trainingsprogramm kann z.B. wie folgt aussehen:

In einem Grundkurs wird eine Einführung in die Hard- und Softwarekomponenten des CAD-Systems sowie eine Übersicht von CAD/CAM-Anwendungen gegeben. Dieser Grundkurs beschränkt sich nur auf die zweidimensionale Zeichnungserstellung und hat folgende Ziele:

- Aufbau von Grundkenntnissen zur CAD/CAM-Technologie,
- Kennenlernen der CAD-Arbeitsstation und ihrer Funktionsweise,
- Erstellen von einfachen zweidimensionalen Bauteilen.

Der Inhalt eines solchen Grundkurses kann wie folgt kurz umrissen werden:

- Aufbau der Kommandosprache incl. Korrektur- und Steuertasten,
- Möglichkeiten der Dateneingabe,
- Erzeugen von graphischen Grundelementen wie Linie, Kreis, Kreisbogen, Abrundung und Kantenbruch im 2D,
- Manipulation von Zeichenelementen wie Löschen, Trimmen, Verschieben, Drehen und Spiegeln.

In einem Aufbaukurs wird die Arbeitsweise bei der dreidimensionalen Modellerstellung erläutert sowie weitere Grundlagenkommandos (z.B. für Texterstellung, Bemaßung u.ä.) vermittelt.
Ziel dieses Aufbaukurses ist die Erstellung von dreidimensionalen Bauteilen einfacher bis mittlerer Komplexität.

In den weiteren Kursen werden vorrangig Spezialkenntnisse für die unterschiedlichen Anwendungsgebiete ermittelt, z.B. Erzeugen von Flächen und Durchdringungen, Erstellen und Anwenden von Makros, Ändern der Menuefelddefinitionen, Daten-Handling u.ä.

Außerdem werden die bisherigen Grundlagengebiete vertieft und spezielle Techniken und Hilfsmittel zur Verbesserung der Systemhandhabung vorgestellt.
Ziel dieser Spezialkurse ist die anwenderspezifische Erhöhung der Effektivität durch Kennenlernen der entsprechenden Systemkommandos.

Da der Erfolg der Schulungsmaßnahmen entscheidend von einer laufenden Übung am System abhängt, sollten die Trainingskurse in mehreren Abschnitten erfolgen, um die dazwischenliegenden Zeiträume zur intensiven Übung bzw. Arbeit am System zu nutzen. Diese Zeiträume dürfen vor allem zu Beginn der Schulungsmaßnahmen nicht zu groß sein und es muß zudem für eine ausreichende Systempräsenz gesorgt werden, da sonst das in den Kursen gelernte Wissen wieder verloren geht bzw. zu wenig Erfahrungen bei der eigenen Arbeit gesammelt werden.

Ein solches mehrstufiges, den didaktischen Anforderungen genügendes Trainingskonzept hat weiterhin auch den Vorteil, daß die Mitarbeiter nicht über einen zu großen Zeitraum von ihrem Arbeitsplatz abwesend sind.

Deshalb sollte bei der Terminierung bzw. Zusammenstellung der Kurse darauf geachtet werden, daß für die Kursteilnehmer zwischen den einzelnen Stufen nicht zu große Pausen infolge von umfangreichen oder kurzfristigen Projekten, längeren Dienstreisen, Urlaub u.ä. auftreten.

Trainingsablauf

Der Trainingsablauf gliedert sich in folgende 5 Abschnitte:

Zu Beginn eines jeden Problemfeldes erfolgt eine Einführung in dasselbe, wobei Sinn und Zweck, Anwendungsmöglichkeiten und CAD-spezifische Besonderheiten vorgestellt werden.

Daran schließt sich eine Demonstration des Problems durch den Trainer am System an, bei der weniger auf die einzelnen Systemkommandos im Detail eingegangen wird, sondern nur eine anschauliche Vorführung des Problemfeldes und seiner Lösungsmöglichkeiten gegeben wird.

Erst danach wird die Theorie, d.h. die einzelnen Systemkommandos anhand der Trainingsunterlagen detailliert vorgestellt.

Daran anschließend wird das vorgestellte Problemfeld anhand der Unterlagen bzw. vorbereiteter Beispiele sofort am System von den Anwendern unter Anleitung des Trainers geübt.

In einer abschließenden Diskussion werden noch offene Fragen geklärt, auf eventuell auftretende Schwierigkeiten, Grenzen, Ausnahmen, Eigenheiten und Analogien hingewiesen sowie Tips bzw. Tricks aufgezeigt.

Der aufgezeigte Trainingsablauf erfordert eine über 50 %ige Anwesenheit am System.
Daher richtet sich die Anzahl der Teilnehmer eines Kurses nach der Anzahl der für Trainingszwecke zur Verfügung stehenden Arbeitsstationen.

Trainingsmethode

Man kann grundsätzlich zwischen 2 Trainingsmethoden unterscheiden:

Das Vermitteln der reinen Systemkommandos ohne Hintergrundinformationen, was im Grunde genommen auf ein Auswendiglernen der Kommandos hinausläuft. Diese Methode <u>kann kurzfristig</u> schnelle Erfolge aufweisen, die Betonung liegt jedoch auf <u>kurzfristig</u>. Sehr kritisch zu sehen sind bei diesem Vorgehen die Aspekte Motivation und Akzeptanz der Anwender gegenüber dem CAD-System sowie die Bereitschaft und Fähigkeit zum selbständigen Ausbau der eigenen Systemkenntnisse.

Bei der anderen Trainingsmethode wird vor allem in leicht verständlicher Weise auf die Logik, d.h. den Background sowie Analogien eingegangen, die den Systemkommandos zugrundeliegen. Dies fördert vor allem die Akzeptanz, da der User das CAD-System versteht und damit dieses beherrscht.
Da die meisten Konstrukteure heute noch wenig oder keine EDV-Erfahrung besitzen, sollte man sich bei der Schulung nur auf die Vermittlung des allernötigsten EDV-Wissens beschränken und dabei auftretende Spezialbegriffe erklären, indem man diese möglichst auf bekanntes zurückführt.

Organisatorische Aspekte bei der Einführung (Bild 5)

Neben den Fragen der Zusammensetzung und Terminierung von Trainingsgruppen, Anzahl der Auszubildenden pro Arbeitsstation und Kurs, Trainingsmethode und -ablauf hat auch die Auswahl bzw. zeitliche Reihenfolge der Ausbildung einen Einfluß auf den effektiven Einsatz des CAD-Systems.

So ist es z.B. bezüglich eines intensiven Informations- und Erfahrungsaustausches unter den Usern vorteilhaft, wenn man die Arbeitsstation zu Beginn der CAD-Einführung zentralisiert installiert und erst mit fortschreitender Ausbildung die Arbeitsplätze dezentral aufstellt.

Daneben wird durch ein möglichst frühes Heranziehen von Knowhow-Trägern auf den unterschiedlichsten Anwendungsgebieten für die Beantwortung spezieller Fragestellungen eine gegenseitige Weiterbildung gefördert sowie die Erhöhung der Effektivität der einzelnen Anwender beschleunigt.

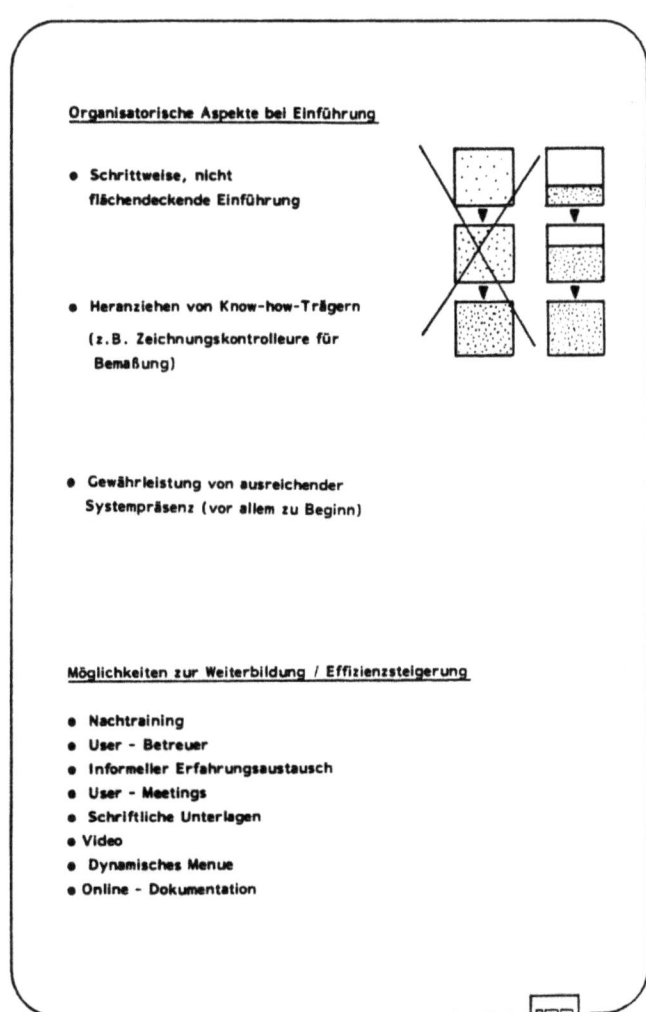

Bild 5

Möglichkeiten zur Weiterbildung/Effizienzsteigerung

Die Maßnahmen zur Weiterbildung mit dem Ziel einer Effizienzsteigerung und der Ausdehnung der Anwendungsgebiete können unterschiedlichster Natur sein.

So dienen z.B. in einem geeigneten Zyklus anberaumte User-Meetings aber auch Nachtrainingsmaßnahmen dem Aufzeigen der Grenzen des Systems, sowie der Ausarbeitung, Sammlung und Weitergabe von "Tricks".

Daneben können geeignete schriftliche Unterlagen oder Video-Filme für eine autodidaktische Weiterbildung angefertigt und genutzt werden.

Einen ganz entscheidenden Einfluß auf eine Steigerung der Effizienz kann ein sogenannter User-Betreuer ausüben, wenn er dazu aufgrund seiner fachlichen und persönlichen Fähigkeiten sowie der ihm dafür zur Verfügung stehenden Zeit in der Lage ist. Mögliche Aufgaben und Anforderungen an einen solchen Anwender-Betreuer sind aus Bild 6 ersichtlich.

AUFGABEN EINES USER - BETREUERS

- Hilfestellung der User (agierend - reagierend)
- Sammlung, Ausarbeitung und Weitergabe von Tricks / Tips
- Anlaufstelle bei Softwarefehlern
- Festlegung von Standards, Systemvoreinstellungen
- Ausarbeiten von Standard-Menues
- Koordinator von und bei User-Meetings
- Zusammenarbeit mit Trainer
- Eigene Konstruktionstätigkeit

ANFORDERUNGEN AN USER - BETREUER

- Umfassende Kenntnisse über
    -- Systemmöglichkeiten
    -- Arbeitsgebiet
- Pädagogische Fähigkeiten
- Full-time-job

Maßnahmen für Vorgesetzte/Management (Bild 7)

Zum Schluß soll noch kurz auf die Notwendigkeit und Art von Schulungs- bzw. Informationsmaßnahmen für Vorgesetzte/Management eingegangen werden. Die Notwendigkeit für solche Maßnahmen ergibt sich zum einen, daß diese Personengruppe meist nicht die heute verfügbaren CAD/CAM-Technologien in ihrer eigenen Ausbildung kennengelernt hat.
Das vorhandene Know-how resultiert meist aus Messe-, Seminar- und/oder Herstellerbesuchen, jedoch selten aus eigener Erfahrung.
Dies kann zu einem überhöhten Erwartungshorizont im Hinblick auf die Höhe und den Zeitraum einer Effizienzsteigerung führen.
Oft wird auch der Umfang des notwendigen Schulungsaufwandes für die Anwender unterschätzt oder es bestehen allgemein Schwierigkeiten bei der Abschätzung des Arbeitsaufwandes. Weitere Probleme können in der Auswahl von 'CAD-trächtigen' Anwendungen liegen.
Aus den angeführten Gründen bestehen die Maßnahmen für Vorgesetzte zum einen in einem komprimierten Training an der CAD-Station und zum anderen im Aufzeigen der Möglichkeiten und vor allem der Grenzen des CAD-Systems an ausgewählten Beispielen.

Training für Vorgesetzte / Management

WARUM ?

- CAD/CAM nicht in eigener Ausbildung enthalten
- Know - how resultiert meist aufgrund von Messen, Seminaren, Demonstrationen ("Heile Welt")
  - → Überhöhter Erwartungshorizont
  - → Fehlende Einsicht für System - Präsenz
  - → Schwierigkeiten bei Abschätzung des Arbeitsaufwands
  - → Unsicherheit bei Prioritäten - Festlegung

WIE ?

- Komprimiertes Training am System
- Aufzeigen der Schwierigkeiten
- Aufzeigen der Möglichkeiten und Grenzen des Systems

Bild 7

Menschen · Arbeit · Neue Technologien

Neue Technologien und
Qualifikation II

Überbetriebliche CNC-Ausbildung

H. Witte

KURZFASSUNG

Die CNC-Technik erweist sich immer mehr als Basistechnologie für moderne Fertigungstechnik. Wirtschaftlicher Einsatz numerisch gesteuerter Werkzeugmaschinen ist nur mit qualifiziertem Fachpersonal erreichbar. Der Bedarf für solche Fachkräfte steigt mit zunehmender Verbreitung der CNC-Technik stark an. Ihre Ausbildung kann nicht alleine von den Herstellern von CNC-Maschinen geleistet werden. Außerbetriebliche Aus- und Weiterbildungsstätten müssen in die Lage versetzt werden, diesen Ausbildungsbedarf zu befriedigen. Hierfür wird ein Konzept vorgestellt, daß in der Bundesrepublik bereits starke Verbreitung gefunden hat.

1. Qualifikation des Personals ist entscheidend für wirtschaftlichen CNC-Einsatz

Zu den Zeiten, als die ersten numerisch gesteuerten Werkzeugmaschinen in unseren Fabrikhallen aufgestellt wurden, erhoffte sich mancher Fertigungspraktiker die Lösung seiner brennendsten Probleme: gleichbleibende Fertigungsqualität und -produktivität unabhängig von der Geschicklichkeit und der jeweiligen Stimmungslage seines Maschinenbedieners. Andere sahen den Gipfel der Polarisierung der Werkstattarbeit erreicht: in den Büros einige wenige hochqualifizierte Programmierer und Arbeitsplaner und draußen an den Maschinen Hilfskräfte, die nach dem Einlegen des Werkstückes nur noch den Startknopf drücken müssen, um nach wenigen Minuten ein fertig bearbeitetes Teil zu entnehmen.

Es ließ sich jedoch bald feststellen, daß die strikte Trennung zwischen Planung und Ausführung auch erhebliche Mängel mit sich brachte. Es häuften sich Stillstandszeiten der Maschinen beim Warten auf Programmkorrekturen und wegen Werkzeug- oder Maschinenschäden. In maschinenfern erstellte

Programme wurden immer hohe Sicherheitsreserven eingebaut,
so daß die hohe Leistungsfähigkeit der Bearbeitungsmaschinen
nur zum Teil genutzt wurde. Der erhoffte Produktivitätsfortschritt war auf diese Weise nicht zu erzielen.

In der Folgezeit kamen nicht zuletzt auch auf Grund der Fortschritte in der Steuerungstechnik zunehmend intelligentere
CNC-Steuerungen auf den Markt, die dem Maschinenbediener
wesentliche Teile der Verantwortung für den Bearbeitungsvorgang wieder zurückgaben. Anstelle der Unterforderung des
Bedienpersonals kam es nun eher zu einer Überforderung.
Facharbeiter mit qualifizierten NC-Kenntnissen blieben
selbst in Zeiten erhöhter Arbeitslosigkeit Mangelware.

Diese Mängel sind zwar inzwischen erkannt, und die CNC-Technik findet nicht nur in den Großbetrieben zunehmend
Eingang in die Facharbeiterausbildung. Dennoch wird noch
manches Jahr vergehen, bis die CNC-Technik in allen Ausbildungsplänen den ihr gebührenden Platz gefunden hat. Es
wäre jedoch verfehlt, die Vermittlung von CNC-Kenntnissen
lediglich als Aufgabe für die berufliche Erstausbildung zu
sehen, auch wenn Ausbilder immer wieder berichten, daß
gerade junge Auszubildende sich die notwendige Fachkenntnisse besonders leicht und mit großem persönlichen Engagement aneignen.

Eine wesentliche Aufgabe in den nächsten Jahren wird sein,
Management, Fertigungsplanung und Werkstattführungspersonal
mit dem notwendigen Grundwissen und Programmier-, Bedienund Wartungspersonal darüber hinaus mit den jeweiligen
maschinenspezifischen Spezialkenntnissen auszustatten deren
Beherrschung die Grundvoraussetzung für eine wirtschaftliche
Nutzung moderner CNC-gesteuerter Bearbeitungseinrichtungen
bilden (Abb. 1).

	Grundlagen	Fachausbildung	NC - Organisation
- Maschinenbediener	●	●	
- Einrichter	●	●	
- Meister	●	○	●
- Programmierer	●	●	○
- Arbeitsplaner	●		●
- Betriebsleiter	●		●
- Konstrukteure	●		○

● Schwerpunkt der Ausbildung

○ Soll im Rahmen der Ausbildung ausgesprochen werden

Abb. 1: Zielgruppen einer CNC-Ausbildung

Bisher lag die Hauptlast der CNC-Ausbildung bei den Herstellern von Maschinen und Steuerungen. Diese Firmen sehen sich jedoch zunehmend von der Aufgabe überfordert innerhalb weniger Kurstage aus NC-unerfahrenen Kräften Programmierer oder CNC-Maschinenbediener heranzubilden. Verschärft werden die Probleme noch durch das unterschiedliche Vorbildungsniveau der Kursteilnehmer. So finden sich in ein und demselben Kurs von Maschinenherstellern häufig erfahrene Programmierer, die schon verschiedene Steuerungstypen beherrschen, und Kräfte die in einem solchen Kurs zum allerersten Mal mit der CNC-Technologie in Berührung kommen.

Mancher Hersteller wollte für solche Kursteilnehmer zunächst den Besuch eines einführenden Grundkurses obligatorisch machen. Solche Bemühungen waren jedoch meist nicht besonders erfolgreich. Will man eine zusätzliche Abwesenheit der Fachkräfte von ihrem Arbeitsplatz und die Kosten einer Ausbildung beim CNC-Hersteller nicht tragen, so bleibt nur die Dezentralisierung der CNC-Grundausbildung (Abb. 2).

2. CNC-GRUNDAUSBILDUNG

Die CNC-Grundausbildung wird als Teil- oder Vollzeitprogramm von den verschiedensten Ausbildungsträgern (z.B. von Berufsschulen, IHK's, überbetriebliche Ausbildungsstätten, Rehabilitationseinrichtungen, REFA-Verband, VDI) angeboten. Zusätzlich liegen die Ausbildungsprogramme auch in Buchform zum Selbststudium vor.[1]

---

[1] Die Ausbildungsunterlagen sind in der Reihe 'CNC-Ausbildung für die betriebliche Praxis' im Hanser Verlag, München erschienen.

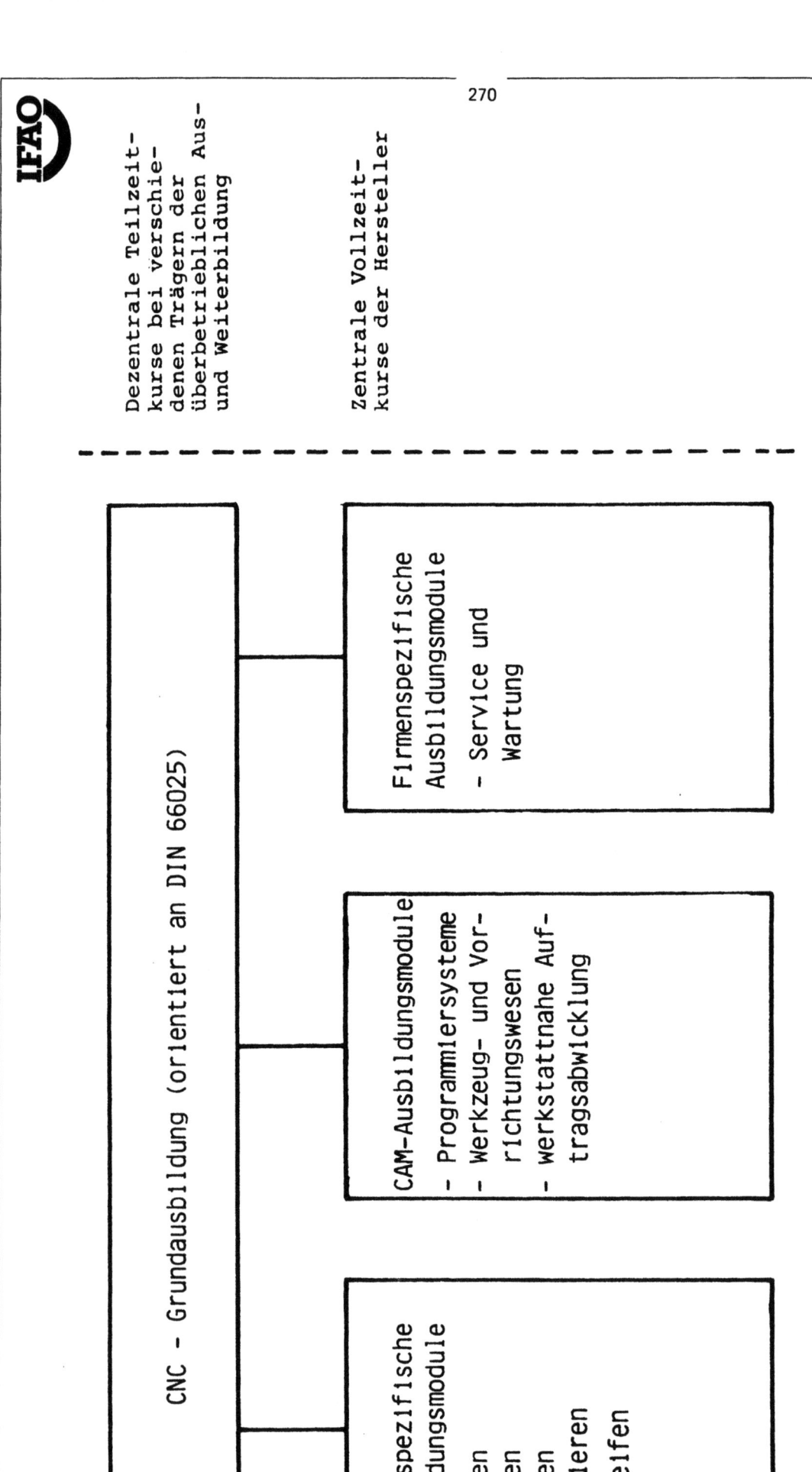

Abb.2 : Gesamtüberblick CNC-CAM-Ausbildungskonzept

Die wesentlichen Ausbildungsinhalte sind:

(1) Aufbau und Funktion CNC-gesteuerter Werkzeugmaschinen
(2) Aufbau und Funktion von CNC-Steuerungen
(3) Technologische Grundlagen des Spanens
(4) Geometrische Grundlagen
(5) NC-Programmierung
(6) NC-Organisation

Alle diese Kenntnisse werden in einer Art und Weise vermittelt, die weitestgehend unabhängig von einem bestimmten Bearbeitungsverfahren (z.B. Drehen, Fräsen, Schleifen, Erodieren) bleibt. Es wird nicht auf herstellerspezifische Besonderheiten einzelner Steuerungen oder Maschinen eingegangen. Maschinenspezifische Kenntnisse werden erst in einem zweiten Ausbildungsteil vermittelt, in dem es um die Programmierung und Bedienung einer speziellen Produktionsmaschine geht.

Die Ausbildungsunterlagen folgen einem strengen didaktischen Konzept:

(1) Die abzuhandelnden Themenbereiche wurden in 6 Kapitel aufgeteilt, die unabhängig von einander bearbeitet werden können.

(2) Die Kapitel sind ihrerseits wieder so untergliedert, daß einzelne Themenkomplexe jeweils auf einer Doppelseite vollständig abgehandelt werden. Jede Doppelseite bleibt für sich alleine genommen verständlich und muß nicht unbedingt im Zusammenhang mit folgenden oder vorangegangenen Seiten durchgearbeitet werden.

(3) Die Beschränkung auf das Wesentliche schafft Raum für einen ausreichenden Detaillierungsgrad. Es gilt das Primat des Bildes vor der textlichen Information. Der Text wird zu Gunsten visueller Darstellungen so knapp wie möglich gehalten.

(4) Am Ende jedes Kapitels wird dem Lernenden mit einer Reihe von Kontrollfragen und Aufgaben Gelegenheit gegeben, seinen Lernfortschritt zu überprüfen und gegebenenfalls zu nicht vollständig verstandenen Abschnitten zurückzuschlagen.

Dem Ausbilder wird ein vollständiges Kursprogramm an die Hand gegeben, das ihn dennoch in kein starres Ablaufschema zwingt. Er kann aus dem Angebot des Programmes die Themenkomplexe auswählen, die für seine Teilnehmergruppe relevant sind. Er kann je nach Vorkenntnissen und Ausbildungsziel bestimmte Bereiche einfacher oder sehr in die Tiefe gehend abhandeln. Außerdem kann er an jeder Stelle Ergänzungen mit Hilfe selbst erstellter Unterlagen, mit Video-Filmen oder mit Übungssystemen, wie sie oben erwähnt wurden, vornehmen.

Diese Flexibilität macht das CNC-Grundlagenpaket für die verschiedensten Ausbildungssituationen einsetzbar

- in der Weiterbildung von Facharbeitern, als Vorbereitung für eine herstellerspezifische Spezialausbildung,

- im Bereich der Umschulung von Kräften aus anderen Berufsfeldern,

- in der Weiterbildung von Werkstattführungspersonal, Arbeitsplanern und anderen Mitarbeitern, die indirekt vom CNC-Einsatz betroffen werden,

- als der Erstausbildung von Metall-Facharbeitern in Berufsschulen, überbetrieblichen und betrieblichen Lehrwerkstätten und

- nicht zuletzt eignet sich das Ausbildungsprogramm auch zum Selbststudium für fortbildungswillige Mitarbeiter.

Zahlreiche Hersteller von CNC-Maschinen und Steuerungen werden in Zukunft bei Teilnehmern ihrer Ausbildungskurse Grundkenntnisse voraussetzen, die dem Umfang des hier vorgestellten Ausbildungsprogrammes entsprechen. Nur so können in wenigen Kurstagen die notwendigen Spezialkenntnisse für die Programmierung und Bedienung einer spezifischen Steuerungs-Maschinenkombination vermittelt werden. Die Hersteller können den gesamten Aufwand der CNC-Ausbildung nicht mehr alleine tragen. Die Vermittlung von CNC-Grundkenntnissen in Teil- oder in Vollzeitkursen wird Aufgabe der betrieblichen und überbetrieblichen Ausbildungseinrichtungen sein.

3. FIRMENSPEZIFISCHE CNC-AUSBILDUNG

Für verschiedene Steuerungstypen bzw. Werkzeugmaschinen wurden ebenfalls Ausbildungspakete entwickelt, die inhaltlich auf den Vorkenntnissen der Grundlagenausbildung aufbauen und didaktisch den selben Prinzipien folgen.

Erst ein unter didaktischen Gesichtspunkten aufbereitetes Ausbildungssystem kann einem Ausbilder bei einem Hersteller entscheidende Hilfestellung leisten, wenn es gilt mit häufigen Modellwechseln und neuen Generationen Schritt zu halten. In der Hektik des Tagesgeschäftes, können innerbetrieblich neue Ausbildungsgänge häufig nicht optimal vorbereitet werden.

Ein modernes Teachware-Paket für eine neue Maschinen- und
Steuerungskombination setzt sich zusammen aus

- einem Kurshandbuch für den Teilnehmer,
- einer handlichen Kurzanleitung, die der Systembediener
  in der täglichen Praxis ständig benützt,
- einem Ausbilderhandbuch mit den benötigten Transparent-
  folien
- zusätzlichen Hilfsmitteln wie Video-Filmen, Dia-Serien
  usw.

4. GRAFISCHE SIMULATION ALS KOSTENGÜNSTIGES ÜBUNGSSYSTEM

Ein Ausbildungsprogramm für moderne Technologien darf sich
nicht nur auf die theoretische Vermittlung des benötigten
Fachwissens beschränken, sondern muß den Ausbildungsteil-
nehmern auch die Möglichkeit geben, die neu erworbenen
Kenntnisse praktisch umzusetzen. Die theoretisch erworbenen
Kenntnisse sollen durch praktische Erfahrungen im Umgang
mit CNC-Steuerung ergänzt werden. Das eigentliche Übungssystem für die CNC-Ausbildung ist die CNC-Werkzeugmaschine.
Solche Maschinen soll ein Kursteilnehmer letztendlich bedienen und programmieren können. Will man solche Maschinen
jedoch bereits in der Grundausbildung als Übungssysteme
einsetzen, muß man eine ganze Reihe von Nachteilen in Kauf
nehmen.

(1) Die Bedienung einer modernen CNC-Maschine ist im
    Normalfall recht kompliziert, da ihre Dialogschnitt-
    stellen meist nicht sehr komfortabel gestaltet sind.
    Ein wesentlicher Teil des Kurses muß dann auf die
    Erklärung der vielfältigen Bedienknöpfe und Schalter
    und der verschiedenen Dialogebenen verwendet werden.

(2) Diese Erkenntnisse lassen sich anschließend nur begrenzt auf andere Maschinen übertragen, da sich CNC-Maschinen gerade in der Gestaltung der Bedienfelder und der Dialogschnittstellen unterscheiden.

(3) Bedienungs- oder Programmierfehler, wie sie besonders dem Beginner unterlaufen können, können leicht zu teuren Maschinenschäden führen. Die Angst vor solchen Fehlern kann die Ausbildungssituation sehr negativ beeinflussen.

(4) CNC-Produktionsmaschinen sind extrem teuer, so daß meist je Ausbildungseinrichtung nur eine Maschine angeschafft werden kann. Unter diesen Bedingungen muß dann die Vorführung durch den Ausbilder das eigenständige Üben der Auszubildenden ersetzen.

Um diese Probleme zu vermeiden wurden mit mikrorechnergestützten grafischen Simulationsprogrammen Übungssysteme geschaffen, die speziell auf die Ausbildungssituation in der CNC-Grundausbildung zugeschnitten sind (Abb. 3). Mit den Simulationsprogrammen lassen sich bereits in einem sehr frühen Ausbildungsstadium, die neu gewonnenen Erkenntnisse in praktisches Tun umsetzen, ohne zuvor die Handhabung einer komplexen CNC-Maschine erlernen zu müssen.

Die Kursteilnehmer bearbeiten in Zweier- oder Dreiergruppen an den Mikrorechnern Übungsaufgaben mit steigender Komplexität. Wobei sie immer die Möglichkeiten haben jeweils nach einigen Programmschritten, den Ablauf grafisch simulieren zu lassen und anschließend erkennbar gewordene Programmierfehler zu korrigieren. Da das Simulationssystem in seinem Aufbau sehr übersichtlich gehalten wurde und der Dialog über Funktionstasten selbsterklärend ist, muß für die Einarbeitung nur ca. eine viertel Stunde angesetzt werden.

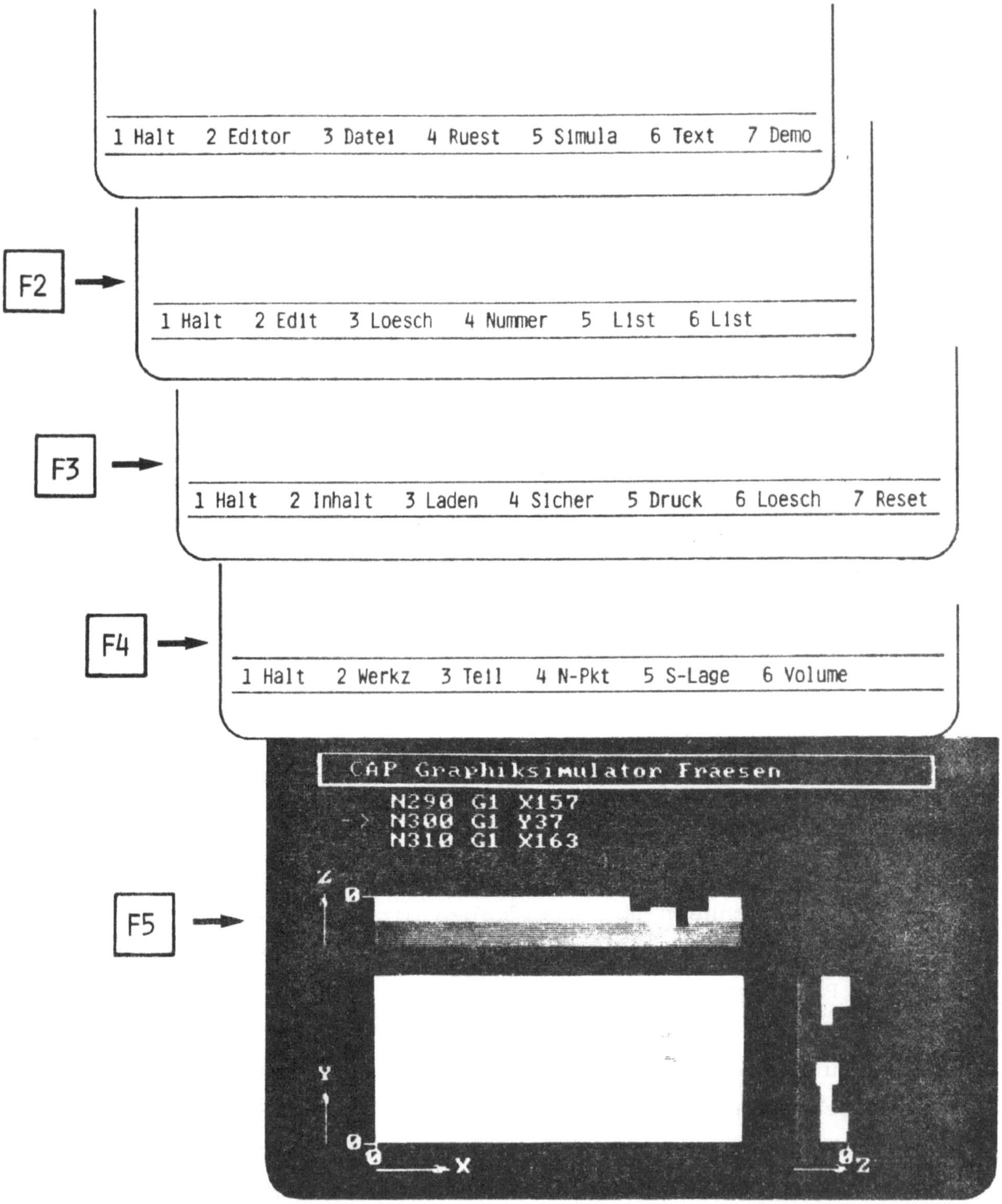

```
      1 Halt   2 Editor   3 Datei   4 Ruest   5 Simula   6 Text   7 Demo
```

F2 →
```
      1 Halt   2 Edit   3 Loesch   4 Nummer   5 List   6 List
```

F3 →
```
      1 Halt   2 Inhalt   3 Laden   4 Sicher   5 Druck   6 Loesch   7 Reset
```

F4 →
```
      1 Halt   2 Werkz   3 Teil   4 N-Pkt   5 S-Lage   6 Volume
```

F5 →

    CAP Graphiksimulator Fraesen
        N290 G1 X157
     -> N300 G1 Y37
        N310 G1 X163

Abb. 3: CNC-Graphiksimulator - Übersicht über die Betriebsarten

Mit dem Grafiksimulator wird, ohne daß Fehler zu irgendwelchen Schäden führen können, geübt

(1) das Denken in Koordinatensystemen und die Möglichkeit ihrer Manipulation
(2) das Umsetzen von Zeichnungsvorgaben in Programmschritte
(3) die Anwendung der gebräuchlichsten NC-Befehle
(4) die Struktur von NC-Programmen
(5) die Verwendung der Unterprogrammtechnik bei wiederkehrenden Bearbeitungselementen in einem oder verschiedenen Programmen.

Mit Simulationssystemen wird es also erstmals möglich, in der Ausbildungsphase bereits das NC-Programmieren ausgiebig zu üben. Ein Kursteilnehmer der mehrere Tage an einem solchen Simulationsplatz gearbeitet hat, hat sich dann einen großen Erfahrungsschatz erarbeitet, was die NC-Programmierung betrifft. Er ist dann in der Lage in einem weiteren Ausbildungsschritt an der CNC-Maschine die Maschinenbedienung der jeweiligen Maschinen- und Steuerungskombination und die Technologie der CNC-Bearbeitung zu erlernen. Für diese Ausbildungsphase bleibt die Produktionsmaschine unverzichtbarer Bestandteil der CNC-Ausbildung.

Menschen · Arbeit · Neue Technologien **5. Halbtag**

Technologieeinsatz im Büro I
— Konzepte der Arbeitsorganisation —

Menschen · Arbeit · Neue Technologien

Technologieeinsatz im Büro I
— Konzepte der Arbeitsorganisation —

Kommunikationssystem für Führungskräfte

A. Eisenhofer

Gliederung des Referates "Kommunikationssystem für Führungskräfte" am 13.06.85

1. Einleitung

2. Vorstellung des BMW-Konzerns

3. Organisation und Informationsverarbeitung bei BMW

4. Bürokonzept für das BMW-Werk in Regensburg

5. Bürokonzept für das BMW-Forschungs- und Ingenieurzentrum

6. Informations- und Kommunikationssystem für Führungskräfte in der Zentrale

7. Kommunikation mit Bürosystemen - der neue Ansatz zur Entscheidungsunterstützung

8. Auswirkungen der Bürosysteme auf die Arbeitsorganisation von Führungskräften

KURZFASSUNG

Die Elektronik ist inzwischen an den Arbeitsplatz der Führungskräfte vorgedrungen und verändert auch deren Arbeitsorganisation. Wir zeigen am Beispiel der bei BMW geplanten Neubauten, wie dort von Anfang an ein hohes Maß an elektronischer Unterstützung für die Arbeit der Führungskräfte und ihrer Kommunikation untereinander vorgesehen wird. Außerdem erproben wir schon vorab in einem kleinen Kreis von Führungskräften solch ein Informations- und Kommunikationssystem mit dem Ziel der Beschleunigung und qualitativen Verbesserung von Entscheidungen.

1 EINLEITUNG

Die Elektronik hat - daran gibt es keinen Zweifel mehr - heute auch schon die Arbeitsplätze von Führungkräften erreicht. Die Frage lautet eigentlich nur noch: Wann und in welchem Umfang wird sich damit auch deren Arbeitsorganisation verändern? Ich möchte Ihnen dazu einige Konzepte erläutern, wie wir bei BMW Kommunikationssysteme für Führungskräfte planen.

2 VORSTELLUNG DES BMW-KONZERNS

Meine Ausführungen möchte ich beginnen mit einer kurzen Vorstellung des Unternehmens, in dem ich arbeite. BMW ist, wie Sie wissen, ein international tätiger Konzern mit folgenden Eckdaten:

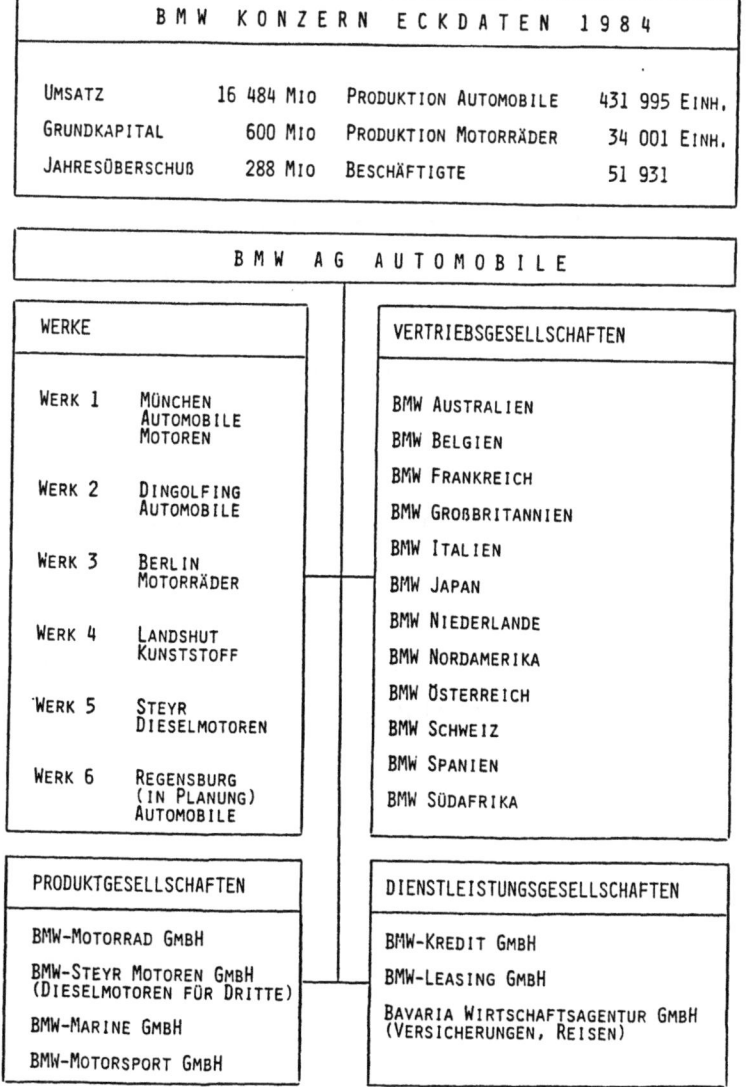

BILD 1   BMW KONZERN 1984

Der Konzern besteht aus der BMW AG und einer Reihe von Beteiligungsgesellschaften. Obgleich das Automobilgeschäft dominiert, hat BMW vier Sparten mit eigener Entwicklung, Fertigung und Vertrieb, und zwar für

> Motorräder
> Dieselmotoren für Dritte
> Marinemotoren
> Motorsport

Außerdem werden verschiedene Dienstleistungen von ausgegliederten Beteiligungen erbracht, und zwar:

> Kreditbank
> Leasing
> Versicherungen und Reisen

Ein wesentliches strategisches Element der BMW-Vertriebspolitik ist die Übernahme der Import-Funktion in unseren wichtigsten Absatzmärkten, über die inzwischen mehr als 80 % unseres Exports abgewickelt werden.

Die Werke sind regional verteilt, weil die Erweiterungsmöglichkeiten in München restlos erschöpft sind. Mit der Entscheidung für den Standort Regensburg wurde jedoch die Beziehung zu Bayern unterstrichen und eine Verbundfertigung der Automobil- und Motorenwerke bis hin zu Steyr ermöglicht.

3 ORGANISATION UND INFORMATIONSVERARBEITUNG BEI BMW

Ehe ich einige Beispiele erläutere, will ich Ihnen kurz einen Überblick über die Aufgaben geben, die bei BMW in dem Bereich Organisation und Informationsverarbeitung zu lösen sind:

...

```
┌─────────────────────────────────────────────────────────────────────────┐
│ STRUKTURORGANISATION, FUNKTIONSBESCHREIBUNGEN, INFORMATIONSPLÄNE         │
│                                                                         │
│ ABLAUFORGANISATION, RICHTLINIEN, ORDNUNGSSYSTEME                         │
│                                                                         │
│ BÜROFLÄCHEN- UND -EINRICHTUNGSPLANUNG                                    │
│                                                                         │
│ TEXTVERARBEITUNG, VERVIELFÄLTIGUNGS- UND ARCHIVIERUNGSSYSTEME             │
│                                                                         │
│ BÜROSYSTEME                                                              │
│                                                                         │
│ SYSTEME DER NACHRICHTENTECHNIK, TELEFONAUSRÜSTUNGEN                      │
│                                                                         │
│ IV-PLANUNG, SYSTEMTECHNIK, BESCHAFFUNG                                   │
│                                                                         │
│ IV-SYSTEMENTWICKLUNG FÜR                                                 │
│   - ENTWICKLUNG UND TECHNIK                                              │
│   - FINANZEN UND PERSONAL                                                │
│   - LOGISTIK UND EINKAUF                                                 │
│   - FAHRZEUGE, TEILE- UND HANDELSBEDARF                                  │
│   - IN- UND AUSLÄNDISCHE VERTRIEBSGESELLSCHAFTEN                         │
│                                                                         │
│ BENUTZER-SERVICEZENTRUM                                                  │
│                                                                         │
│ TEST-RECHENZENTRUM FÜR DEZENTRALE IV-SYSTEME                             │
│                                                                         │
│ ZENTRALES RECHENZENTRUM (KERNSTÜCK DER KONZERN-HARDWARE-INFRASTRUKTUR)   │
├─────────────────────────────────────────────────────────────────────────┤
│ FACHL. WEISUNGSRECHTE GGÜ. DEZENTR. SYSTEMSTELLEN UND RECHNERINSTALLATIONEN │
├─────────────────────────────────────────────────────────────────────────┤
│ MITWIRKUNG BEI WIRTSCHAFTLICHKEITSRECHNUNGEN FÜR IV-SYSTEME (PLANUNG DES AUF- │
│ WANDS UND DER ERTRÄGE MIT NACHVOLLZIEHBAREN ZIELSETZUNGEN)                │
├─────────────────────────────────────────────────────────────────────────┤
│ GESAMTVERANTWORTUNG FÜR ALLE ORGANISATIONS- UND IV-AKTIVITÄTEN IM KONZERN │
│ MIT DEM INSTRUMENT DER GESAMTHAFTEN PLANUNG BEI GESTEUERTER DEZENTRALISIERUNG │
└─────────────────────────────────────────────────────────────────────────┘
```

BILD 2 AUFGABEN DER ORGANISATION UND INFORMATIONSVERARBEITUNG

Sie sehen aus der Fülle der Aufgaben, daß wir alle Voraussetzungen haben für eine Funktion, die heute gelegentlich schon Informationsmanagement genannt wird, und zwar

- organisatorisch über die Gestaltung der Strukturen, Abläufe, Funktionsbeschreibungen, Informationspläne, Richtlinien

- systementwicklungsmäßig über eine zentrale Entwicklung der prozeßabhängigen Basissysteme und der zentralen Verwaltung aller ihrer Daten

- systemtechnisch über die Planung und Beschaffung aller Hard- und Software für Datenverarbeitung, Textverarbeitung und Nachrichtentechnik

...

4 Bürokonzept für das BMW-Werk in Regensburg

BMW plant den Neubau eines Fahrzeugwerks in Regensburg, das 1986 mit der Montage der 3er-Reihe den Betrieb aufnehmen wird. Wir planen dafür ein Bürokonzept, das ich Ihnen stichwortartig erläutern möchte:

ORGANISATIONS-STRUKTUR	- FERTIGUNGSSTELLEN ALS ERSTES, - REFERENTENPRINZIP (OBJEKTBEZOGEN) ALS ZWEITES, - SPEZIALISIERUNG (FUNKTIONSBEZOGEN) ALS DRITTES GLIEDERUNGSKRITERIUM
BÜROPLANUNG	- RÄUMLICHE AUFTEILUNG VON FUNKTIONSEINHEITEN ZUR FERTIGUNGSNAHEN ANORDNUNG - TELEKONFERENZ-RÄUME - NEUES MÖBELPROGRAMM IN MODULARER SYSTEMBAUWEISE
NETZ-INFRA-STRUKTUR	- BREITBAND FÜR IV-SYSTEME (PROJEKTUNABHÄNGIG) - LICHTLEITER-KANALVERBINDUNG - ISDN-NEBENSTELLENANLAGE
ENDGERÄTE	- ELEKTRONISCHE POST FÜR FÜHRUNGSKRÄFTE - PERSONAL-COMPUTER ALS ARBEITSSTATION - TELEFON MIT SPRACHSPEICHERUNG

BILD 3   BÜROKONZEPT FÜR DAS BMW-WERK IN REGENSBURG

Wir werden in der Strukturorganisation mehr als bisher die Fertigungsstellen als erstes Gliederungskriterium wählen und entsprechend objektbezogen in den einzelnen Funktionen Referenten einsetzen, die z.B. in der Instandhaltung einen Großteil der Anforderungen abdecken können, ehe schließlich ausgesprochene Spezialisten hinzugezogen werden. Referentenprinzip ist bei uns der Begriff für gesamthafte Betreuung, und zwar auch im Sinne von Arbeitsbereicherung als zeitgemäße Form der Arbeitsorganisation.

...

Wir werden Funktionseinheiten räumlich aufteilen und sie möglichst fertigungsnahe anordnen. Wir werden Telekonferenzräume einrichten, und wir werden ein neues Möbelprogramm in modularer Systembauweise dort einführen.

Wir werden zwischen den Gebäuden Breitbandnetze für die IV-Systeme haben, wir untersuchen Lichtleiter für die Kanalverbindungen, und wir werden eine ISDN-Nebenstellenanlage einsetzen. Ziel ist ein leistungsfähiges, flexibles, von einzelnen Projekten unabhängiges Netz, mit dem wir die Basis für elektronische Kommunikation schaffen wollen. Wir werden mit großer Wahrscheinlichkeit dort von Anfang an Elektronische Post für die Führungskräfte einrichten und Personal-Computer überwiegend schon als Arbeitsstation einsetzen. Telefon mit Sprachspeicherung ist dann nur noch ein weiterer logischer Schritt zur umfassenden elektronischen Kommunikation.

5 Bürokonzept für das BMW-Forschungs- und Ingenieurzentrum

Mit dem Forschungs- und Ingenieurzentrum schaffen wir mit einer 1. Baustufe ab 1987 die Voraussetzungen für die räumliche Zusammenführung aller Stellen, die am Planungs- und Entwicklungsprozeß von Produkten beteiligt sind, und zwar wiederum objektbezogen oder - wie das bei uns heißt - nach Konstruktionsgruppen. Wir werden die Büros der Versuchsingenieure nahe bei den Werkstätten anordnen, um kürzeste Wege für das Zusammenwirken der verschiedenen Funktionen zu schaffen.

Wir werden die Projektarbeit in zeitlich befristeten Teams für spezielle Aufgaben intensivieren, deren Mitglieder jedoch später wieder in ihre Funktionen, in ihre "fachliche Heimat" zurückkehren. Nach und nach werden wir aber auch Funktionen der Fertigungsplanung in die Entwicklung integrieren, und wahrscheinlich werden wir später auch die Zuständigkeiten an die geänderten Abläufe anpassen.

Genauso wie bei dem geplanten Neubau unseres Werkes in Regensburg wäre viel zu sagen, wie sich dadurch die Arbeitsorganisation auch der Führungskräfte nachhaltig verändern wird, aber ich möchte mich hier wirklich konzentrieren auf die Auswirkungen der elektronischen Kommunikation, für die wir im Prin-

...

zip dieselbe Netzwerk-Architektur planen, wie ich sie vorhin schon skizziert habe.

Bei den Endgeräten erwarten wir teilweise sogar eine Integration von CAD mit Bürosystemen und richten unser modulares Möbelprogramm auch für eine derartige Kombination aus.

BÜROPLANUNG	- RÄUMLICHE ZUSAMMENFÜHRUNG ALLER AN PLANUNGS- UND ENTWICKLUNGSPROZESSEN BETEILIGTEN STELLEN NACH OBJEKTEN (KONSTRUKTIONSGRUPPEN) - BÜROS DER VERSUCHSINGENIEURE NAHE BEI DEN PROTOTYPEN-WERKSTÄTTEN - KÜRZESTE WEGE FÜR DAS ZUSAMMENWIRKEN VERSCHIEDENER FUNKTIONEN - TELEKONFERENZ-RÄUME
ORGANISATIONS-STRUKTUR	- INTENSIVIERUNG DER ZUSAMMENARBEIT IN PROJEKT-TEAMS (ZEITLICH BEFRISTET UND RÜCKKEHR IN DIE FACHFUNKTIONEN) - INTEGRATION VON FUNKTIONEN DER FERTIGUNGSPLANUNG IN DIE PRODUKTENTWICKLUNG - ANPASSUNG DER ORGANISATIONSSTRUKTUREN AN DIE NEUEN ABLÄUFE
NETZ-INFRA-STRUKTUR	- BREITBAND FÜR IV-SYSTEME (PROJEKTUNABHÄNGIG) - LICHTLEITER-KANALVERBINDUNG - ISDN-NEBENSTELLENANLAGE
ENDGERÄTE	- ELEKTRONISCHE POST FÜR FÜHRUNGSKRÄFTE - PERSONAL-COMPUTER ALS ARBEITSSTATION - INTEGRATION VON CAD-SYSTEMEN MIT BÜROSYSTEMEN (MODULARES MÖBELPROGRAMM) - TELEFON MIT SPRACHSPEICHERUNG

BILD 4 BÜROKONZEPT FÜR DAS BMW-FORSCHUNGS- UND INGENIEURZENTRUM

6 Informations- und Kommunikationssystem für Führungskräfte in der Zentrale

Bisher habe ich Ihnen eher stichwortartig, dafür aber breit dargelegt, wie unser Bürokonzept der nächsten Jahre aussehen wird. Ich will Ihnen etwas ausführlicher anhand eines Pilotprojekts in unserer Zentrale schildern, was wir unter einem Informations- und Kommunikationssystem für Führungskräfte verstehen und was wir davon erwarten.

Wir haben begonnen, mit einem am Standort München ausgewählten Kreis von Bereichsleitern und deren Sekretariaten ein elektronisches Kommunikationssystem zu erproben, um Erfahrungen mit den Möglichkeiten der elektronischen Unterstützung der Aufgabenerledigung und Entscheidungsfindung am Arbeitsplatz von Führungskräften zu sammeln. Wir führen mit den Bereichsleitern und ihren Sekretärinnen ausführliche Interviews, um die generell geäußerte Akzeptanz nun auch im Einzelfall bestätigt zu bekommen. Das Ergebnis dieser Interviews bestimmt sehr stark den zu planenden Funktionsumfang und damit die am Ende stehende technische Lösung.

ELEKTRONISCH ZU UNTERSTÜTZENDE FUNKTIONEN	
SPRACHE	MEHR TELEFONFUNKTIONEN SPRACHSPEICHERUNG
TEXT	AKTUELLE NACHRICHTEN ENTSCHEIDUNGSSTAND VON PROJEKTEN KURZMITTEILUNGEN ABSTIMMUNG VON DOKUMENTEN PERSÖNLICHES "NOTIZBUCH"
DATEN	LOKALE RECHENFUNKTIONEN ABFRAGE VON DATENBANKEN (INTERN UND EXTERN)
GRAPHIK	LOKAL (ARBEITSSTATION) ODER ALS TERMINAL-COMPUTER

BILD 5 INFORMATIONS- UND KOMMUNIKATIONSSYSTEM FÜR FÜHRUNGSKRÄFTE IN DER ZENTRALE

...

Wir beginnen mit der Unterstützung derjenigen Funktionen, die am leichtesten zu erlernen sind und die am schnellsten zur Unterstützung und Beschleunigung von Entscheidungen führen. Dazu gehören neben erweiterten Telefonfunktionen einschließlich Sprachspeicherung zunächst einmal passiv am Bildschirm zu empfangende innerbetriebliche Informationen besonderer Aktualität und Wichtigkeit sowie die Abfrage von Entscheidungsständen von Projekten, deren Kenntnis für den eigenen Entscheidungs- oder Arbeitsbeitrag zu dem aufgerufenen Projekt unerläßlich ist.

Wir sind jedoch überzeugt, daß die Führungskräfte die elektronische Kommunikation sehr bald aktiv benutzen und sich gegenseitig Kurzmitteilungen zuschicken und allmählich auch Dokumente am Bildschirm miteinander abstimmen.

Schließlich wird aus der elektronischen Ablage im Schreibsystem nach und nach ein persönliches "Notizbuch" entstehen, und es werden interne und externe Datenbanken abgefragt werden, wenn nur die Abfrageprozedur einfach genug gestaltet wird.

Und Führungskräfte, die bisher schon mit einem elektronischen Tischrechner gearbeitet haben, werden bald die Vorzüge eines Personalcomputers mit seinen Standardfunktionen einschließlich Graphik entdecken. Wesentlich ist nur, daß die Bildschirm-Dialoge deutlich einfacher gestaltet werden als dies bisher in der (Massen)-Datenverarbeitung üblich war.

7 Kommunikation mit Bürosystemen - der neue Ansatz zur Entscheidungsunterstützung

Die Management-Informations-Systeme früherer Jahre führten oft nicht zu dem erhofften Erfolg bei der Entscheidungsunterstützung von Führungskräften, weil sie aus DV-technischen Gründen zu stark strukturiert werden mußten und kaum eine Chance ließen, daß die Führungskräfte ihre "eigenen Fragen" stellten.

...

Nun sind aber wesentliche Entscheidungen vom Grundsatz her schlecht strukturierbar und werden eher intuitiv getroffen, und zwar oft aufgrund von Informationen, die man objektiv eher für belanglos halten würde, die aber für die individuelle Erfahrungs- und Informationskonstellation eines Managers der auslösende Faktor seiner Entscheidung gewesen sind.

Außerdem treffen Führungskräfte nur noch selten Entscheidungen alleine, sie sind vielmehr in mannigfacher Weise angehalten, Entscheidungen mit anderen zusammen herbeizuführen, mit Mitarbeitern und Vorgesetzten, mit einzelnen Kollegen oder in Gremien.

KRITERIEN DER ENTSCHEIDUNGSUNTERSTÜTZUNG

- MIS-SYSTEME: STRUKTURIERBARE ENTSCHEIDUNGEN
- WESENTLICHE ENTSCHEIDUNGEN NICHT STRUKTURIERBAR
- ENTSCHEIDUNGEN ABHÄNGIG VON INDIVIDUELLER ERFAHRUNGS- UND INFORMATIONSKONSTELLATION
- ENTSCHEIDUNGEN BEEINFLUSST VON MITARBEITERN, VORGESETZTEN, KOLLEGEN UND GREMIEN

BÜROSYSTEME ZUR ENTSCHEIDUNGSUNTERSTÜTZUNG

- INDIVIDUELLE VERARBEITUNG DER AM ARBEITSPLATZ VORHANDENEN INFORMATIONEN
- GEWINNUNG ZUSÄTZLICHER INFORMATIONEN ÜBER ABFRAGESPRACHEN MIT "EIGENEN FRAGEN"
- ERLEICHTERUNG UND BESCHLEUNIGUNG DER ENTSCHEIDUNGSFINDUNG DURCH KOMMUNIKATIONSSYSTEME VOM NAMENSTASTER ÜBER SPRACHSPEICHERUNG, ELEKTRONISCHE POST UND TELEKONFERENZEN

BILD 6   KOMMUNIKATION MIT BÜROSYSTEMEN - DER NEUE ANSATZ ZUR ENTSCHEIDUNGSUNTERSTÜTZUNG

...

Bürosysteme eröffnen nun tatsächlich die Chance eines zweiten Anlaufs zur elektronischen Entscheidungsunterstützung von Führungskräften in mehrfacher Hinsicht:

- Sie ermöglichen heute schon mit den am Arbeitsplatz vorhandenen Informationen eine individuelle Verarbeitung vorzunehmen.

- Sie bieten über Abfragesprachen auch mehr und mehr die Möglichkeit, aus internen und externen Datenbanken zusätzliche Informationen zu gewinnen und auf diese Weise endlich "eigene Fragen" zu formulieren.

- Sie erleichtern und beschleunigen die zur Entscheidungsfindung unerläßlichen Abstimmprozesse durch Kommunikation mit anderen auf vielfältige Weise, vom Namenstaster bis zur Sprachspeicherung im Telefon, vom Austausch von Notizen am Bildschirm bis zur Telekonferenz.

Der entscheidend neue Ansatz zur Entscheidungsunterstützung besteht zum einen in der individuellen Informationsverarbeitung am Arbeitsplatz und zum anderen in der wesentlich schnelleren Kommunikation der an den Entscheidungsprozessen beteiligten Führungskräfte.

8 Auswirkungen der Bürosysteme auf die Arbeitsorganisation der Führungskräfte

Wir wollen nun zum Schluß die aus unserer Sicht fünf wichtigsten Auswirkungen der Kommunikation mit Bürosystemen auf die Arbeitsorganisation der Führungskräfte noch einmal erläutern und dabei einerseits auf die Besonderheiten eines Automobilunternehmens in diesem Zusammenhang eingehen und andererseits aus unseren Erfahrungen Feststellungen treffen, die eher auch für Führungkräfte allgemein gelten könnten.

...

> INFORMATIONEN ZUM ENTSCHEIDUNGSSTAND IN PRODUKTPLA-
> NUNGS- UND -ENTWICKLUNGSPROZESSEN WERDEN SCHNELL UND
> GLEICHLAUTEND VERFÜGBAR

> AUSTAUSCH VON NACHRICHTEN AM BILDSCHIRM ERHÖHT DEN DRUCK
> AUF DIE BEARBEITUNG VON VORGÄNGEN

> NEUE MÖGLICHKEITEN DER WORTVERARBEITUNG WERDEN ENTDECKT,
> WENN PERSÖNLICH ELEKTRONISCHE ARCHIVE ANGELEGT WERDEN

> DIE HAND DER FÜHRUNGSKRÄFTE AN DER TASTATUR WIRD SICHT-
> BARES ZEICHEN DER ÄNDERUNG DER ARBEITSORGANISATION

> ELEKTRONISCHE NETZWERKE FÜHREN ZU EINER ZUSAMMENARBEIT,
> DIE HIERARCHIEUNABHÄNGIGER WIRD

BILD 7 AUSWIRKUNGEN DER BÜROSYSTEME AUF DIE ARBEITSORGA-
NISATION VON FÜHRUNGSKRÄFTEN

- Führungskräfte werden mehr und mehr die für ihre Entscheidungen notwendigen Informationen über den Bildschirm erhalten oder abrufen können. In unserem Unternehmen ist es beispielsweise außerordentlich wichtig, daß alle Stellen, die am Produktplanungs- und -entwicklungsprozeß teilnehmen, den jeweils letzten Stand der Entscheidungen schnell und insbesondere gleichlautend erfahren. Damit können sie die für ihren Arbeitsbeitrag erforderlichen Entscheidungen schneller und qualitativ besser treffen.

...

- Sobald nach den eher passiv ablaufenden Abrufen solcher Informationen der aktive Austausch von kurzen Nachrichten über den Bildschirm folgt, wird sich der Druck auf die Beantwortung von Fragen und die Bearbeitung von Vorgängen erhöhen. Man soll dies ruhig einmal aussprechen, ohne es allerdings zu beklagen. Wenn erst alle Führungskräfte gleichermaßen beteiligt und betroffen sind, werden sich auch alle daran gewöhnt haben, und es wird sicher gegenseitig als wohltuend empfunden, wenn sich auf diese Weise die Ablauf- und Entscheidungsprozesse verkürzen lassen.

- Die Führungskräfte werden neue Möglichkeiten der Wortverarbeitung entdecken, wenn Dokumente nicht nur elektronisch geschrieben, sondern ebenso auch verteilt und archiviert werden. Sie werden bei ihrer konzeptionellen Arbeit mehr auf bei ihnen selbst gespeicherte Informationen (etwa im Sinne von früher schon ausformulierten Gedanken) zurückgreifen. Etwas prosaischer ausgedrückt heißt das aber auch, daß sie sich mit ihrem Ablagesystem eine Zeit lang wieder intensiver beschäftigen müssen, bis es tatsächlich zu einem persönlichen elektronischen Archiv geworden ist. Wenn sie darüber hinaus Informationen aus internen oder externen Datenbanken für ihre Arbeit nutzen wollen, dann müssen sie sich jedoch wieder einmal nachhaltig mit der gedanklichen Organisation ihrer laufenden Arbeit beschäftigen.

- Selbst wenn die Dialogführung der Bürosysteme ein Höchstmaß an Einfachheit erreicht hat, bleibt trotz "Maus" und "Fingerdruck" auf den Bildschirm die Notwendigkeit bestehen, daß die Führungskräfte selbst an die Tastatur gehen. Sie können sich noch eine Zeit lang von ihren Sekretärinnen helfen lassen, aber es bleibt das Ziel, daß die Manager zumindest Informationsabrufe, später kurze Notizen und schließlich auch die Endfassung ihrer Texte am Bildschirm selbst besorgen, wenn auch noch lange Zeit die Ersteingabe langer Texte von Sekretärinnen besorgt werden wird. Die Hand der Führungskräfte an der Tastatur wird ein deutlich sichtbares Zeichen der Veränderung ihrer Arbeitsorganisation werden.

...

- Noch wichtiger freilich ist die Verhaltensänderung in der Kommunikation überhaupt. Führungskräfte müssen wieder aufgeschlossener werden für die Zusammenarbeit mit Mitarbeitern und Kollegen. Führung heißt doch längst nicht mehr, Weisungen zu erteilen und Berichte zu verlangen, sondern jederzeit von Mitarbeitern auf Problemlösungen ansprechbar zu sein und neue Ideen insbesondere durch Überzeugung von Kollegen und durch Gewinnung Gleichgesinnter durchzusetzen. In den elektronischen Netzwerken wird es zukünftig - ähnlich wie im Projektmanagement - etwas hierarchieunabhängiger zugehen als bisher. Dies ist möglicherweise die größte Änderung der Arbeitsorganisation von Führungskräften, die die tüchtigen unter ihnen jedoch mit Sicherheit begrüßen werden.

Menschen · Arbeit · Neue Technologien

Technologieeinsatz im Büro I
— Konzepte der Arbeitsorganisation —

Arbeitsorganisation im Büro
— Überblick über industrielle Ansätze

R. Schwetz

KURZFASSUNG

Die Leistungseigenschaften verfügbarer Hilfsmittel bestimmen seit jeher die Organisation der Arbeitserledigung. Deshalb muß sich angesichts der modernen Kommunikationstechnik die Ablauforganisation im Büro beträchtlich ändern. Denn die neue Technik bietet erstmals die drei wichtigen Leistungseigenschaften: Verarbeiten, Speichern und Kommunizieren vereint in einem Gerät an. In elektronische Form gebrachte, beliebig gestaltbare Information kann deshalb über die gesamte Dauer der Bearbeitung in dieser extrem leicht hantierbaren Form bleiben.

Dadurch wird es möglich auf die heute praktizierte Arbeitsteilung zur Ausführung von Assistenztätigkeiten zu verzichten. Die Kommunikationsleistung gestattet es, in vielen Fällen zur "ganzheitlichen" Bearbeitung zurückzukehren. Ähnlich den Veränderungen im Fertigungsbereich vom Taylorismus zum Zellenkonzept wird man im Büro zu starke Funktionalisierung in objektbezogene Organisformen zurückwandeln.

Der Managementbereich ist damit voll in die Veränderungen einbezogen. Die Akzeptanzprobleme stellen sich deshalb bereits in hohem Maße in diesem Bereich ein. Sie sind bei Sachbearbeitern kaum, bei Organisatoren aus völligem Mißverständnis der Zielrichtung neuer Technik nur vorübergehend stark gegeben.

Da das Management die Initiative zur Technikeinführung und den notwendigen Organisationsveränderungen ergreifen muß, stellt die "innere Verweigerung" ein die Wirtschaft ernstlich gefährdendes Faktum dar.

1 BÜROPRODUKTIVITÄT UND WETTBEWERBSFÄHIGKEIT

Die Leistungseigenschaften verfügbarer Hilfsmittel bestimmen seit jeher die Organisation der Arbeitserledigung. Aus der Aufgabenerledigung heraus ergeben sich Schwachstellen, die die gezielte Weiterentwicklung der Arbeitsmittel initiieren. Dieser Kreislauf ist der Motor industrieller Innovation.

In der Produktion materieller Güter hat das Streben nach ökonomischeren Arbeitsorganisationen zu einer ständigen Verbesserung der Herstelltechnologien und Einrichtungen geführt. Nach Sämann gelang es, im Zeitraum von 80 Jahren die Produktivität um mindestens 1000 % zu erhöhen. Dagegen schätzt man für den Bürobereich im gleichen Zeitraum höchstens eine Produktivitätszunahme von 150 bis 200 %.

Eine derart niedrige Produktivitätsentwicklung im Angestelltenbereich kann jedoch in Zukunft nicht mehr hingenommen werden. Über 50 % der Erwerbstätigen sind seit einigen Jahren im Bürobereich beschäftigt. Im Gegensatz zu 1950 - da lag die Angestelltenquote bei knapp 30 % - stellen die Bürokosten inzwischen den größten Kostenblock dar. Die Wettbewerbsfähigkeit von Unternehmen aller Wirtschaftszweige und letztlich der gesamten Volkswirtschaft hängt damit in Zukunft wesentlich von der Produktivität im Bürobereich ab.

Folglich steht das Büro in Zukunft im Mittelpunkt der Rationalisierungsbemühungen. Es wird sich zur Wettbewerbssicherung die gleiche Behandlung, wie im Fertigungsbereich seit Jahrzehnten üblich, gefallen lassen müssen. /1/

Ein weiterer Anlaß für raschere Veränderungen in der Arbeitsorganisation im Büro ist die Weiterentwicklung der Bürotechniken. Die technologischen Erfolge bei Mikroprozessoren und Speicherbausteinen erlauben Bearbeitungs-, Speicher- und Kommunikationsleistung auf kleinstem Raum, zu vertretbaren Preisen, in arbeitsplatzgerechten Geräten zusammenzupacken. Dadurch gelingt es, alle drei Grundtätigkeiten der Büroarbeit sowohl einzeln wie auch kombiniert zu unterstützen.

Denn unabhängig vom Sachinhalt läuft Büroarbeit stets nach

gleichem Grundschema ab (Bild 1):

- eingehende Information wird
- aufgrund des Sachwissens unter Kenntnis der "Geschäftsziele" und
- unter Rückgriff auf Unterlagen ausgewertet, umgesetzt und anschließend
- zur Einleitung der gewollten Maßnahmen weitergeleitet.

Grundtätigkeiten der Büroarbeit Bild 1

In spontaner Folge, ausgelöst durch den augenblicklichen inhaltlichen Stand der Vorgangsbearbeitung, wechseln Kommunikation (= eingehende / ausgehende Information), Verarbeitung (= Analyse, Ergänzung, Erzeugung von Information) und Speicherung (= Verwenden vorhandener und Erzeugen später benötigter Information) ständig ab.

2 TECHNISIERUNG IM BÜRO - DIE ENTSCHEIDENDE LÜCKE WIRD ERST JETZT GESCHLOSSEN

Die klassischen Bürotechniken, wie beispielsweise Schreibmaschine, Kopiergerät, Telefon, Telex und Diktiergerät, haben immer nur eine der drei Grundtätigkeiten unterstützt. Dadurch wurde die Arbeitsorganisation im Büro auch grundlegend nicht verändert. Lediglich die Einführung der

Datenverarbeitung hatte Konsequenzen, die von den Betroffenen mit Recht in vielen Fällen als unerfreulich empfunden wurden. Hieraus entstanden eine Reihe von Aversionen und Vorurteilen, die im übrigen jetzt unzulässigerweise pauschal auf die Kommunikationstechniken übertragen werden.

Dieser Schock, den die Datenverarbeitung bei Einführung im Büro erzeugt hat, wird verständlich, wenn man die Technisierung der Büroarbeit mit dem Einführen von Technik in anderen Lebensbereichen vergleicht. In der Landwirtschaft beispielsweise und in der Güterproduktion entwickelten sich die Techniken schrittweise über lange Zeiträume zu höherer Leistungsintegration.

Es entstanden zunächst einzelne Werkzeuge, beispielsweise Spaten, Harke, Rechen, Hammer, Meißel, Stichel, Feile. Später entstanden durch Kombination von Werkzeughalter und Bewegungsapparat Werkzeugmaschinen, wie etwa Pflug, Egge, Bohrmaschine, Drehbank. Durch Hinzunahme, insbesondere von Bestück- und Transporteinrichtungen entwickelten sich daraus hoch automatisierte Fertigungsstraßen, wie Mähdrescher mit Ballenkompression oder Pleuelstangenbearbeitungsstraßen.

Trotz des beachtlichen Fortschrittes erleichterte die jahrelange Praxis im Umgang mit den Gerätschaften einer Entwicklungsstufe den Übergang zur nächst höheren.

Anders verlief die Entwicklung im Bürobereich. Die Erfindung des Papyrus vor rund 5000 Jahren hat die Dokumenterstelung wesentlich "erleichtert". Der Meißel wurde durch den Griffel ersetzt.

Seit 500 Jahren kann man durch die Erfindung Gutenbergs Schriften durch den Druck mit beweglichen Lettern rationeller erstellen. Der Berufsstand der Schreiber wurde übrigens dadurch arbeitslos, was nicht weiter auffiel, da sie ja ohnehin in Klöstern saßen. Dafür entstand eine unübersehbare Menge von neuen Arbeitsplätzen in der Herstellung und im Vertrieb von Druckerzeugnissen.

Vor rund 100 Jahren ging es den Stehpultkalligraphen ans Leder. Mit Einführung der Schreibmaschine konnten auf einfachere Art lesbare Dokumente mit begrenzter Anzahl von Kopien hergestellt werden. Da die Maschinen schwer bedienbar waren und viel Geduld erforderten, wurden die Stehpultsekretäre damit nicht fertig. Man erinnerte sich aber bald an den Teil der Menschheit, der sich schon immer durch Geduld und Willigkeit ausgezeichnet hatte: so kamen die Frauen ins Büro!

Etwa um die gleiche Zeit konnte durch das Telefon die Verständigung beschleunigt werden.

Vor 30 bis 40 Jahren erleichterten fotografische Verfahren die Archivierungen in Form von Mikrofilm und elektrische Bildverfahren das Kopieren mit zunächst lästigem Naß - später angenehmen xerografischen Trockenverfahren.

Trotz all dieser Fortschritte: - das Büro war eigentlich immer noch mittelalterlich! Im Kern der Bearbeitung gab es keine Hilfen. Es gab keine Werkzeugmaschine, die für den Gegenstand der Büroarbeit - die Bearbeitung von Information - gleichzeitig Merkhilfe, Bearbeitungsunterstützung und Transporterleichterung bot.

Auf diese technisch bescheiden unterstütze Bürowelt traf vor rund 20 Jahren mit voller Wucht die Datenverarbeitung. Sie konnte auf einmal inhaltlich Information analysieren, ergänzen, erzeugen und in großem Umfang speichern. Da sie in ihren ersten Ausprägungen nicht dialogfähig war, zwang sie bestehende Arbeitsabläufe gravierend zu ändern.

Dem Sachbearbeiter wird ein Teil seiner Fachaufgabe weggenommen. Die Fachaufgabe wird formalisiert. Die Erfüllung des Formalismus zwingt den Sachbearbeiter zu einer Reihe von monotonen Assistenztätigkeiten. Zwischen Sachbearbeitung und Maschinenerledigung werden deshalb Assistenzdienste eingeschoben. Durch ihr unerbittliches Verlangen nach 100%iger exakter Erfüllung aller Struktur- und Vollständigkeitsvorschriften quält die Maschine alle Beteiligten.

Die Bearbeitung kann nicht an den individuellen Fall, sondern die Darstellung des Falles muß den Maschinenmöglichkeiten angepaßt werden. Denn: die Großdatenverarbeitung ist keine Werkzeugmaschine in dem Sinne, daß man beliebig einzelne Handgriffe auf ihr ausführt und andere personell erledigt. Sie ist eine Hochleistungstransferstraße, in der nur nach vorprogrammierter Erledigungstechnologie das Material behandelt wird !

Das heißt: bedingt durch den Verlauf der technologischen Entwicklung wurde im Büro die Zwischenstufe der Werkzeugmaschine ausgelassen. Deshalb ist es nicht verwunderlich, daß jetzt bei Einführung von Bürokommunikationssystemen die teilweise praktizierten Arbeitsorganisationen auch wieder zurückentwickelt werden müssen.

Denn auf die Bürokommunikationssysteme, die im Sinne von Werkzeugmaschinen wirken, werden ja keineswegs die für die Hochleistungstransferstraße "Datenverarbeitung" geeigneten Arbeiten zurückverlagert. Vielmehr werden die Tätigkeiten, die der Datenverarbeitung nicht zugänglich waren, nunmehr technisch unterstützt.

Das Reservoir derartiger Tätigkeiten ist im übrigen sehr groß.

Untersuchungen haben gezeigt, daß im Sachbearbeiter- wie Fachkräftebereich trotz der seit 20 Jahren praktizierten Datenverarbeitung 60 - 75 % der Arbeitszeit dem Auswerten, Erstellen, Sortieren, Archivieren und Versenden von Papierinformation gewidmet sind. Vielleicht ist die für Papierkram aufgewendete Arbeitszeit auch deshalb so groß, <u>weil</u> wir Datenverarbeitung eingeführt haben (Bild 2) ?!

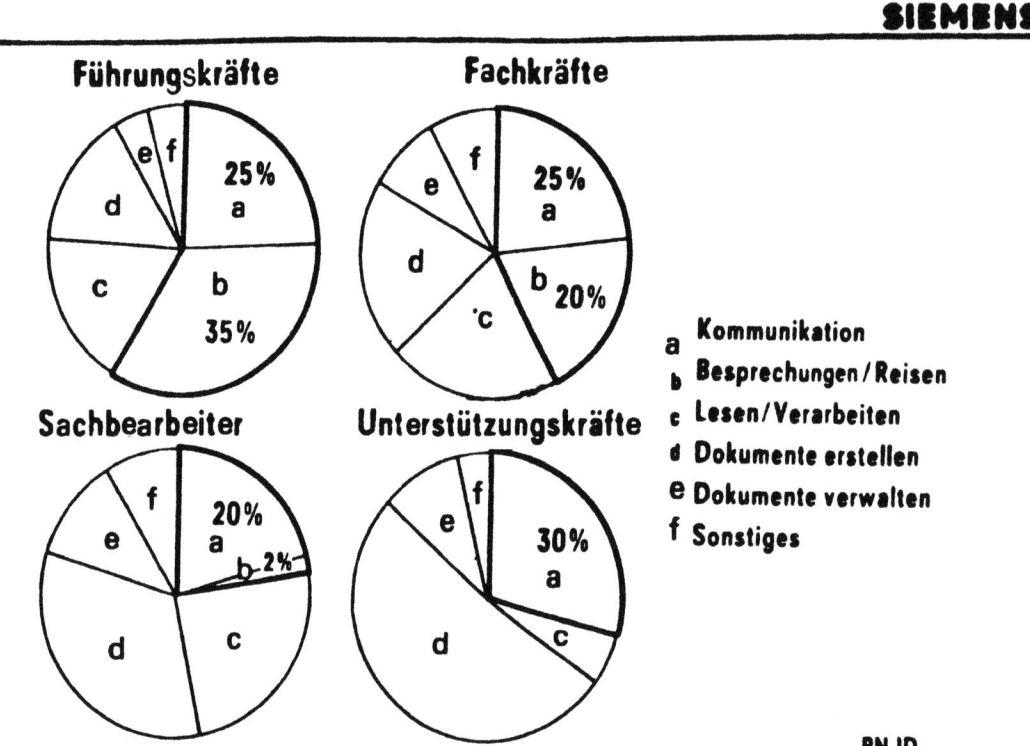

Arbeitszeitaufteilung im Büro   Bild 2

3 EINFLUSS DER KOMMUNIKATIONSTECHNIK AUF DIE ARBEITS-ORGANISATION

Bevor wir uns der Frage zuwenden, wodurch Kommunikationstechnik und mit welcher Konsequenz die Büroarbeit unterstützt, zunächst ein paar grundsätzliche Anmerkungen zur Büroarbeit.

Nach arbeitswirtschaftlichen Grundsätzen betrachtet, muß man zunächst erhebliche Zweifel daran haben, ob man angesichts des heute gegebenen Zustands von den Tätigkeiten im Büro von Arbeit oder nur von Beschäftigung sprechen darf.

Man unterscheidet nicht zwischen Hauptzeiten, Rüstzeiten und Nebenzeiten. Man qualifiziert die Tätigkeiten nicht nach handhabungsorientierten oder mentalen. Dadurch wertet man auch nicht differenziert. Erstbearbeitung und Nacharbeit werden in den gleichen Topf geworfen. Büroarbeit ist eben Büroarbeit, sonst nichts ! /1/

Da man keine "roten Löhne" schreibt und unnötig erbrachte Büroarbeit nicht als Verschrottung von Arbeitszeit getrennt ausweist, fehlen die täglichen oder wöchentlichen Indikatoren als Anreiz nach ökonomischeren Mitteln und Arbeitsorganisationen zu suchen.

Machtstreben prägt Strukturorganisation stärker als ökonomisch orientierte Prozeßbetrachtung. Nach "wertfreier" Diskussion wird die Einrichtung eines Fachressorts beschlossen und dadurch auf Dauer ein Kostenblock von 500.000 Mark und mehr pro Jahr in die Organisation eingeführt. Nur für die Speicherschreibmaschine dieses Referates muß auf alle Fälle eine Marginal-Renditenrechnung vorgelegt werden.

Bei Gestaltung von Abläufen konzentriert man sich auf die gut erfassbaren "Büroprozesse" mit entsprechend hohem Arbeitsvolumen. Die Erledigung individueller Vorgänge bleibt mehr oder minder dem "konstruktiven und informellen Zusammenspiel" der Beteiligten überlassen. Grundsätzlich besteht die Tendenz zum fachgegliederten Taylorismus !

Vorschub erhielt die nach Fachinhalten gegliederte Arbeitsorganisation zweifellos durch das Fehlen geeigneter kommunikationsfähiger Bürotechniken. /2, 3/

Zum Erledigen eines Vorganges muß nämlich stets aktuelle (Bild 3) Basisinformation verfügbar sein. Andererseits wird diese Basisinformation aus der praktischen Bearbeitung von Vorgängen heraus laufend aktualisiert. Bearbeiten mehrere Mitarbeiter parallel und unabhängig voneinander auf demselben Arbeitsgebiet unterschiedliche Vorgänge, ist ohne Technik weder die Fortschreibung noch die Verfügbarkeit des jeweils aktuellen Informationsstandes von und für alle Arbeitsplätze gesichert.

Jeder Arbeitsplatz besitzt nur seine eigene Aktualisierungsinformation, nicht die des Kollegen. Deshalb faßt man Arbeitsplätze räumlich wie organisatorisch funktional zusammen.

Am besten ist die Aktualisierung gewährleistet, wenn es gelingt, den Funktionsumfang in so kleine Scheiben zu teilen, dass jeweils die Erledigung des Teilschrittes für alle Geschäftsfälle an einem Arbeitsplatz möglich wird.

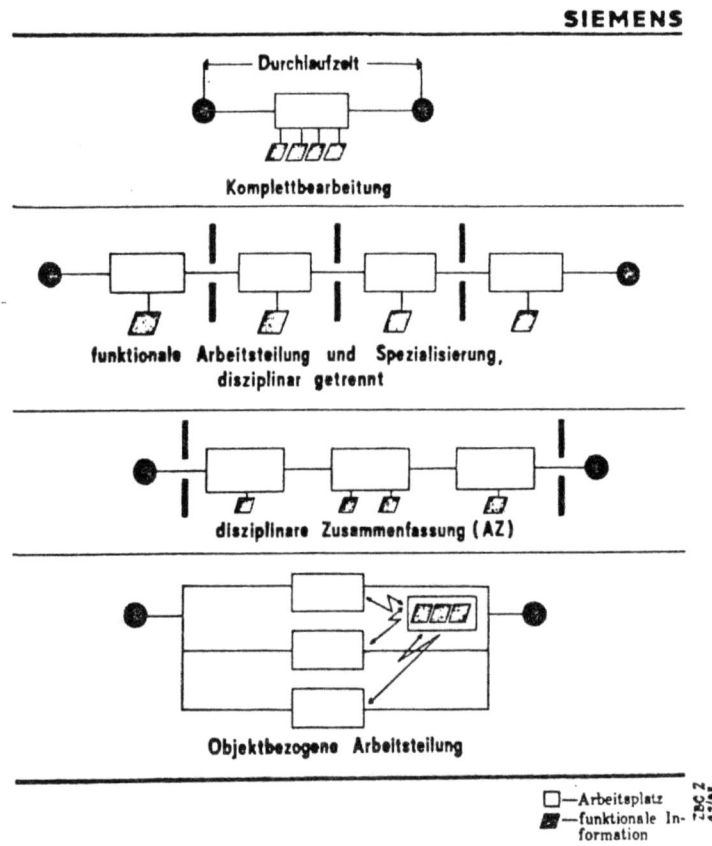

Bild 3

Dadurch erhält man in der Organisation aber lange Durchlaufketten und gewaltige Durchlaufzeiten. Denn von Arbeitsplatz zu Arbeitsplatz muß mit Liegezeiten in der Größenordnung von einem Tag gerechnet werden. Schließlich warten die Mitarbeiter ja nicht, etwas zu tun zu bekommen.

An dieser Stelle muss gleich ein häufig zu beobachteter Denkfehler korrigiert werden. Man glaubt, die Büroarbeit wird künftig dadurch wesentlich beschleunigt, dass Information elektrisch in Sekundenschnelle von Arbeitsplatz zu Arbeitsplatz transportiert wird.

Die Zusammensetzung der Durchlaufzeit von Vorgängen, in Bild 4 dargestellt, führt jedoch zu einem ganz anderen Schluß:

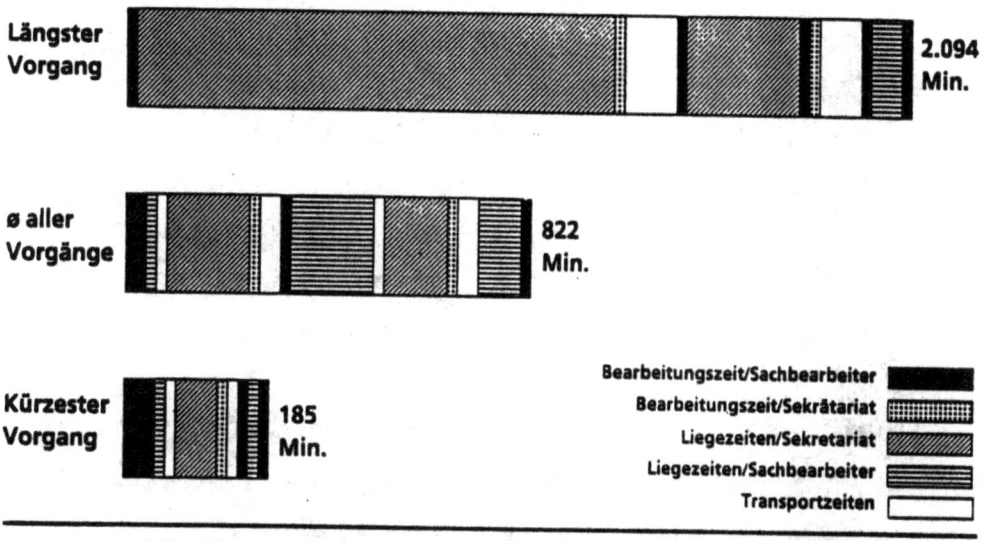

Schriftgutabwicklung Tätigkeitsfolgen im Prozeß

Bild 4

Während 95 bis 97% der Verweildauer eines Vorganges in einer Organisation wird der Vorgang nicht bearbeitet. Nur ca. 6% der "Durchlaufzeit" verursachen Transportvorgänge.

Ca. 90% der Durchlaufzeit "ruht" der Vorgang wohlverwahrt in der segensreichen Erfindung der Ein- und Ausgangskörbchen.

Der elektronische Transport würde deshalb mit 6% Zeitkürzung einen nur unmerklichen Beitrag leisten.

Der wirkungsvolle Ansatz muss deshalb Liegezeiten kürzen. Aber auch bei Kommunikationssystemen existieren diese Liegezeiten in gleicher Grössenordnung vor jeder Arbeitsstation, denn auch bei Systemeinsatz - oder gerade deshalb - sind die Sachbearbeiter beim Eintreffen von Nachrichten schon anderweitig beschäftigt.

Das Ziel wird folglich nur erreicht, wenn die Z a h l

der Arbeitsstationen, die ein Vorgang zu durchlaufen hat, reduziert wird. Aufgabenzusammenfassung statt Taylorismus ist also gerade bei Einsatz von Kommunikationstechnik notwendig.

Im Grunde gelten nämlich uneingeschränkt für das Büro die gleichen Überlegungen, die jetzt im Fertigungsbereich zur Organisationsform "Fertigungszelle" führen. Auch aus einem weiteren Grund. Taylorismus wirkt sich besonders im Büro auf Dauer sehr demotivierend aus. Je kleiner der Arbeitsinhalt ist, um so weniger kann der Einzelne nämlich den Wert seines Beitrags erkennen. Der geschäftsrelevante Bezug zum Arbeitsergebnis geht verloren. Qualitäts- wie Terminmotivation sind nicht mehr gegeben.

Bürokommunikationssysteme schaffen dagegen die Voraussetzung für ein Job-Enlargement und Job-Enrichment. Funktionale Information kann im Zuge der Sachbearbeitung jederzeit von jedem Betroffenen ergänzt und im gemeinsamen elektronischen Archiv hinterlegt werden. Die archivierte Information steht jedem zu jeder Zeit abrufbereit zur Verfügung. Da Bürosysteme nicht nur strukturierte Information behandeln können, werden gerade die wichtigsten Informationsformen, die häufig mehr kommentierend als direktiv gegeben werden müssen, wirkungsvoll unterstützt.

Hieraus folgt: Bürosysteme schaffen in idealer Weise die Voraussetzung übertriebenen und arbeitswirtschaftlich unsinnigen Taylorismus in eine vernünftige Arbeitsorganisation zurückzuverwandeln. Wenn man im übrigen berücksichtigt, daß zur Erledigung jeder Büroarbeit auch Einarbeitungsaufwand anfällt (geistige Rüstzeit), wird sehr schnell klar, daß die Rüstzeitzuwächse bei vergrößerter Zahl von Arbeitsstationen die Kürzungen in der Hauptbearbeitungszeit wegen höherer Geläufigkeit des Spezialspezialisten auf seinem Gebiet mehr als wettgemacht werden (Bild 5).

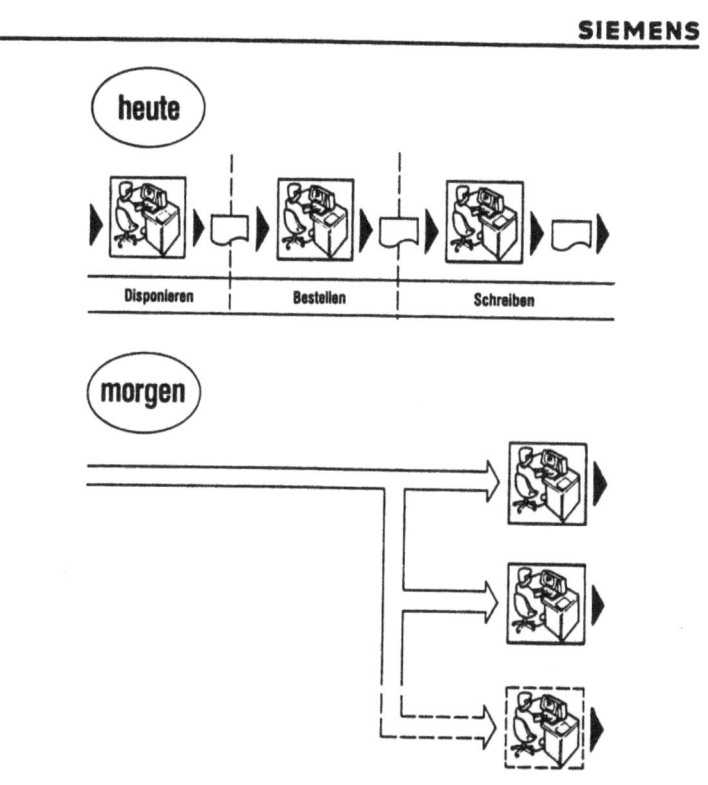

Aufgabenzusammenfassung durch integrierte Technik

Bild 5 : Annahme:

    Hauptzeit: 2 min

    "Geistige" Rüstzeit: 10 min

    Liegezeit vor/nach Bearbeitg je 1/2 Tag

Sequentielle Organisation:

    Arbeitszeit: 3 * (2 + 10) =   36 min

    Durchlaufzeit: 3 * (1/2 + 1/2) =   3 Tage

Parallele Organisation:

    Arbeitszeit bei doppelter Hauptz.

               1 * (12 + 10) =   22 min

    Durchlaufzeit: 1 * (1/2 + 1/2) =   1 Tag

Die inzwischen in vielen Fällen vollzogene Umorganisation hat die zunächst theoretisch anmutenden Betrachtungen in allen Punkten bestätigt. In den betreffenden Abteilungen werden heute bei gleicher Mitarbeiterzahl ein um 30 % größeres Arbeitsvolumen in derselben Zeit durchgesetzt und dies, wegen der gestiegenen Motivation, mit höherer Qualität bzw. weniger Fehlern.

Der zweite Einfluß auf die Durchlaufzeitkürzung wie Bearbeitungszeitminderung gründet auf dem Wegfall von Hilfstätigkeiten. Dies gilt für die arbeitsteilige Erledigung im Bereich der Datenerfassung, der Textbearbeitung und der Graphikerstellung gleichermaßen. In allen genannten Gebieten wurde bisher zur Entlastung des Fachspezialisten das Umwandeln der von ihm im Konzept fixierten Aussage in eine beständige, allgemein lesbare und den Strukturanforderungen entsprechende Form Assistenzkräften übertragen.

Solange Information nur auf Papier fixiert weitergegeben werden kann, ist diese Arbeitsteilung gerechtfertigt. Denn die unvermeidlichen Korrekturen in der Reinschriftphase lassen sich auf Papier nur sehr zeitaufwendig abwickeln. Stehen Informationen dagegen in elektronischer Form zur Verfügung, ist dieses Argument nicht mehr gegeben. Auch ein mittelmäßig auf der Tastatur Schreibender kann müheloser und meistens sogar in kürzerer Zeit in einem elektronisch vorhandenen Text Korrekturen einbringen, als wenn er durch Einkleben, Ausschneiden oder handschriftliche Randnotizen eine Vorlage aktualisiert, die dann mit nochmaligem Arbeitszeitaufwand in eine spätere Reinschrift umgesetzt wird! /2, 3/

Der Übergang auf kommunikationsfähige Bürosysteme ist deshalb kein Ersatz der alten Schreibmaschine. Es ist, genau besehen, die Einführung einer neuen Dokumenterstellungstechnologie! Beim Erarbeiten eines Dokumentes wird die Information komplett auf elektronische Ebene gehoben. In dieser Form kann sie unmittelbar - auch vom weniger Geübten - den Anforderungen entsprechend angepaßt werden.

Ohne Zwischenschalten jeweils eines Handlangers kann der Fachexperte die sich aus dem Inhalt ergebenden Veränderungen unmittelbar einbringen. Er kontrolliert dabei sofort die eben vollzogene Änderung bzw. Ergänzung. Damit entfallen alle späteren Kontrollvorgänge ebenso wie die Assistenzarbeit.

Arbeitswirtschaftlich gesehen ist das Einschalten von Assistenzkräften in den Korrekturphasen ohnehin fragwürdig. Denn sie verursachen Arbeitsaufwand, der zum Wert des Büroproduktes keinen wertsteigernden Beitrag leistet. Der Wert von Büroprodukten wird bei dieser Betrachtung gleichgesetzt mit der Qualität der inhaltlichen Aussage.

Nach außen sichtbar unterscheidet sich die alte und die neue Technologie darin, daß das bearbeitete Dokument (Werkstück) nicht körperlich von Arbeitsplatz zu Arbeitsplatz transportiert und dort jeweils nach entsprechender Einarbeitung weiter gestaltet wird, sondern von Anfang bis Ende im System verbleibt und "in dieser gleichen Aufspannung" inhaltlich wie formal entsteht und zu Ende bearbeitet wird.

Dadurch reduziert sich die Arbeitszeit um etwa 30 - 40 %, die Durchlaufzeit auf ein Drittel bis ein Viertel des ursprünglichen Wertes. (Bild 6 und 7) /2, 3, 5, 7/

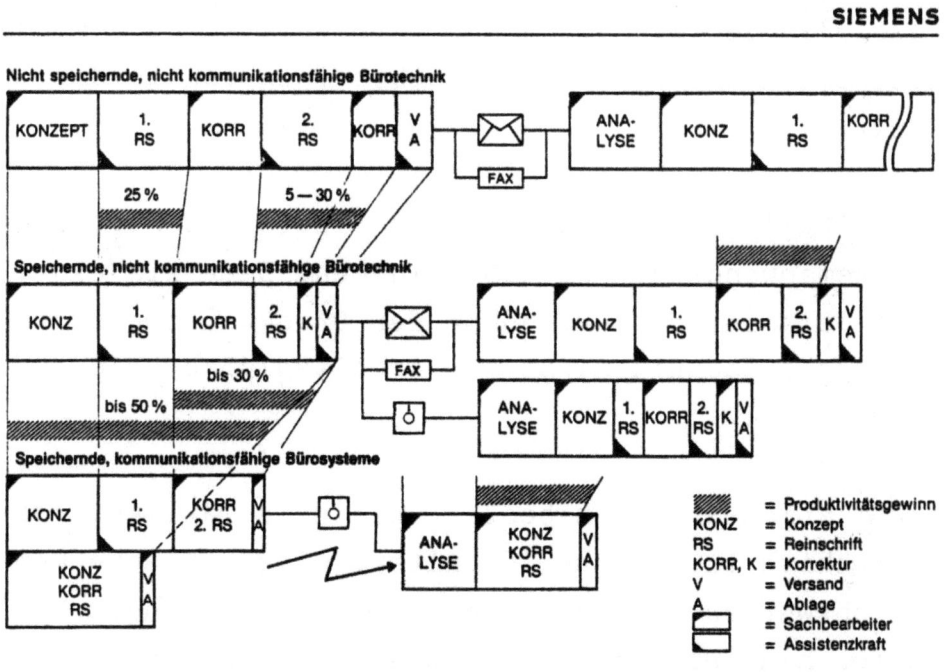

Einfluß von Speicher- und Kommunikationsfähigkeit auf BEARBEITUNGSZEIT

Bild 6

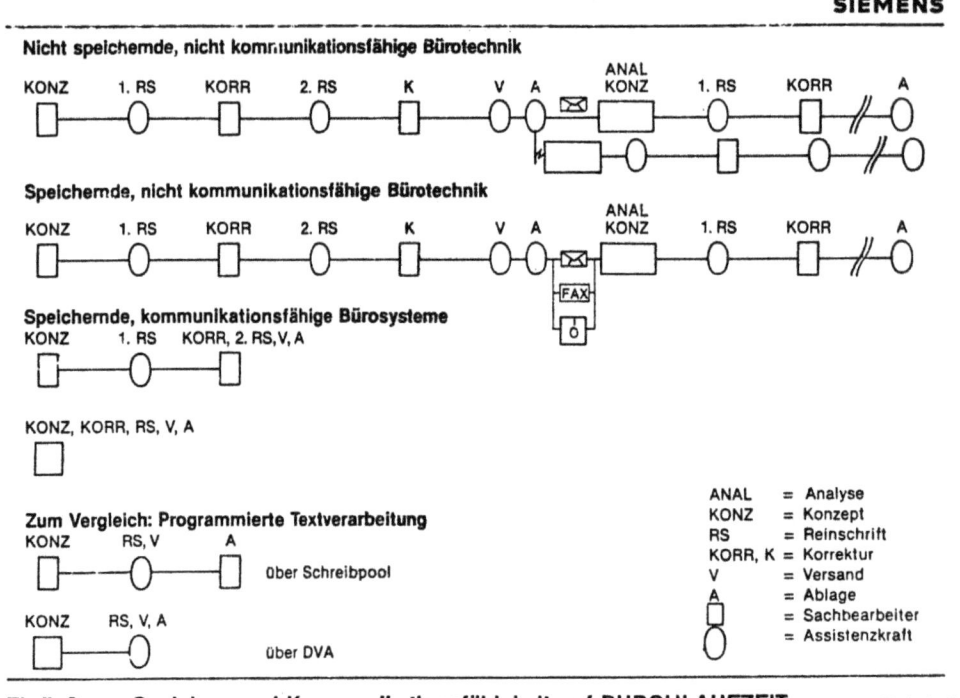

Einfluß von Speicher- und Kommunikationsfähigkeit auf DURCHLAUFZEIT   Bild 7

Für die Arbeitsorganisation bedeutet dies, daß die Servicestellen im vorhandenen Umfang nicht mehr gebraucht werden. Sie sind noch beim Ersterstellungsprozeß der Information (Transportieren in die elektronische Form) von Nöten. Dieses Pensum kann jedoch ca. ein Drittel der Assistenzkräfte bewältigen. Nur sie bleiben folglich in der alten Funktion.

Etwa ein Drittel der Assistenzkräfte findet Beschäftigung in den systemanwendenden Fachabteilungen. Denn wie eingangs beim Beispiel der Erfindung der Druckkunst gesagt, vernichtet jede Technik nicht nur Arbeitsplätze, sie schafft auch neue.

Bei Kommunikationssystemen besteht die neue Tätigkeit darin, die Archive in Ordnung zu halten, elektronische Formulare zu entwerfen und zu aktualisieren, Texthandbücher den Bedürfnissen anzupassen, nicht arbeitsplatzbezogen adressierte elektronische Post weiter zu vermitteln, abteilungszentrale Ablagen zu organisieren, den abteilungszentralen Ausdruck durchzuführen (auch bei Elektronik kann auf Papier nicht völlig verzichtet werden) usw.

Nach bisherigen Erfahrungen muß allerdings das dritte
Drittel der Assistenzkräfte völlig andere Aufgaben übernehmen.

Im Sachbearbeiterbereich sind die Konsequenzen weitaus
weniger gut abzusehen. In allen bisher realisierten Projekten - etwas über 1000 Arbeitsplätze in der Siemens AG
wurden beginnend Ende 1983 mit Bürosystemanschluß ausgestattet - führte bisher die erhöhte Arbeitsleistung nicht
zu Arbeitsmangel. Inwieweit das darauf zurückzuführen ist,
daß im ersten Anlauf Gebiete ausgesucht wurden, bei
welchen eine empfindliche Engpaßsituation zur Arbeitsbewältigung vorlag oder ob dies generell gilt, bleibt abzu-
warten.

4 AKZEPTANZ VON SACHBEARBEITERN, FÜHRUNGSKRÄFTEN UND DV-ORGANISATOREN BEI TECHNIKEINFÜHRUNG

Beim veränderter Arbeitsorganisation ergeben sich aus
unterschiedlichen Gründen vorübergehend Schwierigkeiten.
/4, 5/

Im Sachbearbeiterbereich weicht eine anfängliche, zum Teil
starke Zurückhaltung relativ rasch, wenn der von der Einführung von DV-Verfahren her bekannte Umstellungsschock
offensichtlich nicht eintritt. Sobald man erkennt, daß
Bürokommunikationssysteme nicht die fachinhaltliche Erledigung übernehmen, sondern wirkungsvoll lästige Handhabung
erleichtern, ist die Akzeptanz gesichert. Mehr noch, in
der Regel schon nach wenigen Wochen ist man nicht mehr
bereit, auf das System zu verzichten.

Entscheidend ist die Bedienoberfläche, die den Benutzer
führt, ohne daß er vorher eine langwierige Schulung durchlaufen hat.

Während die Sachbearbeiterebene wegen des persönlichen

Nutzens - leichtere Arbeitsverrichtung, gesicherter Feierabend, weniger Abhängigkeit von Zuarbeitern - keine Akzeptanzprobleme bereitet, kommt Widerstand eher aus den Reihen der Führungskräfte.

Zum Aufgabenbereich jeder Führungskraft gehört es zwar, mit allen nur denkbaren Mitteln für die produktive Erledigung der Aufgaben im eigenen Verantwortungsbereich zu sorgen. Sie müßten deshalb Kommunikationstechnik aus den oben genannten Gründen geradezu stürmisch begrüßen und die Einführung der Techniken initiieren.

Aber müßten sie sich dann nicht selbst auch dieser Techniken bedienen? Besteht dann nicht die Gefahr, daß sie sich selbst auf einmal eine andere Arbeitsweise aneignen müßten? Verlieren sie dadurch nicht etwa das Statussymbol Sekretärin? Werden sie andererseits nicht von den Informationen auf einmal abgeschnitten sein, wenn sie nicht persönlich diese Technik nutzen wollen? Wird, wenn im Unternehmen die Technik immer stärker eingeführt wird, nicht aus Gründen der Ökonomie sogar eine andere Ressortabgrenzung ins Haus stehen? Gibt es die jetzige Abteilung und die Führungsposition dann überhaupt noch?

Dies alles erkennend, fährt man am besten schnell auf die nächste Messe und findet durch knifflige Fragen heraus, welche Mängel heutige Systeme noch aufweisen. Mit diesen Argumenten läßt sich dann die Systemeinführung "aus Sorge für das Unternehmen" sicher verschieben! Die Pfründe sind gerettet.

Dem Unternehmen aber ist unaufholbarer Nachteil entstanden. Neue Arbeitsweisen lassen sich bekanntlich nicht anordnen. Nur der praktische Umgang setzt den Anwender in die Lage, immer vorteilhafter die neuen Mittel einzusetzen. Durch das Verschieben einer Investition wird Zeit verschenkt, die später, wenn der Konkurrent es geschafft hat, nicht aufgeholt werden kann.

Der dritte Problemkreis ist die etablierte Großdatenverarbeitung mit ihren DV-<u>Organisatoren.</u> Sie sind seit Jahren trainiert, aus der Büroarbeit jeweils diejenigen Arbeiten wie Rosinen herauszupicken, die sich soweit formalisieren lassen, daß sie einer programmierten Erledigung zugänglich werden. Dabei werden rücksichtslos zusammengehörende Tätigkeiten auseinander gerissen, weil alle Arbeiten in der Phase noch unvollständiger Information oder noch ungeklärter algorithmischer Behandlung im Automatisierungskonzept nichts zu suchen haben.

Wird diesen Fachleuten die Einführung von Bürosystemen übertragen, ist ein fragwürdiger Ausgang des Unterfangens vorprogrammiert. Ähnlich wie die Führungskräfte hat sich dieser Personenkreis kaum jemals mit den Handhabungstätigkeiten im Büro auseinandergesetzt. Er mußte es ja auch nicht. Denn Datenverarbeitung bearbeitet Inhalte, sie unterstützt nicht Handgriffe.

Da Bürokommunikationssysteme wegen ihres physikalischen Aufbaus sehr stark Rechnern ähneln, beschäftigen sich die DV-Organisatoren immer wieder fast ausschließlich mit der Frage, inwieweit Bürosysteme ein Ersatz der Großdatenverarbeitung sind. Aus diesem falschen Substitutionsdenken heraus beginnt häufig ein Ablehnungskampf gegen PC und Bürosysteme aus Sorge um die Integrität von Datenbanken. Die mit viel Geld erkaufte Vereinheitlichung im Datenbereich darf in der Tat ja auch auf keinen Fall gefährdet werden.

Wen wundert es, daß in Anwendungsbereichen, die zu 60 - 70 % ihrer Arbeitszeit mit Papier zugedeckt sind, der Drang nach lokalen und individuellen Erleichterungen gross ist. Wirkt die DV-Organisation bei Initiativen der Fachabteilungen aber nicht mit, entwickeln sich die Projekte tatsächlich oft in die falsche, von den DV-Organisatoren befürchtete Richtung. Man versucht den Ersatz der Groß-DV durch Kleinsysteme, statt sich auf das mit Schmierzettelinformation überhäufte Vorfeld der Datenverarbeitung zu konzentrieren. Ein unsinniges Unterfangen.

Installiert man aber Bürokommunikationssysteme zur Text- und Grafikbearbeitung im Vorfeld der Datenverarbeitung, sollte von Anfang an die DV mitwirken, damit auch die Kommunikation zu vorhandenen Datenbeständen richtig gelöst wird. Hierzu verweigert jedoch häufig die DV-Organisation ihre Hilfe.

Es ist erstaunlich, wie viele DV-Leiter dem Wandel der Zeit nicht folgen wollen. Braucht man auch auf diesem Gebiet erst eine neue Führungsgeneration? Vor 15 Jahren beklagten die heutigen DV-Leiter das völlige Unverständnis der Geschäftsleitungen für die notwendige Einführung der Datenverarbeitung incl. entsprechender Anpassung der Ablauforganisation. Heute verhalten sich die, die nach vielen Jahren des Ausharrens Anerkennung gefunden haben, genau so beklagenswert gegenüber der Einführung von Bürotechnik, die wiederum ökonomischere Arbeitsorganisationen ermöglicht. Schmalspurfortschrittler und Breiteninnovationsbremser in einer Person !?

Teilweise ist natürlich diese Haltung der DV-Leiter geprägt vom Marktführer auf dem Gebiet der Datentechnik. Er hat keine Kommunikationslösung für das Büro. Er kann Endgeräte verdrahten und an den zentralen Rechner hängen. Alles wird zentral erledigt. Deshalb drängt er seine Kunden (DV-Leiter) dezentrale Kommunikationslösungen erst gar nicht zuzulassen.

Im Büro braucht man aber eine Hierarchie von Archiven. Denn es ist unsinnig, jeden elektronischen Schmierzettel, jedes Konzept - welches im normalen Büroalltag über die Schwelle der Dienststelle nie hinausgeht - zentral abzulegen. Neben unnötig erhöhtem Datenübertragungsvolumen auf dem Leitungsnetz bei dieser Konzeption sprechen auch die Sicherheitsüberlegungen entschieden gegen eine solche Lösung.

Da sich die DV-Organisatoren meistens nicht im Sinne der arbeitswirtschaftlichen Analyse mit dem Büro auseinandergesetzt haben, fallen sachlich falsche Argumentationen von DV-Herstellern, die keine bürogerechte Lösung haben, trotzdem auf fruchtbaren Boden und der Kreis schließt sich im beklagten negativen Sinne.

5 PLANUNG, EINFÜHRUNG UND WIRTSCHAFTLICHKEITSRECHNUNG VON BÜROSYSTEMEN

Das Vorgehen bei Einführung von Bürokommunikationssystemen stellt ein weiteres, grundlegendes Problem dar. In der Regel wird in der Vorplanungsphase entweder zu viel oder zu wenig getan.

Entschieden zuviel Aufwand wird investiert, wenn man versucht, die vielen quer- und längsfließenden Informationen in einem Unternehmen daraufhin zu analysieren, in wieweit sie zwangsläufig das Entstehen und Weiterleiten anderer Informationen nach sich ziehen. Hier mündet man bereits in eine Art Einzelarbeitsplan oder Prozeßbetrachtung, die wieder sehr stark in einer Schematisierung, Formalisierung, zumindest aber in einer Teilvorgabe von Bürotätigkeiten endet.

Derartige vertiefende Untersuchungen sollten erst gemacht werden, wenn Bürosysteme im Einsatz sind und die ersten Rationalisierungserfolge durch Wegfall von Wiederholtätigkeiten ohne Wertzuwachs und Reduktion von Liegezeiten durch Job-Enrichment realisiert wurden.

Zu wenig wird getan, wenn man einfach den Wünschen und Hinweisen einiger Interessierter folgt, deren Einsatzfall dann inselhaft beginnt, aber leider auch immer Insel bleiben wird.

Empfehlenswert ist eine Kommunikationsanalyse, die über einen möglich großen Bereich Kommunikationsströme und Form der kommunizierten Information (Sprache, Text, Bild, Daten) erfasst. Man wird dann leicht feststellen, daß immer nur Wenige im Unternehmen viel miteinander zu tun haben.

Im zweiten Schritt muß an den so gefundenen Brennpunkten der Kommunikation die Art der Entstehung der Information bzw. die Art der Weiterbearbeitung festgestellt werden.

Beide Teilergebnisse ermöglichen die Wahl der richtigen Endgeräte (Leistungsspektrum der Endgeräte) und die Zusammenschaltung der richtigen Partner. Der Zusammenschluß der viel miteinander Arbeitenden an einem Subsystem bzw. einem Systemstrang ist deshalb so wichtig, weil dann auf vereinfachte Weise mit gemeinsam verabredeten Subarchiven bzw. gemeinsamen elektronischen Schränken und Ordnern gearbeitet werden kann.

Stattet man zeitlich versetzt der Reihe nach kommunikative Gruppen mit Bürosystemen aus, können diese Systeme successive natürlich miteinander verbunden werden. Dadurch entstehen automatisch auch die aus der Kommunikationsstromanalyse als weniger stark frequentiert erkannten Verbindungen (Bild 8).

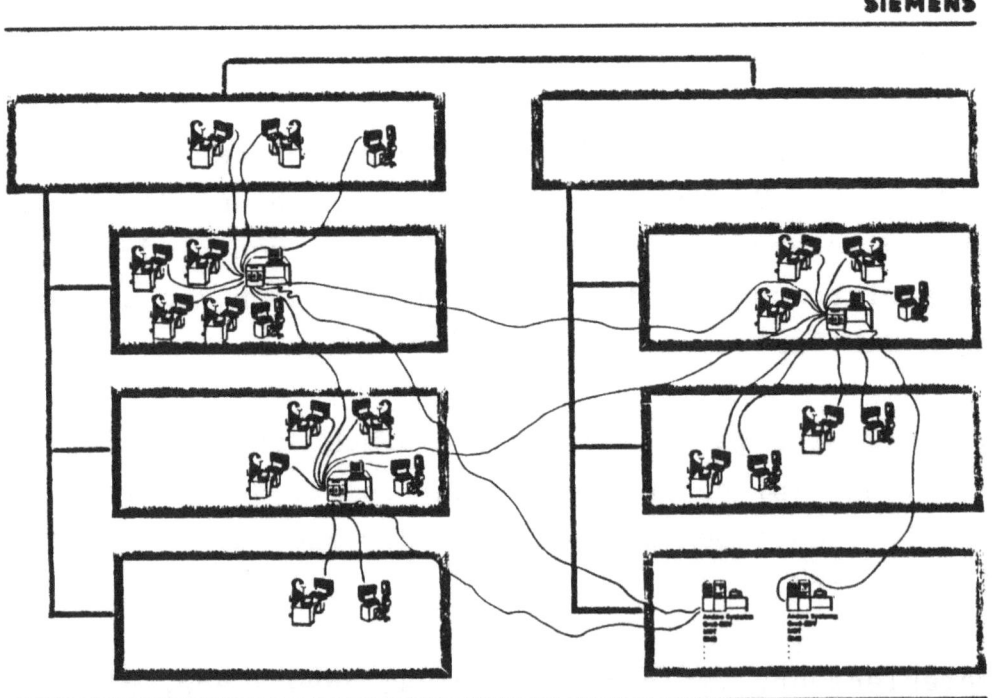

Schrittweises Einführen   Bild 8

Selbstverständlich sollte man grundsätzlich die Anbindung an Groß-DV-Anlagen sicherstellen. Denn wenn auch die überwiegenden Arbeiten in der Anfangszeit im Bereich der nichtformatierten Informationen ablaufen werden, die Notwendigkeit, vorhandene Daten in Text- und Grafikdokumente zu übernehmen bzw. nach Abschluß der Vorbearbeitung eines Falles die dann erarbeitete Dateninformation vollständig und strukturgerecht an ein DV-Verfahren zu übergeben, wächst sehr schnell.

Im Zusammenhang mit dem Planungsvorgehen muß auf folgenden Fall eigens hingewiesen werden: Existiert bereits eine organisierte Textverarbeitung mit zentralisiertem Schreibdienst und festem Autorenkreis, kann man ohne langwierige Voruntersuchung Bürosysteme bei ungeänderter Organisation einführen. Man verkürzt dadurch die Durchlaufzeit des Schriftgutes sehr stark, weil die Korrekturphasen in die Sachbearbeitung integriert werden.

Man muß sich allerdings von Anfang an mit der Verwendung der im Laufe der Zeit nicht mehr benötigten Assistenzkräfte befassen. Auch bei diesem Einsatzfall kann man später die Kommunikationsbeziehungen der Autoren untereinander ermitteln und beginnen, eine gemeinsame elektronische Bearbeitung einzurichten.

Oberstes Gebot für alle Planungen ist jedoch: man darf nicht versuchen, eine Vorplanung bis auf die Handhabungsebene machen zu wollen, weil dies in der Regel dazu führt, daß wiederum nur einige Teilprozesse dem System übertragen werden und das Gros der freien Bearbeitung nach wie vor nicht unterstützt wird.

Im Zuge der Vorplanungen müssen auch die für die Wirtschaftlichkeitsrechnung wichtigen Schwachstellen der bestehenden Büroarbeit analysiert und bewertet werden. Erstaunlicherweise herrscht in weiten Kreisen die Meinung, daß für den Wirtschaftlichkeitsnachweis der Bürokommunikationssysteme eine neue Art von Wirtschaftlichkeitsrechnung erfunden werden muss.

Dem muß entschieden widersprochen werden. Die bekannten Verfahren der Wirtschaftlichkeitsrechnung reichen aus. Das Problem besteht darin, daß keine differenzierten Kostenwerte über die Büroarbeit vorliegen. Deshalb lassen sich auch die Größenordnungen partieller Verbesserungen im ersten Anlauf wertemäßig nicht fixieren. /5/

Ferner wurden im Bürobereich schon immer die Zusammenhänge zwischen Durchlaufzeit und anderen Kostenarten, wie beispielsweise Lagerverzinsung, Montage, Kundenpflege, Auftragseingang vernachläßigt. Um Faktoren gekürzte Durchlaufzeit senkt Sicherheitsbestände mit entsprechend positiver Zinswirkung. Wesentlich schnellere Reaktion auf Kundenäußerungen erspart manche Kundenpflegemaßnahme, führt zu höherem Auftragseingang, dadurch zur besseren Werkstattauslastung und senkt indirekt die Gemeinkosten.

Durch die sofortige Verfügbarkeit aktueller Information werden Fehler vermieden, die bei klassischer Arbeitsorganisation in der Regel erst in späteren Stufen der Bearbeitung erkannt werden. Dadurch wird nicht nur die bereits in die Weiterbearbeitung des Falles investierte, aber verlorene Büroarbeitszeit eingespart, sondern oft schon ausgelöste, teuere Stornierungsmaßnahmen vermieden.

In einer Reihe von Projekten hat sich gezeigt, daß diese vermiedenen Folgekosten bereits in der ersten Wirtschaftsperiode das System bezahlt machen. Bei dieser Art der Wirtschaftlichkeitsbetrachtung muß man allerdings den Mut haben, einzuräumen, daß in einem noch so gut organisierten Bürofeld immer wieder Fehler mit erheblicher Konsequenz entstehen, solange unterstützende Techniken nicht eingesetzt sind !

Leider meint man im Gegensatz zum Fertigungsbereich, wo jeder Fehlerhinweis dankbar aufgenommen wird, weil er die

Ausgangsbasis für wirkungsvolle Qualitätsverbesserung darstellt, im Bürobereich beim Zugeben von Fehlern das Gesicht zu verlieren. Büroarbeit ist eben Beschäftigung !

6 VORRAUSSICHTLICHER ABLAUF IM WANDEL DER BÜROORGANISATION

Aus der Betrachtung des Arbeitsfeldes Büro und seiner Rollenträger ergibt sich:

1. Die Erhöhung der Büroproduktivität durch Einsatz kommunikationsfähiger Techniken läßt sich nur schrittweise über einen relativ langen Zeitraum verwirklichen. Die Entwicklung verläuft evolutionär eine Revolution steht nicht ins Haus.

2. Bürokommunikationssyteme ermöglichen bei der Erstellung, Änderung und Verwaltung von Bürodokumenten neue Vorgehensweisen. Es entsteht eine andere Bearbeitungstechnologie. Wie bei jedem technologischen Wandel, muß die Arbeitsorganisation grundlegend geändert werden. Im Gegensatz zur Datenverarbeitung muss bei Einführung von Kommunikationssystemen die Arbeitsorganisation aber nicht schlagartig angepasst werden. Auch bei unverändert bleibender Organisation werden Schwachpunkte der Büroarbeit beseitigt. Man hat Zeit die neuen Organisationsformen zu finden. Man kann deshalb mit dem Einsatz von Bürosystemen nach kurzer Voruntersuchung beginnen.

Ein Warten auf bessere Technik kommt nur den Konkurrenten zugute, die bereits mit den jetzt gegebenen Mitteln die neuen Arbeitsweisen erlernen und ihre Organisation neu formieren.

3. Eine Vielzahl technisch unterstützter und damit nicht mehr belastender Handgriffe wird der Fachmann im Zuge der inhaltlichen Informationsbearbeitung wieder selbst ausführen. Der Assistenzkraftbereich erhält zum Teil

neue, durch die Kommunikationssysteme entstehende Aufgaben. Ein Teil muß anderweitig eingesetzt werden.

4. Die veränderte Ablauforganisation im Sachbearbeiterbereich setzt sich auch im Führungsbereich fort. Häufig anzutreffende sogenannte Führungspositionen im Mittelmanagement, die in Wahrheit Referenten- oder Fachspezialistenpositionen sind, werden durch Wegfall der unterstellten Hilfskräfte in solche zurückverwandelt.

5. Die Führungskräfte als pflichtgemässe Initiatoren zur Einführung produktivitätsverbessender Maßnahmen sind im Bürobereich auf diese Aufgabe überhaupt nicht vorbereitet. Wegen der mit Recht vermuteten Auswirkungen, auch auf den eigenen Arbeitsplatz und die eigene Person, neigen sie im Zweifelsfall eher zu zögernder Haltung.

6. Das Gros der Büroorganisatoren ist für die anstehende Aufgabe nicht ausgebildet. Grundkenntnisse der Arbeitswirtschaft fehlen. DV-Organisatoren sehen bei Bürosystemen nur die Komponente Verarbeitungsleistung und suchen im Anwendungsfeld nach fachinhaltlichen Teilprozessen, "die sich mit so kleinen Systemen bearbeiten lassen". Jahrelang auf eine recht einseitige Betrachtung des Büros, unter der Zielsetzung fachinhaltlicher Vollautomation, gedrillt, stehen sie Aufgaben der Handhabungsunterstützung, kombiniert mit Verarbeitungs-, Archivierungs- und Kommunikationstätigkeiten, hilflos gegenüber.

7. Wegen dieser mißverständlichen Auffassung, werden in den Führungsetagen der DV-Organisation Bürokommunikationsprojekte sogar verhindert oder verzögert. Man befürchtet eine Konkurrenz zur Groß-DV sowie eine Gefährdung der innerbetrieblichen Datenorganisation.

8. Das bisher im Büro praktizierte, ökonomisch undifferenzierte Gebahren hat verhindert, dass detaillierte Werte über die unterschiedlichen Tätigkeiten vorliegen. Es

fehlen deshalb fiskalische Anreize zum gezielten Handeln.

9. Da aus den gleichen Gründen die Zusammenhänge zwischen den Schwachstellen der Büroarbeit und anderen Kostenarten in der Organisation nicht bekannt sind, fehlen brauchbare Werte für den Wirtschaftlichkeitsnachweis (in der Investitionsrechnung) des Technikeinsatzes.

Weil Menschen lernen müssen ihre Arbeitsgewohnheiten neuen technischen Gegebenheiten anzupassen, ist der Weg zum elektronischen Schreibtisch weit! Es ist Zeit ihn zu beschreiten. Lasst uns anfangen !

Denn die durch Warten verlorene Zeit kann niemals aufgeholt werden !

SCHRIFTTUMSANGABEN

1	E. Witte	Produktivitätsmängel im Büro in : Bürokommunikation Tagungsband Telecommunications 9 Münchner Kreis Herausg.: E. Witte Springer Verlag 1984
2	R. Schwetz	Situation und Tendenzen im Büro in: Büroorganisation-Bürokommunikatio Herausgeber: Gerd Tenzer net-Buch Telekommunikation PRAXIS Band 4 1984
3	R. Schwetz	Einfluß kommunikationsfähiger Technik auf Bürotätigkeiten und -organisation in: Betriebl. Kommunikationssysteme 3 Herausg. Hermann Krallmann Erich Schmidt Verlag 1984

4	R. Reichwald et alteri	Ein integriertes Bürosystem im Organisationstest Kapitel III in: Kooperation im Management mit integrierter Bürotechnik Herausg: Karl Heinz Beckurts / Ralf Reichwald CW-Publikationen	1984
5	A. Picot R. Reichwald	Wirtschaftlichkeit der Bürokommunikation Kapitel IV in: Bürokommunikation, Leitsätze für den Anwender CW-Publikationen	1984
6	H. Zangl	Durchlaufzeiten im Büro Herausg.: R. Reichwald Mensch und Arbeit im organisatorischen Wandel Erich Schmidt Verlag	1985

Menschen · Arbeit · Neue Technologien

Technologieeinsatz im Büro I
— Konzepte der Arbeitsorganisation —

Gestaltung der Arbeitsbedingungen in Büro und Verwaltung
— Stand und Perspektiven staatlicher Forschungsförderung

C. Skarpelis

Gliederung

Gestaltung der Arbeitsbedingungen in Büro und Verwaltung -
Stand und Perspektiven staatlicher Forschungsförderung

1. Einleitung

2. Das Programm "Forschung zur Humanisierung des Arbeitslebens"

3. Humanisierung der Arbeit in Büro und Verwaltung:
   Gesellschaftliche Entwicklungen und staatliche Forschungsförderung
3.1 Die Ausgangslage
3.2 Die erste Phase der Förderung
3.3 Die zweite Phase der Förderung
3.4 Die dritte Phase der Förderung

4. Ergebnisse und Tendenzen bisheriger Förderung im Bereich
   "Büro und Verwaltung"
4.1 Menschengerechte Gestaltung von Unterstützungstätigkeiten
4.1.1 Organisationskonzepte
4.1.2 Wirtschaftlichkeit
4.1.3 Beteiligung
4.1.4 Qualifizierung
4.2 Menschengerechte Gestaltung von Sachbearbeitungs-
    und Fachaufgaben: Erste Ansätze

5. Die neuen Entwicklungen der Förderung
5.1 Betriebliche Modellvorhaben
5.2 Musterlösungen für die betriebliche Weiterbildung
5.3 Evaluation des Förderschwerpunktes
5.4 Untersuchungsvorhaben

6. Die mittelfristigen Perspektiven der Förderung
6.1 Die Ansatzpunkte der künftigen Förderung
6.2 Die Qualifizierung
6.3 Die Arbeitsorganisation
6.4 Die Beteiligung
6.5 Die Belastungs- und Gesundheitsdimension
6.6 Die Wirtschaftlichkeit
6.7 Die Software

Zusammenfassung

Die seit 1976 erfolgte Förderung von HdA-Vorhaben in Büro und Verwaltung ist in ihrer konzeptionellen Ausrichtung in den einzelnen Phasen der Förderung stets auf die gesellschaftlichen Entwicklungen und Problemkonstellationen bezogen gewesen, die zu einer Veränderung der Arbeitswelt der Büro- und Verwaltungsangestellten geführt haben. Wesentliches Ziel der Förderung von Modellversuchen in öffentlichen und privaten Verwaltungen war, gegenüber den vorherrschenden und oftmals einseitigen Rationalisierungstendenzen zu demonstrieren, daß Reorganisationsmaßnahmen zugleich menschengerecht und wirtschaftlich sein können. Positive Ergebnisse liegen dabei vor für die Arbeitsgestaltung in Teilbereichen (z.B. für den Unterstützungsbereich von Verwaltungen) wie auch für die Gestaltung der Einführung von Reorganisationsmaßnahmen im Hinblick auf Qualifizierung und Beteiligung. Die zunehmende breitere und schnellere Anwendung neuer Informations- und Kommunikationstechnik führt jedoch zu einem tiefgreifenden Wandel der Büro- und Verwaltungsarbeit. Dieser Herausforderung, die mit vielen Problemen, aber auch Chancen für die betroffenen Beschäftigten verbunden ist, muß mit neuen Anstrengungen und Wegen technisch-organisatorischer Gestaltung begegnet werden.

1. Einleitung

Die Förderung von Forschungs- und Entwicklungsvorhaben mit dem Ziel einer menschengerechten Gestaltung der Arbeitsbedingungen erfolgt auf Bundesebene zum überwiegenden Teil im Rahmen des Programms "Forschung zur Humanisierung des Arbeitslebens (HdA)". Der Teil "Büro und Verwaltung" dieses Programms und seine Rahmenbedingungen, die beispiel- und skizzenhafte Darstellung von Vorhaben und Ergebnissen dieses Programms, sein Stellenwert und seine Perspektiven stehen im Mittelpunkt der folgenden Ausführungen. Nach einer kurzen Darstellung der Zielsetzungen und der Größenordnung des Gesamtprogramms, folgt unter Berücksichtigung der jeweils vorherrschenden Situation des EDV-Einsatzes in der Bundesrepublik Deutschland die Erläuterung der Entwicklung des Programmteils, der sich auf die Arbeitsgestaltung des Büro- und Verwaltungsbereichs bezieht. Dabei wird zwischen drei zeitlich aufeinanderfolgenden Phasen der Förderung unterschieden, so wie sie sich in verschiedenen Förderkonzeptionen niedergeschlagen haben.

Die nachfolgende Erläuterung von Erfahrungen, die im Rahmen der Durchführung geförderter Projekte gesammelt wurden, ist wiederum funktionsabhängig gegliedert. So werden beispielhafte Projektergebnisse über unterstützende Tätigkeitsfelder im Büro oder über die Sachbearbeitung in unterschiedlichen Abschnitten vorgestellt.

Die Perspektiven schließlich der Förderung werden zweigeteilt erläutert. In Kapitel 5 werden die unmittelbaren, absehbaren Entwicklungen skizziert, anhand bereits zustandegekommener oder in Vorbereitung befindlicher Vorhaben. Im Schlußkapitel 6 werden die mittelfristigen Perspektiven angesprochen, so wie sie sich auf der Basis von zum Teil noch nicht abgeschlossenen Planungen ergeben.

2. Das Programm »Forschung zur Humanisierung des Arbeitslebens«

Dieses Programm wurde im Jahr 1974 gemeinsam vom Bundesminister für Forschung und Technologie (BMFT) und dem Bundesminister für Arbeit und Sozialordnung (BMA) begonnen (Bild 1). Das allgemeine Ziel des Programms,

Bild 1

die Arbeitsbedingungen stärker als bisher den Bedürfnissen der arbeitenden Menschen anzupassen und mit Hilfe von Forschungs- und Entwicklungsarbeiten praktische Lösungen zu erarbeiten, konkretisierte sich in den folgenden maßnahmenorientierten Teilzielen:

- Erarbeitung von Schutzdaten, Mindestanforderungen an Maschinen, Anlagen und Arbeitsstätten;

- Entwicklung von menschengerechten Arbeitstechnologien;

- Erarbeitung von beispielhaften Vorschlägen und Modellen für die Arbeitsorganisation und die Gestaltung von Arbeitsplätzen und

- Verbreitung und Anwendung von wissenschaftlichen Erkenntnissen und Betriebserfahrungen /20/.

Während im Grundsatz die Humanisierung des Arbeitslebens (HdA) bei allen politischen und gesellschaftlichen Gruppen seit langem unbestritten war, ist das staatliche Humanisierungsprogramm in der Praxis erst nach mehrjährigen, diskussions- und konfliktreichen Erfahrungen akzeptiert worden.

Das Fundament der derzeitigen Förderpraxis legte der am 30. März 1983 dem Bundestag zugeleitete "Bericht der Bundesregierung zur Planung für die Weiterentwicklung des Programms 'Humanisierung des Arbeitslebens'" /22/ (Bild 2) Inhaltlich ist der Schwerpunkt

"Schutz der Gesundheit durch Abwehr und Abbau von Belastungen"

gestrafft und dem Schwerpunkt

"Menschengerechte Anwendung neuer Technologien"

eine neue Struktur gegeben worden, die auch die wachsende Bedeutung der Anwendung von Informations- und Kommunikationstechnologien zum Ausdruck bringt. Der dritte Schwerpunkt schließlich, die

"Umsetzung von HdA-Ergebnissen und Erfahrungen"

wurde mit einer breiten Palette neuer Inhalte angereichert.

Schwerpunkte des HdA-Programms

Aktuelle Orientierungsdaten

1. Schutz der Gesundheit durch Abbau und Abwehr von Belastungen	2. Menschengerechte Anwendung neuer Technologien	3. Hilfe bei der Überwindung von Umsetzungs-Schwierigkeiten
Bestandsaufnahmen	Flexible Fertigungs-Einrichtungen und -Systeme	Wirtschaftlichkeit als Umsetzungsfaktor
technische Lösungen	Automation von Büro und Verwaltung	Begleitforschung und Berichterstattung
organisatorische Anpassungen	Probleme von kleinen und mittleren Unternehmen	Erleichterung durch Projektorganisation
Grundlagenforschung		Zusammenarbeit mit Verbänden

Bild 2

Durch den Bericht der Bundesregierung werden vorwiegend Konturen, Ansatzpunkte und Akzente beschrieben, die nach Beratung mit Vertretern der Wissenschaft, der betrieblichen Praxis und den Tarifvertragsparteien im einzelnen ausgearbeitet werden sollen. Auf dieser Basis entstanden im Jahre 1984 und 1985 eine Reihe von spezifischen Förderkonzepten, die vom BMFT öffentlich bekanntgemacht worden sind. In allen diesen Konzepten sind über die originären Programmzielsetzungen, wie

o Abbau von Belastungen

o Erhöhung der Qualifikation der Beschäftigen

o Erweiterung der Arbeitsinhalte oder

o Erweiterung von Handlungs- und Dispositionsspielräumen

hinaus, noch einige Aspekte aufgegriffen, die den besonderen Bedingungen des jeweiligen Förderbereiches angepaßt sind. Im wesentlichen handelt es sich um eine verstärkte Berücksichtigung

o der Wirtschaftlichkeit
o der Innovation und
o des Dialogs zwischen Herstellern und Anwendern (Bild 3)

Umsetzungs-Chancen

Aspekte, die HdA-Maßnahmen günstig beeinflussen

1. Wirtschaftlichkeit
Menschengerechte Arbeitsplatzgestaltung mit wirtschaftlichen Vorteilen wird besonders gut angenommen.
»HdA rechnet sich!«

2. Soziale Verträglichkeit
Nehmen technische Innovationen Rücksicht auf Arbeitsorganisation, soziale und persönliche Interessen der Mitarbeiter, gibt es weniger Probleme.

3. Dialog Macher/Nutzer
Nehmen Hersteller bereits bei der Produktentwicklung Rücksicht auf Erfahrungen und Wünsche der Benutzer, ist später vieles leichter.

HdA

Bild 3

Von 1974 bis zum Beginn des laufenden Jahres wurden 1157 Projekte im BMFT-Teil des HdA-Programms mit über 850 Millionen DM gefördert (Bild 4). Rund 890 Projekte sind bis Ende 1984 abgeschlossen worden. Für das Haushaltsjahr 1985 sind im Etat für das HdA-Programm 103,5 Millionen DM vorgesehen. Allein als Zuwendungsempfänger und Auftragnehmer haben sich bislang am Programm rund 300 Betriebe aller Größenordnungen, 43 wissenschaftliche Hochschulen - mit meistens jeweils mehreren Instituten rund 60 hochschulfreie Forschungsinstitute, ca. 15 Unternehmensverbände und Gewerkschaften sowie eine Reihe von Kommunen, Bundesanstalten oder Berufsgenossenschaften beteiligt. Unternehmensverbände und Gewerkschaften, die Bundesregierung und sämtliche in dem Bundestag vertretenen Parteien unterstützen das HdA-Programm weiterhin und zwar in einer bislang noch nicht dagewesenen Einmütigkeit.

Das HdA-Programm
Fördermittel-Entwicklung 1974-1985

	Gesamtprogramm	Schutz der Gesundheit Belastungsabbau	Menschengerechte Anwendung neuer Technologien	Umsetzung	Grundlagen und Querschnittsfragen
Fördersumme in Mio. DM ca.	853	558	69	63	163
Anteilige Ausgaben % ca.	100	65,5	8,0	7,4	19,1
Anzahl der Vorhaben	1157	756	71	114	216
Abgeschlossene Vorhaben	889	579	44	92	174

Stand 31.12.84   HdA   Bild 4

3. Humanisierung der Arbeit in Büro und Verwaltung: Gesellschaftliche Entwicklung und staatliche Forschungsförderung

3.1 Die Ausgangslage

Die Förderung von Vorhaben im Bereich "Büro und Verwaltung" war im Gegensatz zu der Förderung von Projekten, die eine menschengerechte Gestaltung der Arbeitsbedingungen in der Produktion zum Ziel hatten, von Beginn des HdA-Progamms an stets von Zweifeln an ihrer Berechtigung begleitet. Diese Zweifel erwuchsen im wesentlichen aus der Vorstellung einer günstigen Arbeitssituation der Beschäftigten in Büros - besonders im Vergleich mit den jedermann einsichtigen Erschwernissen und Gefährdungen bei der Arbeit in besonders rauhen Produktionszweigen oder im Bergbau.

Die Betroffenen selbst waren an solchen Vorstellungen nicht ganz unbeteiligt. Mit dem Status des Angestellten oder Beamten versehen waren sie ohnehin sozial besser gestellt als die Arbeiter und darüberhinaus von ihrer Unentbehrlichkeit überzeugt. Von Angestellten gab es deshalb relativ selten Forderungen zu einer Verbesserung ihrer Arbeitsbedingungen, die in der Öffentlichkeit nicht gleich Assoziationen mit Privilegienvermehrung entstehen ließen.

3.2 Die erste Phase der Förderung

Verfestigte Vorstellungen wirken lange nach, und es wäre überraschend gewesen, wenn diese nicht auch die Förderung begleitet hätten. So wurden zu Beginn des Programms einige wenige HdA-Projekte im Bereich Büro und Verwaltung gefördert, die vereinzelte, eher zufällig ausgewählte Aspekte der Büroarbeit behandelten. Die in jener Zeit, Mitte 1976, verstärkt auftretenden Probleme mit Organisationskonzepten, die durch starre Arbeitsteilung und Zentralisierung der Verwaltungsfunktionen charakterisiert waren und eine vorwiegend an Personalreduzierung festzumachende Rationalisierung zum Ziel hatten, gaben wegen ihrer Folgen für die Beschäftigten Anlaß zur verstärkten Beachtung des HdA-Programms. Damit wurde die Entwicklung einer eigenen Konzeption für den Förderschwerpunkt Büroarbeit notwendig. Das auf der Grundlage der Ergebnisse einer hierfür organisierten Fachkonferenz erarbeitete Förderkonzept wurde 1977 ausgeschrieben. Demnach sollten Fragen der Arbeitsorganisation, auch unab-

hängig vom Technikeinsatz, in Vorhaben bearbeitet werden. Andererseits
galt es, den Einsatz neuer Bürotechnik, der sich zu dieser Zeit in Büros
und Verwaltungen verstärkt abzeichnete, im HdA- Programm so zu thematisieren, daß sowohl die positiven Möglichkeiten der anstehenden Veränderungen genutzt wie auch ihre Probleme identifiziert und bearbeitet werden
konnten.

Die Forschungs- und Entwicklungsvorhaben dieser ersten Förderphase konzentrierten sich vor allem auf die Probleme der Gestaltung des Schreib- und Sekretariatsbereichs, der in das Zentrum von Rationalisierungsbestrebungen rückte. Organisatoren erhofften sich davon eine erhebliche Personalkosteneinsparung, Erhöhung der Leistungsfähigkeit des Schreibbereichs, optimale Auslastung der teuren Geräte und nicht zuletzt auch mancherorts eine betriebsinterne Lösung des Problems mangelnder Arbeitsmarktangebote an Sekretärinnen. Von diesen Rationalsierungstendenzen waren über eine Million Frauen betroffen.

Das Hauptproblem jener Zeit war die Faszination an tayloristischen Rationalisierungskonzepten, mit den man die im Vergleich zur Produktion sehr großen "Defizite" abzubauen hoffte.

Die besonders zu dieser Zeit reaktivierten und neu erstellten Statistiken verfehlten nicht ihre Wirkung auf das Management: den ca. 1000 Prozent Produktivitätszuwachs in der Fertigung von Beginn bis zu den 70er Jahren dieses Jahrhunderts standen ganze 150 Prozent des Bürobereichs gegenüber /6/. Allein zwischen 1970 und 1980 konnte der white-collar-Bereich mit 10 % Produktivitätszuwachs kaum mit den 80 % des blue-collar-Bereichs konkurrieren /41/ (Hierbei wurde natürlich übersehen, daß zu den Produktionszuwächsen der Fertigung die Leistungen der Verwaltung beitrugen). Diese nahezu stagnierende Produktivität, verbunden mit der besonderen Personalintensität der Büroarbeit lenkte das Interesse der Anwenderbranchen auf den Gemeinkostensektor.

Die Hersteller wiederum betrachteten mit anderen Interessen die Entwicklungen der Beschäftigung im Bürobereich. Eine Verschiebung des Anteils der Beschäftigten in Büros allein in der Bundesrepublik von 33 % im Jahre

1950 auf bereits 41,1 % im Jahr 1973 und 51 % im Jahre 1981 /6/, /59/ zeichnete in Verbindung mit den erwähnten Betrachtungen der Anwenderbranchen einen sehr interessanten Markt für Produkte der Informations- und Kommunikationstechnologie. Hinzu kam der in diesem Zusammenhang günstige Umstand, daß der vorhandene Mechanisierungsgrad in diesem Marktsegment, gemessen in Ausstattungskosten pro Arbeitsplatz sehr gering war. 1982 wurden die Ausstattungskosten eines Büroarbeitsplatzes in der USA mit 2,75 Tsd. Dollar beziffert, gegenüber 25 Tsd. in der Fertigung und 30 Tsd. in der hochmechanisierten Landwirtschaft /41/. Die Technik war dabei, nachdem sie ihren Weg von den elektromechanischen Relais über die Elektronenröhre zum Einzeltransistor und schließlich auch zum Halbleiterblättchen (Chip) hinter sich hatte, durch die Vervollkommnung der Halbleiter-, Groß- und Größtintegration (Very Large Scale Integration = VLSI) und die damit verbundene Preisreduktion der digitalelektronischen Komponenten, die wirtschaftliche Basis für noch durchzusetzende neue Qualitäten und Quantitäten der EDV-Anwendung zu setzen /46/. Die sehr schnelle Entwicklung der Technik in den siebziger und achtziger Jahren, so wie sie in der Verkleinerung der Strukturen, der Vergrößerung der Chipfläche und in den schaltungstechnischen Fortschritten zum Ausdruck kommt, und vor allem die große Geschwindigkeit in der Produktumsetzung erlauben uns schon heute, aus der Entwicklung von Baukomponenten und Gruppen die erwartete Produktvielfalt zu prognostizieren und einige der Auswirkungen ihrer Anwendung zu erahnen /37/ (Bild 5 und Bild 6).

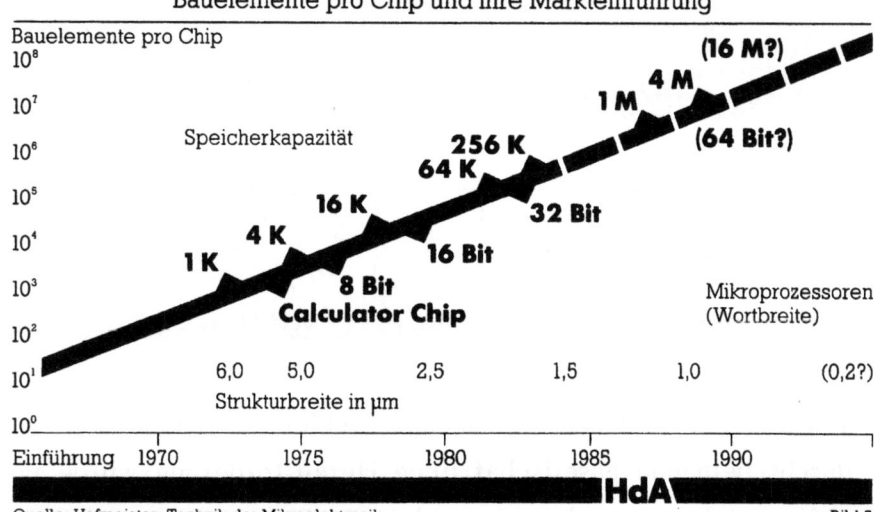

Quelle: Hofmeister: Technik der Mikroelektronik   Bild 5

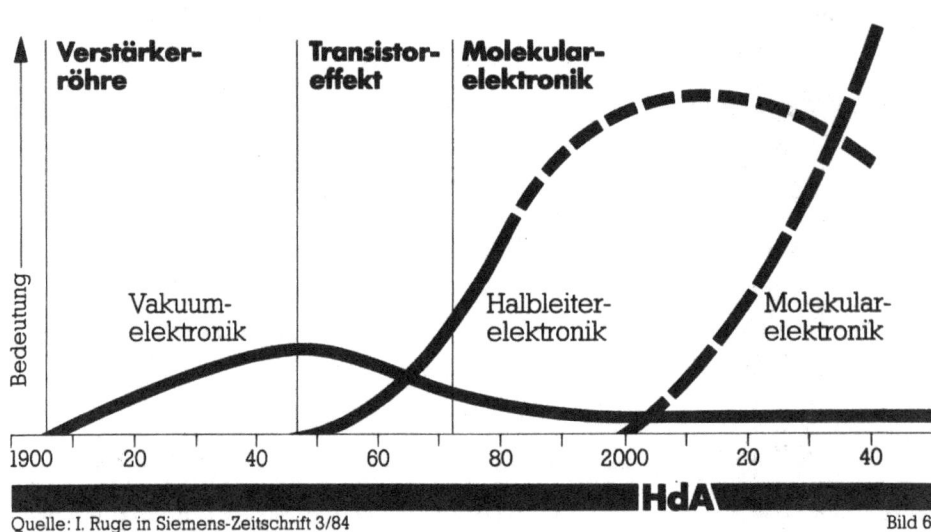

Quelle: I. Ruge in Siemens-Zeitschrift 3/84 — Bild 6

Nur: In diesem Zusammenspiel von Kostendruck auf der Anwenderseite und der sehr raschen Reaktion der Hersteller auf die Herausforderung eines zukunftsträchtigen Marktes hatte die Technik wieder einmal so schnell innoviert, daß die soziale Innovation nicht Schritt halten konnte (Bild 7).

Bild 7

Innovation wurde eher als ein technisches Problem begriffen und die nur langsam durchscheinende gesellschaftliche Herausforderung wurde ignoriert. Ende der 70iger Jahre war abzusehen, daß die Entwicklung und Einsatzmöglichkeiten neuer Informations- und Kommunikationstechnik die traditionelle Bürolandschaft einem tiefgreifenden Wandel aussetzen würde. An den vergleichsweise qualifizierten Arbeitsplätzen in Büros und Verwaltungen begannen nun - verstärkt auch von den Diskussionsergebnissen über quantitative und qualitative Arbeitsmarkterwartungen - Ängste manifest zu werden. Sie wurden verstärkt durch die Erfahrung, daß in der Geschichte von bedeutenden technischen Erfindungen, wie Telegraf, Telefon, Auto, Dampfmaschine oder Eisenbahn mit dem Übergang zum breiten Gebrauch ein tiefgreifender wirtschaftlicher, kultureller und sozialer Strukturwandel einherging /46/. Hinzu kam die fehlende Gleichzeitigkeit der infolge der Technikanwendung ablaufenden betrieblichen Prozesse der Automatisierung - und damit zusammenhängend die Zerlegung der Arbeit in einfache, routinisierte und planende, disponierende und kreative Funktionen - der Rationalisierung und der Humanisierung /21/: Während Automatisierungs- und Rationalsierungspläne recht detailliert - wenngleich nicht ausreichend durchdacht, wie sich später zeigen sollte - ausgearbeitet vorlagen und ununterbrochen zur Anwendung kamen, führten Humanisierungskonzepte ein Außenseiterdasein.

Die Entwicklung der Förderung von weitgehend auf der Basis der ersten Ausschreibung zustandegekommener arbeitsorganisatorischer Projekte läßt sich aus dem Bild 8 entnehmen.

Büro und Verwaltung

Vorwiegend neue Arbeitsstrukturen
Entwicklung der Fördermittel 1977-1985

	1977	1979	1981	1983	1985
Betrag in TDM	1041	4426	1417	-	1
Anteil in % der Gesamtförderung	2,15	4,92	1,40	-	-
Betriebsprojekte TDM	445	979	375	-	-
Studien, Begleitforschung TDM	596	3290	946	-	-
Vorhaben nach Laufzeit	14	20	9	-	-

Stand 31.12.84   HdA   Bild 8

3.3 Die zweite Phase der Förderung

Diese Wirkungen wurden noch verstärkt aus der parallel laufenden Diskussion auf der gesamtgesellschaftlichen Ebene. Studien und Gutachten wurden vergeben. Stellvertretend auch für andere Studien jener Zeit, verweisen wir hier auf die im Rahmen der Wirkungsforschung erfolgten Aktivitäten der Gesellschaft für Mathematik und Datenverarbeitung (GMD), die in den Jahren 1979 und 1980 in Veröffentlichungen auf die Auswirkungen und die Gefahren informationstechnologischer Entwicklungen aufmerksam machte.

Das Jahr 1980 brachte auch die Veröffentlichung von zwei breit angelegten empirischen Forschungsgutachten über Chancen und Probleme des technischen Fortschritts für Wirtschaft und Arbeitsmarkt, die von der Bundesregierung in Auftrag gegeben wurden. Es handelt sich um die Gutachten von PROGNOS-MACKINTOSH und von IFO-ISI-INFRATEST. Die in diesen beiden Gutachten enthaltenden Prognosen über die nächsten Jahre, lassen sich auch mit Hilfe eines vom Institut für Arbeitsmarkt- und Berufsforschung erarbeiteten Bildes in Erinnerung rufen (Bild 9) /23/.

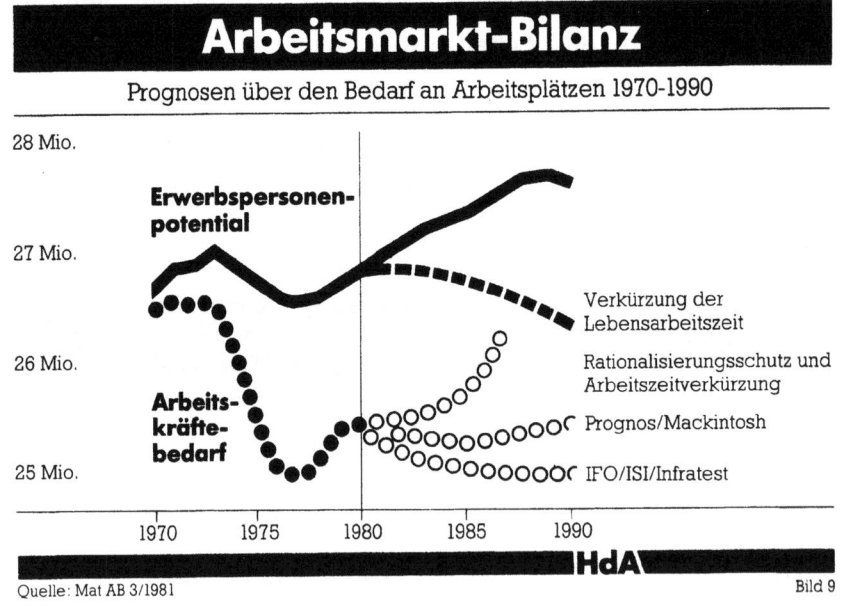

Quelle: Mat AB 3/1981   Bild 9

In dem im Juli 1981 veröffentlichten neuen Förderkonzept "Förderschwerpunkt Büro und Verwaltung" des HdA-Programms /19/ wurde angesichts der Erfahrungen, die in der Produktion schon lange zuvor gemacht wurden, die entstandene Situation drastisch, aber zutreffend beschrieben: "Erfolgt die Büroautomation nach dem Muster des Taylorismus, sind schwerwie-

gende, nachteilige Folgen für die Beschäftigten zu befürchten: Verlust von
Arbeitsplätzen, Überflüssigwerden von Berufsqualifikationen, Steigerung der
Arbeitsintensität, weitreichende Arbeitsteilung, Einschränkung der Dispositions- und Kooperationsmöglichkeiten, Verdichtung von Kontrollprozessen,
Einführung von solchen leistungsbezogenen Entgeltungsregelungen, die zu
erhöhten Belastungen führen können, Einführung von Schichtarbeit
zunehmende Belastung durch ungünstige Körperhaltung, durch erhöhte
Beanspruchung der Sinnesorgane und des Konzentrationsvermögens". Diese
Feststellung traf der Fachausschuß HdA, ein Gremium, in dem Wissenschaftler sowie Vertreter der Arbeitgeber- und Arbeitnehmerseite gleich
stark vertreten sind. Die Einmütigkeit dieser Bewertung stützte sich auf
die Verwertung von Erfahrungen mit Anwendungen der Mikroelektronik im
Büro, die fast ausschließlich Unbehagen bereiteten. Die Implementationen
von Textverarbeitungs- und EDV-Systemen erfolgte in der Regel zentral
organisiert; Arbeitsteilung mit dem Ziel einer besseren Nutzung der Anlagen war an der Tagesordnung, die Arbeitsorganisation und die Arbeitsinhalte wurden nach den Anforderungen des EDV-Systems bestimmt. Nicht
nur die betroffenen Arbeitnehmer reagierten irritiert, sondern auch das
Management der Anwenderbetriebe, das Einschränkungen der Flexibilität
hinnehmen mußte, ohne daß sich die von Herstellern vielgepriesene Wirtschaftlichkeit richtig einstellen wollte.

Es wurde mittlerweile transparent, daß nicht allein die Nutzung der neuen
Technik, sondern vor allem die Art ihrer Nutzung weitgehend die gesellschaftlichen Wirkungen prägt /8/. Im November 1981, anläßlich einer Klausurtagung des Fachausschusses HdA zum Thema "HdA und Wirtschaftlichkeit"
wurden zum Themenkomplex "Humanisierung, Rationalisierung und Innovation"
einige zunächst kontrovers diskutierte Ideen entwickelt, die wenige Jahre
danach weitgehend die Diskussion bestimmten. Die öffentlich diskutierten
Defizite des Einsatzes neuer Technologien wurden auf die in den meisten
Fällen nicht ausgenutzten Gestaltungspotentiale der neuen Technik zurückgeführt, die je nach organisatorischen Bedingungen ihres Einsatzes eine
Bandbreite von Arbeit- und Kapital-Faktorkombinationen ermöglicht /57/. Der
Fachausschuß empfahl ein Zusammengehen von Innovation und Humanisierung
und damit die Ausfüllung der angesprochenen Faktorkombination mit übertragbaren, sozialverträglichen und somit breit akzeptierten Alternativen.
Wirtschaftlichkeitsüberlegungen, die sich lediglich an den formalen Kalkülen

sten/Nutzen-Relationen für neue Investitionsvorhaben wieder - in der Regel zuungunsten einer HdA-adäquaten Lösungsalternative. Somit wirken sie - selbst dann, wenn sie nicht allein die Investitionsentscheidung begründen - restriktiv im Hinblick auf die Aktivierung der Potentiale von Arbeit-Kapital-Faktorkombinationen. Es ist daher erforderlich, mit Hilfe von neu zu entwickelnden erweiterten Wirtschaftlichkeitsverfahren, die auch die Leistungsseite vorgesehener Humanisierungsmaßnahmen erfassen können, der Tendenz entgegenzuwirken, nur die genauer spezifizierbaren und ggf. zahlenmäßig belegbaren Informationen bei der Entscheidungsfindung zu berücksichtigen bzw. besonders hoch zu gewichten.

Wie richtig diese Einschätzung gewesen ist, brachte viel später John ELKINS in der internationalen Konferenz der Bundesregierung "1984 und danach" in Berlin zum Ausdruck. ELKINS stellte die These auf, daß bei dem Übergang der Industrie- zur Informationsgesellschaft die Produktion und Handhabung von Informationen, das know-how und damit das Humankapital zunehmend an Bedeutung gewinne. Gerade die Erfahrungen der letzten Jahre in den Vereinigten Staaten von Amerika zeigten, daß mittlerweile die Arbeit (Humankapital) eine gewichtigere Ressource geworden ist als das Kapital.

Auch in der Bundesrepublik leiden einige Entwicklungen der letzten Zeit eher an nichtvorhandenen Qualifikationspotentialen als an dem verfügbaren investiven Kapital.

Diese zweite Phase der Förderung nach 1981 verwertete die Erfahrungen, die am Beispiel der Einführung organisierter Textverarbeitung im Laufe von HdA-Vorhaben gesammelt wurden und berücksichtigte den tiefgreifenden Wandel, dem die traditionelle Bürolandschaft durch die Entwicklung und den Einsatzmöglichkeiten neuer Informations- und Kommunikationstechnologien ausgesetzt war. Probleme des Einsatzes neuer Bürotechnik wurden in das Zentrum der Förderpolitik gerückt. Es wurde der Versuch gemacht, die ausgelöste Kontroverse wissenschaftlicher und gesellschaftspolitischer Diskussion um die quantitative und qualitative Veränderung der Angestelltenarbeit, in der sich "optimistische" und "pessimistische" Auffassungen gegenüberstanden, mit Hilfe von empirischen Untersuchungen in den Banken-, Versicherungs- und Industrieverwaltungssektoren zu objektivieren. Darüberhinaus sind einige Modellvorhaben in Industrieverwaltungen

3.4 Die dritte Phase der Förderung

Der Bericht der Bundesregierung zur Weiterentwicklung des HdA-Programms von 1983 räumte der Förderung von Vorhaben im Bereich der Büro- und Verwaltungsautomation zum ersten mal eine herausragende Bedeutung ein. Daß diese Einschätzung den Förderbedürfnissen Rechnung trug, zeigte sich auch daran, daß das auf der Basis dieses Regierungsberichts erstellte Förderkonzept "Menschengerechte Anwendung neuer Technologien in Büro und Verwaltung" /18/ die erste Programmarbeit war, die die ungeteilte Zustimmung der im Beratungsorgan des Forschungsministers "Gesprächskreis HdA" (früher Fachausschuß HdA) vertretenen Tarifvertragsparteien und Wissenschaftler fand. Diese im April 1984 veröffentlichte Konzeption, die weiterhin die Basis für die Förderung im Bereich Büro und Verwaltung darstellt, trägt vor allem der nun allgemein im HdA-Programm stärker akzentuierten Zielsetzung einer Verbindung von Humanisierung und Innovation Rechnung.

Zwei Problemfelder stehen dabei im Vordergrund:

- einmal die beschleunigte Ausweitung des arbeitsplatzbezogenen Einsatzes von Datenendgeräten und Kleincomputern, durch die immer mehr Nichtanwender zu Erstanwendern und immer mehr Erstanwender zu Massenanwendern neuer Bürotechnik werden. Durch diese Entwicklung wird nun auf breiter Front das große Tätigkeitsfeld der Sachbearbeitung im "kaufmännischen" und "technischen" Büro vor das Problem einer tiefgreifenden Veränderung ihrer Arbeitssituation gestellt. Aber auch Wirtschaftszweige wie zum Beispiel das Handwerk oder andere private Dienstleistungsunternehmen müssen Wege einer reibungslosen Einführung neuer Informationstechnik in die bestehende Betriebsorganisation finden;

- zum anderen bei bereits eingeführter EDV in vielen mittleren und Großbetrieben die zunehmende Vernetzung gegenwärtig noch vorherrschender Insellösungen zu umfassenden Informations- und Kommunikationssystemen.

Eine zunehmende Integration, beziehungsweise die zunehmende Einführung integrierter Lösungen, ist auch für den Kernbereich technischer Datenverarbeitung im Betrieb (Konstruktion, Arbeitsvorbereitung, Fertigungsplanung und -steuerung) zu erwarten. Neben einer grundlegenden Veränderung der Arbeitsbedingungen der technischen Angestellten stellt sich damit auch betriebsorganisatorisch das Problem der Schaffung neuer Schnittstellen mit vor- und nachgelagerten Abteilungen sowie ihrer reibungslosen Integration in den betrieblichen Ablauf. Dabei gibt es kaum eine Tätigkeit auf allen Ebenen des Entwickelns, Planens, Disponierens und Verwaltens, die von dieser Entwicklung nicht direkt betroffen ist. Diese Tendenz stützt sich nicht allein auf die Weiterentwicklung und Preisreduktion von Hardware. Auch im Bereich der Software sind größere Fortschritte zu verzeichnen, die erst die organisatorischen und wirtschaftlichen Bedingungen des breiten Einsatzes von Technik in den Büros ermöglichen.

Die Entwicklung der Förderung von Vorhaben zur menschengerechten Gestaltung des Einsatzes neuer Technologien in Büro und Verwaltung läßt sich aus Bild 10 ablesen.

Büro und Verwaltung

»Menschengerechte Anwendung neuer Technologien«
Entwicklung der Fördermittel 1977-1985

	1977	1979	1981	1983	1985
Verwaltung TDM	**87**	**856**	**1586**	**2846**	**5707**
Produktion TDM	439	5536	8756	7075	6394
Gesamtanteil Verwaltung %	**0,18**	**0,95**	**1,57**	**3,05**	**7,00**
Gesamtanteil Produktion %	0,91	6,16	8,66	7,57	7,84
Betriebsprojekte (Verw.) TDM	**43**	**443**	**390**	**1954**	**5009**
Studien, Begleitforschung (Verw.) TDM	**44**	**413**	**1103**	**892**	**698**
Vorhaben nach Laufzeit (Verw.)	**3**	**4**	**7**	**8**	**10**

Stand 31.12.84

4. Ergebnisse und Tendenzen bisheriger Förderung im Bereich »Büro und Verwaltung«

Folgt man einer allgemein akzeptierten Typisierung von Büroarbeitsplätzen unter organisatorischen und aufgabenbezogenen Aspekten, so ergeben sich vier allgemeine Typen von Aufgabenkomplexen, die sich dann im Rahmen spezifischer arbeitsorganisatorischer Regelungen zu jeweils konkreten Tätigkeiten ausformen. (Bild 11) /29/

Arbeitsplatz-Typologie
Gliederung nach Aufgabenbereichen

Führungsaufgaben Hintergrundwissen wesentlich	Fach-Aufgaben Fachwissen wesentlich
Leiten, motivieren Kommunizieren Repräsentieren Bereichs- oder Ereignisorientiert Eigeninitiative	Berichte erstellen Projekte durchführen Methoden entwickeln Projektorientiert Globale Spezifikation, eigeninitiativ

Sachbearbeitungs-Aufgaben Fachwissen wichtig	Unterstützungs-Aufgaben Fachwissen weniger wichtig
Vorgänge bearbeiten Kontakte abwickeln Dokumentieren Vorgangs- und Ereignisorientiert Organisiert	Innerbetr. Dienstleistungen erbringen Teilvorgänge bearbeiten Ereignisorientiert Fremdinitiiert

HdA

Bild 11

Die Förderung konzentrierte sich dabei zunächst auf die eingehendere sozial- und arbeitswissenschaftliche Untersuchung und Gestaltung von Unterstützungstätigkeiten, vor allem in Sekretariaten und Schreibdiensten. Sachbearbeitungs- und Fachaufgaben gerieten erst später -und damit folgte die Förderung den Entwicklungen in der Praxis- in den Blickpunkt. Der erste systematisch angelegte Rationalisierungsversuch von Bürotätigkeiten, der mit der Einführung organisierter Textverarbeitung insbes. in größeren Verwaltungseinheiten eingeleitet wurde /49/, bot dabei jedoch genügend Ansatzpunkte für die menschengerechte Arbeitsgestaltung. Unter technologischen Gesichtspunkten stand dabei der erste Einsatz von Textsystemen im Vordergrund; insgesamt dominierten jedoch organisationsbestimmte Gestaltungsansätze (Zentralisierung/Dezentralisierung) - wenn auch im einzelnen mit durchaus unterschiedlichen Folgen für die Beschäftigten.

4.1 <u>Menschengerechte Gestaltung von Unterstützungstätigkeiten (Sekretariate und Schreibdienste).</u>

Mit dem HdA-Forschungsvorhaben von Weltz u.a. "Menschengerechte Gestaltung in der Textverarbeitung" /68/ sind erstmals in umfassender Weise die Probleme von Schreib- und Sekretariatstätigkeiten untersucht worden. Von den sehr differenzierten Ergebnissen des Vorhabens sollen lediglich einige, für die Arbeitsgestaltung in diesem Bereich zentrale Erkenntnisse, schlaglichtartig genannt werden:

- die Eingangsqualifikation der meisten Beschäftigten übersteigt erheblich die Qualifikationsanforderungen der Tätigkeiten.

- Schreiben ist entgegen der lange in der Arbeitsschutzpraxis verbreiteten Auffassung nicht als einfache oder überwiegend mechanische, sondern als eine überwiegend geistige Tätigkeit einzustufen.

- Die Arbeit wird von den Beschäftigten als belastend empfunden. Starr arbeitsteilige, die Arbeit auf Nur-Schreiben reduzierende Arbeitsorganisationsformen, wie zentralorganisierte Schreibdienste, können zu einer noch stärkeren Belastung der Beschäftigten führen.

- Mangelnde Anpassung der Arbeitsumgebung und Arbeitsorganisation an die Anforderungen der Tätigkeit sowie Monotonie führen nicht selten zu krankheitsfördernder Beanspruchung.

- Die Automation der Textverarbeitung kann mit dem Wegfall aufwendiger Korrekturarbeiten zu einer Beanspruchungsminderung beitragen, andererseits jedoch durch neue Anforderungen an Konzentration und Aufmerksamkeit zu neuen Beanspruchungen führen.

- Arbeitsinhalte, Handlungs- und Entscheidungsspielräume werden durch Rationalisierung schrittweise eingeschränkt. (Dieses Ergebnis tritt - wie spätere Vorhaben mit dem Einsatz fortgeschrittener Technik gezeigt haben, - nicht unter allen Bedingungen ein).

- Schließlich: Berufliche Perspektiven, insbesondere Aufstiegschancen, sind im Hinblick auf die Entwicklungen in diesem Bereich zunehmend pessimistischer zu beurteilen.

Weitere Ergebnisse und Erfahrungen, die in dieser Phase der Programmförderung vor allem im Rahmen betrieblicher Modellvorhaben gewonnen wurden, lassen sich unter den Stichworten "Organisationskonzepte", "Wirtschaftlichkeit", "Beteiligung" und "Qualifikation" zusammenfassen.

4.1.1 Organisationskonzepte

Als Resultat der Untersuchung von Weltz u.a. wird eine Arbeitsgruppenorganisation empfohlen, die ausgerichtet ist an einem detaillierten Katalog von Mindestbedingungen für die Organisation der Schreibdienste. Die parallel zu diesem Forschungsvorhaben in dieser Phase durchgeführten betrieblichen Modellversuche zur Frage der Ausgestaltung des Schreib- und Sekretariatsbereiches

- im Kraftfahrt-Bundesamt Flensburg /43/, /44/
- in der Verwaltung der Hansestadt Lübeck /7/
- im Amtsgericht Hamburg /9/ und
- in den Bundesbehörden /31/, /39/

kommen zu ähnlichen Ergebnissen: für die Gestaltung des Schreib- und Sekretariatsbereiches wird eine Gruppenorganisation mit inhaltlicher Zuordnung zu den Sachbereichen vorgeschlagen. Ein solches Organisationskonzept ermöglicht eine der Eingangsqualifikation entsprechende, qualifizierte Tätigkeit unter der Voraussetzung der qualitativen Anreicherung der Tätigkeiten mit Arbeiten (Hilfssachbearbeiter- und Sachbearbeitertätigkeiten) aus dem zugeordneten Sachbereich. Die Gruppenstruktur, die qualifizierte Mischtätigkeit und der arbeitsorganisatorisch gewährleistete Schutz vor störenden Zugriffen - und damit Überforderung - durch die Sachbereiche erleichtern einen Belastungsabbau bzw. einen beanspruchungsmindernden Belastungswechsel. Die Anreicherung der Tätigkeiten und die selbständige Regelung interner Arbeitsangelegenheiten durch die Gruppen vergrößern die Handlungs- und Dispositionsspielräume der Beschäftigten. Durch die Übertragung qualifizierter Verwaltungsaufgaben lassen sich schließlich die Berufsentwicklungsmöglichkeiten der Beschäftigten verbessern.

Bei diesen Organisationskonzepten, die eine enge Verwandtschaft zu den fast gleichzeitig für die Reorganisation taktgebundener Fließarbeit in der Fertigung entwickelten Konzepten "alternativer Arbeitsformen" erkennen lassen (vgl. entsprechende Modellversuche zur Arbeitsstrukturierung bei AEG, Bosch, Siemens) /1/, /10/, /11/, /34/ ist die auf den Arbeitsinhalt bezogene Zieldimension "Mischarbeit" von besonderer Bedeutung; diese Zieldimension bestimmt die Diskussion um die Gestaltung von Büro- und Verwaltungstätigkeiten bis heute, wenngleich sie heute aufgrund fortgeschrittener und zunehmend integrierterer EDV-Anwendungen inhaltlich anders gefaßt werden muß. Weder eine rein organisatorische Bestimmung dieser Zieldimension (indem z. B. Schreibtätigkeiten mit Sachbearbeitungsaufgaben angereichert werden) noch eine EDV-Anwendungen nur in einem "äußeren" Sinne berücksichtigende Bestimmung von Mischarbeit (indem z. B. eine Kombination EDV-gestützter und -nicht-gestützter Tätigkeiten im Verhältnis 1:1 gefordert wird) können dabei heute dem Problem einer zunehmend technisch geprägten Büroarbeit in automatisierten Verwaltungen völlig gerecht werden /29/.

Eine interessante Anknüpfung an diese frühen, in öffentlichen Verwaltungen durchgeführten Modellversuche bietet das noch laufende Vorhaben von BMW "Arbeitsstrukturierung in typischen Verwaltungsbereichen eines Industriebetriebes ... ASTEX". /42/ Angeknüpft wird hier an eine vorwiegend organisatorisch bestimmte Konzeption von "Mischarbeit" für Unterstützungskräfte, wobei isolierte Technikunterstützungen am Arbeitsplatz (Textsysteme, PC) in die Arbeitsgestaltung miteinbezogen werden. Neu ist bei diesem Vorhaben jedoch das betriebliche Vorgehen: Die Gestaltungskonzepte für Assistenztätigkeiten werden hier aus dem gesamten Aufgaben- und Arbeitszusammenhang unterschiedlicher Verwaltungsbereiche entwickelt. Durch eine Neubündelung von Aufgaben im Rahmen eines jeweils bereichsspezifisch auszufüllenden Konzepts "kooperativer Arbeitsteilung" zwischen Unterstützungskräften und Sachbearbeitern erhalten Datentypistinnen, Schreibkräfte und Sekretärinnen langfristig (d. h. auch personalpolitisch) abgesicherte und die berufliche Entwicklung fördernde Arbeitsfelder. Durch verbesserte Möglichkeiten eines Kapazitätsausgleichs kann zudem die Flexibilität dieser Verwaltungseinheiten gesteigert werden.

4.1.2 Wirtschaftlichkeit

Unter Wirtschaftlichkeitsgesichtspunkten hat sich ergeben, daß solche Organisationsformen zumindest nicht unwirtschaftlicher sind als andere, beispielsweise zentralorganisierte Schreibdienste mit reinen Schreibaufgaben.

Wie Ergebnisse des Vorhabenkomplexes "Vergleichende Untersuchung der Schreibdienste in obersten Bundesbehörden" erweisen /31/, /39/, kann sich allerdings eine solche Wirtschaftlichkeitsberechnung nicht nur auf die Gegenüberstellung der von der Schreibdienstorganisation ausgehenden unmittelbaren Kosten und Leistungen (Personalkosten, Ausstattungskosten, Schreibzeit, Seiten, Anschläge, etc.) beschränken. Das in dem Vorhabenkomplex entwickelte vierstufige Verfahren einer Wirtschaftlichkeitsbetrachtung berücksichtigt als wesentliche Faktoren auch die zusätzlichen mittelbaren, die Schreibdienstumwelt einbeziehende Leistungs- und Kostenwirkungen, sowie die organisationsbezogene (Flexibilität, Zufriedenheit etc.) und gesamtgesellschaftliche (soziale Kosten und Nutzen) Wirtschaftlichkeit.

In dem Vorhaben der Hansestadt Hamburg "Verbesserung der Arbeitsbedingungen bei gleichzeitiger Steigerung der Effizienz des Gerichts durch Einführung der Gruppenarbeit in den Geschäftsstellen" /9/ erhöhte die Anwendung des neuen Organisationskonzeptes nicht nur die Arbeitszufriedenheit und Qualifikation der Mitarbeiter, sondern führte gleichzeitig zu einer größeren Flexibilität und Wirtschaftlichkeit der Verwaltung (bei 65 % der Miet- und Zivilverfahren Verfahrensverkürzung um mindestens 40 %, z. B. von 12 Wochen auf 7 Wochen).

Im Fall des Lübecker Modellvorhabens "Neue Arbeitsstrukturen in der Kommunalverwaltung, Modellversuch Schreibdienste" /7/ hat sich schließlich erwiesen, daß im Rahmen einer neuen Organisation von Unterstützungstätigkeiten verbunden mit dem Einsatz von Textautomaten die Leistungsfähigkeit der Verwaltung durch eine Beschleunigung der Schreibarbeiten und eine zusätzlich gewonnene Kapazität in der Sachbearbeitung insgesamt verbessert werden konnte.

4.1.3 Beteiligung

Eine andere wesentliche Erfahrung, die bei allen betrieblichen Modellversuchen zur Gestaltung des Schreib- und Sekretariatsbereiches und in den Entwicklungsvorhaben mit anderer Themenstellung gewonnen wurde, ist die Nützlichkeit einer intensiven Beteiligung der Beschäftigten und deren Vertreter bei technisch-organisatorischen Umstellungen. Eine aktive Beteiligung der Betroffenen an den Umstellungsprozessen von Anfang an (einschließlich der Planungsphase) beschränkte sich dabei nicht auf die Auswahl von Geräten und Möbeln, sondern bezog sich im wesentlichen auf die Konzeption der Arbeitsorganisation und Arbeitsabläufe. Der betriebliche Nutzen, der hierbei aus dem eingebrachten Sachverstand der Beschäftigten für die Optimierung der Büro- und Verwaltungsorganisation und die humane Arbeitsgestaltung sowie aus dem erreichten Konsens über die Umstellungen gezogen werden konnte, wiegt bei weitem den für diese Beteiligungsprozesse notwendigen zusätzlichen Aufwand und die Mühen der Bewältigung der mit diesen Prozessen verbundenen Konflikte auf.

4.1.4 Qualifizierung

Von zunehmender Bedeutung, auch für die weitere Förderpolitik des HdA-Programms im Bereich Büro und Verwaltung, war die in den durchgeführten betrieblichen Modellversuchen gewonnene Erkenntnis, daß durch die Umstellungsprozesse begleitende Qualifizierungsmaßnahmen, die Beschäftigten erfolgreich sowohl in die Arbeit mit komplexer Bürotechnik eingewiesen als auch zur Übernahme höherwertiger Verwaltungsarbeiten befähigt werden konnten. Die Bereitschaft und Fähigkeit der Beschäftigten aller Altersstufen zu einer solchen Weiterqualifizierung - obwohl in den meisten Fällen eine höhere Eingruppierung nicht erreicht werden konnte - hat die förderpolitische Zielsetzung bestätigt, im Zusammenhang mit der Förderung von betrieblichen Modellversuchen der Qualifizierung einen hohen Stellenwert einzuräumen. Dies gilt um so mehr als gerade Frauen, die überwiegend assistierende Bürotätigkeiten ausüben, durch die sich mit neueren technischen Entwicklungen abzeichnenden Möglichkeiten funktionaler Integration ("integrierte Sachbearbeitung") eine zentrale Risikogruppe darstellen /48/.

4.2 Menschengerechte Gestaltung von Sachbearbeitungs- und Fachaufgaben: Erste Ansätze

Bereits weitgehend parallel zur breiten Einführung organisierter Textverarbeitung war absehbar, daß der begonnene Rationalisierungsprozeß nicht an den Grenzen des Unterstützungsbereichs aufzuhalten war, sondern ebenso den Sach- und Fachaufgabenbereich erfassen würde. War doch schon die Einführung organisierter Textverarbeitung in vielen Verwaltungen von der Intention beeinflußt, damit zugleich auch eine stärkere Kontrolle über den Diktantenbereich zu gewinnen /49/. Zugleich verschiebt sich das Gewicht -unterstützt durch die Entwicklung der neuen I.-u. K.-Technik- von eher organisations - zu stärker technikbestimmten Gestaltungsansätzen; die potentiellen Chancen fortgeschrittener Bürotechnik werden zunehmend erkannt; mit der Zahl der EDV-Installationen wachsen zudem Ansätze zur verstärkten Formalisierung von Büro- insbes. von Sachbearbeitertätigkeiten.

Angesichts einer durch diese Entwicklungen ausgelösten kontroversen gesellschaftspolitischen Diskussion um die Zukunft der Angestelltenarbeit, schien zunächst eine genauere empirische Klärung der Auswirkungen neuer Bürotechnik auf die Arbeitsbedingungen wichtig.

In zwei größeren empirischen Untersuchungen in Versicherungen und Industrieverwaltungen von Gottschall u.a. /33/ sowie im Bankgewerbe von Czech u.a. /15/, /16/ konnte die Annahme bestätigt werden, daß die Folgen der Einführung arbeitsplatzorientierter EDV-Systeme für die Sachbearbeiter/innen stark von den unterschiedlichen organisatorischen und wirtschaftlichen Bedingungen ihres konkreten Einsatzes bestimmt werden.

Im Einzelnen weisen die vorliegenden Ergebnisse zu den im Feld von Versicherungen und Industrieverwaltungen untersuchten Tätigkeitsbereichen der <u>Routinesachbearbeitung</u> besonders negative Auswirkungen technisch- organisatorischer Umstellungen für die hier besonders stark vertretene Gruppe gering qualifizierter Beschäftigter oder von Frauen aus, die aufgrund ihres Alters oder ihrer familiären Situation nur begrent belastbar sind. Sie werden wegen des z. T. gravierenden Arbeitsplatzabbaus auf sog. "Nischenarbeitsplätze" mit Übergangscharakter umgesetzt und damit in ihren beruflichen Entwicklungsmöglichkeiten stark eingeschränkt. Aber auch für die verbleibenden übrigen Angestellten sind die Auswirkungen des Technikeinsatzes keineswegs nur positiv. Es kommt zwar mit der Aufhebung arbeitsteiliger Arbeitsformen durch den dezentralisierten Technikeinsatz oftmals zur Aufgabenintegration am Arbeitsplatz und damit auch zu Qualifikationserhöhungen; bei der Bewältigung der neuen Anforderungen fühlen sich jedoch viele Beschäftigte überfordert, da die betrieblichen Qualifizierungs- und Einarbeitungshilfen völlig unzureichend sind; auch kommt es in der Regel zu einer Leistungsverdichtung und einer Erhöhung der physischen und psychischen Beanspruchungen durch die Arbeit am Bildschirm.

Für die Sachbearbeiter im Bankbereich ergeben sich als Folge von Reorganisationsmaßnahmen, mit denen die Banken die Umstellung von der sparten- zur kunden- bzw. marktorientierten Unternehmensorganisation vollzogen haben, unterschiedliche Arbeitsbedingungen. Die Sachbearbeiter mit vorwiegend ausführenden Tätigkeiten sind dabei von einer Entwertung ihrer Sach- und Verfahrenskenntnisse, einer Leistungsintensivierung sowie einer Verringerung ihrer Dispositions- und Kooperationsmöglichkeiten bedroht. Sachbearbeiter mit vorwiegend dispositiven Tätigkeiten sind nach zunächst eintretenden Verbesserungen (z.B. Erhöhung der Qualifikationsanforderungen) ebenfalls von zunehmenden Beanspruchungen durch erhöhte Arbeitsintensität und einer Verringerung ihrer Dispositions- und Kooperationsmöglichkeiten betroffen.

Diese Untersuchungsergebnisse lassen sich zwar nicht rundherum für düstere Zukunftsvisionen über die Arbeitsfolgen des fortschreitenden Einsatzes neuer I.-u. K.-Techniken vereinnahmen, sondern legen eine eher differenzierte Bewertung nahe; andererseits werden jedoch genügend Ansatzpunkte für die Notwendigkeit und Möglichkeiten einer menschengerechte Gestaltung der rechnergestützten Sachbearbeitung deutlich.

Neben der Entwicklung und Erprobung von Qualifizierungshilfen muß eine
wesentliche Aufgabe der Förderung die Entwicklung und Erprobung von
Mischarbeitskonzepten unter Gesichtspunkten der Erhaltung und Schaffung
einer angemessenen Problemkomplexität von Arbeitsinhalten und von angemessenen Handlungsspielräumen sein / 29/ (Bild 12)

Misch-Arbeit
Qualitative Gestaltungs-Kriterien

Komplexität der Arbeitsinhalte
Inhalte und Umfang des Aufgabenspektrums
Form der Aufgabenzusammenhänge

Ausmaß der Handlungsspielräume
Zeitliche Vorgaben
Fachliche Vorgaben, z.B. Festlegen von Reihenfolgen, Verfahren und Methoden
Kontingentierung von Informationen durch Zugriffsberechtigung oder Kommunikationsfunktionen
Sozialkontakte (extern, betriebs- bzw. unternehmensbezogen bzw. bereichsbezogen)
Fremdkontrollen

HdA

Bild 12

Einflußfaktoren für die Ausprägung dieser zentralen Dimensionen können
dabei technischer, organisatorischer aber auch personalpolitischer Art sein.
Ein solches Rahmenkonzept von Mischarbeit, das in unterschiedlichen Fel-
dern konkretisiert und erprobt werden muß, kann dabei zweierlei leisten:
(1.) trägt es im Gegensatz zu den früher entwickelten Konzepten den
Besonderheiten zunehmend rechnergestützter Büro-Arbeit Rechnung; es
lassen sich Anforderungen an die Technikgestaltung insbes. die Softwaregestaltung, daraus ableiten; (2.) erleichtert es eine dynamische Arbeitsgestaltung hinsichtlich zunehmender technischer Ausbauplanungen, indem
grundsätzlich für rechnergestützte und nichtrechnergestützte Tätigkeiten
gleiche Maßstäbe gelten.

5. Die neuen Entwicklungen der Förderung

Das im April 1984 veröffentlichte Förderkonzept sieht vier Arten von Vorhaben vor /18/: (Bild 13)

Typologie der HdA-Vorhaben
Förderschwerpunkte »Büro und Verwaltung«

1. Betriebliche Modellversuche
zur menschengerechten Gestaltung und Einführung neuer Informations- und Kommunikations-Techniken

durchführende Institutionen:
Anwenderbetriebe in Zusammenarbeit mit Forschungseinrichtungen, Verbund von Anwenderbetrieben in Zusammenarbeit mit koordinierenden Einrichtungen (Fachverbanden) und Forschungseinrichtungen

2. Musterlösungen zur betrieblichen Weiterbildung
Entwicklung und Erprobung

durchführende Institutionen:
Außerbetriebliche Einrichtungen der beruflichen Bildung und Bildungsforschung in Zusammenarbeit mit Anwenderbetrieben

3. Untersuchungen über Möglichkeiten und Grenzen menschengerechter Gestaltung
Informations- und Kommunikationssysteme, insbesondere Software

durchführende Institutionen:
Forschungseinrichtungen in Zusammenarbeit mit Anwenderbetrieben und/oder Herstellern

4. Untersuchungen zur Aus- und Bewertung (Evaluation)

durchführende Institutionen:
Forschungseinrichtungen

HdA

Bild 13

5.1 Betriebliche Modellvorhaben

Mit betrieblichen Modellvorhaben soll erprobt und demonstriert werden, wie sich Spielräume der organisatorischen Ausgestaltung des Einsatzes neuer I.-u. K.-Technik so ausnutzen lassen, daß die Arbeitsbedingungen der Betroffenen verbessert und Gefährdungen vermieden, betriebliche Weiterbildung gestaltet sowie die organisatorische Effektivität und Flexibilität gesteigert werden können. Solche erprobten betrieblichen Modelle sollen das für Betriebspraktiker und Entscheidungsträger relevante Angebot an technisch-organisatorischen Prinziplösungen vergrößern und das vorhandene Erfahrungswissen verbreitern. Die Lösung von Anwenderproblemen mit Hilfe neuer Bürotechnik steht deshalb im Vordergrund; aber auch die Erprobung neuer Bürotechnologien im Sinne einer praktischen Anwendungsentwicklung (z. B. die Erprobung von Konzepten funktionaler Integration) ist möglich. Notwendige Bedingung für die Förderung ist dabei, daß für die angestrebte technische, vor allem aber organisatorische Problemlösung Gestaltungsspielräume vorhanden sind.

Bezogen auf den einzelnen Arbeitsplatz geht es im oben erwähnten Sinne vor allem um die Erprobung von ganzheitlich orientierten und unter Belastungs- wie Qualifikationsgesichtspunkten ausgewogen gemischten Tätigkeiten unter Berücksichtigung der Benutzeroberfläche im Mensch-Maschine Dialog.

Gleiche Bedeutung wie Fragen der Arbeitsgestaltung kommt jedoch der Gestaltung des Einführungsprozesses technisch-organisatorischer Änderungen in betrieblichen Modellvorhaben zu. Zwei Aspekte dieser Einführung sind für die Akzeptanz und damit auch den Erfolg einer Reorganisation besonders wichtig: einmal die Entwicklung einer begleitenden Qualifizierung, die auf ein umfassendes Systemverständnis der betroffenen Nutzer abzielt und eine schrittweise Bewältigung der neuen Anforderungen am Arbeitsplatz erlaubt; zum andern die Beteiligung der Betroffenen nicht nur im Sinne einer frühzeitigen und umfassenden Information, sondern ihrer laufenden aktiven Einbeziehung und Anerkennung als Experten ihrer Arbeitsrealität.

Einige Planungsphasen solcher betrieblicher Modellvorhaben werden bereits gefördert, bei anderen wird die Förderung vorbereitet (Bild 14).

Als Schwerpunkte zeichnen sich ab:

- In <u>Versicherungen</u> Modellversuche zur Reintegration bisher arbeitsteilig organisierter Prozesse in der Sachbearbeitung (Volksfürsorge Lebensversicherung AG), wobei in einem weiteren geplanten Vorhaben auch der vorgelagerte Unterstützungsbereich und die nachgelagerte Archivverwaltung mit einbezogen werden sollen.

- Im sog. "<u>kaufmännischen</u> Büro" von Industriebetrieben die Reorganisation der außenorientierten Sachbearbeitung im Verkauf, Vertrieb und Marketingbereich durch Einsatz von Büroinformations- und kommunikationssystemen im Rahmen von Netzwerklösungen; der Unterstützungsbereich wird dabei in die Reorganisation mit einbezogen (Fa. Thyssen-Henrichshütte AG; Fa. Faber-Castell GmbH & Co.).

Betriebliche Modellvorhaben

Übersicht über geplante, laufende oder abgeschlossene Vorhaben

	Schwerpunke der Arbeitsplatzgestaltung			
1.0 Produzierendes Gewerbe	**A**	**B**	**C**	**D**
Kauf.Büro, binnen/außenorientierte Verwaltung	☆☆	☆☆☆★		☆
Tech.Büro, produktionsorientierte Verwaltung		★☆	☆	
2.1 Dienstleistungen, vorwiegend nicht informator.				
Handel				★
Verkehr		★		★
Versorgung				★
Handwerk				★
Gesundheit				★
2.2 Dienstleistungen, vorwiegend informatorisch				
Versicherungen		☆		★
Banken				
Verbände		★		★★
Forschungseinrichtungen/Hochschulen				★★
Sonstige, Ing.-Büros usw.			★	
3.0 Behörden				
Bundesbehörden	○			
Landesbehörden	○			
Kreis- und Kommunalverwaltungen	○	★★		

A Unterstützungsaufgaben
B Sachbearbeitung
C Fachaufgaben
D Ansätze in mehreren Bereichen
★ in Vorbereitung
☆ in Bearbeitung
○ abgeschlossen

HdA

Bild 14

Im sog. "technischen Büro" steht die Einführung integrierter rechnergestützter Informationssysteme (PPS-Systeme) im Vordergrund. In einem bereits laufenden Vorhaben (Fa. Eumuco AG) geht es unter Rückgriff auf marktgängige Komponenten um die betriebsindividuelle Planung und Einführung eines solchen Systems im Rahmen eines Organisationsentwicklungsansatzes Ziel dabei ist, ein übertragbares Einführungsmodell für vergleichbare mittelständische Unternehmen (Einzelfertigung) zu schaffen.

Das Problem einer breiten Einführung von CAD (neben der Entwicklung und Erprobung von Personalentwicklungsmodellen) wird im Rahmen eines Organisationsentwicklungsvorhabens aufgegriffen. Im Mittelpunkt der CAD-Einführung steht hier die Erprobung einer umfassenden Qualifizierungskonzeption. Darüber hinaus werden alternative Einsatzformen von CAD (CAD-Pools, dezentraler Einsatz) untersucht und konkrete Hinweise für die Arbeitsplatz- und Organisationsgestaltung erarbeitet (BMW AG).

In einem weiteren Vorhaben geht es um die Einführung einer integrierten Datenverarbeitung mit Hilfe von Arbeitsplatzcomputern, wobei sowohl technische wie kaufmännische Bürobereiche einbezogen werden sollen. Ziel ist hier die Erprobung eines dualen Konzeptes, mit dem sowohl Minimalanforderungen an die technisch-organisatorische Integration erfüllt wie auch den einzelnen Benutzern disponible Kapazitäten für dezentrale Nutzung ermöglicht werden (Fa. Messma-Kelch Robot GmbH). Weitere Vorhaben im technischen und kaufmännischen Büro sind in Vorbereitung.

- Im Verbandsbereich ist ein Organisationsentwicklungsvorhaben geplant, mit dem das quantitative und qualitative Dienstleistungsangebot für sich ändernde Anforderungen der Umwelt auch mit Hilfe der Einführung neuer Technologien verbessert werden soll.

- In Behörden zeichnet sich insbes. für Kommunalverwaltungen ein Verbundprojekt ab. Für Verwaltungsleistungen (wie Sozialhilfe) mit Massendatenverarbeitung einerseits und Einzelfallbetreuung andererseits geht es um die Entwicklung technisch-organisatorischer Lösungen unter Berücksichtigung unterschiedlicher Profile des Verwaltungsaufbaus und von Arbeitsabläufen. Die Kombination der Massendatenverwaltung über Rechenzentren und der Einsatz von PC's in der Sachbearbeitung eröffnet dabei große Spielräume für die menschengerechte Gestaltung der Arbeit, die genutzt werden sollen. Dabei wird einer entsprechende Gestaltung der PC-Software im Hinblick auf das individuelle Arbeitsverhalten und die Qualifikation des Benutzers ein besonderer Stellenwert eingeräumt.

5.2 Musterlösungen für die betriebliche Weiterbildung

Musterlösungen zur betrieblichen Weiterbildung sollen auch außerhalb von betrieblichen Modellvorhaben in Zusammenarbeit mit Herstellern, Anwendern und außerbetrieblichen Einrichtungen der beruflichen Bildung der Bildungsforschung gefördert werden. Hier sollen transferierbare Qualifizierungsbausteine und Vorgehensweisen entwickelt und erprobt werden, die den Beschäftigten vorbereitende und umfassende Hilfen für den Umgang mit neuen Technologien in spezifischen Einsatzfeldern geben können. Die Notwendigkeit einer solchen Entwicklung steht wohl angesichts einer immer noch verbreiteten Praxis kurzfristiger technischer Bedienungseinweisungen, zumeist in Form von Herstellerkursen, verbunden mit einem weitgehend unsystematischen und isolierten Lernen am Arbeitsplatz außer Frage.

Als Schwerpunkte zeichnen sich dabei ab:

- die Erprobung neuer Formen betrieblicher Qualifizierung im Rahmen eines Organisationsentwicklungsansatzes (Fa. Nixdorf Computer AG). Hierbei geht es nicht primär um die Erarbeitung eines inhaltlich definierbaren Qualifizierungsbausteins, sondern um die Entwicklung einer neuartigen Vorgehensweise orientiert an einer ganzheitlichen Konzeption für Technikeinsatz, arbeitsorganisatorischer Gestaltung und Qualifizierung. Damit soll der bisherige Stellenwert einer begrenzten und rein reaktiven Qualifizierung bei betrieblichen Reorganisationsmaßnahmen verändert werden. Begleitend zu Reorganisationsmaßnahmen sollen den Beschäftigten die auf ihren jeweiligen konkreten Wissensbedarf abgestimmten Inhalte vermittelt sowie die für ihre jeweilige Aufgabe optimale Techniknutzung und Einbindung ihrer Tätigkeit in das kommunikative Gesamtsystem Betrieb ermöglicht werden. Erst Piloterprobungen dieses Ansatzes finden in einer Sparkasse statt.

- In Zusammenarbeit einer Handwerkskammer mit einem Institut der Bildungsforschung ist die Entwicklung eines EDV-Weiterbildungsmodells für Handwerksbetriebe vorgesehen, das in mehreren Handwerksbetrieben praktisch erprobt werden soll. Inhalte dieser Musterlösung werden sich dabei nicht nur auf die Vermittlung von EDV-Kenntnissen, sondern auch auf die organisatorischen Voraussetzungen

5.3 Evaluation des Förderschwerpunktes

Mit <u>Vorhaben zur Aus- und Bewertung</u> werden drei Zielsetzungen verfolgt:

(1.) sollen der Förderschwerpunkt und die durchgeführten Modellvorhaben auf die Erfüllung der forschungspolitischen Zielsetzung und der darauf bezogenen Ziele der Modellvorhaben hin bewertet werden; zugleich wird damit die Frage nach den möglichen unbeabsichtigten Wirkungen der Förderung und den Defiziten gestellt. Diese Bewertung der zentralen Zielsetzung der Nutzung von organisatorischen Gestaltungsspielräumen bei dem Einsatz neuer I.-u. K.-Techniken wird dabei unter dem Gesichtspunkt der Erfüllung von Humanzielen und von Wirtschaftlichkeitszielen erfolgen;

(2.) sollen die Erfahrungen und die Ergebnisse der Modellvorhaben für eine Nutzung durch weitere Anwender aufbereitet werden. Damit sollen Umsetzungsleistungen durch die relevanten Umsetzungsträger des HdA-Programms in Form der Tarifvertragsparteien, Fachverbände usw. nicht ersetzt, wohl aber Vorleistungen für diese Umsetzung im Sinne input-bezogener Informationen bereitgestellt werden. Mit der Evaluation sollte z. B. angegeben werden können, wo im nicht-geförderten Raum Umsetzungsleistungen von HdA-Erkenntnissen notwendig sind oder wo umgekehrt im geförderten Raum Entwicklungen zu beobachten sind, die dem allgemeinen Entwicklungstrend nicht entsprechen (im Sinne einer Identifizierung "exotischer" Tendenzen).

(3.) sollen laufende Informationen zur politisch-administrativen Steuerung des Förderschwerpunkts bereitgestellt werden.

Mit einem solchen Vorhaben zur Evaluation wird zum ersten Mal im HdA-Programm ein Weg beschritten, der vom Anspruch her weit über eine ex-post Bilanzierung geförderter Modellvorhaben hinausgeht. Dabei muß man berücksichtigen, daß dieser Weg nicht ohne Risiken ist: betriebliche Modellversuche im oben genannten Verständnis belasten in der Regel die organisatorischen und personellen Ressourcen von Betrieben in beträchtlichem Ausmaß, zumal wenn es sich um kleine oder mittlere Unternehmen handelt. In diesem Zusammenhang sind auch die in HdA-Vorhaben in der Regel notwendigen arbeits- und sozialwissenschaftlichen Erhebungen durch externe wiss. Beratungsinstitute, die im Auftrag der jeweiligen Betriebe in den Vorhaben mitarbeiten, zu erwähnen. Es muß deshalb unter rein pragmatischen Gesichtspunkten der Durchführung betrieblicher Modellvorhaben darauf geachtet werden, die Betriebe durch zusätzliche Anforderungen an Datenerhebungen und Betriebszugänge durch eine externe Gruppe von Evaluationsforschern nicht zu überfordern. Für den Erfolg des Evaluationsvorhabens und der Modellvorhaben muß deshalb ein tragfähiger Kompromiß zwischen der notwendigen Pragmatik des Vorgehens und den "Regeln der Evaluationskunst" gefunden werden. Ein wesentlicher Bestandteil dieses Kompromisses wird sein, sich bei der Evaluation weitgehend auf vorhandene Unterlagen und Datenmaterialien zu stützen und eigene Erhebungen der Evaluationsforscher mit weniger aufwendigen Erhebungsmethoden (Expertengespräche, Arbeitsplatzbeobachtungen) und festgelegten zeitlichen Beschränkungen durchzuführen.

5.4 Untersuchungsvorhaben

Mit solchen Vorhaben sollen Möglichkeiten und Grenzen ermittelt werden, die einer menschengerechten Arbeitsgestaltung durch die zur Zeit eingesetzten Systeme der Informationsverarbeitung und Kommunikation sowie durch ihre Einbettung in die Betriebsorganisation gegeben sind. In besonderer Weise sollen hier die vielen ungelösten Probleme einer menschengerechten Softwaregestaltung in Zusammenarbeit von Herstellern, Anwendern und Forschungseinrichtungen angegangen werden.

Einige erste Versuche in dieser Richtung werden bereits gefördert: So führt die Handwerkskammer Rheinhessen in Zusammenarbeit mit einem Forschungsinstitut eine Untersuchung durch, die spezifische, auf die Arbeitssituation im Handwerk bezogene Anforderungen an die "Benutzerfreundlichkeit" von Softwareprodukten und komplementäre Konzeptionen einer sinnvollen arbeitsorganisatorischen Einbettung des Computereinsatzes entwickeln will. Die Ergebnisse sollen in Form von Anforderungskatalogen sowohl Herstellern zur Verfügung gestellt werden, als auch in die Schulungs- und Beratungstätigkeit der Handwerkskammer eingehen.

In betrieblichen Vorhaben werden ebenfalls einige Schritte zur Umsetzung von Anforderungen an die Gestaltung menschengerechter Software unternommen. Am weitesten fortgeschritten ist hier das Vorhaben der BMW AG: "Arbeitsstrukturierung in typischen Verwaltungsbereichen eines Industriebetriebes (ASTEX) - Hauptphase", wo ein verbreitetes, im Einkaufsbereich eingesetztes Standardprodukt sowohl in der Maskengestaltung wie in der Dialoggestaltung verändert wird /30/.

6. Die mittelfristigen Perspektiven der Förderung

6.1 <u>Die Ansatzpunkte der künftigen Förderung</u>

Die Sensibilisierung von Herstellern, Anwendern, Beschäftigten und Wissenschaftlern im Hinblick auf die Probleme und Schwierigkeiten eines sinnvollen Einsatzes der Technik, schreitet nach all den positiven und negativen Erfahrungen mit konkreten Anwendungsfällen weiter fort. Dazu haben auch Ergebnisse von HdA-Projekten beigetragen, deren direkter, vor allem aber indirekter Einfluß viel breiter gewesen ist als man gemeinhin annimmt.

Die breite Diskussion und der damit entstandene Zwang, die Spezialistensprache zu verlassen und konkrete Hinweise über den Beitrag der technischen Komponenten und Konfigurationen sowie der Software und des Organisationskonzeptes zu wesentlichen Fragen wie nach der Gestaltung der angestrebten Arbeitsinhalte, dem Grad der Handlungs- und Dispositionsspielräume, der Höhe der psychomentalen Belastung, den Qualifizierungserfordernissen oder des Umfangs der Beteiligung bei der Planungs- und Implementationsstrategie zu geben, bewirken einen Abbau von Mystifizierungen bei der Anwendung der Datenverarbeitung.

Die Auswahl einer geeigneten Technologie, die organisatorische, soziale und wirtschaftliche Anforderungen erfüllen kann, ist zunehmend möglich geworden. Die technikimmanenten Einschränkungen einer erwünschten Form des Einsatzes sind weitgehend weggefallen; es läßt sich nachweisen, daß die Technik nunmehr real als Hilfsmittel für Entwicklungs-, Planungs-, Dispositions- und Verwaltungstätigkeiten eingesetzt werden kann, ohne daß damit unbedingt Gefahren für die Qualifikation und die ganzheitlichen Arbeitsinhalte der Benutzer verbunden sind.

Das bedeutet nicht, daß dies automatisch geschieht. Eine menschengerechte und zugleich wirtschaftliche Anwendung hochkomplexer neuer EDV-unterstützter Systeme erfordert immer noch einen sehr großen Aufwand. Mehr noch - es fehlt an Grundlagenwissen über die kognitiven Aspekte der "Mensch-Maschine-Kommunikation" und damit an wesentlichen

Voraussetzungen für eine breite Berücksichtigung der Belastungsaspekte, der Struktur und des Umfangs sinnvoller Arbeitsinhalte, der Erweiterung von Handlungs- und Dispositionsspielräumen und damit der Aspekte einer langfristig währenden Akzeptanz der Technik durch den Benutzer. Weiterhin fehlt es an geeigneten und ausreichend erprobten Qualifizierungsprogrammen für Benutzer und es bestehen weiterhin fundamentale Unklarheiten über Inhalte und Umfang einer benutzerfreundlichen Software. Defizite bestehen auch für den software-ergonomisch stiefmütterlich behandelten Bereich der CAD/CAM-Anwendungen.

Erfolgt der Einsatz solcher Systeme im Rahmen einer die Grenzen des technischen Bürobereichs überschreitenden betrieblichen Reorganisation, die z. B. die gleichzeitige Einführung eines flexiblen Fertigungssystems einschließt, können Vorhaben zur CAD-CAM-Thematik auch im Rahmen des Förderschwerpunktes "Menschengerechte Anwendung neuer Technologien in der Produktion" gefördert werden. In den Rahmen dieses Schwerpunktes der HdA-Förderung fällt auch die Erprobung von Softwareanwendungen u.a. für Steuerungen, Qualitätssicherungssysteme, Industrieroboter oder CNC-Maschinen.

6.2 Die Qualifizierung

Das unter Punkt 2 der öffentlichen Bekanntmachung Büro und Verwaltung angestrebte Ziel der Entwicklung von Musterlösungen für die betriebliche Weiterbildung wird wesentlich unterstützt durch das breite Aktionsprogramm "Neue Technologien in der beruflichen Bildung" des Bundesminister für Bildung und Wissenschaft (BMBW) /3/. Das Aktionsprogramm geht davon aus, daß bis zum Jahr 1990 etwa 70 % aller Beschäftigten in der Bundesrepublik Deutschland von Anwendungen der Informationstechnik unmittelbar betroffen sein werden. Angesichts der auch im Rahmen des HdA-Programms gemachten Erfahrung, daß Unternehmen und Betriebe häufig der Frage der Mitarbeiterqualifikation bei der Einführung neuer Techniken geringe Aufmerksamkeit schenken, hält die Bundesregierung - schon um die Wettbewerbsfähigkeit der Wirtschaft aufrecht zu erhalten - die Konzentration aller verfügbaren Instrumente und materiellen Mittel für notwendig, um u.a. mit Hilfe von Forschungsvorhaben, Wirtschaftsmodellversuchen und Modellversuchen in berufsbildenden Schulen, der Herausforderung der neuen Informationstechnik für die berufiche Aus- und Weiterbildung zu begegnen. Ebenso wie das HdA-Programm zielt dieses Programm des BMBW nicht auf ein einziges modellhaftes Ergebnis, sondern auf eine Vielzahl von Lösungen, die Rücksicht auf die unterschiedlichen beruflichen und außerberuflichen Anforderungen nehmen. Die Lösungen sollen nicht starr und einseitig auf ein Herstellungsverfahren auf ein bestimmtes Erzeugnis oder auf eine spezifische Branche ausgerichtet sein, sondern in flexibler Weise die Verwendungsmöglichkeiten für die erworbenen Fähigkeiten und Kenntnisse erweitern - auch außerhalb einer Firma oder einer Branche /69/.

Wenn es richtig ist, daß die wirtschaftliche Nutzung neuer Informationstechnologien eher dann zu gewährleisten ist, wenn der Betroffene, sowohl im Hinblick auf sein erweitertes Aufgabenfeld als auch auf seine informationstechnologische Kompetenz, die sich verändernden Bedingungen seines arbeitsgebundenen Handelns mit Hilfe des "lebenslangen Lernens" auch am Arbeitsplatz bewältigen kann /47/, dann wird es an der Zeit sein, den Einsatz der neuen Büromedien nicht nur unter dem Gesichtspunkt der Arbeitsbewältigung zu organisieren, sondern auch als Hilfsmittel für die berufliche Weiterbildung der Bediener. Über ersten Überlegungen der kommerziellen EDV-Berater wird bereits am Beispiel des Einsatzes von Personal-Computern als Lernfeld berichtet /38/. Mit Hilfe des HdA-Programms haben solche Konzepte die Chance, systematischer behandelt und umfassender weiterentwickelt zu werden. Dies trifft insbesondere auf betriebliche Modellvorhaben zu, in denen die Zielsetzung, mit Hilfe des Einsatzes neuer Informations- und Kommunikationstechnologien zu innovieren und durch geeignete Qualifizierungsmaßnahmen die Innovation abzusichern und fortzuführen sehr gut im konkreten Anwendungsfall geplant, erprobt und überprüft werden kann.

Aus den Ergebnissen einer Klausur des bereits beschriebenen Gesprächskreis Humanisierung des Arbeitslebens, die vom BMFT und dem PT-HdA 1984 organisiert wurde, sollten folgende Hinweise wiedergegeben werden, die besonders akzentuiert die erwünschte Qualifizierungsmaßnahmen beschreiben. Demnach sollten

- Weiterbildungs- und Umschulungsmaßnahmen an einer breiten Beherrschung technisch-organisatorischer Entwicklungslinien orientiert sein,

- eine stärkere berufliche und soziale Handlungskompetenz zur Erfüllung innovativer Anforderungen in Produktion und Dienstleistung anstreben,

- besonders bei vorherrschend kognitiv-psychischen Belastungen den sich in zunehmendem Ausmaß verknüpfenden qualifikatorischen und gesundheitlichen Aspekten bei der Planung und Gestaltung der Arbeitsstrukturen und der hierzu erforderlichen Qualifikationsinhalte Rechnung getragen werden /58/.

Einer solchen Maximen folgende Qualifizierungsstrategie hat nicht mehr das geringste zu tun mit den bekannten Zwei-Tage-Kursen beim Hersteller, mit den unsystematischen, lückenhaften, system- und nicht handlungsorientierten Unterlagen, die keine Problemlösungshilfen darstellen und den Aufbau von Orientierungswissen unmöglich machen /14/. Unternehmen die wegen der "Wirtschaftlichkeit" bei der Einführung neuer Informations- und Kommunikationstechnologien sich auf solche Qualifizierungs-Strategien einlassen, werden schon mittelfristig auf beträchtliche finanzielle Ressourcen zurückgreifen müssen, um den entstandenen Schaden mit vielfachem Aufwand beheben zu können.

Heute kann man zurecht behaupten, daß eine breite Qualifizierung i. S. der Grundsätze des HdA-Programms mittlerweile ein -strategisch gesehen- wirtschaftlicher Zwang ist /38/, /71/.

6.3 Die Arbeitsorganisation

Aus den skizzenhaft wiedergegebenen Problemkonstellationen in einzelnen HdA-Projekten, aber auch aus den vielen Vorträgen und Artikeln von Wissenschaftlern, Gewerkschaftlern, Beratern, Anwendern, Herstellern, Verbandsvertretern oder staatliche Institutionen ist deutlich geworden, daß die ursprünglich vorwiegend von Beratern und Herstellern vertretene Auffassung, die neuen Informations- und Kommunikations-Technologien seien lediglich komfortable Werkzeuge, die die Arbeit vereinfachen und produktiver gestalten, sich als nicht besonders tragfähig erwiesen hat. An den Schwierigkeiten des HdA-Programms bis zum Beginn der 80er Jahre, auf Verständnis für seine Schwerpunkt Büro und Verwaltung zu stoßen, war die mangelnde Einsicht über die negativen Auswirkungen eines rein am technischen-Werkzeug-Charakter der neuen Technologien gebundenen Denkens nicht ganz unbeteiligt. Heute ist die Kritik des Vizepräsidenten von Rank Xerox, STRASSMANN, an der Diskussion der damaligen Jahre, die anstatt von Vorstellungen über erforderliche neue Beziehungen zwischen den Angestellten durch Faszination über die Wunder neuer elektronischer Geräte charakterisiert war, sehr verständlich /14/.

In allen HdA-Projekten wurde zuerst der Grundsatz beachtet, daß Informationstechnik die Arbeitsabläufe in Büros verändert /52/. Die Berücksichtigung der organisatorischen Einsatzbedingungen bei der Formulierung der Zielsetzung von HdA-Vorhaben wurde schon deshalb nie in Frage gestellt, weil stets deutlich gemacht werden konnte, daß weder eine ergonomisch gestaltete Harware kurzzyklische repetetive Tätigkeiten entschädigen noch eine hervorragend gestaltete Benutzeroberfläche die Einschränkung von Handlungs- und Dispositionsspielräumen akzeptabler machen kann. Es war deshalb möglich, im Rahmen von HdA-Vorhaben einige organisatorische Modelle des Einsatzes neuer Technologien in Büros zu entwickeln, die zugleich wirtschaftlich und für die Betroffenen befriedigend waren.

Obwohl derartige Modelle mittlerweile die Diskussion weitgehend bestimmen, ist man immer noch weit davon entfernt, die Probleme der organisatorischen Bedingungen des Einsatzes neuer Techologien als gelöst anzusehen. Der Bedarf nach entsprechenden Forschungs- und Entwicklungsvorhaben bleibt weiterhin gegeben. Das hat vielerlei Gründe:

Die Vielfalt denkbarer organisatorischer Lösungen macht es zunächst erforderlich, selbst bei der Anwendung einer bestimmten neuen Technik in mehreren Modellvorhaben hinreichend verschiedene Lösungen für die Arbeitsorganisation zu erarbeiten, um mit Hilfe der anschließenden Bewertung optimale, abgesicherte und übertragbare Organisationsalternativen herausarbeiten zu können. Auch weist die Vielfalt der unterschiedlichen Anwendungsfelder bisherige Erfahrungen als begrenzt aus.

Die Übertragungsfähigkeit von Erfahrungen des Banksektors mit EDV-Anwendungen auf eine Industrieverwaltung gilt schon als sehr problematisch. Noch schwieriger wird es für kommunale Dienstleistungen. Vollends unvergleichbar erweist sich die Situation im Handel, in Krankhäusern oder in der Spedition und Lagerhaltung. Berücksichtigt man schließlich die Besonderheiten der Aufgabenerfüllung in Kleinbetrieben und im Handwerk oder bei produktionsnahen rechnergestützten Arbeitsplätzen, dann zeigt sich deutlich, daß zumeist erst Elemente optimaler arbeitsorganisatorischer Lösungen herausgearbeitet sind.

Eine weitere Limitierung der Vollständigkeit bisheriger Erfahrungen wird durch die schnelle Technikentwicklung gesetzt. Jeweils gemachte Erfahrungen, auch und gerade dann, wenn sie in den langjährigen Implementationen detailliert in ihren organisatorischen Konsequenzen übersehen werden, werden durch die sich weiterentwickelnden Technik überholt. Dieses, an sich alte Gestaltungsproblem, erhält im Falle der Informations- und Kommunikationstechnologien mit ihrer rasanten Entwicklung, mit der Einbeziehung immer neuer Funktionen des technischen und administrativen Büros, mit der gerätetechnischen Integration und mit den kaum eingrenzbaren Vernetzungstendenzen (vgl. z.B. /27/, /45/, /13/) eine qualitativ andere und besonders schwer im voraus zu berücksichtigende neue Qualität. Die jeweils zuvor mit der "alten" Technik gemachten Erfahrungen werden zwar nicht entbehrlich. Sie stehen sogar oft Pate für die Entwicklung neuer technischer Systeme. Die Erfahrungen bedürfen jedoch einer Weiterentwicklung, die in den meisten Fällen wesentlich über eine reine Aktualisierung hinausgeht. Die Feststellung des die Arbeitsorganisationsdebatte der Konferenz "1984 und danach" einleitenden Thesenpapiers, daß die neuen Informations- und Kommunikationstechnologien bisher stärker diskutiert als eingesetzt werden, /55/ bezieht sich lediglich auf den in der Tat festzustellenden Verlauf der Diskussion über die neuen Entwicklungen und beabsichtigt nicht, über den Umstand hinwegzutäuschen, daß die Anzahl installierter Systeme sprunghaft zunimmt (vgl. Bild 15 und 16).

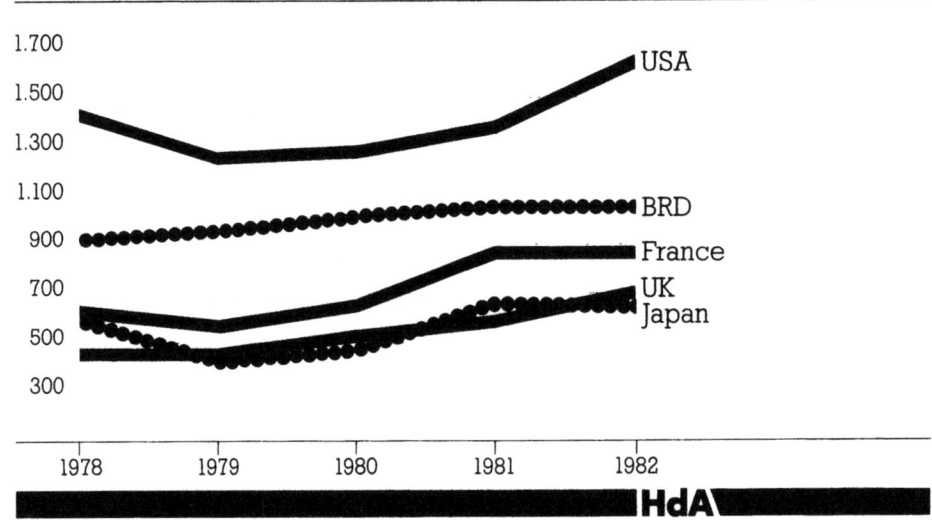

Computer-Dichte

Wert installierter Universalcomputer je Erwerbstätigen in DM

Quelle. Institut der deutschen Wirtschaft (Hrsg): Internationale Wirtschaftszahlen 1984

Bild 15

Computer-Trend

Installierte Computer in der Bundesrepublik per 31.12.83

			Gegenüber 1982/83
Standard-Computer	über 8,0 Mio. DM	631	+17 %
	2,0-8,0 Mio. DM	3.676	-2 %
	0,5-2,0 Mio. DM	13.090	+9 %
Prozeßrechner und Minicomputer	0,5-4,0 Mio. DM	1703	+4 %
	0,1-0,5 Mio. DM	13.588	+12 %
	bis 0,1 Mio. DM	50.039	+18 %
Bürocomputer	100-250 TDM	43.414	+24 %
	50-100 TDM	44.792	-2 %
	50-25 TDM	77.811	+14 %
Mikrocomputer	bis 25 TDM	476.175	+133 %

Quelle: Diebold Management Report 2/84

Bild 16

Angesichts dieser Einschränkungen ist die These, daß bislang geeignete, die Möglichkeiten der neuen Medien ausschöpfende und das Wissen der betroffenen Mitarbeiter aktivierende Organisationskonzepte fehlen /65/, keineswegs übertrieben. Ebenso muß die Position REICHWALDs als zutreffend eingeschätzt werden, die behauptet, daß weder die betriebswirtschaftliche Theorie noch die Organisationspraxis auf dem Feld des Technikeinsatzes im Büro und damit zusammenhängend zu den Produktivitäts- und Wirtschaftlichkeitsüberlegungen in diesem Bereich viel anzubieten haben /60/.

Schließlich kann man auch nach der Lektüre der Titelgeschichte einer Büromanagement-Zeitschrift "Organisation in der Krise" nicht behaupten, daß der Verfasser des Artikels eine sonderlich pessimistische Auffassung vertritt /14/. Ganz im Gegenteil. Die Probleme existieren. Wenn man alle Anwendungsfälle der Mikroelektronik betrachtet, scheinen konservative, von starker Arbeitsteilung geprägte Organisationsmodelle immer noch verbreitet zu sein, - wenngleich die auf Reduzierung von Arbeitsteilung gerichteten Tendenzen in Büro und Verwaltung weiter fortgeschritten als in der industriellen Produktion sind /50/.

6.4 Die Beteiligung

Der Grundsatz, daß die Arbeitnehmer, ungeachtet ihrer betrieblichen Stellung zugleich Experten ihrer Arbeitssituation sind, ist auf breiter Basis akzeptiert worden. Bei der Einführung neuer Informations- und Kommunikationstechnologien ist die Beteiligung der Betroffenen zu einer unabdingbaren Voraussetzung einer konsensfähigen Implementation geworden /14/, /54/. Die gesetzlich geregelte -wenn auch nicht immer von sämtlichen Beteiligten gleich interpretierte- Beteiligung der betrieblichen Interessenvertretung der Beschäftigten lassen wir hier aus guten Gründen außer Acht. Sie ist immer erforderlich in der Form der Zustimmung des Betriebsrates zu jedem beantragten betrieblichen HdA-Vorhaben. Die Form dieser Beteiligung wird stets zwischen der beteiligten Tarifvertragsparteien abgestimmt und ist von vielen, hier nicht weiter zu diskutierenden Faktoren abhängig.

Im Hinblick auf die Beteiligung der Betroffenen gibt es mittlerweile viele zustimmende Stellungnahmen, die jedoch unterschiedlich begründet sind. Da gibt es zunächst einmal die mit der Einführung neuer Bürotechnik einhergehenden vielschichtigen Sorgen der Betroffenen, denen durch rechtzeitige Information und Beteiligung schon während der Planung begegnet werden kann. Eine solche Beteiligung ermöglicht die Artikulation dieser Sorgen und ihre Umsetzung in konkrete Anforderungen der Betroffenen /54/. Die Maxime von MARGULIES in der Konferenz "1984 und danach", daß jeder noch so gut gemachte Versuch, _für_ die Betroffenen anstatt _mit_ ihnen zu entscheiden, zu Fehlschlägen führen muß /56/ wird von anderen funktionell und mit Blick auf die Wirtschaftlichkeit begründet: Der Aufgabenanalyse bei der Einführung neuer Technik muß eine Umstrukturierung bisheriger Aufgabenabwicklung folgen. Sowohl Kapazitäts- als auch methodische Schwierigkeiten haben besonders bei integrierten Systemen eine Überforderung der traditionell für diese Arbeit zuständige Organisationsabteilung zur Folge. Die Einbeziehung der Mitarbeiter aus der Fachabteilung stellt somit eine Notwendigkeit dar /38/.

Die Beteiligung wird von vielen Experten auch in einer anderen Art und Weise als akzeptanzfördernd angesehen. Widerstand gegen die Einführung neuer Technologien und Skepsis über ihren Beitrag nach ihrer Einführung stehen dabei für unterschiedliche Aspekte der Akzeptanzproblematik.

Im ersten Fall können die EDV-Anwendungen blockiert werden. Im zweiten Fall kann der EDV-Einsatz entwertet werden: Kreatives und innovatives Handeln, kooperatives Verhalten oder Flexibilität lassen sich nicht verordnen. Solche Verhaltensweisen lassen sich auch nicht von Beschäftigten erwarten, die die Einführung der technischen Systeme gerade noch akzeptiert haben. Die hierzu erforderliche Motivation läßt sich in der Regel ohne ausgeprägte, wirksame Formen der Beteiligung auf den unterschiedlichen Ebenen nicht erreichen.

Auch im gesellschaftlichen Kontext erweist sich die Bedeutung des Beteiligungsproblems. Kategorien wie "Wertewandel" oder "Sinnfrage" beherrschten nicht zufällig alle bedeutenden einschlägigen internationalen und nationalen Tagungen der letzten Jahre. Der Beschäftigte von heute ist gebildeter, selbstbewußter und kritischer /51/; ihm geht es zunehmend um mehr Selbstverwirklichung im Arbeitsleben /2/.

Dabei sollte nicht übersehen werden, daß gerade das HdA-Programm mehr als andere die Chance bietet, die keineswegs leicht zu organisierenden Beteiligungsprozesse im Zuge der jeweils beabsichtigten betrieblichen, technischen und organisatorischen Innovationen zu bewältigen /35/.

6.5 Die Belastungs- und Gesundheitsdimension

Durch die neuen Technologien kann der Beschäftigte in vielen Arbeitsbereichen entlastet werden. Darauf wird in verschiedenen Teilen des Programms geachtet. Die erwähnten Entlastungsmaßnahmen werden in der Regel im Fertigungsbereich gefördert und betreffen vor allem den Abbau von physischen Belastungen.

Im Bürobereich stellt sich die Situation anders dar. Die Einführung neuer Bürotechnik bedeutet für die betroffenen Beschäftigten auch die Entstehung neuer Belastungskonstellationen, die sich in grundlegenden Änderungen von Aufgabenzuschnitten, Handlungsspielräumen und Qualifikationsanforderungen, in Verschiebungen der horizontalen und vertikalen Arbeitsteilung sowie in Variationen der zeitlichen Inanspruchnahme durch spezifische Bestandteile der Gesamtaufgabe niedergeschlagen. Im Rahmen des BMFT-Teils des HdA-Programms wurden Fragestellungen, die sich auf die ergonomische Gestaltung der Büorarbeitsplätze beziehen, bisher fast ausschließlich in betrieblichen Vorhaben thematisiert. Eigenständige Vorhaben zum Belastungsabbau, z. B. mit Hilfe ergonomischer Gestaltung der Hardware, waren aus unterschiedlichen Gründen nicht Gegenstand der Förderung /40/.

Es war jedoch von vornherein klar, daß die Förderung der menschengerechten Anwendung neuer Technologien durch die Thematisierung von spezifischen Fragestellungen des Arbeitsschutzes komplementiert werden mußte. Der BMFT hat deshalb gemeinsam mit dem BMA den Entwurf einer Förderkonzeption "Schutz der Gesundheit beim Einsatz neuer Informations- und Kommunikationstechnologien" erarbeitet, der zur Zeit intensiv beraten wird. Diese Konzeption greift auf wesentliche Anregungen der von der Bundesanstalt für Arbeitsschutz angefertigten Studie "Neue Technologien" zurück /61/.

Die Förderung im Rahmen dieses Schwerpunkts soll dazu dienen, möglichst frühzeitig Belastungsschwerpunkte zu erkennen, um mögliche gefährdende Wirkungen auf den Beschäftigten festzustellen und Anforderungskataloge und Gestaltungshinweise für die Hard- und Software von I.-u. K.-Techniken unter Berücksichtigung ihrer organisatorsicher Einsatzformen zu erarbeiten. Im Rahmen dieses zu bildenden Schwerpunktes sollen weiterhin Projekte vorgesehen werden, die die Umsetzung von Erkenntnissen in das Arbeitsschutzsystem verbessern helfen (Bild 17). Die Probleme besonderer Arbeitnehmergruppen (z. B. Schwangere, Ältere oder Behinderte) sollen schließlich verstärkt Berücksichtigung finden.

Mögliche Vorhaben

Beabsichtigter Förderschwerpunkt »Schutz der Gesundheit beim Einsatz neuer Informations- und Kommunikations-Technologien«

Analysen von Belastungen und Beanspruchungen
Zusammenhänge zwischen Belastungen und Beanspruchungen
Frühdiagnostische Testsysteme
Epidemiologische Studien

Anforderungskataloge für Hard- und Software
Entwicklung von Gestaltungshinweisen mit dem Ziel des Abbaus von Belastungen und gesundheitlichen Gefährdungen.

Vorschläge zur weiteren Verbesserung der Umsetzung.

HdA

Bild 17

6.6 Die Wirtschaftlichkeit

Wenn die Wirtschaftlichkeit als Hauptargument zur Begründung einer spezifischen Art von Technikimplementation im Büro herangezogen wird, dann kann man in der Regel davon ausgehen, daß ein verkürztes Kalkül zugrunde liegt: Kostensenkungen oder auf Substitution menschlicher Arbeit durch Technik reduzierte Rationalisierung stellen wohl direkte, allein aber unzureichende Bestandteile der Wirtschaftlichkeit dar. Erhöhung der Verfügbarkeit von Informationen wiederum, Stetigkeit des Informationsflusses, Präzision und Schnelligkeit der Dienstleistung oder bessere Abstimmungsmöglichkeiten (allesamt Gründe, die unter Umständen eine andere Nutzungsart der Technik nahelegen) werden nur zum Teil und nur in den seltensten Fällen als Einflußgrößen der Wirtschaftlichkeit akzeptiert /36/. Üblicherweise werden sie unter die Rubriken Imagepflege, Verbesserung der Dienstleistungsqualität oder interne Flexibilisierung subsummiert.

Die Forderung nach einer stärkeren Gewichtung von qualitativen Wirtschaftlichkeitsargumenten ist angesichts der geschilderten Situation schon erhoben worden /60/. Nach einer endlosen Reihe von Mißerfolgen mit der Anwendung von Instrumenten der traditionellen Investitionsrechnung rechtfertigen sich zukunftsorientierte Projekte im kommerziellen Bereich zunehmend mit Hilfe von nichtbewertbaren Größen /70/. Dies wird durch die Erfahrung gestützt, daß eine Entscheidung, die auf weniger genau quantifizierbaren Größen basiert oft die wirtschaftlichste Problemlösung darstellt /71/.

Auf einen Nenner gebracht: Projekte, die auf der Basis der von der Fertigung unkritisch übernommenen Rationalisierungskonzeption gestartet werden, laufen zunehmend mehr aus dem Trend. Darüberhinaus verlieren sie auch gegenüber Vorhaben an Boden, die strategische Wettbewerbsvorteile durch Verschiebungen in der Leistungsseite anstreben /71/, /65/,/67/.

Die Kritik an traditionellen Verfahren Wirtschaftlichkeitsrechnungen, liegt auch darin begründet, daß sie wenig geeignet sind, Auswirkungen komplexer Systeme zu erfassen. Diese Verfahren sind auch in ihrer entwickelten Form nicht in der Lage, Alternativen vergleichend zu werten, wenn sie nicht unter organisatorisch-strukturellen Gesichtspunkten dicht beieinander liegen. Die mit der Einführung neuer Technologien gerade im Bürobereich üblicherweise einhergehenden Wirkungen auf das Gesamtsystem bleiben schon wegen der Begrenzung des Reorganisationsfeldes unberücksichtigt. Die mit der Anwendung konkreter Zahlen stets unterstellte Exaktheit der Berechnung, entpuppt sich dabei als Pseudosicherheit /36/, /63/. STAUDT hat schon vor Jahren gefolgert, daß bei einer solchen Reduzierung der Entscheidung auf konventionelle Wirtschaftlichkeitsvergleichsrechnungen die Chance echter Innovation äußerst gering sei /63/.

Das HdA-Programm beschäftigte sich schon sehr früh mit der Frage der Wirtschaftlichkeit. Von Beginn der HdA-Förderung an wurden Projekte mit dem Ziel vergeben, Wirtschaftlichkeitsrechnungen, Arbeitssystemwertermittlungen und Verfahren zur betrieblichen Entscheidungsfindung zu entwickeln, die die angesprochenen Nachteile der üblichen Investitionsrechnungen überwinden.

Im Laufe der Jahre ist eine Reihe von Verfahren entstanden, die mit unterschiedlichem Erfolg bereits angewandt werden. Dies gilt auch für die Bewertung der Wirtschaftlichkeit in Büro und Verwaltung. Die Ergebnisse einer Bilanzierung der Ergebnisse und Probleme aller im HdA-Programm geförderten Entwicklungen von Wirtschaftlichkeitsrechnungen, die von vier Instituten durchgeführt wurde /4/, /5/, /32/, /64/, vermittelt den Eindruck, daß in zahlreichen Ansätzen und Verfahren versucht wurde, den betrieblichen Initiierungs-, Planungs- und Entscheidungsprozeß von technisch-organisatorischen Maßnahmen um Informationen über wichtige Humanisierungsdimensionen zu erweitern. Darüberhinaus wurde in vielen Betrieben der verschiedensten Branchen ein Lernprozeß über die Wechselwirkungen zwischen menschengerechter Gestaltung der Arbeitsbedingungen und der Wirtschaftlichkeit eingeleitet /53/.

Dieser Prozeß soll mit Hilfe der Förderung im Rahmen des HdA-Programms fortgesetzt werden, wobei besonders Büro- und Verwaltungssysteme einbezogen werden müssen.

6.7. Die Software

Neue Informations- und Kommunikations-Systeme sind - soweit es die technischen Geräte angeht - in jeder Hinsicht weit entwickelt. Hierzu hat auch die ergonomische Forschung der 70-er Jahre Entscheidendes beigetragen. Die trotz der steigenden Umsätze (Bild 18) von allen Seiten attestierten (vgl. z.B. /12/, /24/) Mängel in der Software bestimmen

- im allgemeinen den Engpaß zukünftiger Technologieentwicklung

u n d

- im besonderen die Grenzen einer von den Beschäftigten akzeptierten, wirtschaftlichen und flexiblen Technologieanwendung.

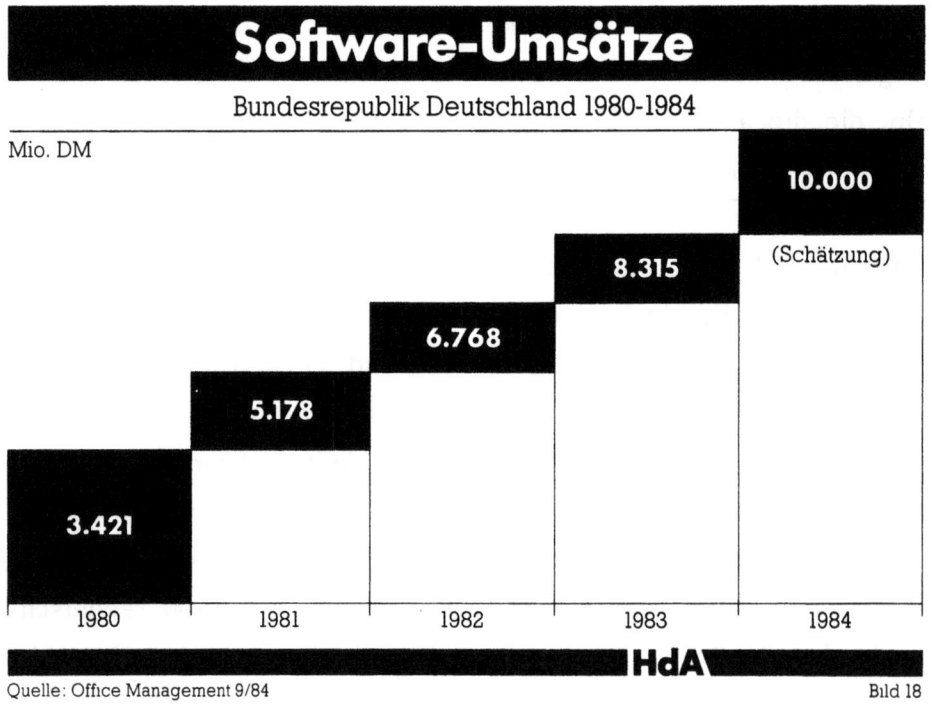

Bild 18

Trotz der bereits beschriebenen Bemühungen und der vielfältigen sonst geförderten und nicht geförderten Aktivitäten, eine Verbesserung der Situation zu erreichen, darf nicht übersehen werden, daß weiterhin sehr große Defizite bestehen.

Zur Konkretisierung des Förderbedarfs im Hinblick auf HdA-Zielsetzungen in diesem Feld, hat der Projektträger HdA im letzten Jahr einige Aktivitäten gestartet. Auf der Basis eigener Recherchen im Wissenschaftsbereich der Bundesrepublik Deutschland und eines eigens dafür erstellten Berichtes des FhG-IAO über neuere Entwicklungen in anderen Ländern

schungsfeldern Arbeitspsychologie, Arbeitswissenschaften, Informatik und Software-Forschung von Herstellern im Wege von Expertengesprächen Defizite in der Software-Forschung identifizieren, künftige Entwicklungslinien in diesem Bereich aufzeigen und Themenstellungen von möglichen HdA-Forschungsvorhaben zur Software-Gestaltung unter Berücksichtigung von bereits laufenden Aktivitäten im Rahmen anderer Programme (vgl. z.B. /66/) erarbeiten soll. Für die Förderung zeichnen sich mit unterschiedlichen Gewichtungen folgende Vorhabenskategorien ab:

- Analyse der Grenzen und Möglichkeiten von Software neuer Büroinformations- und Kommunikationssysteme für eine menschengerechte Gestaltung der Büro- und Verwaltungsarbeit - Bestandsaufnahmen und Grundlagenforschung

- Entwicklung von Anleitungen und Kriterien für eine menschengerechte Gestaltung von Software und deren Einsatzes

- Umsetzung von Erkenntnissen zur menschengerechten Gestaltung und des Einsatzes von Software

Neben diesen geplanten Förderaktivitäten zur Software-Gestaltung ist eine gezielte Förderung von Untersuchungen zum Zusammenhang von Softwareeinsatz und Gesundheit der Beschäftigten vorgesehen. Hierzu sollen hinsichtlich der Software-Gestaltung vorrangig Probleme der Informationsdarstellung und -darbietung sowie des zeitlichen Verhaltens bei Dialogsystemen aufgegriffen werden.

Durch die angestrebte Förderung sollen vor allem Kooperationen zwischen unterschiedlichen Fachdisziplinen, zwischen wissenschaftlichen Einrichtungen und Betrieben, zwischen dem betrieblichen Gesundheitsschutz und sonstigen Arbeitsschutzeinrichtungen zur Lösung anstehender, interdisziplinär zu bearbeitender Probleme unterstützt und der gestaltungsbezogene Dialog zwischen Herstellern und Anwendern von Software intensiviert werden.

Der bisherige Stand der Beratungen zeigt, daß vermutlich schon im Herbst dieses Jahres über Ergebnisse berichtet werden kann.

Schrifttum

Beiträge mit unterstrichenen Autoren oder Herausgebernamen sind Ausarbeitungen im Rahmen des HdA-Programms.

1) <u>AEG-Telefunken</u>: Neue Arbeitsstrukturen in der Teilefertigung und Montage, Teil I u. II, Frankfurt, Campus-Verlag, (HdA-Schriftenreihe, Bd. 48/49)

2) AFHELD, H.: Entwicklungstendenzen in Wirtschaft und Gesellschaft bis zur Jahrtausendwende, in Stahl und Eisen 104 (1984), Nr. 1, S. 1-6

3) Aktionsprogramm: Neue Technologien in der beruflichen Bildung, in: Der Bundesminister für Bildung und Wissenschaft (Hrsg.): Bildung Wissenschaft Aktuell Nr. 1/85, Bonn, 17.01.85

4) <u>ANDERS, W. u.a.</u>: Erfahrungen, Schwierigkeiten und Lösungswege in Humanisierungsprojekten zur Bewertung der Wirtschaftlichkeit, Hannover 1983 (noch nicht veröffentlicht)

5) <u>AUCH, M. u. SAUER, H.</u>: Bewertungsanforderungen in unterschiedlichen Entscheidungs- und Verhandlungssituationen, Stuttgart 1984 (noch nicht veröffentlicht)

6) Bayerisches Staatsministerium für Arbeits- und Sozialordnung (Hrsg.): Rationalisierung im Büro - wo bleibt der Mensch?, München 1981

7) <u>BERGDOLL, K. u.a.</u>: Einrichtung von Gruppensekretariaten für örtlich zusammengefaßte Ämter, unveröffentlichter Schlußbericht 1983, Erscheint demnächst

8) BIEDENKOPF, K.: Die gesellschaftliche Herausforderung der Informationstechnik, Positionspapier zum Arbeitskreis 1: Demokratie, Beitrag in der internationalen Konferenz der Bundesregierung "1984 und danach", Berlin 1984 (vervielfältigtes Manuskript)

9) <u>BLANKENBURG, E. u. a.</u>: Arbeitsplatz Gericht, Modellversuch zur Humanisierung der Gerichtsorganisation, Frankfurt, Campus-Verlag 1983, (HdA-Schriftenreihe, Band 41)

10) <u>Bosch, R. GmbH</u>: Entkoppelung von Fließarbeit Techniken in der teilautomatisierten Montage, Frankfurt, Campus-Verlag 1981, (HdA-Schriftenreihe Bd. 2)

11) <u>Bosch-Siemens Hausgeräte GmbH</u>: Arbeitsgestaltung in der Serienfertigung. Praktische Erfahrungen in der Organisationsentwicklung aus einem Humanisierungsprojekt, Frankfurt, Campus-Verlag 1984, (HdA-Schriftenreihe Bd. 53)

12) BROCKMANN, K.: Zielgruppenorientierte Software-Entwicklung, in: Office Management, 32 (1984), S. 1190-1192

13) BULLINGER, H.-J.: Die Druchdringung der Unternehmen mit integrierten Bürosystemen, in: Online 85, Kongreß III, Vortrag 1J

14) BULLINGER, H.-J.: Organisation in der Krise, in Office Management, 31 (1983), S. 938-944

15) CZECH, D. u. a.: Analayse der Veränderung von Sachbearbeitertätigkeiten als Folge technisch-organisatorischer Umstellungen im Bankgewerbe, unveröffentlichter Schlußbericht 1984, Erscheint demnächst

16) CZECH, D. u. a.: Mikroelektronik im Bankgewerbe - Veränderung von Technik und Sachbearbeitung, RKW Manuskript Druck, Eschborn 1983

17) Der BMA/Der BMFT: Förderschwerpunkt Schutz der Gesundheit beim Einsatz neuer Informations- und Kommunikationstechnologien, Bonn Februar 1985 (Entwurf)

18) Der BMFT: Bekanntmachung über die Förderung von Forschungs- und Entwicklungsvorhaben zur menschengerechten Anwendung neuer Technologien in Büro und Verwaltung vom 28.03.1984, Bonn

19) Der BMFT: Humanisierung des Arbeitslebens - Förderschwerpunkt "Büro und Verwaltung", Bonn, Juli 1981

20) Der BMFT: Programm Forschung zur Humanisierung des Arbeitslebens, 4. unveränderte Aufl., Bonn 1979

21) Der Senator für Bildung, Wissenschaft und Kunst der Freien Hansestadt Bremen (Hrsg.): Arbeit und Technik als politische Gestaltungsaufgabe, Bonn 1985

22) Deutscher Bundestag, 10. Wahlperiode: Bericht der Bundesregierung zur Planung für die Weiterentwicklung des Programms "Humanisierung des Arbeitslebens", Drucksache 10/16 vom 06.04.1983

23) DOSTAL, W.: Neue Technologien und Beschäftigung, in: Materialien aus der Arbeitsmarkt- und Berufsforschung (MatAB 3/1981) S. 2-6

24) DZIDA; M. u. a.: Auswirkungen des EDV-Einsatzes auf die Arbeitssitation und Möglichkeiten seiner arbeitsorientierten Gestaltung, GMD-Studie Nr. 8, St. Augustin 1984

25) DZIDA, W.: Zum Stand der Normung des Mensch-Maschine-Dialogs, in Der GMD-Spiegel 3/4-84, S. 29-30

26) EISENHOFER, A.: Information als Produktionsfaktor - Strategien für Entscheidungsunterstützungssysteme in: Integrierte Bürosysteme - 3. IAO-Arbeitstagung, Berlin Heidelberg New York Tokyo 1984, S. 429-458

27) FÄHNRICH, K.-P.: Die technologische Basis für das Informationsmanagement der Zukunft, in Integrierte Bürosysteme - 3. IAO-Arbeitstagung, Berlin Heidelberg New York Tokyo 1984, S. 521-548

28) FÄHNRICH, K.-P. und ZIEGLER, J.: Mensch-Computer-Interaktion - Die Software-Ergonomie hat sich weltweit etabliert, in: Office Management, 32 (1984), S. 1178-1182

29) FHG-IAO/GfAH/FHG-ISI: Konzept zur Evaluierung von Vorhaben zur menschengerechten Anwendung neuer Technologien in Büro und Verwaltung, Anhang, Stuttgart 1984, unveröffentlichtes Manuskript

30) FONTANA, G. u. KIESMÜLLER, Th.: Software-Ergonomie aus Sicht des Anwenders, in Office Management, 32 (1984), S. 1194-1196

31) Forschungsinstitut für Arbeit und Bildung (FAB): Schreibdienstorganisation - human und wirtschaftlich. Eine Untersuchung zur ökonomischen und sozialen Effizienz von Schreibdiensten in obersten Bundesbehörden, Frankfurt, Campus-Verlag 1983, (HdA-Schriftenreihe Bd. 46)

32) GOTTSCHALK, B. u. STAEHLE, H.: Vergleich der vorhandenen Ergebnisse und Ansätze bisher geförderter Vorhaben im Bereich "Bewertung der Wirtschaftlichkeit von HdA-Maßnahmen", unveröffentl. Schlußbericht, Berlin 1983

33) GOTTSCHALL, K. u. a.: Auswirkungen technisch-organisatorischer Veränderungen auf Routinetätigkeiten in den Verwaltungen der Privatwirtschaft. Unveröffentlicher Schlußbericht des soziologischen Forschungsinstituts Göttingen, 1984, Erscheint demnächst im Campus-Verlag

34) HEINRICH, K. D. u. SCHÄFER, D.: Menschengerechte Arbeitsgestaltung in der Elektroindustrie. Erfahrungen aus Betriebsprojekten, Frankfurt, Campus-Verlag 1982, (HdA-Schriftenreihe Bd. 35)

35) HERZOG, H.-H.: Mitarbeiteraktivierung zur menschengerechten Gestaltung des Arbeitsplatzes, in: AfA-Informationen, 35 (1985), S. 12-29

36) HÖRING, K. und van NIEVELT, M. C. A.: Wirtschaftlichkeit von Büro und Informationssystemen: ein neuer Anfang, in: Office Management, 33 (1985), S. 6-10

37) HOFMEISTER, E.: Technik der Mikroelektronik-Bausteine, Beitrag in der internationalen Konferenz der Bundesregierung "1984 und danach" in Berlin 1984, vervielfältigtes Manuskript

38) HOLTHAUS, R.: Personal-Computer und Wirtschaftlichkeit, in: Office Management, 33 (1985), S. 22-24

39) Intersofo GmbH: Schreibdienste in obersten Bundesbehörden. Eine vergleichende Untersuchung, Frankfurt, Campus-Verlag 1981, (HdA-Schriftenreihe Bd. 6)

40) KASTEN Ch., SKARPELIS C., THUNECKE H.: Die Förderung der Anwendung neuer Technologien in Büro und Verwaltung im Rahmen des Programms "Forschung zur Humanisierung des Arbeitslebens", in: Office Management, 32 (1984), S. 586-592

41) KERN, P.: Informations- und Kommunikationsanforderungen an Dienstleistungsunternehmen - die Wettbewerbsfähigkeit verbessern, in: Integrierter Bürosysteme, 3. IAO-Arbeitstagung, Berlin Heidelberg New York Tokyo 1984, S. 429-458

42) KIESMÜLLER, Th. et al: Arbeitsstrukturierung in der Textverarbeitung und den benachbarten Verwaltungsbereichen eines Industriebetriebes (ASTEX) - Vorphase, Eggenstein-Leopoldshafen, FIZ (1984), (FB-HA-84-048)

43) Kraftfahrt-Bundesamt, Flensburg: Humanisierung der Arbeitsbedingungen beim Dialogverkehr am Datensichtgerät, Eggenstein-Leopoldshafen, FIZ (1982), (FB-HA-82-037 Bd. 1 und 2)

44) Kraftfahrt-Bundesamt, Flensburg; Sozialwissenschaftliche Projektgruppe München: Alternative Arbeitsgestaltung für die öffentliche Verwaltung. Das Schreibdienst-Projekt im Kraftfahrt-Bundesamt, unveröffentl. Schlußbericht 1984. Erscheint demnächst im Campus-Verlag, (HdA-Schriftenreihe)

45) KRALLMANN, H.: Lokale Netze und öffentliche Diente - eine Philosophiefrage, in: Integrierte Bürosysteme, 3. IAO-Arbeitstagung, Berlin Heidelberg New York Tokyo 1984, S. 113-150

46) KRÜGER, G.: Entwicklungslinien der Datenverarbeitung, Beitrag in der internationalen Konferenz der Bundesregierung "1984 und danach", Berlin 1984, unveröffentl. Manuskript

47) LEUE, G.: Bürokommunikation im Wandel - Ziele und Auswirkungen neuer Technologien, in: Office Management, 30 (1982), S.786-791

48) LULLIES, V.: Zum Problem zukunftsbezogener Qualifizierung von Frauen in assistierenden Bürotätigkeiten, Eggenstein-Leopoldshafen, FIZ (1985), (FB-HA 85-002)

49) LULLIES, V.: Innovation im Büro. Das Beispiel Textverarbeitung, Frankfurt, Campus-Verlag 1982, (HdA-Schriftenreihe Bd. 38)

50) LUTZ, B.: Positionspapier (Position 2) zum Arbeitskreis 5 (Arbeitsorganisation) der internationalen Konferenz der Bundesregierung "1984 und danach", Berlin 1984, (vervielfältigtes Manuskript)

51) MAST, C.: Zwischen Kopf und Kabel - Mensch und Büro, in: Integrierte Bürosysteme, 3. IAO-Arbeitstagung, Berlin Heidelberg New York Tokyo 1984, S. 47-65

52) MUNTER, H.: Arbeit und Leben in der Informationsgesellschaft, in: Office Management, 33 (1985), S. 36-38

53) Neubauer, G.: Erfassung der Wirtschaftlichkeit von HdA-Vorhaben: Forschungsstand und Ergebnisse, in: Institut der deutschen Wirtschaft (Hrsg.): Köln 1984, PRODIS-Report Nr. 5 - Wirtchaftlichkeit bei HdA-Maßnahmen, S. 12-33

54) OPPERMANN, R.: Aktive Akzeptanzunterstützung durch Betroffenenbeteiligung, in: Office Management, 32 (1984), S. 1084-1086

55) o. V.: Arbeitsorganisation - Einführung in die Diskussion über die Arbeitsorganisation, in der internationalen Konferenz der Bundesregierung "1984 und danach" Berlin 1984, (vervielfältigtes Manuskript)

56) o. V.: Mensch-Maschine-Systeme der Zukunft - Einführung in die Diskussion in der internationalen Konferenz der Bundesregierung "1984 und danach" Berlin 1984, (vervielfältigtes Manuskript)

57) PT-HdA (Hrsg.): Dokumentation der Klausurtagung HdA und Wirtschaftlichkeit, Bonn 1982, Broschüre

58) PT-HdA (Hrsg.): Ergebnisse der Beratungen des Gesprächskreises "Humanisierung des Arbeitslebens" zum Thema "Humanisierung des Arbeitslebens und Innovation", Bonn 1984

59) REESE, J. u. a.: Die Entwicklung der Informationsgesellschaft aus der Sicht der Bundesrepublik Deutschland, in: Hessendienst der Staatskanzlei (Hrsg.): Informationsgesellschaft oder Überwachungsstaat, Kassel 1984, S. 13-282

60) REICHWALD, R.: Im Büro gelten andere Regeln, in: Office Management, 33 (1985), S. 11

61) SCHREIBER, P. und KUHN, K.: Neue Technologien, Dortmund 31.07.1984

62) SEDENO-ANDRES/WENDT: Auswahl elektronischer Textverarbeitungssysteme. Praxisbericht aus dem Lübecker Humanisierungsprojekt. GIAW Gesellschaft für Informatik Awendungen und Wirkungsforschung, Berlin o. J.

63) STAUDT, E.: Betriebswirtschaftliche Beurteilung neuer Arbeitsstrukturen, in: ZfB, 31 (1981), S. 871-891

64) STAUDT, E. u. a.: Untersuchung über den Informationsgehalt betrieblicher Rechnungswesen und Dokumentationssysteme, Duisburg 1984, noch nicht veröffentlicht

65) STOLZ, R.: Bürokommunikation und Wirtschaftlichkeit, in: Office Management, 33 (1985), S. 26-28

66) SZYPERSKI, N.: Human und sozial orientierte Gestaltung der Informationstechnik, in: Der GMD-Spiegel (3/4-84), S. 9-14

67) VAHRENKAMP, R.: EDV als Chaosmacher, in: Office Managment, 33 (1985), S. 34-35

68) WELTZ, F. u.a.: Textverarbeitung im Büro. Alternativen der Arbeitsgestaltung, Frankfurt 1980, Campus-Verlag (HdA-Schriftenreihe Bd. 4)

69) WILMS, D.: Konsequenzen der Technologien für die Berufsbildungspolitik. Rede auf der Fachtagung "Mikroelektronik und berufliche Bildung" Bonn (08.03.1985), vervielfältigtes Manuskript

70) ZANDER, E.: Netzwerke und Wirtschaftlichkeit, in: Office Management, 33 (1985), S. 18-20

71) ZANGL, H.: Integrierte Bürosysteme und Wirtschaftlichkeit, in: Office Management, 33 (1985), S. 14-17

Menschen · Arbeit · Neue Technologien   5. Halbtag

Technologieeinsatz im Büro II
— Akzeptanz und zukünftige Entwicklungen —

Menschen · Arbeit · Neue Technologien

Technologieeinsatz im Büro II
— Akzeptanz und zukünftige Entwicklungen —

Europäisches Software-Ergonomielabor

K. P. Fähnrich

1 ERGONOMIE UND INFORMATIONSTECHNOLOGIE – EIN KURZER GESCHICHTLICHER ÜBERBLICK

Die Ergonomie in der Informationstechnologie, im deutschen Sprachraum auch als Software-Ergonomie bekannt, ist ein schnell wachsendes Arbeitsgebiet. In Ländern wie den USA und Großbritannien hat sie sich inzwischen fest etabliert. Gerade in der USA haben Firmen der Copmputerbranche ihre Bedeutung für die Verbreitung moderner Informations- und Kommunikationstechniken erkannt. Schon relativ früh wies Professor Hans-Jörg Bullinger, Stuttgart, in diesem Zusammenhang auf folgendes hin:

> "Die Diskussion um Bildschirmarbeitsplätze hat uns ein gutes Stück vorangebracht. Jedoch - die Problemstellungen liegen eigentlich woanders. Neben den organisatorischen Fragestellungen des Einsatzes neuer Informations- und Kommunikationstechnologien müssen wir uns bewußt machen, daß Leistungsverhalten, Belastung und Einstellung der Benutzer im wesentlichen von der realisierten Software beeinflußt werden. Nur - wo sind die Spezialisten, die gleichzeitig in der Informatik, der Psychologie und den Arbeitswissenschaften zu Hause sind?"

Die Anfänge der Verbindung von Ergonomie und Informationstechnologie (synonyme Begriffe oder verwandte Arbeitsgebiete sind die der Software-Ergonomie, Software-Psychologie, Mensch-Computer Interaktion) reichen mehr als 30 Jahre zurück. In den 50-er Jahren wurde die Arbeit auf diesen Gebieten hauptsächlich im Hinblick auf militärische Anwendungen aufgenommen und zur gleichen Zeit begannen Arbeiten auf dem Gebiet der Programmiersprachen. In den späten 50-er Jahren war es vor allem der Brite Brian Shackel, der Arbeiten über interaktive Systeme im kommerziellen Bereich initiierte. Aus den 60-er Jahren gibt es darüber hinaus nur relativ sporadische Arbeit zu berichten; die Wissenschaftler forschen relativ isoliert voneinander auf verschiedenen Gebieten. Trotzdem schritt die Arbeit voran und wichtige Grundlagen für die nun folgenden Entwicklungen im Bereich von Prozeßsteuerungen und großen kommerziellen Computern wurden gelegt. Um 1970 wurden die ersten Arbeiten über Gestaltungsprinzipien veröffentlicht und von da an verbreitete sich das Gebiet stetig: Menü-Systeme, Formularsysteme, Kommandosprachen, Programmiersprachen, graphische Systeme und in neuester Zeit "intelligente" Benutzerschnittstellen waren die herausragenden Diskussionsthemen.

Seitdem sich Personal-Computer, Mikro-Computer und Workstations (von ca. 1975 bis 1980) etablierten, verstärkte sich das Interesse für ergonomische Fragen in der Informationstechnologie rasch.

Seit Beginn der 80-er Jahre muß, was die Forschungsanstrengungen und die Ergebnisse betrifft, Ergonomie als in der Informationstechnologie etabliert angesehen werden. In /1/ und /2/ findet sich ein umfassender geschichtlicher Überblick dieses Forschungsgebietes.

2 DIE WICHTIGSTEN ARBEITSBEREICHE DER SOFTWARE-ERGONOMIE

Forschung im Bereich der Software-Ergonomie ist angewandte Forschung. Natürlich gibt es viele Parallelen zur Ergonomie im allgemeinen - die drei Hauptthemen sind dementsprechend Analyse, Gestaltung und Bewertung des Einsatzes von Systemen aus dem Bereich der Informationstechnologie. Nach Shackel kann die Software-Ergonomie definiert werden als:

"...the study of, and the application of human-factors knowledge to all aspects of the relation between the human, the machine and the environment which directly influence the safe, efficient, acceptable and satisfying usage of IT-systems."/1/.

Shackel schlägt folgende Klassifizierung der Software-Ergonomie vor (vgl. Bild 1):

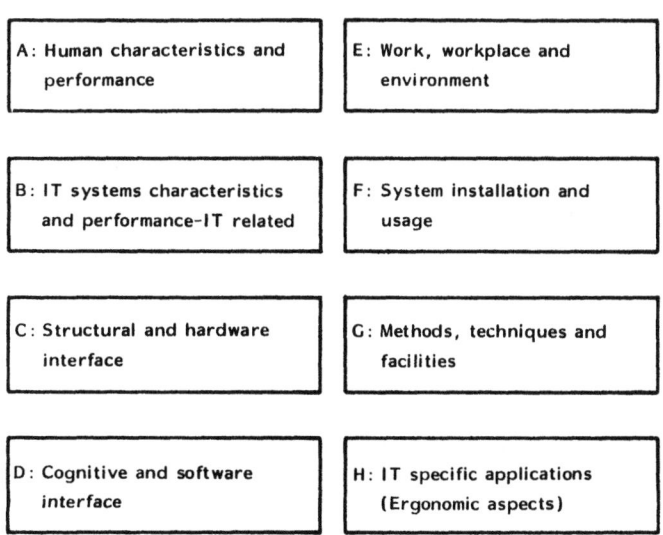

Bild 1. Eine Klassifizierung der Software-Ergonomie.

o Verbreitung der software-ergonomischen Erkenntnisse in der europäischen IT-Industrie

Die nun folgenden Abschnitte beinhalten kurze inhaltliche Darstellungen zu den Themenbereichen, die dringend bearbeitet werden sollten.

4.1 PRODUKTGESTALTUNG

Shackel schlägt vor, den Prozeß der ergonomischen Gestaltung eines Produktes in vier Schritte zu unterteilen:

- o Durchführbarkeitsstudien und Zieldefinition
- o Detailspezifikation
- o Implementation und Akzeptanz-Test
- o Betrieb und Maintenance

Die Arbeit auf diesem Gebiet sollte unter dem Motto "von der Konzeption zum Einsatz - ein integrierter software-ergonomischer Beitrag zur Produktgestaltung und -entwicklung" stehen. Eine Analyse des bisherigen Verlaufes der Produktgestaltung/-entwicklung in den Firmen sollte dabei die Identifikation des zukünftigen ergonomischen Inputs in den Design-Prozeß abstützen. Die Sammlung software-ergonomischer Gestaltungsrichtlinien bildet die Basis für die spätere Entwicklung einer software-ergonomischen Daten- und Wissensbank. Ist dieses Wissen einmal aufbereitet, sollte es mit Hilfe eines geeigneten Mechanismuses in der IT-Industrie weite Verbreitung finden. Dies könnte ein entscheidungsunterstützendes System für Produktdesigner sein - z.B auf der Basis eines Mikro-Computers. Parallel dazu müssen Benutzeranforderungen und -charakteristika untersucht, sowie Aufgabenanalysen und -klassifizierungen durchgeführt werden. Am Ende steht die Bewertung des Systems nach software-ergonomischen Kriterien.

4.2 FORTGESCHRITTENE MENSCH-COMPUTER SCHNITTSTELLEN

Die Forschungsaktivitäten in diesem Bereich sollten sich auf folgende Bereiche konzentrieren:

- o Dialoggestaltung
- o Sprachverarbeitende Systeme

- o Vor allem die US-amerikanische Industrie hat die Relevanz dieses Bereiches erkannt.
- o Europa hat immer noch die höchste Konzentration an Software-Ergonomie Forschern in diesem Bereich.
- o Im Allgemeinen ist die Arbeit in Europa (vielleicht mit Ausnahme Großbritanniens) nicht so interdisziplinär angelegt, wie in den Vereinigten Staaten.
- o In Europa ist die Zusammenarbeit von Universitäten, Forschungseinrichtungen und Industrie nicht sehr stark ausgeprägt
- o Diese Situation muß unbedingt verändert werden.

4 DRINGENDE FORSCHUNGSDEFIZITE

In seiner Arbeit /1/ führt Shackel sechs Hauptforderungen auf, in denen eine Vertiefung dringend notwendig ist:

- o Verbesserung der gestaltungsrelevanten Kenntnisse und der Schaffung von Richtlinien zur benutzergerechten Gestaltung von IT-Produkten
- o Verbesserung von Gestaltungsmethoden, -werkzeugen und Einbettung dieser in das normale Software-Engineering
- o Verbesserung der Benutzermodelle für die Designer
- o Verstärkte Theoriebildung - besonders in der kognitiven Ergonomie
- o Verbesserung der empirischen Methoden
- o Standardisierung

Für die Konzeption eines neuen Forschungsprogrammes führte der Autor /4/ dieses Aufsatzes eine Untersuchung bei der IT-Industrie und Softwarehäusern in Deutschland durch. Im großen und ganzen kristallisierte sich dabei als deren Hauptanliegen heraus, Methoden, Werkzeuge und Richtlinien für die Entwicklung von Mensch-Computer Schnittstellen zu gewinnen. Alles in allem scheint für die europäische IT-Industrie ein kooperatives Forschungsprogrammm, das die folgenden drei Bereiche abdeckt, von hoher Wichtigkeit:

- o software-ergonomische Produktgestaltung
- o Methoden, Werkzeuge und Richtlinien für die Gestaltung der Mensch-Computer Schnittstelle

Im Rahmen des sogenannten ALVEY-Programmes nimmt die Software-Ergonomie eine gewichtige Rolle ein. Wie schon oben erwähnt, liegen aber auch hier die Forschungsschwerpunkte im universitären Bereich. Modelle, wie das der industrienahen HUSAT Research Group, Loughborough, sollen jedoch weiter ausgebaut werden.

Länder mit großer Forschungstradition wie Frankreich oder Italien stehen, was die Quantität der international präsentierten Beiträge anbelangt, nicht mehr an der Spitze, wenngleich einzelne hochinteressante Beiträge, vor allem aus Frankreich, immer wieder aufhorchen lassen.

Auch in den skandinavischen Länder sind stärkere Aktivitäten in der Software-Ergonomie zu verzeichnen.

Länder wie die UdSSR oder die DDR mit einer langen Forschungstradition, besonders in der Psychologie, treten auf dem Gebiet der Software-Ergonomie international kaum in Erscheinung. Es besteht ein beträchtlicher Mangel an Kommunikation mit anderen Ländern. Trotzdem wurden Anstrengungen unternommen, bessere Verbindungen vor allem im Bereich der Psychologie herzustellen. Dies ist eine positive Entwicklung, denn in der UDSSR und in der DDR sind hochrenommierte psychologische Schulen etabliert.

Die Situation in der Bundesrepublik ist nicht eindeutig. Obwohl sich die Forschungsarbeit im Vergleich zu den USA oder zu Großbritannien momentan z.T. auf einer qualitativ niedrigeren Ebene bewegt, wird auf der vollen Breite des Gebietes (vgl. Kapitel 2) gearbeitet. Aufgrund ihrer langen wissenschaftlichen Tradition spielen die Organisationswissenschaften und auch die Arbeitspsychologie eine wichtige Rolle.

Innerhalb der etablierten Wissenschaftsbereiche (Arbeitswissenschaft, Psychologie, Informatik) werden Arbeitsgruppen für Software-Ergonomie gebildet. In der Bundesrepublik arbeiten in diesem Bereich inzwischen ungefähr 100 bis 150 Forscher. Die Industrie ist nur zum Teil in diesen Entwicklungsprozess eingebunden.

Die wichtigsten Schlußfolgerungen aus dieser Analyse sind:

- o Die USA sind führend auf dem Gebiet der Software-Ergonomie.

Viele Software-Hersteller und Beratungsfirmen richten spezifische Software-Ergonomie Abteilungen ein, wobei dieser Boom in den USA vorwiegend auf der Erkenntnis beruht, daß sich software-ergonomisch gut gestaltete Produkte besser verkaufen lassen. Benutzer von kleinen Systemen (Mikros, PC's), ein Markt, der in den USA viel weiter entwickelt ist als in Europa, akzeptieren weder kostenintensive Schulungsmaßnahmen noch dicke Manuals. Sie wollen ganz einfach selbsterklärende, leicht erlernbare und trotzdem leistungsfähige Software.

Auch in der Grundlagenforschung sind die US-amerikanischen Universitäten und Forschungseinrichtungen stark tonangebend. Viele ihrer Experten sind interdisziplinär ausgebildet: Informatik, kognitive Psychologie, Künstliche Intelligenz und Elektroingenieurwesen sind ihre Domänen. Sie profitieren von der Interdisziplinarität des amerikanischen Bildungssystems. Dazu genießen amerikanische Forscher den Vorteil, direkt an der technologischen Front zu arbeiten, was natürlich einen enorm motivierenden Faktor darstellt. Ein weiteres Zentrum der Forschung liegt in Kanada. Auch aus Australien und Neuseeland sind Arbeiten bekannt geworden. Überhaupt wird dieses Forschungsgebiet momentan eindeutig von englischsprachigen Ländern dominiert.

Erstaunlicherweise ist die Dynamik der Entwicklung der Software-Ergonomie in Japan sehr gering, im Gegensatz zu den Anstrengungen im Rahmen des "Fifth Generation Computing Programmes". Gegenwärtig konzentrieren sich die japanischen Forschungstätigkeiten hauptsächlich auf klassische Themen wie Tastatur-Design und die Gestaltung von Bildschirmarbeitsplätzen. Obwohl diese Bereiche wichtig bleiben, sind sie im Moment nicht von zentraler Bedeutung. Aber die japanischen IT-Firmen versuchen diesen Mangel zu kompensieren - im August 1984, z.B., fand die erste japanisch-amerikanische Konferenz für Software-Ergonomie in Honolulu statt, die von hochrangigen Managern der IT-Industrie besucht wurde, und die die Industrie-Lobby finanziell unterstützte.

Europa hat zwar nach wie vor die größte Konzentration an Forschern auf dem Gebiet der Software-Ergonomie, es mangelt jedoch an Kooperation mit der Industrie, was dazu führt, daß die Ergebnisse oft rein akademisch bleiben.

Nach den Erfahrungen des Autors kann gegenwärtig Großbritannien auf diesem Gebiet als führend in Europa angesehen werden - interdisziplinäre Arbeit ist dort stärker etabliert als zum Beipiel in der Bundesrepublik.

"Intelligente" Ansätze wie Methoden der Wissensrepräsentation etc. rücken mehr und mehr in den Mittelpunkt des Interesses. Software-Ergonomie ist eng verbunden mit dem Softwareengineering auf den Gebieten von Programmiermethoden und Programmierwerkzeugen, wie Flußdiagramme, Netzpläne, strukturierte Programmierung etc.

Die zweite Kategorie (G) beinhaltet IT-spezifische Anwendungsfelder wie Dokumentbearbeitung, Bildverarbeitung, Sprachverarbeitung, Videokonferenzen, CAD, computerunterstützter Unterricht, entscheidungsunterstützende Systeme, Bestell-und Rechnungssysteme, Buchhaltungssysteme, Banksysteme, medizinische Systeme, Transportsteuerungssysteme und zu guter Letzt das elektronische Büro.

In seinem Aufsatz /1/ weist Shackel darauf hin, daß in Europa ungefähr der Hälfte dieser Themengebiete (A-G) im Moment zu wenig Aufmerksamkeit gewidmet wird.

3 INTERNATIONALE SITUATION IM BEREICH DER SOFTWARE-ERGONOMIE

Da im Bereich der "Humanisierung des Arbeitslebens" ein neues längerfristiges Forschungsprogramm geplant ist, wurden durch den Autor 1984 die wichtigsten internationalen Konferenzen zu diesem Thema analysiert /3/. Die Hauptergebnisse dieser Studie sind im folgenden zusammengefaßt.

Das interessanteste Resultat ist, daß amerikanische Computerhersteller Software-Ergonomie als unerläßlich für den Markterfolg ihrer Produkte erkannt haben. Besonders deutlich wurde dies auf den letztjährigen internationalen Konferenzen und Workshops, auf denen mehr als die Hälfte der vorgelegten US-Papiere entweder ausschließlich von der Industrie stammten oder aber mit fundamentaler Beteiligung der Industrie entstanden.

Vor allem IBM unternimmt große Anstrengungen auf diesem Gebiet. Die Firma unterhält weltweit mehr als 10 Laboratorien, die ausschließlich Forschung und Entwicklung in diesem Themenbereich betreiben. Aber nicht nur IBM sollte erwähnt werden: gut ausgestattete Laboratorien findet man auch bei AT&T mit ihren BELL-Laboratories, bei HEWLETT-PACKARD, DIGITAL EQUIPMENT oder SPERRY. Besonders XEROX übt durch sein Xerox Palo Alto Research Center (PARC), großen Einfluß auf die Forschungsarbeiten aus - theoretisch mit neuen Ideen und praktisch mit neuen Produkten.

Im Bereich A werden die anatomischen, physiologischen und psychologischen Eigenschaften der Benutzer untersucht. Ihr Kommunikations- bzw. Konversationsverhalten wird analysiert und es werden Benutzertypen klassifiziert und Benutzergruppen modelliert.

Im Bereich B werden systemimplizite Merkmale und Grenzen der Technik wie Kapazität, Verarbeitungsgeschwindigkeit, benötigte Antwortzeit etc., sowie dazu in Relation gesetzte Interaktionsmodi wie Text, Graphik, Sprache, kombinierte Dialoge etc. untersucht.

Im Bereich C konzentrieren sich die Forschungsaktivitäten auf die physikalische Benutzerschnittstelle, mit Ausgabegeräten wie Bildschirmen oder Sprachausgabesystemen und Eingabegeräten wie Tastaturen, Sprach-, Text- und Bilderkennungssystemen etc.

Im Bereich D wird die eigentliche softwarebezogene Benutzerschnittstelle untersucht. Dabei kann man unterscheiden in Pragmatik (konzeptuelles Modell), Semantik (Funktionalität), Syntax, und Fragen der Organisation der Information. Fortgeschrittene Benutzerschnittstellen wie "intelligente" oder adaptierbare bzw. adaptive Systeme gewinnen an Bedeutung.

Im Bereich E (Arbeitsablauf, -platz und -umgebung) wurden bereits viele Forschungsaktivitäten durchgeführt - besonders bzgl. der physikalischen Aspekte des Arbeitsplatzes wie Arbeitsraum und Anordnung, Beleuchtung und Kontrast, Lärmbelastung, Klima und Belüftung. Hier waren Fortschritte zu verzeichnen. Ungeklärt sind jedoch noch Fragen der Arbeitsteilung in Mensch-Computer-Systemen, Fragen der Aufgabenanalyse und von Aufbau, Struktur und Sequenz adäquater Tätigkeitsinhalte.

Shackel versucht auch, besondere Aufmerksamkeit auf ein Gebiet zu lenken, das in diesem Kontext oftmals übersehen wird: die Systemeinführung und den Systembetrieb. Hier sind Benutzerschulung und -training neben Fragen der Systemeinführung von besonderer Wichtigkeit. Fragen der Vertraulichkeit persönlicher Information, soziale und soziologische Fragen, Fragen der Arbeiterselbstorganisation und der Benutzerpartizipation sollten nicht übersehen werden.

Wie Shackel bemerkt, sind die folgenden zwei Kategorien orthogonal zu den eben erwähnten. Die erste (F) behandelt Methoden, Techniken in allen bisher genannten Bereichen.

o Techniken der "direkten Manipulation"
o Bewertungsmethoden für Benutzerschnittstellen
o die Definition von integrierten, multimodalen Schnittstellen der nächsten Generation

Die wichtigsten Modi der Mensch-Computer Interaktionen sind: Sprach Ein-/Ausgabe, Kommandosprachen, Programmiersprachen, Formulare, Menü-Techniken und direkte Manipulation. Auf diese Interaktionsmodi gestützt, sollte die Definition und die Implementierung neuer, integrierter, multimodaler Schnittstellen angegangen werden.

Von größter Wichtigkeit sind dabei momentan Schnittstellen, die direkte Manipulation, Kommando- oder Programmiersprachen und natürlich-sprachliche Interaktion integrieren. Um diese basalen Interaktionsmodi auf gesichertem Niveau zu integrieren, sollten quantitative Modelle der Mensch-Computer Interaktion verbessert werden. Diese neue Generation von Schnittstellen sollte adaptierbar bzw. adaptiv sein. Sie sollten "intelligent" sein im Sinne eines Benutzerassistenten ("User Assistant Concept"). Eine detailliertere Beschreibung dieser Themenstellungen findet sich in /5/, /6/.

Wie bereits erwähnt müssen Bewertungskriterien weiterentwickelt werden. Die Situation würde sich wesentlich vereinfachen, wenn sich die Mitglieder der IT-Forschungsgemeinschaft auf solche Kriterien einigen könnten.

4.3 VERBREITUNG DES GESICHERTEN SOFTWARE-ERGONOMISCHEN WISSENS IN DER IT - GEMEINSCHAFT

Seminare sind ein wichtiger Transfermechanismus. Diese Seminare sollten sowohl für Mitglieder des Top-Managements, des Marketing und Verkaufs, als auch für Produktdesigner konzipiert werden. Workshops sollten die wichtigsten Fachleute zusammenbringen. Parallel dazu sollte man für IT-Firmen einen Beratungs-Service einrichten, der in der Lage ist, in überschaubarer Zeit Lösungen für Design-Probleme bzw. den Entwurf eines speziellen Forschungsberatungsprogrammes zu liefern. Das erklärte Ziel eines solchen Programmes müßte die Gründung von neuen software-ergonomischen Laboratorien in den europäischen IT-Firmen sein, wobei den Firmen bei der Auswahl der Laboreinrichtung und passenden Labor- und Computer-Geräten Hilfestellung geleistet werden sollte. Ebenso müssen Arbeitsprofile für die Forscher in diesen Laboratorien erstellt werden.

Ein industrielles Begleitprogramm an Universitäten oder Forschungseinrichtungen sollte die Aktivitäten vervollständigen.

5 DAS ESPRIT-PROJEKT ("HUMAN FACTORS LABORATORIES IN INFORMATION TECHNOLOGY - HUFIT")

Das folgende Kapitel ist ein Auszug aus der offiziellen Presseerklärung des ESPRIT HUFIT-Projektes:

"Die weltweite Einführung von Informationstechnologien eröffnet weite Möglichkeiten für die europäischen Länder.
Als Reaktion darauf vereinigt die Europäische Gemeinschaft ihre wissenschaftlichen und industriellen Kräfte in einer konzertierten Aktion in Richtung auf eine Informationsgesellschaft. ESPRIT, das "European Strategic Program for Research and Development in Information Technology" ist der Versuch, die Aktivitäten der europäischen IT-Forschung und Industrie in einem 10-jährigen Forschungs- und Entwicklungsvorhaben, das den Weg zu Informationssystemen der 90-iger Jahre weisen soll, zu koordinieren.
In fünf IT-Schlüsselbereichen zielt ESPRIT auf vorwettbewerbliche, national übergreifende Forschung: Mikro-Elektronik, Software-Technologie, fortgeschrittene Informationsverarbeitung, Bürosysteme und computerintegrierte Fertigung. ESPRIT wird gemeinsam von der EG und der europäischen IT-Industrie gefördert. Das Fraunhofer Institut für Arbeitswirtschaft und Organisation (IAO), Stuttgart, hat zusammen mit der HUSAT Research Group, Großbritannien, und fünf großen IT-Herstellern (BULL, ICL, OLIVETTI, PHILIPS, SIEMENS) einen ESPRIT Vertrag zur software-ergonomischen Erforschung von Informationstechnologien ("Human Factors in Information Technology" - HUFIT") unterzeichnet.

Professor Hans-Jörg Bullinger vom Fraunhofer Institut für Arbeitswirtschaft und Organisation (IAO), Stuttgart, und Professor Brian Shackel von der HUSAT Research Group, Loughborough, beide renommierte Wissenschaftler auf dem Gebiet der Ergonomie, repräsentieren das Konsortium. Bis jetzt ist das HUFIT-Projekt das am breitesten angelegte, gemeinsame europäische Forschungsvorhaben im Bereich der Software-Ergonomie überhaupt.

Das zentrale Anliegen des HUFIT-Projektes ist es, der europäischen IT-Industrie Mittel an die Hand zu geben, die es erlauben, die Entwicklung von qualitativ hochwertigen Produkten voranzutreiben. Dies sollen Produkte sein, die in besonderem Maße den Ansprüchen, Wünschen und Charakteristiken der Benutzer entsprechen, und die sich, was die Qualität ihrer Benutzer-schnittstellen anbetrifft, mit neuesten amerikanischen und japanischen Konkurrenzprodukten messen lassen können.

Man hat erkannt, daß die Berücksichtigung von ergonomischen Erkenntnissen bei der Produktgestaltung eine notwendige Vorraussetzung für den effektiven Einsatz und die breite Akzeptanz (und damit für einen Markterfolg) von zukünftigen Generationen von Bürosystemen ist.

Der potentielle Konflikt zwischen software-ergonomischen Anforderungen und dem Diktat des wirtschaftlichen Erfolges läßt sich nicht durch eine rein reduktionistische Betrachtungsweise der Ergonomie, als einer Erschwernis der freien Entfaltung des technischen Fortschrittes, umgehen, - statt dessen verlangt er einen integrierten Ansatz.

Im HUFIT-Projekt wird der Versuch unternommen, die Marktstellung der europäischen IT-Firmen zu verbessern, indem fundamentale software-ergonomische Erkenntnisse in jeder Phase des Produktgestaltungsprozesses berücksichtigt werden. Besonders das zentrale Element im Gestaltungsprozess, die Mensch-Maschine Schnittstelle, soll durch umfassende theoretische und empirische Untersuchungen angegangen werden. Ziel ist dabei, Vor- und Nachteile der verschiedenen Interaktionsmodi des Mensch-Computer Dialoges (Sprache, direkte graphische Manipulation, Kommandosprachen, Formulare, Menüs) zu erkennen und sie letztendlich in einer multimodalen, vielleicht sogar "symbiotischen" Mensch-Maschine Schnittstelle zu integrieren. In einer späteren Phase des Projektes wird das software-ergonomische Wissen den europäischen IT-Firmen auf breiter Basis zugänglich gemacht werden.

Das Programm besteht aus drei Teilen:

A: Von der Konzeption zum Einsatz - ein integrierter software-ergonomischer Beitrag zur Produktentwicklung.
B: Fortgeschrittene Mensch-Computer Schnittstellen - theoretische und empirische Untersuchungen zur Schaffung integrierter Benutzerschnittstellen.
C: Verbreitung von software-ergonomischem Wissen in der europäischen IT-Industrie. (Zitat Ende)

Im HUFIT-Projekt kooperieren ca. 20 Wissenschaftler aus ganz Europa. Im Rahmen des ESPRIT-Programmes nimmt es eine gewisse "Umbrella-Funktion" ein - es versucht, weitere Human Factors orientierte Projekte unter ein gemeinsames methodisches und teilweise inhaltliches Dach zu bringen. Von besonderer Bedeutung sind dabei die sich bildenden Kommunikationsbeziehungen, die ein eng abgestimmtes Arbeiten ermöglichen.

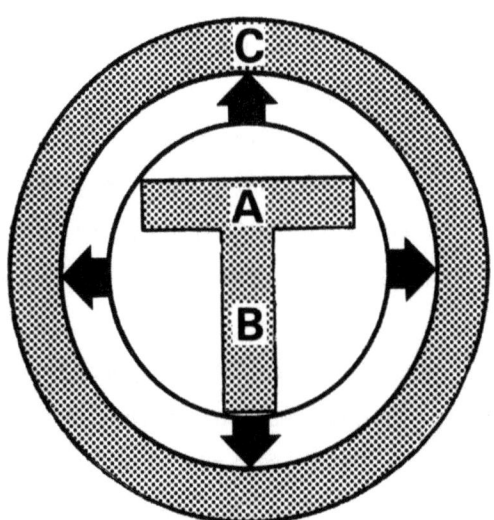

Bild 2.   Das Konzept des HUFIT - Projektes.

Das HUFIT-Programm soll darüber hinaus die software-ergonomischen Aktivitäten im Rahmen des ESPRIT-Projektes koordinieren.

SCHRIFTTUM

/1/ SHACKEL, B.
Ergonomics in Information Technology in Europe - A Review.
HUSAT Memo No. 309. A Report for the Commission of the European Communities.

/2/ GAINES, B.
From Ergonomics to the Fifth Generation: 30 Years of Human-Computer-Interaction Studies.
In: B. Shackel (ed.): Interact '84: Proceedings of the First IFIP Conference on Human-Computer-Interaction, London, 1984. Volume 1, S. 1.1.

/3/ BULLINGER, H.-J., FÄHNRICH, K.-P.
Software-Ergonopmie - Konferenzberichte.
Interner Bericht des Fraunhofer Instituts für Arbeitswirtschaft und Organisation (IAO), 1984.

/4/ FÄHNRICH, K.-P.
Software-Ergonomie - Sammlung von Interviews zur Forschungsplanung.
Interner Bericht des Fraunhofer Instituts für Arbeitswirtschaft und Organisation (IAO), 1985.

/5/ BULLINGER, H.-J., FÄHNRICH, K.-P.
Symbiotic Man-Computer Interfaces and the User Assistant Concept.
In: G. Salvendy (ed.): Interact '84: Proceedings of the First USA-Japan Conference on Human-Computer-Interaction, Honolulu, Hawaii, August 18-20, 1984. Amsterdam u.a.: Elsevier, 1984, S.17-20.

/6/ FÄEHNRICH, K.-P. ZIEGLER, J.
Workstations Using Direct Manipulation as Interaction Mode.
In: B. Shackel (ed.): Interact '84: Proceedings of the First IFIP Conference on Human-Computer-Interaction, London, 1984.

Menschen · Arbeit · Neue Technologien

Technologieeinsatz im Büro II
— Akzeptanz und zukünftige Entwicklungen —

Bildschirmeinsatz und Benutzerfreundlichkeit der Dialoggestaltung aus der Sicht von Angestellten

Ph. Spinas

KURZFASSUNG

Ziel der Untersuchung war der Vergleich unterschiedlicher Formen des Bildschirmeinsatzes und des Mensch-Computer-Dialoges. Zu diesem Zwecke wurden in drei Organisationen Grobanalysen repräsentativer Arbeitsplätze durchgeführt. Zusätzlich wurden mittels Einzelinterviews - kombiniert mit Arbeitsplatzbeobachtungen - und einer schriftlichen Befragung die Beurteilung der Arbeit am Bildschirm (Sachbearbeitung) durch die Angestellten (N=58) erfasst. Neben der qualitativen 'Zusammensetzung' der Mischtätigkeiten (und deren Einfluss auf die Bewertung des neuen Arbeitsmittels) sollte untersucht werden, welchen Kriterien dialogorientierte Anwendersoftware genügen muss, um den Bedürfnissen der Angestellten bei der Computerbenutzung gerecht zu werden. Die Ergebnisse bestätigen die Vermutung, dass der __Inhalt der Arbeitsaufgaben__ am Bildschirm sowie deren Integration in die Gesamtaufgabe wesentlich den Unterstützungswert des Bildschirmgerätes bestimmen. In bezug auf den Mensch-Computer-Dialog zeigt sich, dass insbesondere den Möglichkeiten __kognitiver Kontrolle__ des Menschen über das Computersystem entscheidende Bedeutung beizumessen ist.

1 EINLEITUNG UND PROBLEMSTELLUNG

Betrachtet man die Anwendung neuer Technologien als __Option__ im Sinne von /14/, so eröffnen sich zur Anpassung der unterschiedlichen Schnittstellen zwischen Mensch, Aufgabe (Organisation) und Computer (Software) erhebliche Spielräume zur Schaffung menschengerechter und wirtschaftlicher Arbeitsbedingungen /12/. Häufig aber wurden - und werden noch immer - diese Spielräume infolge einseitig __technischer__ Orientierung nur unzureichend erkannt und genutzt /11/.

Wählt man jedoch den __Menschen__ und die anstehenden __Aufgaben__ bzw. Probleme als Ausgangspunkt des Optimierungs-

problems, so ergeben sich neue Lösungsalternativen. Der
Computer kann als Hilfsmittel im Sinne eines konvivialen
Werkzeugs /6/ verstanden werden, über das der Mensch -
als Benutzer - bei der Aufgabenerfüllung verfügt. Das Ziel
sollte dieser Auffassung zufolge darin bestehen, dem Benutzer die Handhabung des Werkzeugs zu erleichtern bei
gleichzeitiger Gewährung vielfältiger Nutzungsmöglichkeiten im Rahmen eines angemessenen Handlungsspielraumes.
'Benutzerfreundlichkeit' in diesem Sinne bedeutet eine
Anpassung der Software an Wahrnehmung, Gedächtnis, Denken und Handeln des Menschen. Von zentraler Bedeutung
sind dabei die mentalen Repräsentationen bezüglich
Arbeitsprozess und Arbeitsmittel, denn auf ihrer Grundlage erfolgt die Planung und Ausführung von Arbeitshandlungen /5/9/. Bisherige Erfahrungen lassen nun die Vermutung begründet erscheinen, dass mangelnde Transparenz
und Beeinflussbarkeit der Dialogstrukturen ein Hauptproblem der Computerbenutzung darstellen. /8/ hat dies sehr
prägnant in vier Fragen formuliert, die ein Benutzer beantworten können müsste: "Wo bin ich? Was kann ich hier
tun? Wie kam ich hierhin? Wo kann ich hin und wie komme
ich dorthin?" Häufig wird der Benutzer nämlich "mit sequentiell aufeinanderfolgenden Ausschnitten aus einer ihm
ansonsten verborgenen 'Innenwelt' der im System repräsentierten Informationsstruktur" /3/ konfrontiert, was ihm
die Bildung adäquater mentaler Repräsentationen erschweren
kann.

Zusammen mit einer mehr oder weniger starr vorgegebenen
Abfolge von Dialogschritten werden dem Benutzer die Möglichkeiten zur Entwicklung eigener Handlungsstrategien
stark eingeschränkt und durch die passive Verhaltensform
des Reagierens auf Signale ersetzt.

In unserer Pilotstudie sollte untersucht werden, welchen
Kriterien Dialogsoftware genügen muss, um den Ansprüchen
der Benutzer gerecht zu werden. Darüber hinaus war es un-

ser Anliegen, mehr über die vielschichtigen Probleme der Mensch-Computer-Interaktion unter kognitionspsychologischen Aspekten in Erfahrung zu bringen.

2 UNTERSUCHUNGSDESIGN, METHODEN UND STICHPROBE

Auf der Basis von Vorstudien /11/ wurden Abteilungen aus drei verschiedenen Betrieben als Untersuchungsfeld ausgewählt. Als Auswahlkriterien dienten die Vergleichbarkeit der Tätigkeiten und die Unterschiedlichkeit der Dialogstrukturen.

Neben Grobanalysen repräsentativer Arbeitsplätze und Arbeitsplatzbeobachtungen (zur Protokollierung von Dialogsequenzen) wurden auch Gespräche mit Vorgesetzten (der Fachabteilung) und Verantwortlichen der EDV-Abteilung geführt. Mittels Einzelinterviews und schriftlicher Befragung wurde die Beurteilung der Bildschirmarbeit sowie die Qualität des benutzten Dialogsystems - hinsichtlich verschiedener psychologischer Kriterien - durch die Angestellten erfasst (N=58). Anhand von Unterlagen wie Benutzerhandbücher, Fluss- und Blockdiagramme usw. erfolgte unsere Analyse der Dialogstrukturen.

Bei den Befragten handelt es sich um qualifizierte Sachbearbeiter, die das Bildschirmgerät täglich ein bis mehrere Stunden benutzen, und dies im Durchschnitt schon mehr als zwei Jahre. Das Durchschnittsalter der Befragten beträgt etwa 30 Jahre; der Anteil an weiblichen Angestellten ist mit 38% etwas geringer als derjenige männlicher Personen.

3 ERGEBNISSE

3.1 Bildschirmeinsatz und Beurteilung durch die Angestellten

Das Bildschirmgerät dient in den ausgewählten Abteilungen der drei Betriebe vor allem der Unterstützung folgender Tätigkeiten:

- Betrieb 1 (Versicherung): Registratur und Bearbeitung von Schadenfällen, Korrespondenz

- Betrieb 2 (Versicherung): Erstellung von Offerten für Versicherungspolicen, Korrespondenz

- Betrieb 3 (Handel): Erfassung und Bearbeitung von Aufträgen, Korrespondenz

Abbbildung 1 zeigt die prozentualen Anteile der Tätigkeit am Bildschirm (bezogen auf die täglich am Bildschirm verbrachte Arbeitszeit) nach Aussagen der Befragten (die nach unseren Beobachtungen und Auskünften der Vorgesetzten als recht zutreffend gelten können). Auffällig ist dabei der relativ hohe Anteil an Dateneingabe bei den Betrieben 1 und 2, wohingegen bei Betrieb 3 ein ausgeglicheneres Verhältnis der Tätigkeitsanteile besteht. Erwähnenswert ist weiter der - verglichen mit Betrieb 2 - doppelt so hohe Anteil an Informationsabfrage in Betrieb 1.

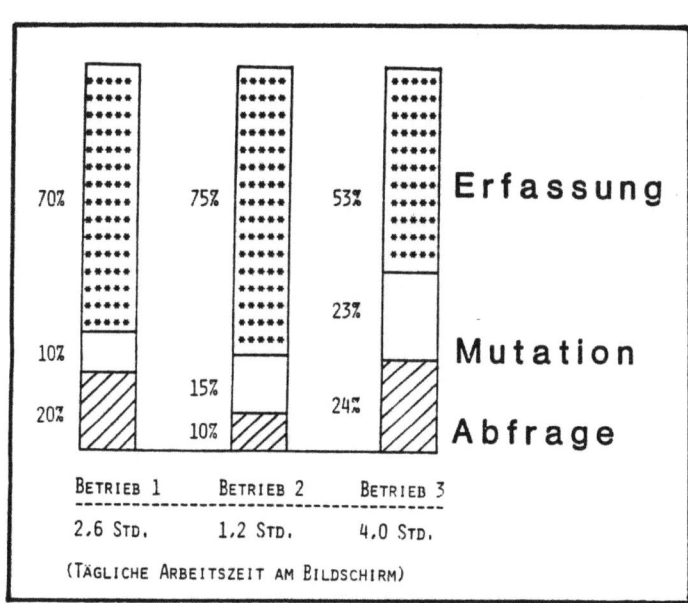

ABBILDUNG 1: PROZENTUALE ANTEILE DER TÄTIGKEIT AM BILDSCHIRM

Frappante Unterschiede zeigen sich bei der Art und Weise, wie das Bildschirmsystem geplant und eingeführt wurde. So wurden die Angestellten in Betrieb 3 früher (ca. 6 Monate) und umfassender über die bevorstehende Aenderung informiert, besser für die Arbeit am Bildschirm ausgebildet und vor allem auch stärker in den Entwicklungsprozess einbezogen (92% der Befragten erachteten ihre Wünsche bei der Systemgestaltung als berücksichtigt).

Abbildung 2 zeigt, wie die Angestellten die durch das Bildschirmgerät erhaltene Unterstützung beurteilen (alle Unterschiede sind signifikant; Mann-Whitney U-Test, $\alpha < 0.05$).
Hervorstechend ist die durchwegs positive Beurteilung in Betrieb 3. Die Unterstützung besteht im wesentlichen in der <u>Vereinfachung</u> und Abnahme routinehafter, administrativer Arbeitsschritte ("weniger Papierkrieg") und den <u>umfassenden Möglichkeiten der Informationsbeschaffung</u>, die dem Mitarbeiter bei der Kundenberatung - speziell bei der Erteilung von Auskünften über den Artikel (z.B. Lagerbestand, Lieferfristen, Ersatzartikel usw.) - eine grosse Hilfe sind.

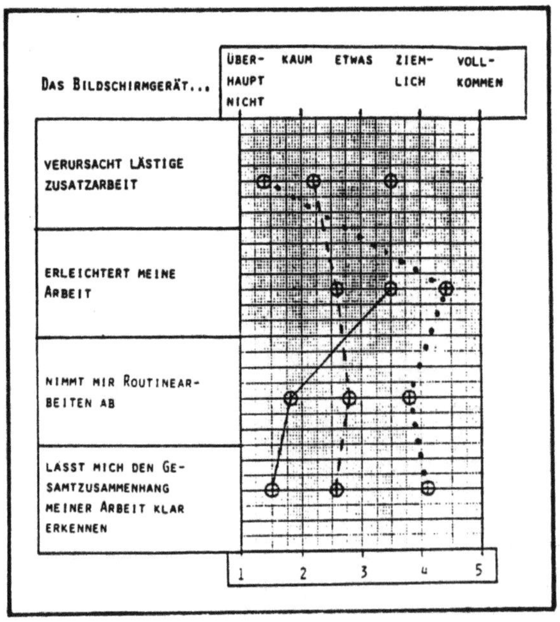

ABBILDUNG 2: BENUTZER-BEURTEILUNG DER UNTERSTUTZUNG DURCH DAS BILDSCHIRMGERAT (VERGLEICH DER MEDIAN-WERTE)
BETRIEB 1 (N=12): ———
" 2 (N=29): - - - -
" 3 (N=25): ·····

Die Befragten in Betrieb 1 beurteilen die schnellen Zugriffsmöglichkeiten auf aktuelle Informationen zwar als Arbeitserleichterung; dieser Vorteil wird jedoch durch 'lästige Zusatzarbeit' (Zunahme administrativer Arbeitsschritte) bei der Schadenregistratur ausgeglichen, und die Erwartungen auf Befreiung von Routinearbeit wurden mehrheitlich enttäuscht. Betrieb 2 nimmt hier insofern eine Mittelstellung ein, als das Bildschirmgerät - besonders bei der Bewältigung grosser Arbeitsmengen - durch Abnahme einiger Routinetätigkeiten Hilfe bietet, ohne den Arbeitsablauf zusätzlich zu komplizieren. Deutliche Unterschiede zeigen sich ferner im Ausmass, in dem das Bildschirmgerät dem Benutzer den Stellenwert seiner Tätigkeit und deren Zusammenhänge mit vor- und nachgelagerten Arbeitsvorgängen klar ersichtlich werden lässt.

3.2 Beschreibung der Dialogstrukturen

Der Informationsaustausch zwischen Mensch und Computer erfolgt in allen drei Betrieben über Bildschirmgerät und Tastatur. In Abbildung 3 ist die Aufbaustruktur der Dialoge (statischer Aspekt) dargestellt. Darunter ist die Verknüpfungsstruktur der Gesamtmenge verwendeter Dialogtechniken zu verstehen. Die drei Dialoge sind auf den gleichen Techniken - Menu, Eingabemaske(Bildschirmformular) und Informationsbild - aufgebaut, die auch als sogenannt 'passive' Dialogformen bezeichnet werden. Ihre spezifische Verknüpfungsstruktur ist jedoch in den drei Betrieben unterschiedlich.

In Betrieb 1 erfolgte die hierarchische Anordnung der einzelnen Elemente nach Kriterien der (vor allem maschinellen) Verarbeitungslogik und zum Teil auch des Versicherungstyps. Diese 'Misch-Strategie' ergibt eine - auch optisch in Abbildung 3 erkennbar - wenig prägnante (und dadurch nicht leicht zu behaltende) Gesamtstruktur; sie hat auch zur Folge, dass der Benutzer für gewisse Verar-

beitungsprozesse 'Umwege' in Kauf nehmen muss. Zusätzlich
verwirrend wirken alte, nicht mehr benutzte Programmteile
(gestrichelt eingezeichnet). Eine ähnliche Strategie bestimmte den Dialogaufbau in Betrieb 2.

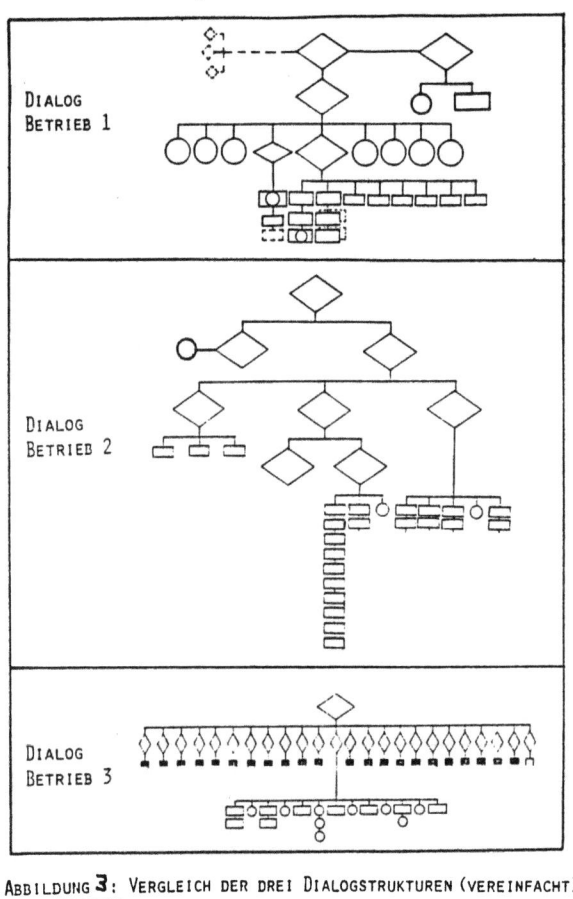

ABBILDUNG 3: VERGLEICH DER DREI DIALOGSTRUKTUREN (VEREINFACHT)

◇ = MENU   ◯ = INFORMATIONS-MASKE
▭ = EINGABE-MASKE

Infolge der Einschränkung auf zwei Versicherungstypen,
der konsequenten Menu-Baumstruktur, den linear folgenden
Eingabemasken mit vorgegebener Abfolge sowie der stärkeren Automatisierung ganzer Verarbeitungsprozesse ergibt
sich aber eine einfachere, regelmässigere und deshalb
auch prägnantere Gesamtstruktur des Dialoges. Der Dialog
in Betrieb 3 wurde ebenfalls nach einer 'Misch-Strategie'
konzipiert, die allerdings klare Grenzen zwischen verschiedenen Teilen der Gesamtstruktur zieht. So werden auf
der ersten Stufe (Haupt-Menu) die verschiedenen Arbeitsgebiete angeboten, die dann auf der zweiten Stufe noch

differenziert werden. Anschliessend folgen relativ homogene (d.h. in sich ab-geschlossene), plausibel abgegrenzte Verarbeitungseinheiten (Informationsbilder und Eingabemasken). Die Konsequenz, mit der diese Gliederung verwirklicht wurde, trägt wesentlich zur 'prägnanten Gestalt' dieser Dialogstruktur bei (in Abbildung 3 wurde der Uebersichtlichkeit wegen auf der dritten Stufe nur eine Verarbeitungseinheit als Beispiel dargestellt).

Das Angebot an <u>Dialogfunktionen</u> ist in den Betrieben 1 und 2 auf die zur Aufgabenerfüllung unbedingt nötigen Funktionen begrenzt, wohingegen dem Benutzer in Betrieb 3 darüber hinausgehend weitere hilfreiche Funktionen (z.B. Unterbrechung, Sortieren, Statistiken usw.) zur Verfügung stehen. In ähnlicher Weise führen die im Dialog 3 angebotenen Suchbegriffe durch ihre vielseitige Kombinierbarkeit, ihr breites Anwendungsfeld (Kunden, Objekte, Aufträge) und die minimalen Eingabeerfordernisse schneller zum Ziel als in den beiden anderen Dialogen.
In bezug auf das <u>Vokabular</u> ist erwähnenswert, dass im Dialog 1 am meisten Codes und - zum Teil ungewohnte - Ab-

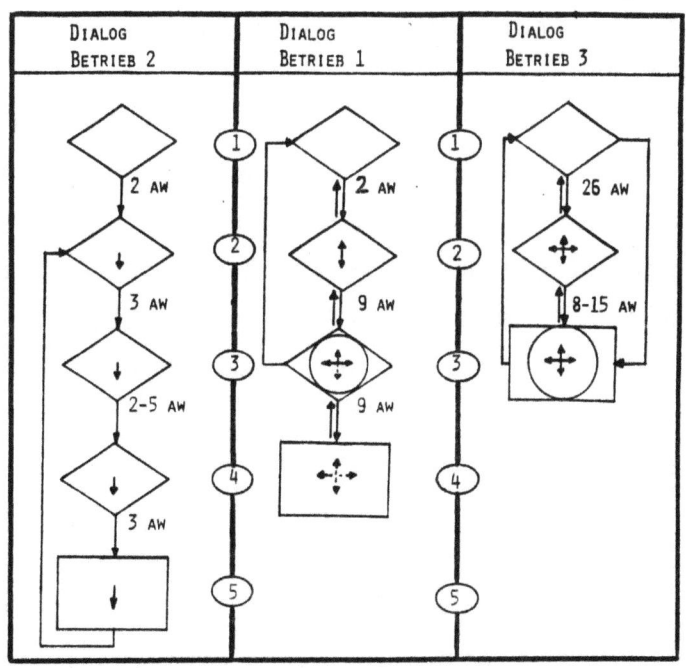

ABBILDUNG 4: AUSGEWÄHLTE MERKMALE DER DREI DIALOGSTRUKTUREN

◯ = HIERARCHIE-EBENE
AW = ANZAHL AUSWAHLMÖGLICHKEITEN PRO MENU
↓ = MÖGLICHKEITEN DER 'FORTBEWEGUNG' (FLEXIBILITAT)

kürzungen verwendet werden; bei Dialog 2 sind sprachliche Unstimmigkeiten festzustellen, d.h. die Programmierer hielten sich nicht an den firmenüblichen Sprachgebrauch. Die einzelnen <u>Masken</u> sind bei allen drei Dialogen im allgemeinen <u>gut strukturiert</u>.

In Abbildung 4 sind <u>ausgewählte Merkmale</u> der drei Dialogstrukturen dargestellt. Daraus ist ersichtlich, dass Dialog 2 die stärkste Segmentierung aufweist, d.h. die Dialogstruktur ist in fünf <u>Hierarchie-Ebenen</u> aufgeteilt. Diese Zergliederung einer Ganzheit in einzelne Teile kann die Bildung mentaler Repräsentationen im Sinne einer 'cognitive map' /1/, /7/ stark erschweren, da - in Termini der Gestaltpsychologie - die Teile über das Ganze dominieren. Zusammen mit einer zwingend vorgegebenen Abfolge - was auf Dialog 2 zutrifft - ergibt sich noch eine weitere, negative Konsequenz für den Benutzer: er muss sich auf mühsame und zeitraubende Art schrittweise zu seinem Ziel durchringen. So muss der Benutzer beispielsweise bei Dialog 2 vier Menus durchlaufen, bevor er das erste eigentliche Arbeitsbild (Eingabemaske) erreicht. Damit ist auch schon die Steuerung des <u>Dialogablaufs</u> (dynamischer Aspekt) angesprochen.
Die Pfeile in Abbildung 4 zeigen, dass Dialog 3 dem Benutzer die meisten Freiheitsgrade für sein Vorgehen bietet. Er kann sich mit wenigen Ausnahmen auf jeder Ebene 'vorwärts', 'rückwärts' und 'seitwärts' fortbewegen; ferner kann er auch vom Haupt-Menu aus durch Ueberspringen der zweiten Menu-Ebene direkt zur gewünschten Maske gelangen. Dialog 2 stellt in dieser Hinsicht - wie bereits erwähnt - einen krassen Gegensatz zu Dialog 3 dar, und Dialog 1 nimmt eine Mittelposition ein. Die <u>Steuerung</u> des Dialogablaufs erfolgt bei allen drei Dialogen mittels Menu-Auswahl und Funktionstasten; bei Dialog 3 ist für geübte Benutzer zusätzlich auch die Eingabe von Bildnummern möglich.
Schliesslich liessen sich noch weitere Unterschiede in der

Dialoggestaltung darstellen (so erfolgen z.B. im Dialog 2
gewisse Prämienberechnungen ohne Eingriffsmöglichkeiten
des Benutzers sowie ohne Bildschirmanzeige, und die Resultate werden <u>automatisch</u> ausgedruckt; in Dialog 3 macht der
Computer aufgrund von Artikelgrösse und -gewicht einen
Versand<u>vorschlag</u>, der vom Benutzer akzeptiert oder geändert werden kann); dies würde jedoch den gegebenen Rahmen
sprengen, zumal die hier wesentlichen Aspekte behandelt
wurden.

3.3 Die Dialogstrukturen im Urteil der Benutzer

Die Beurteilung und Bewertung der Dialogstrukturen durch
die Benutzer ist in Abbildung 5 grafisch dargestellt (es
handelt sich dabei um den Medianwert der Skalen, die sich
aufgrund von Faktoren- und Itemanalysen von 53 Einzelfragen ergeben haben).

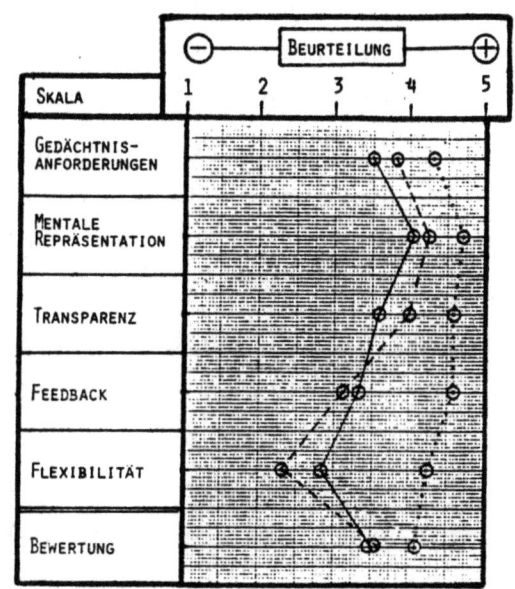

ABBILDUNG 5: BEURTEILUNG UND BEWERTUNG DES DIALOGES DURCH
DIE BENUTZER (VERGLEICH DER MEDIAN-SKALEN-
WERTE)
DIALOG BETRIEB 1 (N=12) ———
"   "   2 (N=21) -----
"   "   3 (N=25) .....

Erwartungsgemäss erfährt Dialog 3 eine durchwegs positivere Beurteilung durch seine Benutzer als die beiden anderen
Dialoge (Mann-Whitney U-Test; $\alpha < 0.05$). Am ausgeprägtesten sind die Unterschiede auf den Dimensionen '<u>Flexibilität</u>' und '<u>Feedback</u>'. Die objektiv vorhandenen Unterschiede

zwischen den Dialogstrukturen in bezug auf Möglichkeiten
zur Verwirklichung persönlicher Handlungsstile widerspiegeln sich deutlich in der Benutzerbeurteilung. So wird der
mehr oder weniger stark vorbestimmte Dialogablauf von den
Befragten in Betrieb 1 und - noch ausgeprägter - in Betrieb 2 negativ beurteilt. Sie fühlen sich (laut Aussagen
im Interview) in ein Schema gepresst, das ihren Bedürfnissen und ihrer Vorgehensweise bei der Aufgabenerfüllung
nicht gerecht wird und sie zum Bediener des Computers
("füttern" von Daten) degradiert.
Die schlechtere Beurteilung der Rückmeldungen (bei Dialog
1 und 2) ist vor allem darauf zurückzuführen, dass bei
fehlerhaften Eingaben zwar Korrekturhinweise erfolgen, die
Ursache des Fehlers aber zu wenig bzw. überhaupt nicht erklärt wird. Dadurch werden Lernprozesse, die für die Modifikation und Verfeinerung mentaler Modelle entscheidend
sind, erschwert oder gar verunmöglicht. Interessanterweise
sind die Unterschiede hinsichtlich der Möglichkeit zur
Bildung adäquater mentaler Repräsentationen nicht so gross
wie erwartet. Den Befragten in Betrieb 1 ist es anscheinend im Laufe der Zeit infolge der täglichen Benutzung des
Bildschirmgerätes gelungen, sich ein Struktur- und
Prozessmodell des Dialogs zu bilden. Etwas deutlicher zeigen sich die Unterschiede in der Beurteilung der Transparenz, die sich mehr auf die äussere Form der Dialogstrukturen als auf deren Möglichkeiten zur gedanklichen Modellbildung bezieht; dabei spielen auch Uebungseffekte eine
untergeordnete Rolle.
Bezüglich der Gedächtnisanforderungen zeigt sich vor allem
bei den Benutzern von Dialog 1, dass sie zuviele Einzelheiten im Gedächtnis behalten müssen, deren Bedeutung man
sich aber schlecht merken kann. In der Gesamtbewertung
unterscheiden sich die Dialoge 1 und 2 überhaupt nicht.
Anscheinend haben sich die geringe Transparenz und mittlere Flexibilität bei Dialog 1 sowie die kaum vorhandene
Flexibilität und mittlere Transparenz bei Dialog 2 nivel-

lierend auf die Bewertung ausgewirkt.
Korrelationsstatistische Analysen haben starke Zusammenhänge zwischen den Skalen 'Gedächtnisanforderungen',
'Transparenz' und 'Mentale Repräsentationen' aufgedeckt
(siehe Abbildung 6). Daraus wird ersichtlich, wie stark
die Modellvorstellung des Benutzers mit der strukturellen
Transparenz des Dialogs und der Gedächtnisfreundlichkeit
verwendeter Elemente (Codes, Abkürzungen, Begriffe, usw.)
in Zusammenhang steht.

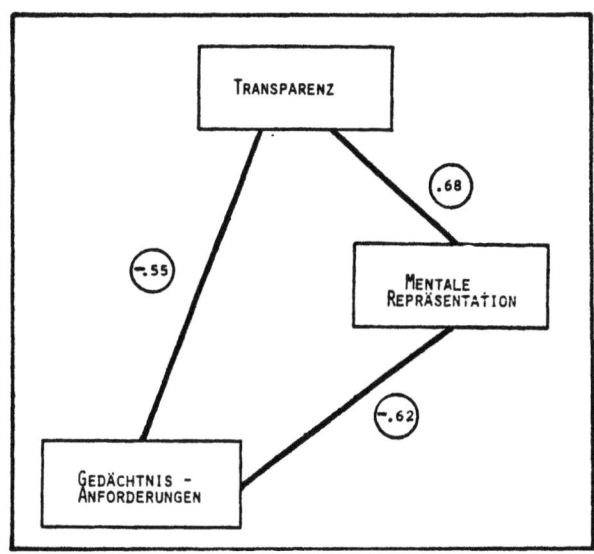

ABBILDUNG 6: ZUSAMMENHÄNGE ZWISCHEN GEDÄCHTNISANFORDERUNGEN,
MENTALER REPRÄSENTATION UND TRANSPARENZ DER
DIALOGSTRUKTUR (RANGKORRELATION R ; N=58)

Die ausserordentliche Bedeutung der Dialog-Flexiblität
zeigt sich in der hohen Korrelation mit der Skala 'Bewertung' (R = .70 !); dies ist die mit Abstand höchste Korrelation zwischen der Bewertung und den einzelnen Skalen. Je
flexibler der Dialog von den Benutzern eingestuft wird,
desto positiver wird er auch insgesamt bewertet. Multiple
Regressionsanalysen bestätigen den entscheidenden Stellenwert der Flexibilität in bezug auf die Gesamtbewertung, zu
deren erklärter Varianz von 73% auch noch die Skalen
'Feedback' und 'Mentale Repräsentation' einen signifi-
kanten Beitrag leisten.

3.4 Anforderungen der Benutzer

Kurz zusammengefasst sollte sich ein 'benutzerfreundliches' Dialogsystem nach Aussagen der Befragten durch folgende Eigenschaften auszeichnen: breit gefächertes Anwendungsfeld, Benutzersteuerung, beschränkte Verwendung von Codes/Abkürzungen usw. zugunsten verständlicher Begriffe und Bezeichnungen, Einheitlichkeit, erklärende Fehlermeldungen, kurze Antwortzeiten (um 1 Sekunde) sowie Störungssicherheit. Ferner wurde der Wunsch nach besserer Austestung von Programmen (vor der Freigabe) sowie nach Beteiligung am Entwicklungsprozess der Software geäussert.

Auf die gezielte Frage nach der Präferenz zwischen einem einfachen, systemgesteuerten Dialog und einem komplexeren, mehr Freiheitsgrade gewährenden Dialog erhielten wir eine eindrücklich klare Antwort (siehe Abbilung 7): 84% der Befragten entschieden sich für die Dialogvariante, die dem Benutzer Möglichkeiten für die Entwicklung eigener Handlungsstrategien bietet, auch wenn damit ein grösserer Aufwand an Kenntniserwerb zur Beherrschung des Werkzeugs verbunden ist! Dies kann als deutliche Absage an alle Ansätze verstanden werden, deren Auffassung von Benutzerfreundlichkeit die Konzeption narrensicherer, systemgesteuerter Dialoge beinhaltet, als deren Vorteil dann auch noch schnelle Erlernbarkeit und leichte Bedienbarkeit angepriesen werden.

(A) PROGRAMM, DAS DEN BENUTZER DURCH ABFRAGEN EINZELNER EINGABEN FÜHRT UND NUR GERINGE VORKENNTNISSE VERLANGT

(B) PROGRAMM, DAS DEM BENUTZER VIEL FREIHEIT FÜR SEIN VORGEHEN GEWAHRT (UND BEI PROBLEMEN UNTERSTÜTZUNG BIETET), ABER AUCH MEHR KENNTNISSE ERFORDERT

ABBILDUNG 7: PRÄFERENZ UNTERSCHIEDLICHER MENSCH - COMPUTER - INTERAKTION (N=58)

4 ABSCHLIESSENDE BEMERKUNGEN

Die Ergebnisse dieser Pilotstudie haben unserer Ansicht nach die Vermutung bestätigt, dass es sich bei der Mensch-Computer-Interaktion primär um ein 'Navigationsproblem' und erst sekundär - an der Ein-/Ausgabe-Schnittstelle /2/ - um ein Kommunikationsproblem handelt.
Der <u>kognitiven Kontrolle</u> des Benutzers - deren Komponenten als <u>Orientierungsmöglichkeit</u> (Durchschaubarkeit, Berechenbarkeit) und <u>Beeinflussbarkeit</u> bezeichnet werden können - über den Computer ist nach den vorliegenden Ergebnissen entscheidende Bedeutung beizumessen (vgl. auch /14/, /10/). Damit allein ist jedoch den Ansprüchen der Angestellten an ein benutzerfreundliches Dialogsystem nicht genügend Rechnung getragen. Vielmehr bedarf es zusätzlich der Schaffung eines <u>vielfältigen Angebotes an aufgabenangemessen konzipierter Nutzungsmöglichkeiten</u> des Systems. Darüber hinausgehend halten wir ein Angebot an Individualisierungsmöglichkeiten /13/ - z.B. durch benutzerdefinierbare Funktionstasten - für sinnvoll.

Es dürfte erkennbar geworden sein, dass die Realisierung einer derart verstandenen 'Benutzerfreundlichkeit' im konkreten Fall einen <u>Balance-Akt</u> zwischen einer Erweiterung des Handlungsspielraums und komplexer werdenden Handhabungsanforderungen des 'Werkzeugs' Dialogsystem darstellt. Zugleich dürfte aber auch der Standpunkt erkennbar geworden sein, dass komplexere Anforderungen der Dialogführung zugunsten eines den Ansprüchen und Bedürfnissen des Benutzers gerecht werdenden Handlungsspielraums in Kauf genommen und auf kurze Anlernzeiten verzichtet wird. Damit wird aber auch einsichtig, dass 'Benutzerfreundlichkeit' nur partiell und in weiten Grenzen technikbezogen festgelegt werden kann. Der letztendlich entscheidende Masstab wird das subjektive Urteil der Benutzer selbst sein. Deshalb ist es auch naheliegend, die zukünftigen Benutzer eines Systems von Anfang an in den Entwicklungsprozess einzubeziehen, um die Wahrscheinlichkeit nachträglicher, meist aufwendiger Korrekturen zu minimieren. Zusammen mit einer intensiven, nicht nur auf operationale Bedienfertigkeiten zielenden, sondern auch funktionelle Zusammenhänge vermittelnden Ausbildung dürfte dann das Dialogsystem dem Angestellten echten Nutzen bei der Bewältigung seiner Aufgaben bringen.

Schrifttum

1 Downs, R.M. & Stea, D.: Image and Environement. Chicago: Aldine, 1973.

2 Dzida, W.: Das IFIP-Modell für Benutzerschnittstellen. Office Management Sonderheft, 1983.

3 Fähnrich, K.P. & Ziegler, J.: Die Benutzerschnittstelle des Arbeitsplatzrechners Xerox X8010. Office Management 31 (12/1983).

4 Gilfoil, D.M.: Warming up to computers: a study of cognitive and affective interaction over time. Proceedings 'Human Factors in Computer Systems', Gaithersburg, 1982, S.245ff.

5 Hacker, W.: Allgemeine Arbeits- und Ingenieurpsychologie. Schriften zur Arbeitspsychologie Bd. 20; Bern: Huber 1978.

6 Illich, I.: Tools for Conviviality. New York: Harper and Row, 1973.

7 Moar, J. & Charleton, L.R.: Memory for routes. Quarterly Journal of Experimental Psychology 34A (1982), S. 381ff.

8 Nievergelt, J.: Errors in dialog design and how to avoid them. Proceedings Intern. Zurich Seminar on Digital Communications, IEEE, 1982, S. 199ff.

9 Oschanin, D.A.: Dynamisches operatives Abbild und konzeptionelles Modell. Probleme und Ergebnisse der Psychologie 59 (1976), S. 37ff.

10 Paetau, M.: Arbeitswissenschaftliche Bewertung der Mensch-Maschine-Kommunikation auf dem Prüfstand. Office Management 32 (12/1984), S. 1198ff.

11 Spinas, P.: Bildschirmeinsatz und psycho-soziale Folgen für die Beschäftigten. In: Arbeit in moderner Technik. Referate der 26. Fachtagung der Sektion 'Arbeits- und Betriebspsychologie' im BDP, Lübeck, 1984, S. 503ff.

12 Spinas, P., Troy, N., & Ulich, E.: Leitfaden zur Einführung und Gestaltung von Arbeit mit Bildschirmsystem. Zürich: Industrielle Organisation, 1983. München: CW-Publikationen, 1983.

13 Ulich, E.: Über das Prinzip der differentiellen Arbeitsgestaltung. Industrielle Organisation 47 (1978), S. 566ff.

14 Ulich, E.: Psychologische Aspekte der Arbeit mit elektronischen Datenverarbeitungssystemen. Schweizerische Technische Zeitschrift 75 (1980), S. 66ff.

Menschen · Arbeit · Neue Technologien **6. Halbtag**

Produktinnnovation und ihre Auswirkungen
auf den Fertigungsprozeß und das Personal

Menschen · Arbeit · Neue Technologien

Produktinnovation und ihre
Auswirkungen auf den Fertigungsprozeß
und das Personal

Humanisierung der Arbeit als Produktinnovation für Elemente des Informations- und Steuerungssystems im KFZ-Karosseriebereich

J. Krankenhagen

KURZFASSUNG

Zulieferfirmen der Automobilindustrie müssen sich weitreichenden Innovationsprozessen für neue Produkttechnologien stellen, was die rechtzeitige Entwicklung und Anwendung einer planerischen Gesamtvorgehensweise erfordert. Kernpunkt des vorzustellenden betrieblichen Forschungs- und Entwicklungsvorhabens ist die Verknüpfung von Produkt- und Prozeßinnovation, d.h. die Verbindung von Produktplanung und -entwicklung mit adäquaten, HdA-gerechten Prozeßstrukturen (Technologie, Arbeitsorganisation, Personal- und Qualifikationsbedarf). In der Vorphase sollen übertragbare Sollkonzeptionen für das relevante Produktspektrum entwickelt werden. Der weitreichende, auf eine Hauptphase zur "Umsetzung" gerichtete Ansatz erfordert eine betriebliche Wirkungsanalyse, die eine prospektive Arbeitsgestaltung begründen kann. Die Bewältigung der Innovation i.S. einer "Humanisierung der Arbeit" beinhaltet auch eine Partizipation der Betroffenen schon in der Such-/Analysephase.

1 ALLGEMEINE RAHMENBEDINGUNGEN DES INNOVA-
TIONSPROZESSES

Als Hersteller von elektrofeinmechanischen und elektronischen Erzeugnissen für die Automobilindustrie muß sich die Firma Kostal den sich in Zukunft noch rascher vollziehenden <u>Produktinnovationsprozessen</u> in der Automobilbranche stellen, die neue <u>Rahmenbedingungen für die mittel- und langfristige Entwicklung</u> des Unternehmens definieren.

- Es ist für die absehbare Zukunft von einem Eindringen neuer Technologien in die Produkte der Automobilbranche auszugehen, wie es bereits jetzt in ersten Ansätzen erkennbar ist (z.B. beginnender Einsatz von Mikroelektronik in technischen Nebenfunktionen der Kfz-Technik wie Bordcomputer, elektronische Warnsysteme, Motorelektronik, Blockierverhinderungssysteme etc.).

- Dieses noch allmähliche Eindringen von neuen Technologien wird eine qualitativ neue Dimension erreichen, sobald davon die Hauptfunktionen der Kfz-Technik berührt werden.

- Insbesondere bezogen auf eine dieser Hauptfunktionen, den Signalsystemen zur Information und zur Steuerung der verschiedenen Kfz-Funktionen, ist aus gegenwärtiger Sicht ein weitreichender Innovationsprozeß zu unterstellen, der sich auf den Einsatz neuer Technologien erstrecken wird.

- Diesem absehbaren Trend müssen sich schon jetzt sowohl die Automobilhersteller als auch

die Zulieferindustrie stellen, wollen sie in
den nächsten Jahren die verschiedenen Einsatzstufen neuer Technologien nicht nur passiv,
im Sinne einer kurzfristigen, starren Anpassung, sondern aktiv, im Sinne einer längerfristigen, flexiblen Anpassung an einen umfassenden Produktinnovationsprozeß bewältigen.

- Die Bewältigung dieses Innovationsprozesses
  erfordert insbesondere die rechtzeitige Entwicklung und Anwendung einer <u>planerischen
  Gesamtvorgehensweise</u>, die dem Charakter dieser Entwicklung gerecht wird, indem sie technologische/technische Trends prognostiziert,
  unternehmensbezogene Produktentwicklungslinien ableitet und betriebspolitische Analysen und Handlungsempfehlungen sowohl für die
  Produktplanung als auch für die Prozeßgestaltung zur Verfügung stellt.

- Eine planerische Gesamtvorgehensweise muß eine umfassende, d.h. <u>"ganzheitliche" Abschätzung der Technologiefolgen</u> beinhalten, die
  die relevanten organisatorischen, technischen
  und sozialen Bereiche beschreibt, in die die
  Technologien einwirken (ganzheitliche Folgenabschätzung).

- Eine entscheidende Voraussetzung für die erfolgreiche Bewältigung derart weitreichender
  betrieblicher Innovationsprozessen ist die
  Sicherung der <u>Partizipation</u> der von der Entwicklung unmittelbar und mittelbar Betroffenen schon während der innovativen Such- und
  Analysephase, da nur so die Innovationsbereitschaft im erforderlichen Ausmaß aktiviert
  und wirksam werden kann, d.h. die Erfahrun-

gen, Kenntnisse und Wünsche der Betroffenen in die längerfristigen Planungsprozesse eingehen und zur notwendigen Akzeptanzsicherung bei den Beschäftigten beitragen können.

Aus dieser Skizzierung der allgemeinen Problemlage wird deutlich, daß das Unternehmen vor einem Planungs- und Innovationsprozeß steht, der die Reichweite und Tiefe bisheriger Phasen der Produktentwicklung und Produktionsplanung erheblich übersteigt. Dies gilt zum einen für das eigentliche Produkt, seine konstruktive Auslegung und seine Fertigung, zum anderen für den Bereich der innerbetrieblichen Organisation und Steuerung einer derartigen Innovation und schließlich für übergreifende unternehmenspolitische bzw. -strategische Entscheidungen (langfristige Marktstrategie, Marketing, Investitionsplanung, Personalpolitik usw.).

So ist beispielsweise - mit einem Blick auf die Binnenstruktur des Unternehmens - zu untersuchen, wie sich ein bestimmter technologischer Entwicklungspfad auf den organisatorisch-administrativen Aufbau, den Personalbereich und auf ökonomischer Ebene (Wirtschaftskraft, Investitionsaufwand u.ä.) auswirkt. Im Detail geht es um Fragen wie z.B.:

- Stand und Voraussetzungen im Entwicklungsbereich

- Anforderungen an Produktionsplanung, Fertigungsvorbereitung und Fertigung (materiell und personell)

- Auswirkungen auf Vertrieb und Marketing

- personelle Voraussetzungen und Konsequenzen (vorhandene Qualifikationen, neuer Qualifikationsbedarf, Rekrutierungsmöglichkeiten, quantitative Auswirkungen)

- Organisation und Institutionalisierung des Planungsprozesses.

2 DIE SPEZIFISCHE AUSGANGSLAGE DES UNTERNEHMENS UND DER PROJEKTANSATZ

Für einen Zulieferer der Automobil-Hersteller, zumal in der Größenordnung eines mittleren Unternehmens, dessen Hauptschwerpunkt in der Produktion von Bauelementen für das Kfz-Signalsystem besteht, ergeben sich spezifische Anforderungen zur aktiven Bewältigung des oben skizzierten Produktinnovationsprozesses:

- Das Unternehmen muß sich einer grundlegenden technologischen Entwicklung stellen, deren Richtung und konkrete Ausprägung derzeit erst in Umrissen erkennbar ist, für deren Bewältigung dennoch schon jetzt die Entwicklung einer methodischen Herangehensweise erforderlich ist.

- Eine Zulieferfirma der Automobilindustrie sieht sich einer relativ konservativen "Modellpolitik" der Kfz-Hersteller gegenüber, die in der Unternehmensstrategie der Fa. Kostal aber nicht als Konstante festgeschrieben werden kann, will man nicht riskieren, bei Entscheidungen der Automobilhersteller im Hinblick auf grundlegende technologische Veränderungen in der "Modellpolitik" aus dem Wettbewerb gedrängt zu werden. Es müssen schon aus diesen Gründen rechtzeitig, d.h. präventiv neue technologische Produktlösungen entwickelt werden. Gleichzeitig bietet sich aber auch die Möglichkeit, durch gezielte, längerfristige Maßnahmen zur Produktinnovation eine eher <u>marketingorientierte Unternehmensstrategie</u> zu verfolgen, die dann auch aktiv den Innovationsprozeß innerhalb der Automobilbranche beeinflussen kann.

- Aufgrund des allgemeinen Konkurrenzdruckes - insbesondere auch aus dem Ausland - ist es für das Unternehmen eine längerfristige Existenzfrage, seine Marktstellung durch geeignete produktbezogene Strategien zu festigen.

- Die für die Entwicklung solcher Strategien notwendigen Planungsbemühungen sind zwar inzwischen unter dem Begriff einer "systematischen Produktplanung" thematisiert. Dennoch sind die Erkenntnisse und Methoden auf dem Gebiet der Produktplanung weder in ausreichendem Maße in den Unternehmen verbreitet und eingesetzt, noch können sie dem umfassenden Anspruch eines so weitreichenden Innovationsprozesses, wie er hier formuliert wird, und der Komplexität der zugrundeliegenden Problemstellung gerecht werden.

- Ein mittel- und langfristig systematisch betriebener Produktinnovationsprozeß erfordert vielmehr eine <u>begleitende betriebliche Wirkungsanalyse</u> der untersuchten neuen Technologien, die die vorhandenen planerischen Erfahrungen, Methoden und Hilfsmittel ergänzt bzw. einbettet in eine "ganzheitliche Vorgehensweise" und so eine möglichst umfassende Identifizierung und Analyse der Auswirkungen und Zusammenhänge des Entwicklungsprozesses ermöglicht /1/. Nur so können die spezifischen Risiken und Folgen sozialer und wirtschaftlicher Art bestimmt und die Bedingungen für die Planung der Umgestaltungsprozesse nicht nur bezogen auf die Fertigung, sondern auf alle betrieblichen Funktionen festgelegt werden.

- Die Bewältigung einer weitreichenden Produktinnovation kann nur erfolgreich sein, wenn die Fertigungsstruktur und die gesamte Unternehmensstruktur nicht nur jeweils kurzfristig angepaßt werden, sondern von vornherein mit einer hohen Anpaßflexibilität ausgestattet werden, die auch langfristig wirksam bleibt. In diesem Zusammenhang stellt sich die Aufgabe, ausgehend von der Produktinnovation in einem integrierten Ansatz ensprechend <u>flexible Prozeßkonzeptionen</u> zu entwickeln, die sich insbesondere beziehen sollen auf die Planung von neuen Fertigungstechniken und -technologien und deren organisatorische Einbettung. Damit kann dazu beigetragen werden, sowohl die längerfristigen betriebswirtschaftlichen und technisch/technologischen Ziele als auch Ziele zur längerfristigen Erhaltung der Arbeitsplätze und zur Entwicklung von humanen Arbeitsstrukturen zu sichern.

- Die bislang vorherrschende relativ starre Trennung zwischen den Teilplanungen zur Produkt- und Prozeßinnovation soll dadurch verhindert werden, daß diese Planungsschritte mit ihren jeweiligen Methoden und Hilfsmitteln eingebettet werden in den beschriebenen ganzheitlichen Planungsansatz einer betrieblichen Wirkungsanalyse, deren <u>Ziel die Entwicklung einer betrieblichen "Gesamtvorgehensweise"</u> ist.

- Die planerische Bewältigung der skizzierten Innovationsprozesse mit der Zielrichtung einer "Humanisierung der Arbeit" erfordert insbesondere die Sicherung einer ausreichenden Partizipation der Betroffenen und der Belegschaftsvertretung.

Die Bedeutung der zu entwickelnden und zu erprobenden Partizipationsmodelle ergibt sich aus mehreren Gesichtspunkten:

o Integraler Bestandteil des Konzepts einer betrieblichen Wirkungsanalyse des Innovationsprozesses soll die systematische Berücksichtigung der Erfahrungen, Kenntnisse und Wünsche der Betroffenen sein.

o Eine Partizipation schon in der Such- und Analysephase des Produktinnovationsprozesses soll die Beteiligung der Betroffenen sichern, noch bevor die den üblichen Prozeßplanungen vorausgehenden Entscheidungen über die Rahmenparameter den Planungs- und Gestaltungsprozeß determinieren.

o Insbesondere kann eine Beteiligung schon in dieser Phase dazu beitragen, daß auch eine Erhöhung der Entscheidungsfähigkeit der Betroffenen und der Belegschaftsvertretung (Betriebsrat) mit Hilfe von aktuellen und rechtzeitigen Informationen erreicht wird, um Risiken, die mit der technologischen Entwicklung verbunden sind, zu erkennen und zu vermindern, Planungsalternativen mit zu erarbeiten und Handlungsspielräume zu vergrößern /2/.

- Partizipation innerhalb dieses weitgespannten Prozesses von Produkt- und Prozeßinnovation soll sich daher nicht reduzieren auf einen einmaligen "partizipativen" Bewertungsakt, sondern soll die <u>Interessenartikulation der Beschäftigten in allen Phasen des Innovationsprozesses</u> bezogen auf alle konkreten Alternativen sichern, um damit eine weitergehende Anpassung der Technologien auch an die Interessen der Betroffenen zu ermöglichen /3/.

- Ein solcher partizipativer Technologie-Anpassungsprozeß kann so "im idealen Fall zu einem <u>integrierten kooperativen Lernprozeß aller Beteiligten</u> werden, der darauf abzielt, die auf der Grundlage der fundierten umfassenden und interdisziplinären Datenbasis freigelegten Wirkungs-Schwachstellen zu minimieren oder gar zu beseitigen" /4/.

3 ANSÄTZE ZUR PROBLEMLÖSUNG UND VORGEHENSWEISE

Schwerpunkte des bisher bei der Fa. Kostal gefertigten Produktspektrums sind elektrische Bauelemente für Kraftfahrzeuge, die entsprechend der Modellvielfalt bei den Automobil-Herstellern variieren.

Unter den Bauelementen sind die Schaltbausteine die wesentlichsten Bestandteile des Signalsystems zur Steuerung der verschiedenen Kfz-Funktionen. Sie werden bisher fast ausschließlich als elektromechanische Schaltgeräte gefertigt und bestehen im wesentlichen aus einem Isolierstoffgehäuse und darin gehalten Kontaktteilen sowie zumindest einer den Kontaktteilen zugeordneten, über ein Betätigungsorgan beeinflußbaren Schaltkontaktstelle. Diese Schaltgeräte werden in der Regel nach vom Kunden vorgegebenen Anforderungen konzipiert, wobei der Aufbau im Prinzip jeweils auf einer Auswahl von bestimmten Funktionsmerkmalen beruht. Die Produktpalette umfaßt also Schaltgeräte, bei denen die jeweils erforderlichen Funktionsmerkmale an das kundenspezifische, äußere Design angepaßt sind. Dies bedeutet, daß jedes Schaltgerät anders ausgelegt wird, obwohl die Funktionen weitgehend identisch sind.

3.1 Produktinnovationsphase

Ausgehend vom Stand der Technik sollen im vorgesehenen Projekt Entwicklungsarbeiten systematisch weitergeführt, vorrangig unter einem produktinnovatorischen Aspekt vorangetrieben und eingebettet bzw. begleitet werden durch eine umfassende Folgenabschätzung der untersuchten Produkttechnologien.

Ein erster Schritt in Richtung Produktinnovation soll dabei eine Analyse des Ist-Zustandes des relevanten Produktbereiches sein, die sich dabei methodisch vorrangig ausrichten muß an Produktparametern, die sowohl von ihrer Definition als auch von ihrer Anwendung im Sinne einer Konkretisierung her technologische Veränderungen einbeziehen können.

Solche Haupt- und Nebenparameter des in Betracht kommenden Produktbereiches können sein:

a) Signalgeber- (umsetzungs-) funktion

b) Signalverknüpfung

c) Signalübertragung

d) Sensorik für die Schnittstelle Mensch-Signalsystem

e) Randbedingungen (Nebenparameter) z.B. räumliche Anforderungen, Anschlußkonfiguration.

Auf der Grundlage dieser Analyse können Sollkonzeptionen für die Produktentwicklung erarbeitet werden, die alle potentiell einsetzbaren Technologien für die Schaltelemente des Signalsystems und deren Schnittstellen bezogen auf die oben definierten technischen Haupt- und Nebenparameter einbeziehen.

Die begleitende betriebliche Wirkungsanalyse des Innovationsprozesses dient der systematischen Identifikation, Analyse und Bewertung von Auswirkungen der zu untersuchenden Technologien im Hinblick auf die betrieblichen Zielsetzungen, Strukturen und Abläufe sowie auf die Beschäftigten des Unternehmens als unmittelbar Betroffene des Prozesses. Diese Wirkungsanalyse kann so zur Begründung der mittel- und langfristigen Unternehmenspolitik dienen, wenn gleichzeitig mögliche Lösungen und Alternativen mit ihren zurechenbaren Risiken und Unsicherheiten dargestellt und bewertet werden.

Auf der Grundlage dieser Untersuchungen können die günstigsten Lösungsvorschläge ausgewählt werden und dann in konstruktiven Detailplanungen soweit konkretisiert werden, daß Soll-Konzeptionen sowohl für den Gesamtproduktbereich als auch für die einzelnen Teilbausteine als Ergebnis dieser Produktinnovationsphase vorliegen. Gleichzeitig müssen in dieser Phase auch Aspekte der Anpassungsfähigkeit der Produktkonzeption an fertigungstechnische Gesichtspunkte (fertigungsgerechte, montagefreundliche Konstruktion) berücksichtigt werden, die erhebliche betriebswirtschaftliche Effekte haben können (Festlegung eines erheblichen Teil der Fertigungskosten schon in der konstruktiven Phase).

3.2 Prozeßinnovationsphase

Ausgehend von Untersuchungen bezüglich der Auswirkungen des Produktinnovationsprozesses auf die betrieblichen Strukturen und Abläufe, sollen die betroffenen Funktionsbereiche und Abläufe definiert und spezifiziert werden, sodaß detaillierte Planungsansätze für eine prospektive, ganzheitliche Arbeitsgestaltung erarbeitet werden können. Zu berücksichtigen sind dabei alle relevanten Funktionsbereiche des Betriebes wie z.B. Marketing, Konstruktion, Fertigungsvorbereitung, Fertigung, Fertigungssteuerung, Qualitätssicherung etc. Es geht hier also nicht nur um die Entwicklung von flexiblen Konzepten bezogen auf den Einsatz von neuen Fertigungstechniken und -technologien, sondern insbesondere um deren Einbettung in die Gesamtorganisation des Betriebes, d.h. um die Berücksichtigung aller der Fertigung vor- und nachgelagerten Bereiche.

Die Ergebnisse dieses umfassenden, auf den ganzen Betrieb bezogenen Planungsprozesses können so die Grundlage für die Umstellung der betrieblichen Strukturen und Abläufe auf die neue Produkt- und Prozeßkonzeption bilden.

4 ZUSAMMENFASSUNG: "HUMANISIERUNG DES ARBEITSLEBENS" IM BETRIEBLICHEN INNOVATIONSPROZESS

Kernpunkt des beschriebenen Vorhabens ist die Verknüpfung von Produkt- und Prozeßinnovation, d.h. die Verbindung von Produktplanung und -entwicklung, Identifizierung von Einsatzfeldern und darauf bezogener Marketingstrategien sowie Konzipierung und Realisierung adäquater Fertigungsstrukturen (Technologie, Arbeitsorganisation, Personal- und Qualifikationsbedarf).

Mit der hier dargestellten, die unterschiedlichsten Unternehmensbereiche betreffenden Aufgabenstellung wird der Rahmen bisheriger betrieblicher Humanisierungsprojekte, die sich unter dem Stichwort "Arbeitsstrukturierung" zusammenfassen lassen, überschritten.

Es geht nicht mehr nur darum, für ein bestimmtes Produkt unter Berücksichtigung von Markterfordernissen und betrieblichen Rahmenbedingungen humane Fertigungsstrukturen zu entwickeln und zu realisieren. Vielmehr besteht die Aufgabe darin, die Produktentwicklung als Forschungsgegenstand systematisch in das Projekt zu integrieren und mit einer Abschätzung der betrieblichen Folgewirkungen verschiedener möglicher Produktauslegungen im technologischen, organisatorischen und personalpolitischen Bereich zu verknüpfen.

Dies soll dadurch geleistet werden, daß ausgehend von Konzepten gesellschaftlicher Wirkungsanalysen eine betriebliche Wirkungsanalyse des Produkt- und Prozessinnovationsprozesses durchgeführt wird.

Die angestrebte Prozeßinnovation auf der Basis prospektiver Organisations-, Fertigungs- und Personalplanung und unter Berücksichtigung vorliegender Erkenntnisse über humane Arbeitsgestaltung indendiert ferner die <u>Schaffung von Arbeitsplätzen und Organisationsstrukturen, die langfristig belastungsarme und qualifikatorisch anspruchsvolle Tätigkeiten sicherstellen.</u>

Insofern erscheint das hier vorgestellte Forschungs- und Entwicklungsvorhaben als neuartiger, einzelbetrieblicher Beitrag zur "Humanisierung des Arbeitslebens".

5   SCHRIFTTUM

/1/   Böhret, C., Franz, P.: Technologiefolgen-
       abschätzung. Institutionelle und ver-
       fahrensmäßige Lösungsansätze.
       Frankfurt 1982, S. 22

/2/   Ebenda, S. 23

/3/   Pfeiffer, W., Metze, G.: Weiterentwick-
       lung der Methodik des "Technology
       Assessment" als einen Weg aus der
       Patt-Situation bei der Installierung
       zukunftsorientierter Technologien,
       in: ZFB, 51. JG., Heft 8/1981
       und
       Metze, G.: Grundlagen einer allge-
       meinen Theorie und Methodik der Tech-
       nologiebewertung, Göttingen 1980

/4/   Pfeiffer, W., Metze, G. (Weiterentwick-
       lung): a.a.O., S. 824

Menschen · Arbeit · Neue Technologien

Technologiepolitik und
internationale Entwicklungen

Ein technisch- wirtschaftliches Zukunftsszenarium in der Bundesrepublik Deutschland

H. Krupp

Ein technisch-wirtschaftliches Zukunftsszenarium
in der Bundesrepublik Deutschland

von Prof. Dr.-Ing. Helmar Krupp, Karlsruhe

Philosophische Vorbemerkungen

1. Physik und Technik sind in ihren Entwicklungsmöglichkeiten endlich; aber noch über Jahrzehnte hinaus sind Leistungssteigerungen möglich, ehe das prinzipiell Mögliche erreicht ist. Prinzipielle Grenzen setzen die Naturgesetze (kleinster Informationsspeicher ist ein Molekül; höchste Signalgeschwindigkeit ist die Lichtgeschwindigkeit; die größte Festigkeit ist die innerhalb von Molekülverbänden; die höchste Energieausbeute begrenzt der zweite Hauptsatz der Thermodynamik; die Meßgenauigkeit kann das thermische Rauschen nicht überschreiten usw.), die Handhabbarkeit durch den Menschen (kleinste Tastatur), Anpaßbarkeit an ein geändertes Umfeld (die Betriebsgrößen der Grundstoffindustrie und Großchemie wachsen nicht mehr), Sicherheitsanforderungen (z.B. Großtanker), die Endlichkeit der Erde (begrenzte Energie- und Rohstoffvorräte, begrenzte Speicherkapazität für Abfälle usw.).

2. Glück und Höhe des Bruttosozialprodukts korrelieren nicht, die Intensität der Zivilisationsschäden nimmt zu. Maximierung der Kaufmengen, schneller Modewechsel, Wegwerfgesellschaft garantieren subjektive Wohlfahrt nicht. Im Gegenteil, unsere Zivilisationskritik verstärkt sich, die Technik klagt über "Akzeptanzprobleme".

Gesamtwirtschaftliche Situation

3. Nach dem Nachkriegsboom nähern wir uns in allen Industrieländern dem Jahrhunderttrend des Wachstums des Bruttosozialprodukts von - über Konjunkturzyklen gemittelt - voraussichtlich 2 % pro Jahr. Kein Land schafft Weltmarktanteile von mehr als 11 %. Unsere Konsummärkte sind relativ gesättigt. Unsere hohe Arbeitslosigkeit wird daher noch bis zum Jahre 2000 anhalten. Folglich wird sparsam investiert, und zwar vorwiegend für Rationalisierungs- und Ersatz-Investitionen, eher weniger für Erweiterungsinvestitionen. Im verarbeitenden Gewerbe werden Hersteller von Produkten für den täglichen Bedarf (Nahrungs- und Genußmittel, Textil, Bekleidung, Schuhe, Papier, Druck) weiterhin an Boden verlieren. Innerhalb forschungsintensiver Sektoren (z.B. Chemie, Straßenfahrzeuge, Elektrotechnik, Feinmechanik/Optik) gibt es produktspezifische Wachstumschancen. Einseitige Wirtschaftspolitiken, wie etwa die der USA oder in Großbritannien, vermögen nicht, einen Dauerboom (mittlere Wachstumsraten über 2 %; keine Konjunkturabschwünge) herzustellen. Zur Erhaltung ausreichender Kaufkraft braucht die Wirtschaftspolitik neben ange-

botsorientierten Elementen gleichgewichtig solche der Nachfrageorientierung.

Neue Technologien und Dienstleistungen

4. Eine durchgreifende Erneuerung unserer Produkte und Dienstleistungen beruht gegenwärtig auf der Entwicklung der Mikroelektronik. Die wichtigste Folge der Entwicklung und Diffusion der Mikroelektronik ist die fortschreitende Automatisierung in Fertigung und Büro und deren Zusammenwachsen. Daher kann das Wachstum der Arbeitsproduktivität von, der Größenordnung nach, 3 % pro Jahr noch auf Jahrzehnte aufrechterhalten bleiben. Folglich ist - der Verteilungsgerechtigkeit zuliebe - Arbeitszeitverkürzung von voraussichtlich 1 % pro Jahr angebracht. Man sollte daher die Mikroelektronik nicht als Jobkiller verteufeln, sondern als Freizeitschaffer feiern und nach sinnvollen privaten Betätigungen suchen. Hier liegt daher nach wie vor Potential für Zukunftsmärkte, sofern das Fernsehen nicht noch mehr Freizeit absorbiert. Voraussetzung ist natürlich eine erfolgreiche Arbeitsmarktpolitik.

5. Die Mikroelektronik ist nur ein, wenn auch der wichtigste, Zweig der neuen Mikrotechniken. Sie umfassen Mikrooptik, Mikrosensorik, Mikromechanik, Mikrobiologie sowie deren Integrationen, z.B. Optoelektronik. Typische Produkte sind z.B. Mikroprozessoren, Mikrospeicher, Biochips, Faseroptik, compact disc u.v.a.m. Letztlich bescheren uns diese vielen Neuerungen überwiegend nur Substitutionsprodukte und -verfahren und kaum gänzlich neue Märkte.

6. Die Biotechnologie substituiert herkömmliche Verfahren und Produkte, schafft aber auch neue Produkte, vorläufig jedoch ausschließlich im medizinisch-pharmakologischen Bereich. Massenhaft zur Anwendung gelangende "neue Durchbrüche", insbesondere in der Landwirtschaft, sind in diesem Jahrhundert nicht zu erwarten, dann aber ja. Ökologische Landwirtschaft kann nicht kleinräumig betrieben werden. Neue biologische Verfahren zur Unkraut- und Schädlingsbekämpfung könnten neue großräumige Dienstleistungen erfordern und damit neue Märkte schaffen.

7. Das größte absehbare Potential für neue Dienstleistungen schafft die Einführung der Telematik (Telekommunikation), sofern in den kommenden Jahren hohe Anschlußdichten der Einzelhaushalte und der Unternehmen erzielt werden können. Unübersehbar ist aber auch der Nachteil noch weiter zunehmender Isolierung, insbesondere von Hausfrauen und älteren Menschen. Die Chancen für Vereinswesen und andere kommunikative Freizeitangebote könnten daher wachsen.

8. Die von der Bedarfsseite her wichtigsten technologischen Entwicklungen liegen in Bereichen wie umweltschonende Energie- und Rohstoffversorgung, Ernährung/Land-

wirtschaft und Verkehr. Hier liegen die größten Chancen einer aktiven Beschäftigungs- und Nachfragepolitik. Hierzu bedarf es des Staates. Denn es gilt, Rahmenbedingungen zu schaffen, so daß neben den großen Energieversorgungsunternehmen mit ihren Gebietsmonopolen Kleinanbieter wie industrieeigene Kraftwerke, Kraft-Wärme-Kopplung, Blockheizkraftwerke, Wasser-Kleinkraftwerke, Sonnenenergie, Fernwärme usw. ausreichende Wettbewerbsmöglichkeiten bekommen. Die Pläne einiger Landesregierungen weisen in diese Richtung. Eine stetige, langfristig geplante, vorausschauende Umweltpolitik kann einen großen Markt an Umweltgütern und -verfahren fördern, der auch wichtige Exportprodukte bereitstellen könnte.

Ein Zukunftsbild

9. Angesichts knapper Finanzmittel ist zu beklagen, daß eine angebotsorientierte Politisierung der Technologiepolitik (SDI, EUREKA) deren Kostenwirksamkeit bedroht. Ressourcenvergeudung, Umweltschädigung und Wegwerfmentalität werden in den kommenden zwanzig Jahren einer besonneneren Politik weichen müssen. Die überwiegende und gegenwärtig noch verstärkte Angebotsorientierung wird zunehmender Nachfrageorientierung weichen müssen, die wichtige Zukunftsaufgaben langfristig in den Griff nimmt.

Menschen · Arbeit · Neue Technologien

Technologieeinsatz und Arbeitsorganisation
in der Produktion II
— Arbeitsorganisation —

Arbeitsstrukturierung und Qualifikationsanforderungen in der Montage

R. Brüning

Arbeitsstrukturierung und Qualifikationsanforderungen in der Montage

Ing.grad., Dipl.-Soz. Rolf Brüning, Stuttgart

In meinem Vortrag möchte ich einige empirische Ergebnisse aus der sogenannten "Montagestudie" vortragen, die im Hinblick auf die Wechselwirkung von neuen Technologien und Arbeitnehmern interessant sind. Die Ergebnisse dieser Studie wurden im November 1984 in der Schriftenreihe "Humanisierung des Arbeitslebens" im Band 61 veröffentlicht.

Zuerst zeige ich Ihnen einige Dias zum Themengebiet der Arbeitsstrukturierung. Die wesentlichsten Ziele, die mit Arbeitsstrukturierungsmaßnahmen verfolgt werden, sind einmal die Reduktion von Kosten und zum anderen eine Reduktion von Belastungen.

Bild 1

Im ersten Bild sehen Sie die Gründe zur Durchführung von Arbeitsstrukturierungsmaßnahmen, aufgetragen nach der Häufigkeit der Nennungen durch die Betriebe. Sie sehen in der Rangfolge von links nach rechts:

- die Reduzierung der Nebenzeiten
- die Flexibilisierung wegen Stückzahlschwankungen
- die Flexibilisierung des Personaleinsatzes
- die Flexibilisierung der Variantenbildung
- die Reduzierung der Vorgabezeiten
- die Motivierung der Mitarbeiter
- die Arbeitsstrukturierung als Übergang zur flexiblen Automatisierung
- die Erfüllung gesetzlicher oder tarifvertraglicher Auflagen.

Diese Ergebnisse zeigen, daß zur Durchführung von Arbeitsstrukturierungsmaßnahmen hauptsächlich technisch-ökonomische Gründe ausschlaggebend sind.

Dieses Ergebnis ist nicht überraschend, weil auch schon in älteren Untersuchungen diese These formuliert wurde. Sie findet nun ihre empirische Bestätigung. Das Ziel der Belastungsreduktion durch Arbeitsstrukturierungsmaßnahmen wird dennoch nicht grundsätzlich verfehlt. Wie wir sahen, wird Belastungsreduktion zwar nicht von vornherein intendiert, aber sie kann eine Folge von konkreten Strukturierungsmaßnahmen sein.

Bild 2

Im nächsten Bild sehen Sie welche Arbeitsstrukturierungsmaßnahmen bevorzugt in der Montage bisher realisiert wurden. Die häufigste Maßnahme war - mit Abstand - die Entkopplung von Mensch-Maschine-Systemen durch Puffer. Auch mit dieser Maßnahme werden primär technisch-ökonomische Anforderungen an Produktionssysteme erfüllt. Es sollen die ablauf- und störungsbedingten produktiven Nebenzeiten reduziert werden. Aber die Entkopplung reduziert gleichzeitig die enge zeitliche Bindung des Arbeitnehmers an den Arbeitsrhythmus und bewirkt dadurch eine Belastungsreduktion. Ebenso kann die Übernahme von Umfeldaufgaben zur Arbeitsinhaltserweiterung beitragen und so das Risiko des Auftretens von Monotonie mindern.

Bild 3

Im dritten Bild sehen Sie, in welchen Branchen häufiger bzw. seltener Arbeitsstrukturierungsmaßnahmen seit 1975 durchgeführt wurden. Hier fällt auf, daß im Maschinenbau nur die Hälfte aller befragten Betriebe Maßnahmen durchführten. In den Branchen Elektrotechnik, Fahrzeugbau und Büromaschinenherstellung sind es 70 - 80 % aller Betriebe.
Betrachten wir nun die Qualifikationsstrukturen in Betrieben in den angegebenen Branchen, so finden wir im Maschinenbau einen Facharbeiteranteil von 50 %. In den übrigen Branchen dagegen finden wir ca. 80 % un- und angelernte Arbeitnehmer.

Die Unterschiede erklären sich durch die komplexeren und anspruchsvolleren Tätigkeiten des Maschinenbaus im Gegensatz zu den übrigen Branchen, in denen einfache Arbeitsinhalte mit kurzen Taktzeiten die Regel sind.

Wir können also den Schluß ziehen, daß es nicht genügt, technische, ökonomische und belastende Aspekte für die arbeitsorganisatorische Gestaltung zu berücksichtigen, sondern daß auch die Qualifikationsstruktur des Personals zwingend zu berücksichtigen ist, weil diese in engen Zusammenhang mit den getroffenen Arbeitsstrukturierungsmaßnahmen steht.

Wie wichtig ist künftig unter Einsatz neuer Technologien in der Montage die Qualifikation des Personals? Setzen sich die taylorisierten Strukturen mit den geringen Arbeitsinhalten der Branchen Elektrotechnik, Fahrzeugbau und Büromaschinenbau durch oder erweisen sich diese Strukturen mit ihren Folgen als kontraproduktiv? Ich kann Ihnen dazu nachfolgende Aussagen machen.

Der Einsatz flexibler Montageautomaten ist zunächst in den Bereichen möglich, wo derzeit unqualifizierte Arbeitskräfte eingesetzt werden, da hier oft kurze Taktzeiten und damit relativ einfache Arbeitsverrichtungen vorzufinden sind.
Wenn jedoch flexible Montageautomaten bereits im Einsatz sind, dann stellt die Bedienung, Instandhaltung und Programmierung dieser Betriebsmittel höhere Anforderungen an das Personal. Deshalb schätzen Betriebe, die Erfahrungen mit dem Einsatz progammierbarer Betriebsmittel haben, den Stellenwert der Qualifikation des Personals hoch ein. Diese Betriebe haben bereits negative Erfahrungen mit quantitativen und qualitativen Defiziten im personellen Bereich gemacht. (Bild 4)

Sie sehen im Bild 4 die Betriebe, die die meisten Industrieroboter einsetzen, unzureichende Qualifikation des Personals als Automatisierungshemmnis ansehen.
Die höheren Qualifikationsanforderungen ergeben sich aus der Notwendigkeit, daß durch den Einsatz moderner Technologien eine Verschiebung vom anschaulichen zum abstrakten Denken erfolgen wird und damit erhöhte Anforderungen an das vorausschauende

planerische Denken gestellt werden. Dies hat Kenntnisse der prinzipiellen Wirkungsweise der einzusetzenden Arbeitsmittel, des Materials und der Prozesse zur Voraussetzung.

Damit werden stark taylorisierte Arbeitsinhalte, die den Einsatz von Un- und Angelernten ermöglichten, zunehmend kontraproduktiv. Einmal, weil die nur partielle Nutzung von menschlichen Qualifikationen Produktivitätspotentiale brach liegen läßt, zum anderen, weil taylorisierte Arbeitsinhalte sich aus humaner Sicht und aufgrund neuerer wissenschaftlicher Erkenntnis der Handlungsregulationstheorie von Menschen verbieten.

Für die Betriebe gibt sich daraus folgendes Dilemma:

Entweder befinden sich in ihren Produktionsstrukturen komplexe Arbeitsinhalte, die schwierig zu automatisieren sind aber das Pesonal ist gut qualifiziert oder, es herrschen einfache Arbeitstätigkeiten vor, die gut automatisierbar sind aber das Personal bietet längerfristig nicht die hinreichenden qualifikatorischen Voraussetzungen, um den Umgang an neuen Technologien sicher zu beherrschen.

Bild 5

Bild 5 zeigt deutlich, daß mit zunehmenden Industrierobotereinsatz ein Rückgang der Un-/Angelernten in den Betrieben erwartet wird. Dementsprechend sehen wir auf den folgenden Bildern, daß sich jeweils der Anteil der qualifizierten Angelernten in Bild 6 als auch der Facharbeiteranteil am Montagepersonal erhöhen wird (Bild 7).

Zwar werden auch Facharbeiter - und besonders qualifizierte Angelernte - Probleme mit der Automatisierung bekommen, weil z.B. der Robotereinsatz neue Kenntnisse hinsichtlich Bedienung, Wartung und Programmierung erfordert, die die traditionelle Ausbildung bisher noch nicht berücksichtigt, jedoch besitzen diese Arbeitnehmergruppen die besseren Voraussetzungen zur Höherqualifizierung als die Un- und Angelernten.

Der hohe Anteil an Un- und Angelernten Arbeitnehmerinnen z.B. in der elektrotechnischen Industrie läßt dort deshalb eine Umstrukturierung des Montagepersonals zugunsten männlicher Facharbeiter erwarten, weil die Betriebe dazu neigen, ihr qualifiziertes Personal ersteinmal durch Selektion auf dem Arbeitsmarkt, statt durch selbstinitiierte Weiterbildung zu erhalten.

If you have any concerns about our products,
you can contact us on
ProductSafety@springernature.com

In case Publisher is established outside the EU,
the EU authorized representative is:
**Springer Nature Customer Service Center GmbH
Europaplatz 3, 69115 Heidelberg, Germany**

Printed by Libri Plureos GmbH
in Hamburg, Germany